Fine Particles and Trace Elements
Control Technology

微细颗粒物及痕量有害物质污染治理技术

郭东明　编著

化学工业出版社
·北京·

本书系统地介绍了微细颗粒物、二氧化硫、氮氧化物、三氧化硫和汞等污染物的治理理论基础知识以及相关治理技术装置的工程设计方法。

全书共分为十二章，第一章至第五章介绍微细颗粒物的物化性质及其治理设备的工程设计方法，并列举了大量工程实践数据；第六章介绍了气液分离技术，它是保证湿法脱硫除尘最终性能的重要因素之一；第七章和第八章主要对现有的脱硫脱硝装置性能的提高提出了改进方法；第九章针对目前备受关注的蓝烟和白烟问题，分析其原因并提出解决措施；第十章至第十二章主要介绍了烟气中痕量有害物质的治理工艺与设备，其中对汞和三氧化硫的吸收、吸附技术做了详细的介绍。

本书可供从事环境保护工作的管理人员、工程技术人员、科研人员参考使用，也可作为在校学生学习参考书。

图书在版编目（CIP）数据

微细颗粒物及痕量有害物质污染治理技术/郭东明编著．

—北京：化学工业出版社，2018.9

ISBN 978-7-122-32582-2

Ⅰ. ①微…　Ⅱ. ①郭…　Ⅲ.①粒状污染物-污染防治

Ⅳ. ①X513

中国版本图书馆 CIP 数据核字（2018）第 152140 号

责任编辑：戴燕红　　　　　　　　　　　　文字编辑：汲永臻

责任校对：王　静　　　　　　　　　　　　装帧设计：韩　飞

出版发行：化学工业出版社（北京市东城区青年湖南街 13 号　邮政编码 100011）

印　　装：大厂聚鑫印刷有限责任公司

787mm×1092mm　1/16　印张 26　字数 661 千字　2019 年 1 月北京第 1 版第 1 次印刷

购书咨询：010-64518888　　售后服务：010-64518899

网　　址：http://www.cip.com.cn

凡购买本书，如有缺损质量问题，本社销售中心负责调换。

定　　价：148.00 元

前　言

经过多年的努力，我国在大气污染防治方面取得了很大的成绩，雾霾天数逐渐减少，蓝天天数不断增加，特别是脱硫脱硝除尘的超低改造，对保护人们的身体健康、提高人们的生活质量做出了重要的贡献。但与此同时，也付出了巨大的经济、能源代价。

从目前的改造情况看，大多采用串联的方式，即低氮燃烧+SNCR/SCR+除尘器+脱硫装置+湿式电除尘器方式，整个脱硫脱硝除尘系统变得更为复杂，投资费用、运行费用和能耗都有较大的增加。此外，从脱硫脱硝除尘的减排量与系统的能耗相比来看，性价比也并不佳。

继常规的二氧化硫、氮氧化物和粉尘的污染之后，近年来，人们对蓝烟、白烟和重金属的污染也日益关注。烟气中的微细颗粒物和三氧化硫是烟气呈蓝色的罪魁祸首，以汞、砷、镉、硒和铬为代表的重金属也是首要的几种技术污染物，二噁英和呋喃则是烟气中主要的有机污染物。相对于这些污染物，白烟更多的是视觉污染，笔者并不主张对白烟消除提出过高的要求，只有当出现石膏雨和缺水地区（采取冷凝回收的方法）或者靠近市区和景区时才考虑消除白烟的问题。

一套性能优越的环保系统是多种工艺技术的有机结合。因此，立足于现有环保设备的改进提高，充分挖掘各自的性能潜力，同时提高运行人员的管理操作水平，以最小的代价获得最大的效益是需要的。

《微细颗粒物及痕量有害物质污染治理技术》就是在上述背景下编写的。书中重点介绍了微细颗粒物、三氧化硫、汞的脱除技术，以及对现有脱硫脱硝系统的改造优化技术，目的是通过核心工艺技术以及装备的介绍使读者能够结合现有的环保设备，因地制宜，改进提高目前现有环保装置的设计和运营水平，乃至开发出新的、更有效的环保工艺技术和装备。

本书可供环保等相关院校、科研院所以及电力、化工、冶金、建材等行业的工程技术人员、管理人员参考。

本书在编写过程中得到了国内外同行的无私帮助，所以本书也是他们心血的结晶，在此一并表示感谢。

编著者

2018 年 3 月于北京

目　录

第一章

微细颗粒物的基本性质

第一节　微细颗粒物的来源与危害

一、微细颗粒物的来源与危害概述

微细颗粒物通常指 $PM_{2.5}$ 和 PM_{10}。

$PM_{2.5}$ 是指悬浮于空气中的空气动力学等效直径等于或小于 $2.5\mu m$ 的粒子。$PM_{2.5}$ 的形成方式有 3 种：直接以固态形式排出的一次粒子；高温状态下以气态形式排出，在烟羽的稀释和冷却过程中凝结成固态的一次可凝结粒子；由气态前体污染物通过大气化学反应而生成的二次粒子。$PM_{2.5}$ 中的一次粒子主要产生于化石燃料和生物质燃料的燃烧，某些工业过程也能产生大量的一次 $PM_{2.5}$，一次粒子源包括从铺装路面和未铺装路面扬起的无组织排放及矿物质的加工和精炼过程等，其他的一些来源，如来自建筑、农田耕作、风蚀等的地表尘对环境 $PM_{2.5}$ 的贡献则相对较小。可凝结粒子主要由可在环境温度下凝结而形成颗粒物的半挥发性有机物组成。二次 $PM_{2.5}$ 由多相化学反应形成，普通的气态污染物通过该反应可转化为极细小的粒子。在大多数地区，硫（S）和氮（N）为所观察到的二次 $PM_{2.5}$ 的主要组分。燃煤 $PM_{2.5}$ 组成一般分为可溶性组分、元素组分和碳质组分。可溶性组分一般包括硫酸盐、硝酸盐、铵盐、氯化钠等无机组分及甲酸、乙酸、乙二酸等可溶性有机物，可溶性组分一般占 $PM_{2.5}$ 的 20%～50%（质量分数）；元素组分包括 Na、Mg、Al、S、P、Cl、K、Ca、Br、Ni、Cu、Fe、Mn、Zn、Pb 等近 40 种金属及非金属元素；碳质组分包括有机碳和无机碳，有机物包括正构烷烃、多环芳烃、杂环化合物等。

PM_{10} 是指空气动力学直径小于或等于 $10\mu m$ 的可吸入颗粒物。燃煤 PM_{10} 微粒的主要元素组分是 Ca、Al、Si，占 94.58%，其余为 Ca、S、Na、Mg、K、Cl 等次要元素，主要由硅铝质矿物颗粒组成，多呈规则的球形结构，球体表面光滑无孔，为难溶于水且吸湿性较差的硅铝质矿物颗粒；燃油 PM_{10} 微粒的主要元素组分是 C、O，主要为有机组分，属强憎水性微粒，润湿性能不及燃煤微粒，平均粒径约为 $0.4\mu m$。

总悬浮颗粒物是指悬浮在大气中的空气动力学直径小于 $100\mu m$ 的颗粒物。气溶胶是指液相或固相微粒均匀地分散在气体中形成的相对稳定的悬浮体系，大气气溶胶一词习惯上是指大气中悬浮的固体或液体粒子。

PM$_{2.5}$、PM$_{10}$与人类头发直径大小比较见图 1-1。

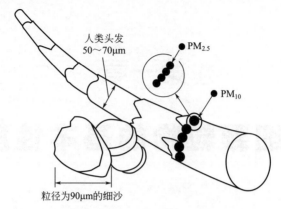

图 1-1　PM$_{2.5}$、PM$_{10}$与人类头发直径大小比较

大气颗粒物已对人体健康、环境和气候产生主要的影响。研究表明，影响人体健康的最大污染因子是 PM$_{10}$、PM$_{2.5}$ 和 TSP，其次是 SO$_2$，而 NO$_x$ 的影响相对较弱。

颗粒的大小决定其进入人体的位置，直径小于 2.5μm 的颗粒能够进入人体肺部的气体交换系统。颗粒越细，其表面积越大，会吸附较多的有害物质。大于 10μm 的颗粒会被人的鼻毛阻挡，5～10μm 的颗粒会被呼吸道阻挡，而小于 2.5μm 的颗粒可进入人体肺部。

颗粒物的粒径与深式呼吸气流的关系见表 1-1。颗粒物在呼吸系统中的沉积见图 1-2。

表 1-1　颗粒物的粒径与深式呼吸气流之间的关系

粒径	深式呼吸气流
30μm	达到肺部气管，未达到分支气管以上
10μm	达到末端细支气管
3μm	达到肺泡部位
0.3μm	在肺泡壁和肺泡囊中大部分沉着(2.6%左右再呼出)
0.1μm	在肺泡壁和肺泡囊中大部分沉着(2.6%左右再呼出)
0.03μm	在肺泡壁和肺泡囊中大部分沉着(34%左右再呼出)

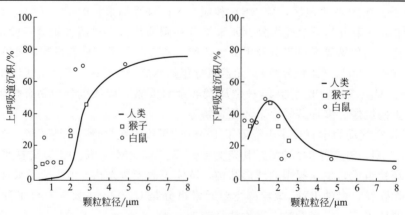

图 1-2　颗粒物在呼吸系统中的沉积

常见颗粒物污染源中的粒径分布见表 1-2。

表 1-2 常见颗粒物污染源中的粒径分布

颗粒物污染源	道路与土壤扬尘/%	农业燃烧/%	薪柴燃烧/%	柴油车/%	石油燃烧/%	建筑扬尘/%
<1μm	4.5	81.6	92.4	91.8	87.4	4.6
<2.5μm	10.7	82.7	93.1	92.3	97.4	5.8
<10μm	52.3	95.8	95.8	96.2	99.2	34.9
>10μm	47.7	4.2	4.2	3.8	0.8	65.1

一些雾滴及其他颗粒的直径范围见表 1-3。

表 1-3 一些雾滴及其他颗粒的直径范围

颗粒种类	大小范围/μm
大型有机分子	约 0.004
冷凝生成的雾滴	0.1~30
烟	0.0045~1
大气层中的云或雾	4~50
高压雾化生成的雾滴	1~500
大气层中生成的薄雾	50~100
沸腾液体形成的颗粒	20~1000
管道中二项流生成的颗粒	10~2000
雨滴	400~4000

室内空气污染物粒径见表 1-4。

表 1-4 室内空气污染物粒径

颗粒物	粒径/μm	颗粒物	粒径/μm
头皮屑	1~40	石棉	0.25~1
毛绒	225	飘尘	5~25
虫螨	50	香烟烟雾	0.1~0.8
螨原虫	5~10	柴油车烟气	0.01~1
花粉	2~200	硫酸盐/硝酸盐	0.1~25
猫皮屑	1~3	油烟	<0.1
细菌	0.05~0.7	金属烟	<0.1
病毒	<0.01~0.05	臭氧、烃等气溶胶	<0.1
阿米巴虫	8~20	金属纤维	3~10

单纯的机械过程无法获得粒径小于 $10\mu m$ 的颗粒，粒径为 $0.1\sim10\mu m$ 的颗粒主要由燃烧、蒸发和冷凝产生。

常见颗粒物的粒径范围见图 1-3。

微细颗粒物较小的粒径造成了其表面具有很强的吸附能力，能够吸附有害气体、重金属粒子和致癌性的苯并芘（BaP）有机物等。细粒子也是细菌和病毒的载体，有机粉尘为空气中细菌和病毒提供了所必需的营养和滋生场所。颗粒表面还具有催化作用，能促进大气反应的进行。大气中的多环芳烃（PAHs）主要集中于细粒子范围内，而粗粒子中的 PAHs 含量很少。大约 70%～90% 的 PAHs 吸附于小于 $5\mu m$ 的可吸入颗粒物上，其中致癌活性的苯并芘（BaP）绝大多数吸附于 $1.1\mu m$ 粒径的颗粒物上。大气颗粒物中对人体有害的一些元素如 Cr、Ni、As、Pb、V、Cu、Zn、Mn 等主要富集在小于 $2\mu m$ 的颗粒表面，被人体吸收后多易沉积于肺泡区。国际标准化组织（ISO）提出的易引起儿童和成人发生肺部疾病的"高危险性颗粒物"为小于 $2.4\mu m$ 的颗粒物，与 $PM_{2.5}$ 甚为接近。如吸入铬能引起鼻中溃疡和穿孔，肺癌发生率增加；吸入锰会引起中毒性肺炎；吸入镉能引起心肺功能不全；苯并芘侵入肺部引起肺癌等。

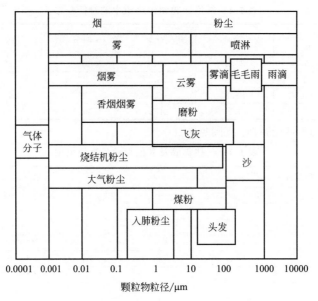

图 1-3　常见颗粒物的粒径范围

存在于细颗粒中的元素种类达 70 多种。其中，Cl 和 Br 主要以气体形式存在于大气中，Si、Ni、Ca、Mg、Fe、Ti、Se、Na 等地壳元素以氧化物的形式存在于粗粒子（$>3.5\mu m$）中，As、Cr、Ni、Cu、Zn 等元素大部分存在于细粒子（$0.1\sim0.2\mu m$）中。

Zn 是一种被认为可能具有生物活性的元素，它可以影响生物体中酶的形成和作用。

Cu 元素在大气中的增加与使用柴油取代燃煤作为取暖燃料有关。

As 常被当作燃煤来源颗粒物的标识元素，它是一种典型的污染元素，具有潜在的生物活性。

Pb 常被当作一种具有潜在生物活性的元素，是被世界卫生组织、欧盟和美国 EPA 唯一规定了质量浓度标准的元素，它在大气中的含量被认为与使用含铅汽油有关。

大气颗粒物中的痕量金属元素（主要是 Hg、As、Cd、Cr、Se 及其化合物）是造成 DNA 氧化性损伤的主要因素，特别是其中的水溶部分。

汞的原子量为 80，密度为 $13.5336g/cm^3$，熔点为 $-38.83℃$，银白色，无味；沸点为 $356.7℃$，室温下呈液态，25℃时的蒸气压为 0.266644Pa；溶解于浓硝酸和热硫酸中，在脂类物质中具有一定的溶解度；氧化态化合价为 $+1$ 和 $+2$；每天暴露 8h 或每周暴露 40h，允许的汞浓度为 $0.05mg/m^3$。

煤中的汞主要存在于含硫化合物（如 HgS）和有机化合物中，也有少量以单质汞的形式存在。当煤在锅炉中燃烧时，其燃烧温度可达 1500℃ 左右，此温度可将煤中汞蒸发，形成气态单质汞，随着烟气温度下降以及与烟气中其他物质的相互作用，部分单质汞转化为其他价态的汞。

烟气中的汞主要以三种形态出现，即 Hg^0、Hg^{2+} 和颗粒汞（Hgp）。氧化态汞以 Hg^{2+} 表示；颗粒汞指黏附在固体颗粒上的汞，以 Hgp 表示。氧化态汞化合物主要有 $HgCl_2$、HgO、$HgSO_4$ 和 $Hg(NO_3)_2 \cdot H_2O$ 等，一些研究人员亦将氧化态汞统称为离子汞。例如，某电站汞的形态分布为 Hg^0 占 3%、Hg^{2+} 占 43% 和 Hgp 占 54%。对于亚烟煤，SCR 对 Hg^0 的氧化作用不大，对湿式 FGD 捕捉汞的作用不大。

由于 Hg^{2+} 是水溶性的，湿式 FGD 对汞的去除是有效的。然而，现场测试表明，湿式脱硫装置的除汞率从未有超过 70% 的，单质汞的浓度反而还有所增加，这说明，有部分二价汞被还原成了单质汞。如果利用现有的湿式脱硫装置在脱除 SO_2 的同时，也能除去汞，将具有重大的意义。因此，需要了解脱硫装置内汞的再挥发原因及其防治技术。

As 的化合物中以 As_2O_3 为最毒。

Cd 是典型的导致水俣病的元凶。

二、 PM$_{2.5}$ 浓度的测量

测定 PM$_{2.5}$ 的浓度一般分两步：第一步把 PM$_{2.5}$ 与较大的颗粒物分离；第二步再测定分离出来的 PM$_{2.5}$ 的质量。目前，各国环保部门广泛采用的 PM$_{2.5}$ 测定方法有重量法、β 射线吸收法、微量振荡天平法和光散射法等。这些方法的第一步是一样的，主要区别在于第二步。

1. 重量法

重量法采用滤膜收集颗粒物，再进行称量检验其浓度，是最直接、最可靠的方法，是验证其他方法是否准确的标杆，目前被公认为最准确的颗粒物测量方法，是欧美国家以及我国颗粒物浓度测量中规定的标准方法。虽然该法仍有一定的不确定性和较低的时间分辨率，但可以保留颗粒物样品，用来进行化学成分分析。重量法需人工称重，程序烦琐费时。如果要实现自动监测，就需要用到另外两种方法。

2. β 射线吸收法

β 射线法是通过颗粒物对 β 射线能量的吸收来反映颗粒物的浓度。将 PM$_{2.5}$ 收集到滤纸上，然后照射一束 β 射线，射线穿过滤纸和颗粒物时由于被散射而衰减，衰减的程度和 PM$_{2.5}$ 的质量成正比。根据射线的衰减就可以计算出 PM$_{2.5}$ 的质量。

β 射线法操作简单，维护方便，但测量值往往高出振荡天平法的测量值，而且随颗粒物浓度高低、成分以及环境湿度变化有较大差异。

3. 微量振荡天平法

从仪器原理上来说，振荡天平法相对更能客观反映颗粒物的真实浓度，但在较高湿度环境下容易出现噪声，其加热管也易使颗粒物中的挥发性物质损失从而使测量浓度降低。由于构造复杂，振荡天平法仪器维护起来相对麻烦。

4. 光散射法

光散射法通过颗粒物对测量光线的散射特征来反映颗粒物的大小和数量，从而确定颗粒物的浓度。该法采用一头粗一头细的空心玻璃管，粗头固定，细头装有滤芯。空气从粗头进，细头出，PM$_{2.5}$ 就被截留在滤芯上。在电场的作用下，细头以一定频率振荡，该频率和细头质量的平方根成反比。于是，根据振荡频率的变化，就可以算出收集到的 PM$_{2.5}$ 的质量。

光散射法的优点是反应迅速、设备占地小、安装操作简便、可同时测量多个粒径的颗粒物数量等。但光的散射与颗粒物浓度之间的关系受到诸多因素影响，如颗粒物的化学组成、形状、密度、粒径分布等。这意味着光散射和颗粒物浓度之间的换算公式随时随地都可能在

变，需要仪器使用者不断用标准方法进行校正。

　　在线测量方法相对于称重法有操作简单、时间分辨率高的优点，但在准确性上还存在较大争议，其中对 β 射线法和振荡天平法测量准确性的争议尤其激烈。普遍认为，若要使振荡天平法仪器所测值更准确，需要加装膜动态测量系统（FDMS）。

　　由上述知，各种方法均有优缺点，价格昂贵，亟需开发研究新的测量方法，降低成本。

第二节　微细颗粒物的主要特性

　　微细颗粒物的特性主要包括凝聚性、润湿性、附着性及磨啄性等。

一、凝聚性

　　微细颗粒物具有彼此相互附着或附着在其他物体表面的特性，当悬浮的微细颗粒物相互接触时就彼此吸附从而凝聚在一起。微细颗粒物的凝聚力与其种类、形状、粒径分布、含水量和表面特征等多种因素有关，综合起来可用安息角来表征微细颗粒物的凝聚力。例如，安息角小于 30°的称为低凝聚力，流动性好；安息角大于 45°的则称为高凝聚力，流动性差。细颗粒物的团聚现象可分为软团聚效应和硬团聚效应。软团聚主要由范德华力和库仑力产生，它可以很容易被化学效应、机械效应和其他效应清除；硬团聚主要由范德华力、库仑力、液体塔桥和边界层引力产生，它很难被化学效应和机械效应清除。

　　对于沥青混合料拌和机袋式除尘器用滤料，如果与微细颗粒物的凝聚力过小将失去捕集微细颗粒物的能力，而凝聚力过大又造成微细颗粒物凝聚紧密、清灰困难。因此，对于凝聚性强的微细颗粒物宜选用长丝织物滤料，或经表面烧毛、压光、镜面处理的针刺毡滤料。从滤料的材质来说，尼龙、玻璃纤维优于其他品种。对于黏性微细颗粒物，不能选用起毛的织物滤料，因为它可能黏附微细颗粒物并扩展到整个过滤表面，致使清灰十分困难。

　　对于处于布朗运动的微细颗粒，如果颗粒是固体，它们之间的碰撞是非弹性的，如铅烟、氧化锌、氧化镁、氧化铁，这些物质的颗粒碰撞后将形成链状聚集。

　　静止空气中，微细球形颗粒的均相凝聚颗粒的凝聚速率可用下式表达：

$$-\frac{\mathrm{d}c}{\mathrm{d}t}=\frac{4RT}{3\mu N}\left(1+\frac{K\lambda}{D_{\mathrm{p}}}\right)C^{2} \tag{1-1}$$

式中　c——颗粒体积；

　　　　t——时间；

　　　　R——气体常数；

　　　　T——热力学温度；

　　　　μ——气体黏度；

　　　　N——阿伏伽德罗常量；

　　　　K——修正系数，对于空气，K 取 1.72；

　　　　D_{p}——颗粒直径；

　　　　C——颗粒物浓度，个/m^{3}；

　　　　λ——分子平均自由程，$\mu\mathrm{m}$。

对于高浓度的非均相微细颗粒，颗粒之间的凝结是非常活跃的，如金属烟，搅拌和升温有助于凝结的发生。

二、 润湿性

尘粒是否易与水（或其他液体）润湿的性质称为可湿性，它取决于微细颗粒物的成分、粒度、生成条件、温度、液体的表面张力以及荷电性等因素。根据微细颗粒物被水润湿程度的不同可将其分为两类：由于破碎而生成的金属矿石微细颗粒物等易被水润湿且润湿角小于$60°$的称为亲水性微细颗粒物；由于焦油烟气冷凝而生成的微细颗粒物、炭黑等润湿角大于$90°$的称为疏水性微细颗粒物。亲水性微细颗粒物被水润湿后会发生凝聚、增重，有利于微细颗粒物从空气中分离。疏水性微细颗粒物则不易用湿法除尘。

微细颗粒物的润湿性是通过微细颗粒物颗粒间形成的毛细管的作用完成的。

微细颗粒物的润湿性对湿式除尘装置的除尘效率也有重大影响。尘粒表面吸附空气形成的气膜或覆盖有油层时，会反降，即使碰撞也难于润湿捕获。密度较大的微细颗粒物较易被捕获。水滴与尘粒之间的相对速度越高，则冲击能量越大，越有利于润湿微细颗粒物从而被捕获。但如果风速过高，也会使尘粒与水滴之间的接触时间过短，从而降低除尘效率。

当微细颗粒物种类一定时，尘粒的润湿性随尘粒直径的减小和温度的升高而降低。$5\mu m$以下（特别是$1\mu m$以下）的尘粒因表面吸附了一层气膜，即使是亲水性微细颗粒物也难以被水润湿。只有当液滴与尘粒之间具有较高相对速度时，才能冲破气膜使其润湿。有的微细颗粒物（如水泥、石灰等）与水接触后，会发生粘接和变硬，这种微细颗粒物称为水硬性微细颗粒物。水硬性微细颗粒物不宜采用湿法除尘。

微细颗粒物的润湿性除与尘粒本身性质有关外，还与液体性质有直接关系，如表面张力小的液体（汽油）容易润湿尘粒，反之，表面张力大的液体则不易润湿尘粒。因此，在设计湿法防尘设施时，正确地选择润湿液和润湿剂是很重要的。对于润湿性好的亲水性微细颗粒物，选用湿式除尘方式进行烟尘净化，对集尘和清灰都有较好的效果。对憎水性微细颗粒物，则不能选用湿式除尘器。对某些润湿性较差的微细颗粒物，在选用湿式除尘器时，为增加微细颗粒物的浸润及凝聚，可加入某些浸润剂（如皂角素等）以提高除尘效率。

由于微小尘粒和水滴在空气中均存在着环绕气膜现象，尘粒与水滴在空气中必须冲破环绕气膜才能接触凝并。为冲破环绕气膜，尘粒与水滴两相必须具有足够的相对速度。实践证明，捕集微小尘粒采用大水滴较为有利。

三、 附着性

尘粒与物质（如管壁、器壁、水膜等）的贴附性质称为微细颗粒物的附着性。尘粒之间贴附凝聚成粒子团的性质称为微细颗粒物的凝聚性。有些文献将微细颗粒物的附着性和凝聚性称为微细颗粒物的黏性。

微细颗粒物的附着性和凝聚性的强弱主要取决于微细颗粒物的性质（微细颗粒物的形状、粒度、湿度、荷电性等）和外界条件（空气的温度和湿度、尘粒的运动状况、电场力和磁场力等）。微小尘粒在空气中受到高温、布朗运动以及声波的作用，做不规则、不均质的运动，尘粒间便发生冲击碰撞从而凝并成粒子团。在除尘过程中，微细颗粒物的黏性可作为除尘设备选型、确定电除尘器收尘极板的清灰振打强度及袋式除尘器反吹清灰动力大小的参数。对于不易被水润湿的疏水性微细颗粒物，不宜采用湿式净化设备；对附着性很强的微细颗粒物，采用干式除尘器容易堵塞。当电除尘器处理含黏性大的微细颗粒物气体时，极板的清灰就需要较高的振打强度。

四、磨啄性

滤料在过滤、拦截、凝聚微细颗粒物时，微细颗粒物（特别是不规则形粉尘）对滤料的破坏性称为磨啄性。它与微细颗粒物的性质、形态以及携带微细颗粒物的气流速度、微细颗粒物浓度等因素有关。例如，铝粉、硅粉、炭粉、烧结矿粉等材质坚硬，属于高磨啄性微细颗粒物；颗粒表面粗糙、尖棱不规则的微细颗粒物比表面光滑、球形颗粒微细颗粒物的磨啄性要大许多倍（约 10 倍）；粒径为 90μm 左右的微细颗粒物磨啄性最大，而当微细颗粒物粒径减小到 5～10μm 时磨啄性则十分微弱；微细颗粒物的磨啄性与携带其气流速度的 2～3.5 次方成正比。因此，为了减小微细颗粒物对滤料的磨啄性，必须严格控制沥青混合料拌和机排气气流的速度和匀速性。此外，对于磨啄性大的微细颗粒物要选用耐磨性好的滤料。

表 1-5 列出几种粒径的颗粒物及其沉降速度；表 1-6 列出了不同力作用下的颗粒迁移速度；不同粒径颗粒的热泳速度见表 1-7。

表 1-5　颗粒物粒径与沉降速度的关系

颗粒粒径/μm	参考物	下降 3m 所需时间/s
2000～5000	暴雨	0.85～0.9
1000～2000	大雨	0.9～1.1
500～1000	中雨	1.1～1.6
100～500	小雨	1.1～1.6
50～100	雾滴	11～40
10～50	浓雾	40～1020
2～10	薄雾	1020～25400

表 1-6　不同力作用下的颗粒迁移速度

颗粒粒径/μm	重力/(cm/s)	离心力/(cm/s)	电场力/(cm/s)	布朗运动/(cm/s)
10.0	0.024	20.5	0.98	0.0000057
1.0	0.00027	0.235	0.11	0.0000194
0.1	0.0000069	0.0059	0.27	0.0000927
0.01	0.00000053	0.00046	2.12	0.000854

表 1-7　不同粒径颗粒的热泳速度

颗粒粒径/μm	0.01	0.1	1.0	10
热泳速度/(m/s)	2.8×10^{-6}	2.0×10^{-6}	1.3×10^{-6}	7.8×10^{-7}
终端沉降速度/(m/s)	6.7×10^{-8}	8.6×10^{-7}	3.5×10^{-5}	3.1×10^{-7}

第二章

干式除尘技术

第一节　提高干式静电除尘器效率的主要措施

电除尘器自 1923 年即开始应用于除尘，压降低，能耗也较低。一台设计较好的电除尘器的除尘效率可超过 99.9%，对 PM_{10} 和 $PM_{2.5}$ 也有很好的捕集效率，但对粒径小于 $0.3\mu m$ 的粉尘的捕集效率要低一些，其原因主要是粉尘难于荷电，并且烟气对粉尘运动阻力较大，阻碍了粉尘向集电极运动。

干式电除尘器的除尘效率可按下式计算：

$$\eta = 1 - e^{-(A\omega/Q)} \tag{2-1}$$

式中　η——除尘效率，%；

　　　e——自然底数，2.719；

　　　A——有效集尘面积，m^2；

　　　Q——气体体积，m^3/s；

　　　ω——颗粒迁移速度，m/s。

$$\omega = Ka^2E_0E_p \tag{2-2}$$

式中　K——气体速度相关系数；

　　　a——颗粒半径，m；

　　　E_0——颗粒放电极电场强度，N/m；

　　　E_p——颗粒集电极电场强度，N/m。

从上述公式可以看出：运行电压与电除尘器除尘效率具有"平方"的关系；颗粒粒径对电除尘器除尘效率有重要影响；微细颗粒由于迁移速度低，很难被电除尘器捕集。增大颗粒粒径、提高电压、增大比集电面积一般可有效提高电除尘器除尘效率。

电场中颗粒的迁移速度可用下式来表达：

$$u = \frac{\left(1 + \dfrac{K\lambda}{D_p}\right)Ee}{3\pi\mu D_p} \tag{2-3}$$

式中　 u ——迁移速度，cm/s；

D_p ——颗粒直径，μm；

μ ——气体黏度，cp；

E ——电场强度，N/C；

e ——颗粒荷电，库伦；

K ——气体速度相关系数；

λ ——分子平均自由程，μm。

对于 $1\sim10\mu$m 的颗粒，迁移速度约为 20cm/s；对于小于 1μm 的颗粒（如三星式电除尘器），其迁移速度为 $12\sim13$cm/s。亚微米级颗粒所获得的电荷数与其直径成正比，其迁移速度或者说捕集效率与直径大小几乎无关。对于大于 1μm 的颗粒，其所获得的电荷数与其直径的平方成正比，其迁移速度或者说捕集效率取决于颗粒直径的大小。

图 2-1 反映了电场强度对除尘效率的影响，若将电场强度从 1×10^5 V/m 提高到 5×10^5 V/m，粒径为 $0.3\sim0.4\mu$m 的粉尘除尘效率可由 5% 提高到 70%。

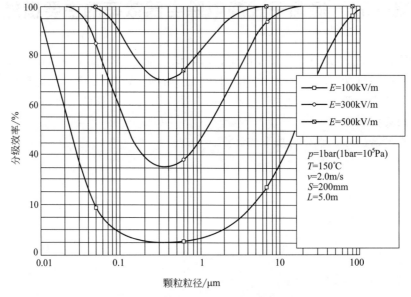

图 2-1　典型电除尘器的除尘效率

图 2-2 为典型的电除尘器粉尘粒径穿透曲线。当不振打时，$0.3\sim0.5\mu$m 的粉尘为穿透峰值，此范围内的粉尘扩散和粉尘荷电都不占主导作用。随着粉尘粒径的增大，其穿透率迅速下降。当极板振打时，粉尘穿透曲线出现另一个峰值，此时粉尘粒径的峰值范围为 $6\sim7\mu$m。

提高电除尘器除尘效率的措施有：增设预除尘设施、改进锅炉运行条件、烟气调质、烟气增湿、烟气降温、增加比集尘面积、增加电场高度和分区、优化电场极板间距、减少空气泄漏、提高烟气分布的均匀性、优化振打措施、电源更新改造以及其他辅助设备的升级改造等。

预除尘设备可除去烟气中大颗粒的粉尘，减轻后续主要除尘设备的负荷；烟气调质可改变粉尘或烟气的特性，可提高后续除尘设备的性能。两种形式的预处理均可提高除尘设备的除尘效率，延长使用寿命，降低运行费用。

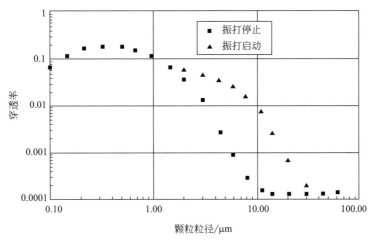

图 2-2 典型电除尘器穿透率与粒径之间的关系

一、 增加预处理设施

目前，主要的预除尘装置可分为 5 类：重力沉降室、淘析器、冲击式分离器、机械助力收尘器和离心式除尘器（如旋风除尘器）。图 2-3 为几种除尘器的除尘效率。利用重力或惯性力进行除尘的除尘器，具有投资低、维护少、能在恶劣环境下工作的优点，缺点是对微细粉尘的除尘效率较低。虽然少数设备也能获得很高的除尘效率，但压力损失很大，运行费用

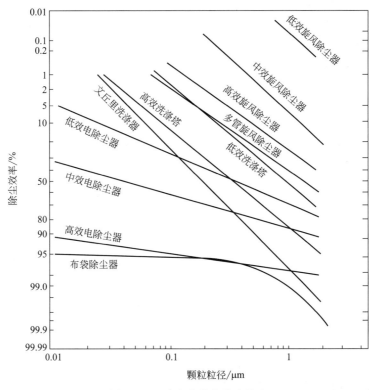

图 2-3 几种除尘器的除尘效率

也很高，不适合大范围推广。

重力沉降室是最简单的机械吸尘装置，它依靠重力沉降的原理进行粉尘收集，尽管其除尘效率较低，但对于需要进行烟气强冷却的场合（如布袋除尘器前）还是非常有用的。烟气进入沉降室后，由于烟气通道的突然扩大，烟气流速迅速降低，烟气中粒径较大的颗粒即从烟气中分离出来。重力沉降室对大颗粒和密度大的颗粒非常有效，对 PM_{10} 的去除率很低，一般低于 10%。重力沉降的效率随烟气流速的降低而增大。为达到较高的除尘效率，沉降室体积很大。在沉降室内增加一些横隔板，可减小烟尘沉降的距离，进而提高除尘效率，其许用烟气流速也可比常规的沉降室高一些，最小脱除粉尘粒径可达 $15\mu m$。

与重力沉降室一样，淘析器也是依靠重力沉降原理来收尘的。淘析器可由一个或多个串联的垂直管或塔组成，烟气自下而上垂直流动，较大粒径的粉尘从烟气中分离出来，沉降于淘析器的底部，烟气则从顶部排出。可设计不同直径的淘析器对不同粒径的粉尘进行分类收集。淘析器对 $10\mu m$ 左右的粉尘的去除率为 $10\% \sim 20\%$，其占地面积比重力沉降室小，但压力损失比重力沉降室大一些。

冲击式分离器利用重力和惯性力进行粉尘的收集。在分离器内部设置导流板，强制烟气方向急速变向，烟尘在重力和惯性力的作用下与气流分离。一般采取烟气先急速向下流动，然后急转向上流动的方式进行设计。冲击式分离器对 PM_{10} 的去除率约 20%，除尘效率、压降和运行费用随烟气流速的增大而增加，优化设计时需综合考虑这三者之间的关系。

机械助力分离器利用惯性力进行粉尘的收集。典型的机械助力分离器为轴流风扇式，烟尘在旋转的叶片推动下甩向壳内壁从而被收集下来。机械助力分离器对微细粉尘的收集能力强于冲击式，但磨损较大，出现粉尘堆积堵塞的可能性也较大，维护费用较高。

机械助力分离器对 PM_{10} 的去除率约为 30%。机械助力分离器产生的离心力要比旋风除尘器大得多，但停留时间更短，因湍流而产生的二次携带也更多，其突出的优点是结构比较紧凑。

旋风除尘器利用气流旋转产生的离心力进行粉尘的分离。在旋风分离器内产生两股涡流，外涡流沿分离器内壁旋转向下，在底部形成的内涡流则旋转向上。克服了烟气电力的粒径较大的粉尘沿分离器内壁流入料斗，而颗粒较小的粉尘在烟气电力的作用下跟随气流在分离器顶部排出。根据气流的入口方式和粉尘排放方式，旋风分离器可分为 4 种类型：切向进气，轴向排灰；轴向进气，切向排灰；切向进气，径向排灰；轴向进气，径向排灰。

影响旋风除尘器除尘效率的因素比较多，其除尘效率一般随以下因素的增大而提高：粉尘粒径和密度、入口烟气速度、筒体长度、气体在筒体内的旋转次数、筒体直径与烟气出口直径之比、筒体内壁的光滑度。其除尘效率随以下因素的增大而降低：烟气黏度、筒体直径、烟气出口直径、烟气入口面积、烟气密度。另一个导致旋风除尘器效率降低的因素是空气泄漏进入灰尘出口。

一般地，常规单个旋风除尘器对粒径为 $10\mu m$ 的粉尘的去除率为 $85\% \sim 90\%$，对粒径为 $5\mu m$ 的粉尘的去除率为 $75\% \sim 85\%$，对粒径为 $2.5\mu m$ 的粉尘的去除率可达 90%。大通量的旋风除尘器只能保证除去粒径 $20\mu m$ 以上的粉尘。

多管旋风除尘器对粒径为 $5\mu m$ 的粉尘的去除率可达到 $80\% \sim 95\%$。直流式除尘器和回流式除尘器相比，它的除尘效率受气体流量变化的影响小，对负荷的适应性比后者好。当气体流量下降到效果最佳流量的 50% 时，除尘效率下降 5%；上升到最佳流量的 125% 时，效率几乎不变。其压力损失和流量大致成平方关系。

除尘器导流叶片设计是直流式旋风除尘器的关键环节之一，其最佳角度似乎是与气流最初的方向成 $45°$，因为把角度从 $30°$ 增加到 $45°$，除尘效率有显著的提高，再多倾斜 $5°$，对效率就无影响，而阻力却有所增加。如果把叶片高度降低，由于环形空间变窄，以致速度增大，从而使离心力增大，效率提高。

除尘器的除尘效率随着排气管直径的缩小，或者说随着环形空间的加宽而提高。除尘效率的提高，是因为在除尘器截面上从轴心到周围存在着灰尘浓度梯度，也就是靠近轴心的气体比较干净。另外，靠近壁面运动的气体，在进入洁净气体排出管时在环形空间入口处形成灰尘的惯性分离，如果环形空间比较宽，气体的径向运动更为显著。

直流式除尘器在二次排气占总排气 5%，总流量高于 $0.05m^3/s$ 时，除尘效率可达 95%以上，这高于普通旋风除尘器。

旋风除尘器可根据不同的需求进行设计。一般地，要求的效率越高，压力损失也越大。典型的三种旋风除尘器的设计参数如表 2-1 所列。

表 2-1　三种旋风除尘器的设计参数

类型 项目	高效率		一般效率		变流量	
	I	II	III	IV	V	VI
直径(D/D)	1.0	1.0	1.0	1.0	1.0	1.0
入口高度(a/D)	0.5	0.44	0.5	0.5	0.75	0.8
入口宽度(b/D)	0.2	0.21	0.25	0.25	0.325	0.35
出口直径(D_g/D)	0.5	0.4	0.5	0.5	0.75	0.75
涡流导出管长度(s/D)	0.5	0.5	0.625	0.6	0.875	0.85
直段长度(h/D)	1.5	1.4	2.0	1.75	1.5	1.7
锥段长度(L_g/D)	2.5	2.5	2.0	2.0	2.5	2.0
粉尘出口直径(B/D)	0.375	0.4	0.25	0.4	0.375	0.4

当处理的烟气量较大时，可采用多管旋风除尘器。旋风除尘器的压降随入口烟气流速的增大而增大，随除尘器直径的增大而减小，旋风除尘器的压降可由相关公式计算出来。

在以上几种机械收尘装置中，重力沉降室和淘析器的效率最低，多管旋风除尘器效率最高。

二、　烟气调质

煤粉炉最佳的粉尘比电阻为 $10^4 \sim 10^{11} \Omega \cdot cm$，若比电阻过高，需采取其他措施来提高除尘效率，如喷水增湿、喷 SO_3 和 NH_3 调质等措施。常用的调质剂包括三氧化硫、氨、铵盐、有机胺和碱粉。

烟气调质所用的调质剂主要基于以下一个或多个原理来提高电除尘器的性能：一是吸附于飞灰表面，改变飞灰表面比电阻；二是吸附于飞灰表面，改变其黏附或凝聚性质；三是增加微细粉尘的浓度，以提高空间电荷；四是提高火花放电电压，降低反电晕；五是增大粉尘平均粒径；六是降低烟气酸露点。

1. 三氧化硫烟气调质

烟气调质剂的作用因受具体条件的影响很大，难于量化。在有些情况下，少量的调质剂即可显著提高除尘器的除尘效率，而在有些情况下，即使采用大剂量的调质剂，除尘器效率的提高也很有限。调质剂的用量与除尘器效率并不总是成正比。

美国最常用的调质剂是 SO_3。SO_3 直接喷入空预器前的烟气中，所有的 SO_3 水合成硫酸，硫酸具有很强的亲水性，并立刻解离成 H^+ 和 SO_4^{2-}，增加粉尘的导电性。此外，硫酸的蒸气压很低，二者可有效地降低粉尘的比电阻。硫酸吸附或冷凝于粉尘颗粒表面，极板上的粉尘表面也可吸附一层酸液层。

SO_3 可通过以下几种方式产生：一是蒸发硫酸溶液；二是蒸发液态 SO_3；三是蒸发液态 SO_2，然后再催化氧化成 SO_3；四是燃烧单质 S 生成 SO_2，然后再催化氧化成 SO_3。方式 3 和方式 4 最为可靠，其中方式 3 最为经济。

典型烟气中喷入 SO_3 的量为 $(5\sim30)\times10^{-6}$，20×10^{-6} 的 SO_3 可将粉尘比电阻降低两个数量级。

烟气温度和粉尘的组分决定了喷射 SO_3 的效果。当温度大于 200℃时，SO_3 作用较差，因为高温不利于 SO_3 在粉尘表面的吸附和冷凝。同时，高温条件下，容积导电超过表面导电，占据主导位置，粉尘表面的硫酸只能增加表面导电。如果粉尘含有大量的碱性组分，这些组分将与硫酸反应生成非导电的盐，此时，需要喷入更大剂量的 SO_3。目前，许多电厂在电除尘器前增加低低温换热器，将烟气温度降低到 $80\sim90$℃，除了能降低烟气体积（实际上减小了电除尘器中的烟气驻进速度）以外，还可使烟气尽可能接近酸露点中 SO_3 的作用。二者均有利于提高现有电除尘器的效率。采用 SO_3 作为调质剂也出现了一些问题，比如腐蚀、催化剂失活和粉尘比电阻过低等。

三氧化硫的调质主要用于燃烧低硫煤时降低粉尘的比电阻。三氧化硫一般采用单质硫燃烧制取，单质硫在焚烧炉中燃烧后生成 SO_2，SO_2 经过多级催化剂转换成 SO_3，然后再喷射到电除尘器前的烟道中。对于一台 600MW 的机组，其 SO_3 的使用量为 $(5\sim10)\times10^{-6}$，在单质硫焚烧炉中，保持较高的硫气比（硫占空气的比值）可以节省能耗。同时，由于 SO_3 的浓度较高，相应的输送管道直径可减小。

2. 氨/铵调质

在燃烧低硫煤的条件下，氨是一种很好的调质剂。在澳大利亚的电除尘系统中，氨是应用最广的烟气调质剂。除了在电除尘系统中应用以外，在布袋除尘系统中，氨也是一种很好的性能优化剂。

在电除尘系统中，氨可以以气态或液态的形式喷入。氨的调质可以提高运行电压，增加空间电荷，还可以增加风尘之间的凝聚力，防止粉尘二次逃逸。

烟气温度对氨调质的影响很大，在烟气温度小于 110℃的条件下，氨调质的效果更好。氨对粉尘比电阻的影响还不清楚，电除尘器效率的提高与粉尘比电阻的降低没有绝对的正向性。

在布袋除尘器中，喷入烟气中的氨与烟气中的 SO_3 生成硫酸氢铵和硫酸铵，这些盐可以增加粉尘之间的黏附性质，因此，可降低布袋清灰时的二次逃逸。硫酸氢铵和硫酸铵可形成孔隙率更高的滤饼，降低布袋除尘器的阻力。此外，氨还能降低因 SO_3 冷凝产生的腐蚀和布袋失效。

铵化合物调质比氨更方便。氨基磺酸、硫酸铵和硫酸氢铵是最常见的铵化合物。现在使用的一些铵盐调质剂也包含了铵化合物，这些调质剂可分解出氨和硫酸，分别发挥氨和硫酸调质的作用。铵化合物通过降低粉尘比电阻、增加空间电荷和增加粉尘颗粒间的黏附性来提高电除尘器的效率。

三乙胺是一种有效的有机胺调质剂，起作用的机理与氨类似，三乙胺在低温和低碱性的场合效果更好。

铵盐可在空气预热器后喷入。在电厂采用氨调质的系统中，出现过滤嘴堵塞和放电电极结垢的问题。

与 SO_3 仅降低粉尘的比电阻不一样，采用氨调质有以下功能：①增加低碱粉尘对 SO_3 的吸收能力；②增加粉尘凝聚，减少因振打而产生的粉尘二次飞扬；③增加空间电荷，提高除尘效率；④增加含碳量较高粉尘的除尘效率；⑤降低燃烧高硫煤时烟气的酸雾点，减少电除尘器的腐蚀；⑥减少 SO_3 逃逸量，防止硫酸酸雾的产生；⑦采用 SO_3 和 NH_3 联合调质，可发挥二者各自的优点。NH_3 的喷射方式与 SO_3 类似。对于一台 600MW 的机组，喷氨量约为 $(4\sim8)\times10^{-6}$。

当氨用于烟气调质时，飞灰中的氨可达 2500×10^{-6}；SNCR 工艺中，烟气中氨逃逸量为 $(5\sim20)\times10^{-6}$，飞灰的氨含量为 $(200\sim1000)\times10^{-6}$；SCR 工艺中，烟气中氨逃逸量为 $(2\sim5)\times10^{-6}$。当烟气中的氨逃逸量为 2×10^{-6} 时，飞灰的氨含量大约为 100×10^{-6}。

当飞灰中含有氨时，在水泥的凝固过程中，水泥中的铵根离子将以 NH_3 的形式逸出：

$$NH_4^+ + OH^- \Longrightarrow NH_3 + H_2O$$

在水泥的生产、销售和使用过程中散发出浓浓的氨味，当这种水泥应用于地下室或封闭空间时，依然能够散发出难闻的氨味。

一般要求每千克飞灰中的氨含量低于 100mg。

飞灰除氨的原理也是利用上述的反应，将飞灰添加 $1\%\sim4\%$ 的水，同时添加少量的碱剂（如 CaO，用量一般小于 2%），在搅拌混合过程中，保持混合物的 pH 值大于 10。采用该工艺，可将飞灰中 1000×10^{-6} 的氨降低至 20×10^{-6}。

3. 碱性物质调质剂

$NaCl$、Na_2SO_4、Na_2CO_3 是常用的碱性物质调质剂，他们通过降低粉尘的比电阻来提高电除尘器的效率。碱物质调节剂可喷入电除尘器前或锅炉炉膛中，但喷入炉膛时，锅炉存在结垢的风险。

三、 添加团聚剂

燃煤微细颗粒化学团聚促进剂一般由表面活性剂、水溶性高分子化合物、无机盐添加剂和水组成。水溶性高分子化合物可为分子量大于 300 万的非离子型聚丙烯酰胺、黄原胶、聚二甲基二烯丙基氯化铵；表面活性剂可为十二烷基苯磺酸钠等；无机盐添加剂可为磷酸铵或多聚磷酸钠。表面活性剂通过降低溶液表面张力，促进微细颗粒润湿，提高捕集速度和捕集量。水溶性高分子化合物溶于水后，所形成的带电基团可与微细颗粒发生电性中和作用，吸附于颗粒表面上的高分子长链可能同时吸附在另一个颗粒的表面上，通过"搭桥"方式将两个或更多的颗粒团聚在一起，电性中和、吸附架桥作用均可以导致颗粒团聚。无机盐添加剂可增强表面活性剂降低溶液表面张力的能力，促进微细颗粒的润湿。

化学团聚剂采用双流体雾化成 $20\sim25\mu m$ 的雾滴喷入烟道中，烟气停留的时间为 1s，可将布袋除尘器后的粉尘浓度降低 $35\%\sim45\%$。表面活性剂可通过降低溶液的表面张力促进超细颗粒润湿，加速超细颗粒进入团聚剂液滴内部，从而提高团聚剂对超细颗粒的捕集速度和捕集量。钠基表面活性剂被颗粒吸附后还可以增强颗粒的导电性能，降低颗粒比电阻。水溶性高分子化合物溶于水后，所形成的带电基团可与超细颗粒间发生电性中和的作用，吸附在颗粒表面上，通过"搭桥"方式将两个或更多的颗粒团聚在一起，电性中和、吸附搭桥作用均可以导致颗粒团聚。pH 值调节剂可以将水溶性高分子化合物分子链软化成柔性延伸的分子链，增强其团聚颗粒的能力，进而提高团聚剂对超细颗粒的团聚效率。无机盐添加剂可以增强表面活性剂降低溶液表面张力的能力，促进超细颗粒的润湿，同时，无机盐添加剂还可以增强颗粒的导电性，降低颗粒比电阻，提高静电除尘器对高比电阻飞灰的去除效率。

四、 液滴荷电

液滴轨迹可以从它的初始速度、液滴大小和气体性质等方面出发，借助于液滴速度同液滴运行距离的关系来计算。而直径 $200\mu m$ 的液滴可运行大约 90cm；直径 $100\mu m$ 的液滴以 30m/s 的速度喷射到空气中，可运行 30cm。

实验表明，直径 $200\sim250\mu m$ 液滴的诱导电荷大约为 5×10^{-7} C/g。在许多喷淋塔中，液滴的运行距离大约为 50cm，这个距离就是液滴从雾化点到塔壁或与其他液滴相碰时走过的距离。电荷的最大影响出现在液滴的速度降低到惯性碰撞不太起作用的时候，因为平均效率是对整个运行距离进行积分计算，所以如何考虑液滴运行距离的长短具有很大的影响。微细粉尘的荷电比液滴荷电更有利于提高除尘效率。

五、 调整烟气温度

粉尘比电阻与烟气温度有关。温度高于 300℃ 或温度低于 100℃ 时，粉尘的比电阻都较低。利用粉尘比电阻与温度的关系特点，开发了高温电除尘器（运行温度为 350℃ 左右）和低温电除尘器（运行温度为 90～100℃），这有别于常规电除尘器运行温度 130～150℃。

烟气增湿相当于降低烟气温度，可降低粉尘比电阻，降低烟气体积和烟气速度（相当于增加电除尘器的比集尘面积），从而提高除尘效率。

六、 改进电除尘器结构参数

增加电除尘器的分区，可减少电火花、高粉尘负荷和串气的影响。

改进电除尘器结构参数的措施包括：增加电除尘器的高度和长度，增加比集尘面积；减少极板间距（可提高微细粉尘和高浓度粉尘的除尘效率）；优化放电电极几何结构，对于粉尘浓度高和微细粉尘多的场合采用螺旋芒刺线等；改进振打机构和控制逻辑（可保持放电电极和收尘集积灰清除干净，提高粉尘的迁移速度，减少二次扬尘）。

七、 提高气流分布的均匀性

采用 CFO 数值计算和物理模型以提高电除尘器整体气体分布的均匀性，可有效地提高除尘效率。

八、 改善锅炉系统运行条件

清理锅炉换热管、改进鼓风机运行操作条件可提高热交换，降低烟气温度。降低烟气温度可以降低粉尘比电阻，增加运行模拟电压，提高粉尘颗粒迁移速度，从而提高除尘效率。

加强其他辅助设备（如灰斗加热器、料位计、振打装置、人孔门、膨胀节、风门挡板等）的检修维护，对保证除尘器的除尘效率同样重要。

九、 电源改造

电源改造是目前电除尘器改造方法中应用最多的方法之一。

电除尘器入口含尘浓度较高会减弱电场的电离效果、削弱粉尘的荷电，特别是前电场极易发生电晕封闭，导致粉尘的荷电不足。将智能控制的高频电源用于前级入口高浓度烟尘场合时，抑制电晕封闭的性能优于普通电源，能够提高前级电场的除尘效率，且在运行中有效降低除尘器电耗，能有效地降低厂用电。

一般地，增加电除尘器的长度可降低亚微米级粉尘和振打二次扬尘的穿透率；增加分区可以降低振打二次扬尘的穿透率。在高比电阻运行时，还可降低亚微米级粉尘的穿透率。采用粉尘预电荷装置，并在增加分区的情况下，可显著降低亚微米级粉尘和振打二次扬尘的穿透率，特别是对高比电阻粉尘更有效。

第二节　低低温电除尘器

在电除尘器上游设置热回收装置，将进入电除尘器前的烟气温度冷却至露点以下，从而提高电除尘器性能的技术称为低低温电除尘技术。低低温电除尘系统一般由两大设备组成，即低低温省煤器（也有称低温换热器的）和低低温电除尘器。低低温省煤器一般采用水作为导热媒介，吸收烟气中的热量，将烟气温度降至 $85\sim95℃$，有些甚至降至 $75℃$，升温后的水用于锅炉补充水。

采用低低温电除尘器有以下益处。

1. 提高除尘效率， 特别是微细粉尘的除尘能力

粒径为 $0.1\sim1\mu m$ 的颗粒荷电最弱。当电除尘器入口温度降低到 $90℃$ 左右时，对于任何灰质的灰尘，其比电阻均在反电学临界值以内，不会发生反电晕，粒径为 $0.1\sim1\mu m$ 的颗粒的脱除效率明显增大。烟气降低温度，烟气体积减小，流经电除尘器的烟气速度相应减小，延长了烟气在电除尘器内的停留时间，比集尘面积增加，电除尘器的除尘性能得到较大改善。根据实际工况条件的不同，一般可提高除尘效果 $3\sim15mg/m^3$。

图 2-4 为烟气温度与低低温电除尘器除尘效率的关系。从图中可以看出，烟气温度降低后，电除尘器对亚微米级粉尘的脱除能力大大提高。

2. 提高三氧化硫的脱除能力

$H_2O\text{-}H_2SO_4$ 两相图见图 2-5。从 $H_2O\text{-}H_2SO_4$ 两相图中可以得出以下结论。

（1）SO_3 含量越高，SO_3 冷凝温度也越高，但不超过 $150℃$。

（2）SO_3 含量越低，SO_3 冷凝温度也越低。而 $110℃$ 是临界温度点，只要烟温低于 $110℃$ 临界温度点，SO_3 将完全冷凝。

（3）烟气通过换热器时，当烟温低于 $110℃$ 时，灰的表面温度与烟温相同。烟气温度降至硫酸露点以下，烟气中的 SO_3 以 H_2SO_4 微滴的形式存在，SO_3 能使细小颗粒相互黏结并

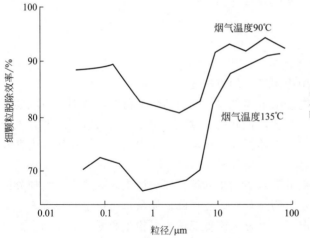

图 2-4　烟气温度与低低温电除尘器除尘效率的关系

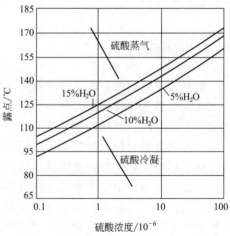

图 2-5　硫酸露点与烟气中水含量的关系

发生凝聚，形成较大的颗粒。此时，SO_3 不光在金属壁冷凝，而且同时在粉尘表面冷凝，并产生粉尘对 SO_3 的物理吸附和化学吸附。而此处烟气含尘浓度高，一般为 $15000 \sim 25000 mg/m^3$ 或更高，比表面积可达 $2700 \sim 3500 cm^2/g$，因此总表面积很大，为 SO_3 的凝结和吸附提供了良好的条件。另外，冷凝吸附于粉尘表面的 SO_3 被碱性物质吸收、中和，使烟气粉尘的比电阻下降，连同粉尘一起被电除尘器除去。通常情况下，灰硫比（D/S）＞100 时，烟气中的 SO_3 去除率可达到 95％以上，使下游烟气露点大幅度下降，从而大大减轻了尾部设备的低温腐蚀。

烟气中粉尘对 SO_3 的吸收取决于粉尘中碱性物质的含量，粉尘中的碱性物质主要指粉尘中的 MgO、CaO 和 NaO。亚烟煤的含硫量一般为 0.5％左右，飞灰中碱性物质比例较大，这些碱性物质几乎可以吸收烟气中所有的 SO_3，在这种情况下，需要喷射 SO_3 或 NH_3 以提高静电除尘器的除尘性能。烟煤则刚好相反，由于飞灰的特性和烟气温度，烟气中大部分的 SO_3 并没有被飞灰吸收。

图 2-6 为低低温电除尘器脱除 SO_3 和温度的关系。从图中可以看出，烟气温度降低后，电除尘器对 SO_3 的脱除能力大大提高。

低低温电除尘器不但提高了除尘效率，也提高了 SO_3 的脱除效率。此法可以将烟气中的 SO_3 降至 1×10^{-6} 以下，对于 1 台 600MW 的机组，可节能约 2MW。

实际工程项目的测试也表明，低低温工况下，SO_3 的去除率能得到有效的提高，下游设备的腐蚀也大大减轻。例如，常规电除尘器的烟尘排放浓度为标准状况下 $30 \sim 50 mg/m^3$，烟尘平均粒径一般为 $1 \sim 2.5 \mu m$，粒径小于 $3 \mu m$ 的粉尘占比较大，其中小于 $2 \mu m$ 的约占比 75％，见图 2-7。相关研究表明，低低温电除尘器出口烟尘平均粒径大于 $3 \mu m$。当采用低低温电除尘器时，脱硫出口烟尘浓度明显降低，见图 2-8。

采用低低温电除尘技术后，需要注意以下几个问题。

（1）二次扬尘的防止　由于粉尘的电阻降低，粉尘黏结力减小，易产生二次扬尘，需从振打方式和极板结构方面采取措施，防止因气流冲刷和振打等引起的二次扬尘。

① 增大电除尘器容量。适当增大电除尘器容量，减小烟气流速，从而减少二次扬尘。

② 严格要求流场均匀性。气流均匀性越好，相对局部气流冲刷越弱，二次扬尘相应减少。

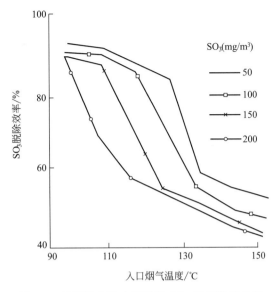

图 2-6　低低温电除尘器脱除 SO_3 和温度的关系

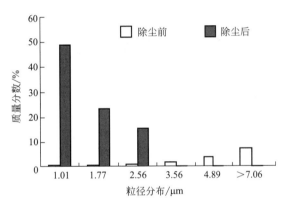

图 2-7　电除尘器除尘前后粉尘粒径的变化

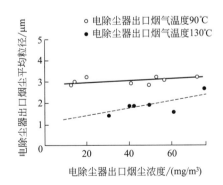

图 2-8　电除尘器出口浓度和粒径与烟气温度之间的关系

③ 设置合理的电场电压。在不振打时,加大电场电压,从而增大极板对粉尘的静电吸附力,减少气流冲刷带走的二次扬尘;在振打时,降低电场电压,使粉尘能被稳定地成块打下。

④ 优化出口封头设计。出口封头内设置槽形板,使部分逃逸或二次飞扬的粉尘被再次

捕集。

⑤ 设置合理的末电场振打方式。高频次小幅振打的末电场振打方式有利于防止二次扬尘。

⑥ 适当增加电场。适当增加电场可再次吸收前电场振打引起的二次扬尘。

⑦ 振打制度的改进，优化振打逻辑。调整振打电动机转速，延长末电场振打时间，调整振打周期。末电场各室不同时振打，同电场阴、阳极不同时振打，前后级电场不同时振打。

（2）结构材料的改变　烟气温度降低后，除尘器灰斗的温度下降，飞灰的流动性变差，甚至可能发生腐蚀。通过在电除尘器内部试片的腐蚀试验，观察和测量得出电除尘器用材（SPPC 及 Q235 材料）的腐蚀速率均很低，很好地说明了在低低温工况下电除尘阴阳极、壳体等无须采用特殊的防腐蚀材质。但灰斗应提高防腐等级，材质采用 ND 钢，除尘器灰斗 2/3 左右应内附 316 衬板。灰斗采用 2/3 面积以上的蒸汽加热，有效加热、可靠保温，灰斗角度加大到 65°。人孔门均采用双层密封结构，周围约 1m 范围内采用 ND 钢板。此外，低低温省煤器的换热管应采用合理的结构形式和清灰方式，防止换热管道出现黏灰堵塞现象。同时，一级电场的除尘量增加以及灰的流动性变差，造成输灰困难，需要核实一级灰斗输灰系统的输灰能力及其可靠性。

第三节　电袋复合除尘器

电除尘器和布袋除尘器是两种常用的除尘器。

干式电除尘器一般可将粉尘排放浓度降至 $30mg/m^3$ 以下，使用温度可达 450℃，而布袋除尘器可将粉尘排放浓度降至 $10mg/m^3$ 以下，使用温度可达 200℃。干式电除尘器的压力损失较低，一般为 200~300Pa，而布袋除尘器则较高，可达 2500~8500Pa，有些甚至达到 200000~800000Pa。

电除尘器的主要不足是对粒径 0.1~1.0μm 的粉尘的捕集率比粒径 10μm 的至少小一个数量级（图 2-9），而未捕集的这部分粉尘正好是对人体健康威胁最大的。布袋除尘器对微细粉尘的捕集效率要比电除尘器好得多。例如，对于粒径为 0.1~0.3μm 的粉尘，高效电除尘器的捕集效率大约为 99%，而布袋除尘器则可达到 99.9%。

影响电除尘器效率的主要因素有比集尘面积、气流不均匀系数以及控制系统。常规的电除尘器改造包括更换阴极线、阳极线、振打装置及其他内部构件，更换电源及控制系统等。控制系统改造后可提高电压控制的精确度，使每个电场的运行电压保持在最高电压，而不产生过多的火花。电除尘器的改造还包括烟气导流装置、整流装置和密封装置的改造等。

布袋除尘器的有一个重要参数是气布

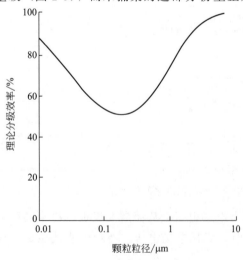

图 2-9　电除尘效率与粒径的关系

比，气布比的大小取决于粉尘浓度和特性以及清灰措施。当烟气中的粉尘浓度很高时，所需的气布比也很大，以防止产生太厚的滤饼而导致压损过大。此外，许多滤袋不能承受含高浓度 SO_2 的烟气环境；布袋除尘器同样存在滤袋的清洁和高压降问题。

布袋除尘器很容易达到 99.9％ 以上的除尘效率，对 PM_{10} 和 $PM_{2.5}$ 的捕集效率也很高。利用表面过滤技术将微细颗粒拦截下来，大大提高了亚微米级粉尘的捕集效率，压降较低，气布比更高，耐温可达 260℃，对绝大多数化学物质呈惰性，滤袋使用寿命为 3～5 年，有些甚至达到 8 年。

布袋除尘器对粉尘的比电阻不敏感，特别适用于燃烧低硫煤产生的高比电阻粉尘和含有大量未燃尽炭的低比电阻的粉尘的捕集。

电除尘器和布袋除尘器的主要优缺点见表 2-2 和表 2-3。其他几种除尘器装置对不同粒径粉尘的去除率见表 2-4。

表 2-2　电除尘器的优缺点

优点	缺点
压损低(<300Pa)； 维护费用低； 大修期超过 15～20 年	其效率和体积与粉尘物性有关； 安装体积要大一些； 投资费用相对较高
对炉管泄漏不敏感； 能耗和运行费用较低； 所需维修时间短； 可靠性高	对干法或半干法脱硫效率的增加小

表 2-3　布袋除尘器的优缺点

优点	缺点
出口粉尘浓度与锅炉负荷和粉尘性质无关； 出口粉尘浓度可达 10mg/m³ 以下； 运行操作简单安全； 可增加干法或半干法的脱硫效率； 投资相对较低	压力损失较大(1500～3000Pa)； 滤袋的使用寿命有限； 运行温度较低； 对烟气露点敏感； 对炉管泄漏敏感； 维修更换布袋时间较长； 调试期间需要预涂层； 废旧布袋难以处理

表 2-4　其他几种除尘器装置对不同粒径粉尘的去除率

除尘装置	大致除尘效率/%			
	60% 60μm,30% 10μm,10% 2μm	10μm	5μm	1μm
高效旋风除尘器	84.2	85	67	10
小型多管旋风除尘器	93.8	96	89	20
低压降除尘器	74.2	62	42	10
喷淋塔	96.3	96	94	35
湿式冲击式洗涤塔	97	99	97	88
高压文丘里洗涤塔	99.7	99.8	99.6	94
干式电除尘器	94.1	98	92	82
湿式电除尘器	99	99	98	92
布袋除尘器	99.8	99.9	99.9	99
陶瓷过滤器	99.97	99.99	99.94	99.9

从表 2-4 可以看出，喷淋塔对粒径为 10μm 的粉尘的去除效率约为 96％；对于粒径更小

的粉尘，其去除效率急剧下降。旋风除尘器对粒径大于 $10\mu m$ 的粉尘的去除率约为 85%，对于粒径为 $2.5\sim10\mu m$ 的粉尘的去除率约为 50%。

对于粒径大于 $20\mu m$ 的颗粒，采用离心原理的除尘器（如旋风除尘器）即可获得很高的除尘效率，并且其经济性也比电除尘器和布袋除尘器好得多。但对于粒径小于 $2.5\mu m$ 的粉尘，旋风除尘器对其捕集能力趋近 0，此时只能采用电除尘器或布袋除尘器。

电袋除尘器是一种结合了静电除尘和布袋除尘两种成熟技术的新型除尘设备，它充分利用了电除尘器和布袋除尘器各自的优点，在比常规除尘器体积较小的情况下，达到极高的除尘效率。

电袋除尘器一般分为串联式和整体复合式两种。

1. 串联式电袋除尘器

将电除尘器和布袋除尘器串联起来，充分发挥电除尘器和布袋除尘器的特点，这种方式组成的电袋除尘器一般称为串联式电袋除尘器。粉尘在进入袋式除尘器之前大部分被除去，大大减轻了布袋除尘器的负荷。布袋除尘器可在较高的气布比下运行而不增加布袋除尘器的阻力。理论上，电除尘器中粉尘的预荷电和凝并对布袋除尘器是有利的，但由于电除尘器和布袋除尘器之间有段距离，到达布袋的粉尘还保存有多少电荷难以确定。此外，进入布袋除尘器中的粉尘基本均为微细颗粒，粉尘粒径级配不合理，对布袋除尘器的运行是不利的。

2. 整体复合式电袋除尘器

整体复合式电袋除尘器并非将电除尘器和布袋除尘器串联在一起，而是滤袋布置于静电阳极板之间，高压阴极板线布置于布袋两侧，阴极线与阳极板间的距离小于阴极线与滤袋之间的距离。阴极线可以采用常规电除尘器的阴极线，但最好采用定向阴极线，使阴极线产生的电晕朝向阳极板而不是滤袋。在严重火花放电或反电晕的情况下，可在阴极线和滤袋之间布设光滑网格线。

整体复合式电袋除尘器运行时可分为两步：第一步，粉尘被阳极板或滤布表面捕集；第二步，粉尘落入灰斗。第一步，粉尘首先进入静电区，粉尘荷电并开始向阳极板迁移，对于粒径为 $10\mu m$ 的粉尘，实际迁移速度大约 $0.61m/s$，为滤布过滤速度的 10 倍左右。阳极板捕集大多数的粉尘，未被捕集的粉尘仍带有部分电荷，带有电荷的粉尘由于库仑力的作用而更容易被捕集，同时，到达滤袋后形成更为疏松多孔的滤饼，降低了滤袋的压降。第二步，收集在阳极板和滤袋中的粉尘需要周期性地清扫，使粉尘落入灰斗。当布袋清灰时，一些大块的滤饼直接落入灰斗，而部分则二次扬起。在常规的布袋除尘器中，这些粉尘将再次被布袋捕集；在 AHPC 型复合电袋除尘器中，采用足够的吹扫强度，将二次扬尘驱返回至电除尘器区，粉尘再次荷电并被阳极板捕集，这部分二次扬尘要比初始被滤袋捕集的量大得多，因此也可更容易被电除尘器捕集，交替布置的阴极线、阳极板和滤袋有效地防止了二次扬尘。即使穿透静电区的微细粉尘，也将在高效滤袋中被捕集，相互促进各自的除尘性能，在电除尘器振打和正常运行中，滤袋捕集从电除尘器中逃逸出来的粉尘，而在滤袋清袋过程中，电除尘器则捕集滤袋的二次扬尘，同时降低滤袋压降，提高气布比。AHPC 型复合电袋除尘器还避免了常规电除尘器的短路问题。

目前，国内大多数电袋除尘器和布袋除尘器串联，即前端为电除尘器，除去烟气中大多数的粉尘，然后进入布袋除尘器（后端），是电除尘器和布袋除尘器的简单结合。虽然进入布袋除尘器的粉尘可能仍带有少量电荷，可提高布袋除尘器的除尘效率和降低压降，但作用不明显。由于粉尘在通过穿孔板前已带电荷，大约 90％的粉尘已被收集板收集，剩下的部分进入滤袋，当脉冲空气吹扫滤袋表面时，吹扫出来的粉尘通回电除尘器的电场，第二次被除尘器收尘板收集。运行经验表明，滤袋无须像常规布袋除尘器那样频繁地吹扫，这样可以延长滤袋的使用寿命，从而降低布袋除尘器的运行费用。图 2-10 为整体复合式电袋除尘器的烟气流动情况。

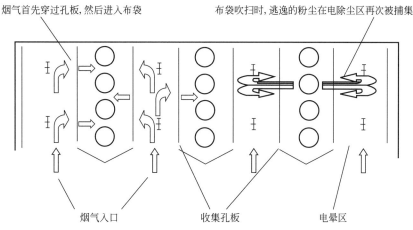

图 2-10　整体复合式电袋除尘器的烟气流动情况

图 2-11 为整体复合式电袋除尘器俯视图。图 2-12 为双极除尘原理示意图。

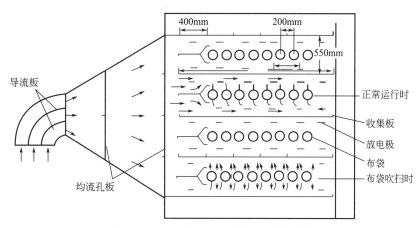

图 2-11　整体复合式电袋除尘器俯视图

　　整体复合电袋除尘器的压降为 1500～2000Pa。布袋的脉冲清洗周期大于 20min，共除尘效率可达 99.99％以上，特别是对微细粉尘具有良好的捕集效果。

　　电袋复合除尘器具有以下特点。

　　① 煤种适应性强，除尘效率稳定，能收集高比电阻、高 Al_2O_3 含量的粉尘。

　　② 较电除尘器节电 10％左右。

　　③ 解决了全袋式除尘器运行阻力高的问题，减少引风机功率消耗。

　　④ 解决了全布袋除尘器清灰频率高、更换频繁的难题，降低了运行维护费。

　　⑤ 烟气阻力偏高（1000Pa），风机能耗大。

　　⑥ 滤袋承受高温及 SO_3、NO_x、O_2、H_2O 等负面影响能力弱，PPS（聚苯硫醚）滤袋遇硫易腐蚀破损。

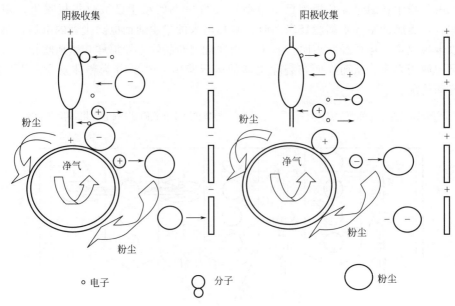

图 2-12　双极除尘原理

⑦ 滤袋维护成本高，更换工作量大，换袋工作环境污染大。

⑧ 一旦出现破袋现象，除尘效率急剧下降。统据计，新滤袋投运前两年效果较好，但是从第三年开始，随着滤袋破损现象的发生，电袋除尘器的粉尘出口排放浓度会急剧上升，经常会出现超过 $100mg/m^3$ 甚至更高浓度的排放现象。

⑨ 废旧滤袋属不可降解材料，无论采用燃烧还是填埋的方式处理均易造成二次污染。

⑩ 电区产生的臭氧（O_3）对 PPS 滤料的腐蚀非常严重。

第四节　移动极板静电除尘技术

移动电极式电除尘器是一种新型的电除尘器，由前极常规电场和后极移动电场组成，移动电极电场采用可移动的收尘极板和可旋转的刷子。当含尘烟气通过移动极板时，粉尘在电场静电力的作用下被移动极板吸附，附着于移动极板上的粉尘在尚未达到形成反电量的厚度时，就随移动极板运行至没有烟气流通过的灰斗内，被旋转的清灰刷清除。由于清灰彻底，极板表面清洁，最后一个电场粉尘浓度低，清扫间隔短，积灰较薄，不会发生反电晕现象。由于清灰在无烟气流通的灰斗内进行，从而避免了二次扬尘。这种新型电场不仅可以降低电除尘器出口粉尘浓度，而且可以使出口粉尘浓度保持稳定，不会出现常规电除尘器出口粉尘浓度周期性波动的情况。

移动电极一般设在电除尘器最后一段，极板平行于烟气流动方向布置，大多采用链条传动。分割成短栅状板的集尘板通过驱动轮的转动，缓慢地（0～1.5m/min）向下部滚轮方向移动。带负电的粉尘在集尘区域内被集尘极（正极）捕捉收集，在集尘极由下部滚轮的反转带动再次进入集尘区域之前，黏附的粉尘被两把夹住集尘极的旋转钢刷刮落。旋转钢刷的转动方向与集尘极的移动方向相向，一方面防止粉尘飞散，另一方面将粉尘刮落到灰斗中。通过变频实现对集尘极板的无级调速，以适应烟气、工况条件等系统参数的变化，优化静电除尘器的伏安特性。

图 2-13 为移动极板除尘器的基本结构。

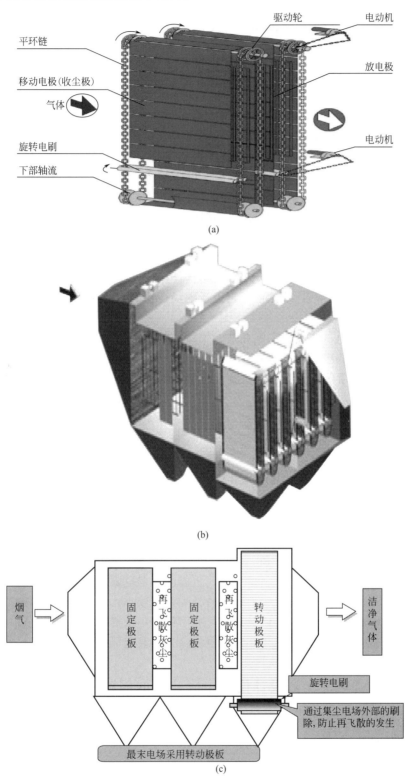

图 2-13 移动极板除尘器的结构

移动电极式电除尘从工艺上改变电除尘器的捕集和清灰方式，以适应黏性粉尘、超细颗粒粉尘和高比电阻颗粒粉尘的收集，达到提高除尘效率的目的。但也存在技术结构复杂、对设计制造和安装维护要求较高、可靠性一般等问题。

一、 移动电极式电除尘器的技术特点

移动电极式电除尘器主要有以下技术特点。

① 变常规电除尘器固定式阳极板为移动式阳极板，变常规电除尘器振打清灰方式为旋转刷清灰方式。

② 高效收集黏性粉尘、超细微粉尘、高比电阻粉尘。高比电阻粉尘和超细颗粒粉尘是固定电极形式的电除尘器的捕集盲点，主要原因是这类粉尘由于其难以荷电，对电除尘器而言存在"捉不住"和一振打就飞扬的特点。黏性粉尘能收集但清灰困难。由于上面所述的原因，常规电除尘器为达到国家关于烟尘排放浓度的要求，需要的集尘面积非常大（例如需要四电场或五电场），从而导致设备整体投资和占地面积极大。鉴于一个移动极板电场相当于1.5～3个固定极板电场的作用，而其投资相当于1.5～2个固定极板电场，所以采用 MEEP 型移动电极式电除尘器能节省2～3个固定极板电场，在减少设备占地面积的同时降低了设备整体投资。

③ MEEP 型移动电极式电除尘器总是由干净的极板捕集粉尘以及用刷子清灰，能有效地捕集、清扫粉尘并防止其二次飞扬。

④ 节省空间、节省能源。一个移动极板电场相当于1.5～3个固定极板电场的作用，而消耗的电功率仅为固定电极的 $1/2～2/3$。以一套 300MW 机组为例，移动电极电除尘器占地面积可减少 20%，电耗可节约 15% 左右。与袋式除尘器相比，移动电极电除尘器维护费用低，性价比更高。

⑤ 运行电压高，电极间稳定带电。

⑥ 采用不锈钢旋转钢刷清灰，清灰效果极佳，极板始终保持清洁。

⑦ 适用行业范围广泛，如烧结机除尘系统、燃煤锅炉、CO 燃煤锅炉、钢锭焚烧炉、污泥焚烧炉、玻璃熔化炉、水泥成套设备等。

移动电极电除尘器已在日本多套 600MW、1000MW 机组上成功应用，采用此项技术，绝大部分新建工程都能达到 $30mg/m^3$ 及以下粉尘排放浓度，最低可达 $10mg/m^3$ 以下。

移动电极电除尘器既能应用于新建工程，也能应用于电除尘器的提效改造。值得指出的是，采用移动电极电除尘技术进行提效改造时，工作量较小，只需对原设备进行必要的检查和消缺，在大多数场合不需要额外的场地。从而不像采用常规电除尘技术进行加高、纵向或横向扩容改造那样复杂；也不像采用袋式或电袋除尘器改造那样需更换引风机及相关设备。

二、 移动电极式电除尘器设计使用中应注意的问题

旋转电极电场因依靠传动装置实现极板回转及清灰，其精加工件较多，制造难度和要求明显高于常规电除尘器。需要注意的问题主要有以下2个方面。

（1）重视链条设计　内部传动链条直接承受旋转阳极组的质量，链条的断裂将导致旋转阳极板的坍塌。链条在设计时须选用综合力学性能及耐磨性较好的材料，注意传动零部件润滑油（脂）的选择，避免极板外部驱动链条长时间运行后变松，减少轴与壳体穿透处的漏

风率。

（2）严格控制安装质量　旋转阳极板和刷灰装置处于运动状态，属动平衡，相对静负载安装工艺要求更高。安装质量直接影响到设备长期可靠地运行，对旋转电极式电除尘器性能的保证起到至关重要的作用。

第五节　交流凝并技术

电除尘器对 PM_{10} 以上的颗粒除尘效率很高，但对 $PM_{2.5}$ 等小颗粒的除尘效率都很低（图 2-14、图 2-15）。电除尘器的主要不足是对粒径 $0.1\sim1.0\mu m$ 的粉尘的捕集率比粒径 $10\mu m$ 至少小一个数量级，例如，对于粒径为 $0.1\sim0.3\mu m$ 的粉尘，高效电除尘器对其捕集效率大约为 99％。单纯依靠增加电场的方法，对微细粉尘捕集效率的提高有限，性价比不佳。例如，某厂为提高电除尘器效率，由原来的 3 个电场增加到 4 个电场，除尘效率由原来的 99％提高到 99.88％，仅增加了 0.88％。

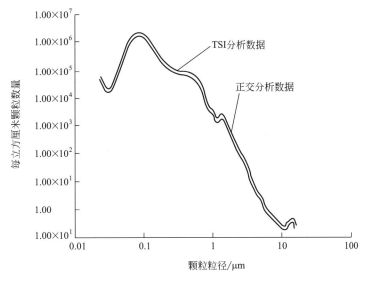

图 2-14　电除尘器出口粉尘粒径分布

提高电除尘效率的一种有效方法是采用凝并技术对气溶胶颗粒进行预处理，使气溶胶的平均粒径增大，然后在传统除尘器中有效去除。凝并技术是收集微细颗粒物的一种有效方法。凝并是指微细颗粒通过物理或化学的途径互相接触而结合成较大的颗粒的过程。超细颗粒物的凝并技术主要有声凝并、电凝并、磁凝并、热凝并、湍流边界层凝并、光凝并和化学凝并，其中最为常用的是电凝并。

一、　电凝并的机理

电凝并机理见图 2-16。近期研究表明，亚微米粒子的电凝并速率比中性粒子的热凝并提高了 $10^2\sim10^4$，对 $1\mu m$ 粉尘的电凝并系数可达到 $10^{-14}\sim10^{-13}m^3/s$。烟气的荷电量是电凝并系数的主要参数，而电凝并速率、凝并后尘粒粒径均是电凝并系数的函数。通过增大带

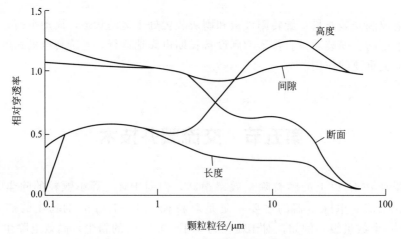

图 2-15　不同粒径低比电阻粉尘的相对穿透率

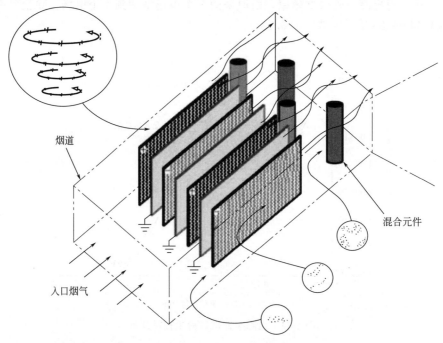

图 2-16　电凝并机理

电粒子浓度、尘粒荷电量，可提高粉尘的电凝并速率和尘粒粒径，反过来又促进已增粗的尘粒大幅度地增加荷电。可见，在除尘过程中，电凝并对除尘性能起着叠加倍增的效果。此法不仅可应用于提高电除尘器的除尘效率，也可应用于提高布袋、旋涡、沉降除尘器的净化效率。

　　电凝并是通过增大细微颗粒的荷电能力从而增大细微颗粒的荷电能力，促进微细颗粒以电泳方式到达飞灰颗粒表面的数量，从而增强颗粒间的凝并效应。在外电场中，微粒内的正负电荷受到电场力的排斥、吸引而做相对位移。微粒在电场中被极化而产生极化电荷，无论是在非均匀电场还是在均匀电场中，粒子的偶极效应将使粒子沿着电力线移动，在很短的时间内就会使许多粒子沿电场方向凝结在一起，形成灰珠串型的粒子集合体。因此，只要有电场的存在，粒子就会极化，就会有凝并现象发生。

电凝并理论与实验研究的核心是确定电凝并速率（电凝并系数）的大小，其研究目的是尽可能地提高微细尘粒的电凝并速率，使微细尘粒在较短的时间内尽可能地凝并而增大粒径，从而有利于被捕集。

电凝并的效果取决于粒子的浓度、粒径、电荷的分布以及外电场的强弱，不同粒子的不同速度和振幅导致了微粒间的碰撞和凝并。电凝并研究可主要概括为 3 个方面：异极性荷电粉尘的库仑凝并，同极性荷电粉尘在交变电场中的凝并，异极性荷电粉尘在交变电场中的凝并。

研究发现，与中性粒子的凝并相比，异极性荷电尤其是不对称的异极性荷电（较大颗粒和较小颗粒异极性荷电），荷电粒子在交变电场力的作用下往复振动，增加了粒子间相互碰撞的机会。微细颗粒的振幅随粒径的增大而增大，移动速度和振幅均随外加电场强度的增大而增大，不同粒径粒子间的凝并效果更为明显，对提高亚微米颗粒的凝并速率非常有效。

如果可以加快荷电粉尘在交变电场中的相对运动，将含尘气体并行分别通过正负放电电场，在交变电场中采用异极性荷电粉尘，然后再合二为一，空间大尺度范围依靠湍流输运，近距离依靠库仑力及范德华力的双极荷电凝并，可促进粉尘间相互吸引、碰撞、凝并，进一步提高凝并效果。实验表明，双极荷电可使粉尘沉降收集效率提高约 10% 的静电凝并效果。

采用同极性荷电粉尘在交变电场中凝并的方法，比常规的电除尘器效率提高 3%。如果采用异极性荷电粉尘，会进一步提高凝并效果。

尽管粉尘经过双极荷电，有部分粉尘已经凝聚成大粒径颗粒，但是为了能使更多的粉尘充分凝聚，通过物理方法改变气流的流向以使带相反极性电荷的粒子混合，从而促进粒子的凝聚。而当流体处于湍流形态时，流体中颗粒之间发生碰撞时，它们就会黏附在一起，当黏附力足够强时，甚至可以避免因速度梯度存在引起的流动剪切而分开。此外，流体的旋转（涡旋或半涡旋）最利于大小不同、质量不等粒子的接触。涡旋中，流体方向时时变化，内外圈的流动速度迥然不同，因此兼有速度差和方向差，所以在流体中创造涡旋就会促进颗粒凝并。涡旋数量越多、旋转强度越大，越能促进粒子的接触，提高粒子的凝并概率。同时，涡旋越稳定、持久，越能强化粒子的凝并，从而大幅度提高聚并效率，使亚微细粉尘排放减少 80% 以上。因此，电凝并通常与射流/流动凝并相结合，可提高粉尘的凝并效果。射流/流动凝并过程是物理过程，不需要电能，通过装置中设置的管排对流场产生扰动，微细颗粒将与较大颗粒结合成更大的颗粒，可促进微细颗粒物的凝并。实验表明，相同粒径的微细颗粒之间相碰后不发生团聚，投入大颗粒，特别是颗粒直径比大于 15 时，可出现多次碰撞的现象。高压静电可使库仑力非常大，颗粒之间的相向速度很高，此时的库仑力和惯性力都很突出，促进颗粒之间的碰撞与团聚。

凝并装置出口处的平均粒径经历了一个从零开始逐渐增大后趋于稳定的演化过程。在入口含固率为 10^{-6} 的条件下，颗粒粒径越小，凝并效果越显著。当入口颗粒粒径增大至 $2.0\mu m$ 时，颗粒的凝并几乎可以忽略。凝并器出口平均粒径近似与入口含固率的 1/3 次方及细颗粒物在凝并器中的平均停留时间成正比。

二、 电凝并装置

在电除尘器前端进口喇叭及进气烟道内设置预荷电电场，在保证气流均匀进入电场的同时，对粉尘进行荷电、凝并，起到一级预收尘的作用，以增加收尘面积，提高除尘器的除尘效率。

在优选极配后设置的间隔布置的正、负通道内，粉尘分别荷上正、负电荷，并在向前推进的过程中，受电场力的作用，各自穿过其间的多孔接地极板，沿程发生交叉碰撞，凝并成大颗粒，最后所有粉尘再通过末端的 V 形导流板强制改变流向，相互碰撞，再次凝并，使进入电除尘器前颗粒物显著增粗，大幅提高其收尘效率。

采用正极、接地极、负极交替布置，构成双极性荷电区，使异性电荷的尘粒得到凝并效果，这就是双极荷电凝并装置。双极静电凝并装置采用两个过程来降低颗粒的浓度。第一点是采用高压交变供电，使粉尘带上正电（国内一般分为 2 个部分，粉尘荷电采用高压脉冲供电，粉尘凝并采用高压交变供电，荷电通道数为凝并通道数的 2 倍）。第二点是利用特殊设计的粉尘选择性混合装置，使带正电荷的微细颗粒和带负电荷的较大颗粒混合，同时也使带负电荷的微细颗粒与带正电荷的较大颗粒混合。双极电荷的作用是使一半的粉尘带上正电荷，而使另一半的粉尘带上负电荷，见图 2-17。

由于静电力随距离增大减小得非常快，混合单元使微细颗粒和带反向电荷的较大颗粒尽快靠近是非常重要的，以确保静电力能够将它们凝并在一起。实验表明，BEAP 可以将微细颗粒减少一半左右。图 2-18 示出了 A 侧和 BCE 电除尘器的排尘情况。由图可以看出，对于粒径小于 $2\mu m$ 的粉尘，A 侧电除尘的除尘效率迅速下降，$0.6\sim1\mu m$ 的粉尘有大于 50% 未被除去，而 B 侧电除尘器对这个粒径范围内的粉尘可除去 90% 左右。

典型的凝并装置结构如图 2-17 所示。凝并装置安装于电除尘器的入口烟道内，其运行烟气流速一般超过 10m/s，故其接地极板无需振打装置也可保持洁净，因此，能减少维护费用，耗电量为每 100MW 容量机组耗电 5kW 左右，压力大约损失 200Pa，可安装于水平或垂直烟道中。

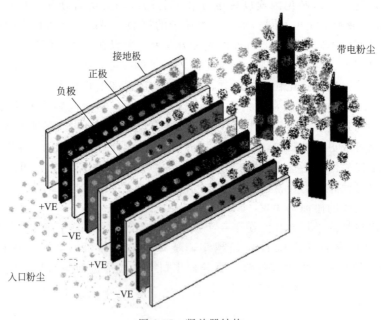

图 2-17 凝并器结构

由于静电力随距离减少得非常快，混合单元使微细颗粒和带反向电荷的较大颗粒尽快靠近是非常重要的，以确保静电力能够将它们凝并在一起，实验表明，电凝并可以将微细颗粒减少一半左右。图 2-18 为某电除尘器 A 侧（无凝聚器）和 B 侧（有凝聚器）的排尘情况，由图可以看出，对于粒径小于 $2\mu m$ 的粉尘，A 侧电除尘的除电效率迅速下降，$0.6\sim1\mu m$

粒径的粉尘有大于 50% 未被除去，而 B 侧电除尘器对这个粒径范围内的粉尘可除去 90% 左右。

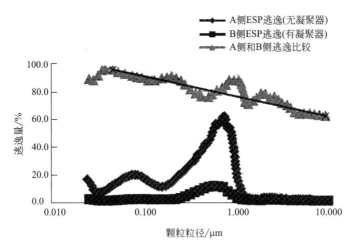

图 2-18　凝并器效果

一般地，典型的凝并器效果：对 $10\mu m$ 粒径的颗粒，除尘效率为 60%；对 $1\mu m$ 粒径的颗粒，除尘效率为 75%；对 $0.1\mu m$ 粒径的颗粒，除尘效率可达 90%。总体上看，安装凝并器后，$PM_{2.5}$ 的除尘效率提高了 80% 左右。

第三章

湿式除尘技术

第一节　湿式除尘装置基本原理及设计参数

一、湿式除尘装置基本原理

湿式除尘主要利用的三种原理为惯性碰撞、直接拦截和布朗扩散，其他的原理还有库仑力、静电力、空间电荷斥力、外加电场产生偏振力、高雷诺数产生的旋涡、布朗运动、热泳、扩散泳和冷凝等。图 3-1 为粉尘湿式捕集的三种原理。

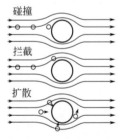

图 3-1　粉尘湿式捕集
的三种原理

1. 惯性碰撞

惯性碰撞是粉尘及其携带气体发生了速度改变的结果。当气体遇到障碍物（如液滴等）时，气流方向发生改变而绕过液滴，气流中的粉尘也会加速并试图改变运动轨迹绕过液滴。惯性力将使粉尘继续向液滴运动，而气体曳力则拖拽粉尘与气流一起绕过液滴运动，粉尘最终的运动轨迹是这两种力综合作用的结果。当惯性力占据主导地位时，粉尘将碰撞液滴而被捕获；当气体曳力占主导地位时，粉尘将跟随气流绕过液滴而逃逸。粒径大于 $10\mu m$ 的粉尘，惯性力较大，易于发生惯性碰撞，而粒径小于 $10\mu m$ 的粉尘，由于气体曳力占主要地位，很难采用惯性碰撞的方法进行捕捉。

图 3-2 为雷诺数与曳力系数之间的关系。

对于直径大于 $0.1\mu m$ 的粒尘，惯性碰撞是主要去除机理。惯性碰撞的效果随粉尘粒径的增大而提高。

对于 $1\mu m$ 以上的颗粒，颗粒与液滴之间的碰撞效率为无量纲数值 $\dfrac{D_p^2 v \rho_s}{18\mu D_b}$ 的函数（v 为气体和液滴之间的相对速度；ρ_s 为颗粒密度；D_p 为颗粒粒径；D_b 为液滴直径）。

常规除尘塔是利用惯性碰撞进行除尘的，粉尘粒径增大，惯性碰撞的效率增大。对于这类除尘塔，可以通过提高气体和液滴间的相对速度来提高除尘效率，因为增大速度可以使所

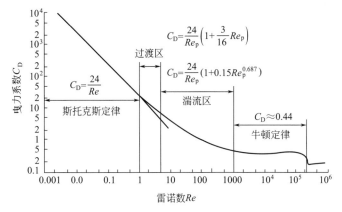

图 3-2 雷诺数与曳力系数之间的关系

有的粉尘获得更大的动量，从而提高对微细粉尘的除尘效率。例如喷淋塔中，喷淋液滴的直径较粉尘颗粒大得多，液滴很快达到终端沉降速度，与粉尘颗粒之间的相对速度太低，洗涤效果欠佳。提高气流速度、采用高压喷嘴或促进气体旋转产生离心力均可大大提高碰撞效率，这就是旋风洗涤塔比常规喷淋塔效率高的主要原因。

离心场中粒子的径向速度 u 可用下式表示：

$$u = \frac{D_p^2 \rho_s V_L^2}{18 \mu R_c} \tag{3-1}$$

式中　u——颗粒的径向速度，m/s；

　　　D_p——颗粒直径，μm；

　　　ρ_s——颗粒密度，kg/m³；

　　　V_L——气流切向速度，m/s；

　　　μ——气体黏度，mPa·s；

　　　R_c——气流的弯曲半径，m。

高速和急转有利于提高除尘效率，因此，小直径的旋风除尘器比大直径的旋风除尘器除尘效率要高得多。

固体颗粒穿透气液膜进入液滴内部所需的最小速度可以用下式来表示：

$$v_p = \frac{r \ (1-\cos\theta)^2}{R_p \rho_p} \tag{3-2}$$

式中　v_p——最小穿透速度，cm/s；

　　　r——液滴表面张力，10^{-5}N/cm；

　　　θ——接触角，(°)；

　　　R_p——颗粒半径，cm；

　　　ρ_p——固体颗粒密度，g/cm³。

2. 粉尘的扩散捕集

小于 1μm 的微小粒子在气体分子撞击下做类似分子扩散的无规则运动（布朗运动）。如果粉尘在运动过程中和物体表面接触，就会从气流中分离，这个机理称为扩散。对于 $d_c \leqslant 0.3\mu$m 的尘粒来说，这是一个很重要的捕集机理。

由于小粒子受到气体分子的撞击后便从浓度高的区域向浓度低的区域扩散，其捕集效率不能按惯性碰撞的机理来计算。

粉尘的扩散捕集是液滴运动和粉尘布朗运动的结果，粉尘和液滴直接接触，二者接触后即不再发生分离。扩散捕集一般仅对粒径小于 $0.1\mu m$ 的粒尘有效，细小的液滴和低速有助于提高碰撞效率。

扩散速度可用下式表示（空气阻力由斯托克斯-坎明约翰定律确定，扩散速率与颗粒密度无关）：

$$\frac{\mathrm{d}n}{\mathrm{d}t} = -\frac{\left(1 + \dfrac{k\lambda}{D_\mathrm{p}}\right)RTA\,\dfrac{\mathrm{d}c}{\mathrm{d}x}}{3\mu N D_\mathrm{p}} \tag{3-3}$$

式中　$\dfrac{\mathrm{d}n}{\mathrm{d}t}$——扩散速度，cm/s；

A——扩散断面积，cm^2；

$\dfrac{\mathrm{d}c}{\mathrm{d}x}$——沿路径方向的浓度梯度；

μ——气体黏度，$mPa \cdot s$；

k——扩散系数；

R——气体常数；

λ——分子平均自由程，μm；

T——热力学温度，K；

N——颗粒数量，个/cm^3；

D_p——颗粒粒径，μm。

25℃时，颗粒在空气中的扩散系数见表 3-1。

表 3-1　25℃时颗粒在空气中的扩散系数

颗粒	扩散系数/(cm^2/s)
$0.5\mu m$ 颗粒	6.410～7
$0.1\mu m$ 颗粒	6～6.510
$0.01\mu m$ 颗粒	4～4.410
SO_2 分子	2～11.810

扩散引起的尘粒转移与气体分子的扩散是相同的，扩散转移量与尘液接触面积、扩散系数、粉尘浓度成正比，与液体表面的液膜成反比。粒径愈大，扩散系数愈小。例如，25℃的空气中，$0.1\mu m$ 尘粒的扩散系数为 $6.5 \times 10^{-6}\,cm^2/s$，$0.01\mu m$ 尘粒的扩散系数为 $4.4 \times 10^{-4}\,cm^2/s$。由此可见，粒径对除尘效率的影响在扩散和惯性碰撞中是相反的。另外，扩散除尘效率是随液滴直径、气体黏度、气体相对运动速度的减小而增大的。在工业上，单纯利用扩散机理的除尘器其除尘是与扩散、凝聚等机理有关的。当处理粉尘的粒径比较细小时，在设计除尘器时应有意识地利用扩散机理。

粒径为 $0.1\mu m$ 的粉尘处于惯性碰撞和扩散捕集的临界点，这两种除尘机理的共同作用导致除尘器对粒径为 $0.1\mu m$ 粉尘的捕集效率最低，其确切的最低效率取决于洗涤塔的结构形式、运行条件和粉尘粒径分布。

从湿式除尘器和袋式除尘器的分级效率曲线可以发现，当 $d_c \leqslant 0.3\mu m$ 左右时，除尘器效率最低。这是因为在 $d_c \leqslant 0.3\mu m$ 时，扩散的作用还不明显，而惯性的作用是随 d_c 减小而减小的。当 $d_c \leqslant 0.3\mu m$ 时，惯性已不起作用，主要依靠扩散，布朗运动是随粒径的减小而加强的。

粉尘穿透率与粒径之间的关系见图 3-3。

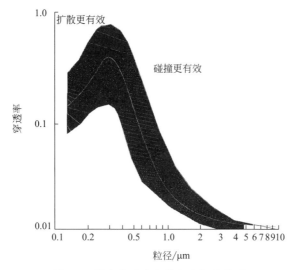

图 3-3　粉尘穿透率与粒径之间的关系

3. 直接拦截

当粉尘的运动轨迹在液滴的半径范围内时，粉尘因被直接拦截而捕集。

4. 重力捕集

当液滴下落时会与粉尘碰撞，产生所谓的重力捕集，这是在湿式洗涤中占次要地位的粉尘捕集方式。

5. 热泳

热泳是微细颗粒从温度高的区域经温度低的区域运动的一种现象。促使颗粒产生热泳运动的原因是温度较高区域的分子能量比温度较低区域的分子能量高。

当固体颗粒对立面气体存在温度差时，颗粒温度较高一侧的气体分子具有较高的动能，它们对颗粒这一侧的撞击力要大于气体温度较低的一侧，导致颗粒从气体温度较高的区域向气体温度较低的区域移动，这种现象称为热泳。颗粒移动的速度取决于颗粒的温度梯度、气体和颗粒之间的相对热传导率以及气体的密度和黏度。

6. 扩散泳

当气体中的水蒸气分压大于液滴表面的水蒸气时，将会产生扩散泳。此时，气体中的水蒸气将会在液滴表面发生冷凝，大量的气体则继续朝液滴表面运动，气体的运动也带动颗粒物朝液滴表面运动，并撞击液滴表面，从而被捕集。为了提高扩散泳对微细颗粒物的捕集效率，对气体中的液滴粒径有较严格的要求。一般来说，同体积的液体，液滴粒径越小，所能提供的与颗粒物接触的面积和机会就越多，但若液滴粒径太小，液滴和微细颗粒物将随气流一起流动，相互之间不发生任何接触，从而降低了捕集效率。研究表明，当液滴和微细颗粒之间粒径比为 15～20 时，液滴对微细颗粒物的捕集效率最高。

扩散泳是在气体分子与周边环境中的气体分子存在浓度梯度的情况下出现的，例如，蒸发表面分子存在水蒸气浓度梯度，由于水分子周围的空气分子质量小，水蒸气上升，气溶胶颗粒则下降，直至沉积到蒸发表面。

图 3-4 为单个液滴扩散泳的捕集效率。

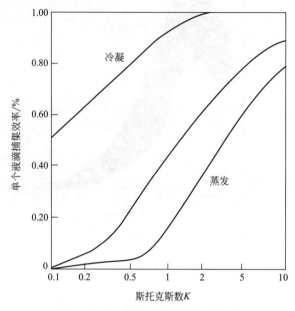

图 3-4　单个液滴扩散泳的捕集效率

图 3-5 为不同除尘机理的相对范围与粉尘粒径的关系。

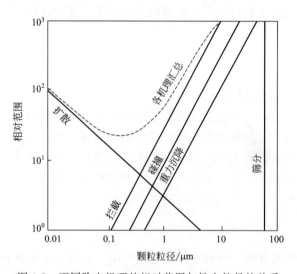

图 3-5　不同除尘机理的相对范围与粉尘粒径的关系

图 3-6 为不同力的理论碰撞效率。

在工程实际应用中，对所有粉尘，布朗扩散基本可以忽略；对于粒径小于 $5\mu m$ 的颗粒，拦截作用也可以忽略。采用雾滴捕集时，热泳和扩散泳影响很小（小于总捕集效率的 0.1％），只有当浓度相差很大、温度相差很大且停留时间也较长时，热泳和扩散泳影响才显示出来。例如，在冷凝凝并系统中，热泳和扩散泳的作用就很大，在湍流中，涡流扩散比布朗运动大几个数量级，然而相对于电场力来说，这些力都太小了。

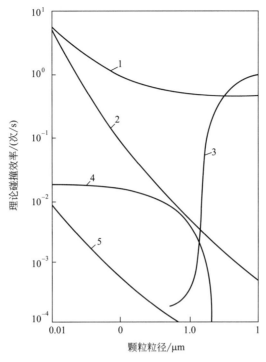

图 3-6　不同力的理论碰撞效率

二、湿式除尘装置主要设计参数

不同形式的湿式除尘塔对粉尘的去除效率差异很大。大多数的常规除尘塔对粒径 $1\mu m$ 以上的粉尘都具有很高的除尘效率，对粒径小于 $1\mu m$ 的颗粒除尘效率较低。但一些非常规的除尘塔，例如冷凝塔和电荷塔，即使对亚微米级的粉尘也可获得很高的除尘效率。静电洗涤对 $0.3\mu m$ 的微细粉尘脱除效率可达 93.6％以上。常规除尘塔的除尘效率取决于运行条件，例如粉尘粒径、进口粉尘的负荷和能耗。

由于 $1\mu m$ 的固体颗粒在静止空气中的自由沉降速度为 $0.0000789m/s$，$50\mu m$ 的固体颗粒在静止空气中的自由沉降速度也只有 $0.19705m/s$，而在洗涤塔给定的截面下，上升气体的速度达到 $2.74m/s$，不含自由降落。正是由于这种性质，我们应按气溶胶的特点来设计除尘器。

设计湿式除尘器时需要考虑以下几个重要的设计参数。

1. 粉尘粒径分布

对于任何一种除尘装置，粉尘粒径分布都是一个重要参数。在冷凝洗涤塔中，有两个粒径分布需要特别注意：一个是进入饱和装置和冷凝装置前的粒径分布，即废气中粉尘粒径分布，此粒径分布可预测饱和装置的除尘效率、冷凝装置初始粒径分布和冷凝后的粒径分布；另一个是冷凝长大后的粒径分布，它决定了后续除尘设备的选择。典型的初始和冷凝后的粒径分布如图 3-7 所示，从图中可以看出，小粒径的粉尘比大粒径的粉尘长大的速度快得多，可大致认为每一个粉尘获得了等质量的冷凝蒸汽，虽然这种假定不是很严谨，但从实验结果来看，对于粒径大于 $0.1\mu m$ 的粉尘，这种假定是正确的。

2. 粉尘数量浓度

由于所有的粉尘颗粒均获得大致相同质量的冷凝蒸汽，因此，粉尘的数量浓度是就额定最终粒径的重要参数。绝大多数的水蒸气冷凝于温度较低的液滴或固体表面，仅有部分蒸汽冷凝于粉尘颗粒表面，此数量与粉尘冷凝温度、粉尘数量浓度、粉尘粒径、液相传质系数和冷凝器几何尺寸等有关。在筛板冷凝器中，粉尘冷凝比为 $15\%\sim40\%$。一般认为，选取 25% 较为合理，也即大约 25% 的蒸汽冷凝于粉尘颗粒表面，而 75% 的冷凝于其他表面。

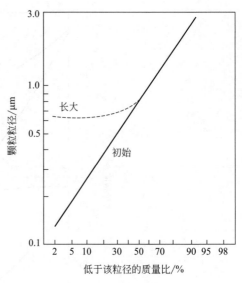

图 3-7 典型的初始和冷凝后的粒径分布
（粉尘浓度为 10 个$/cm^3$）

湿式除尘塔的除尘效率与入口粉尘的浓度成正比，也即除尘效率随入口粉尘浓度的增大而增大，而除尘塔的出口粉尘浓度基本是一个定值，与入口浓度无关。

图 3-8 为粉尘浓度对除尘效率的影响。

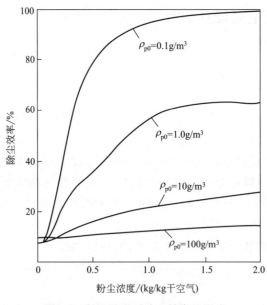

图 3-8 粉尘浓度对除尘效率的影响

3. 粉尘特性

微细粉尘具有气溶胶特性，粒径越小，吸附空气的能力越强，形成的气膜越牢固，水对其湿润性越小，以至于易溶的粉尘变成憎水性的粉尘。对于气流中 $5\mu m$ 以下（特别是 $1\mu m$ 以下）的尘粒，由于尘粒及水滴表面均附着一层气膜，润湿性能很差。只有当两者在具有较高的相对速度的条件下，水滴冲破气膜才能相互附着凝并。此外，粉尘的润湿性能还随压力的增大而增强，随温度升高而减弱，随液滴表面张力减小而增强。

如果粉尘是可溶的，其洗涤性能要比不可溶的好得多。粉尘溶解后可降低固-气界面的蒸气压，可在较低的过饱和度下成核，在一定的过饱和度下生长得更快。

在预测粉尘生长空气动力学直径时，必须考虑到粉尘密度和洗涤液密度之间的差异。

4. 流通力的影响

流通力主要包括热泳和扩散泳。在冷凝洗涤系统中，热泳对粉尘捕集效率的影响很小，通常将其忽略；扩散泳影响较大，必须考虑其影响，可用专门的数学模型对扩散泳沉降速度和粉尘捕集效率进行计算。在工程设计中，也可以假定认为由冷凝蒸汽扩散泳产生的粉尘脱除分量与冷凝的蒸汽分量相等。当烟气中的焓值高于 $100cal/kg$（$1cal=4.1840J$）或者有废蒸汽可用时，采用冷凝洗涤系统脱除微细颗粒物是比较经济的，虽然具体的冷凝洗涤引流设计是不一样的，但主要工艺流程与图 3-9 类似。

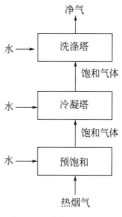

图 3-9 冷凝洗涤流程

5. 停留时间

影响微细粉尘除尘效率的另一个因素就是停留时间，微细颗粒和雾滴需要有足够的停留时间。

一般气流接触的时间只有几秒钟，这时对依靠惯性碰撞原理清除的粒径较大的粉尘来说，时间是够的。但是对依靠扩散原理除去的亚微米粉尘来说，气液接触时间越长，除尘效率越高。

6. 洗涤液滴直径

一定粒径的粉尘颗粒均有一个最佳的液滴直径，最佳的液滴粒径与采用的具体洗涤装置有关。例如，对于大多数粒径的粉尘来说，喷淋洗涤时的最佳液滴直径见图 3-10。

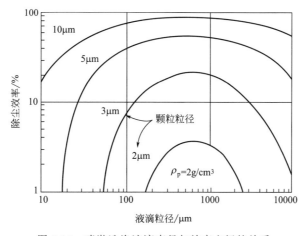

图 3-10 喷淋洗涤液滴直径与效率之间的关系

第二节　湿式除尘装置

在湿式除尘中，除尘效率为粉尘粒径和物性的函数。若粉尘颗粒呈球形，且不溶于水，除尘效率仅与粉尘粒径有关；当烟气中的粉尘溶于水呈浆液时，除尘效率主要取决于粉尘的化学性质，而非物理性质（如粒径）。例如，燃油烟气中所含的 $(NH_4)_2SO_4$ 颗粒能迅速溶于浆液中，可 100％地去除；炭黑粉尘具有黏性和憎水性，容易从气-液界面逃逸，其脱除效率低于根据粉尘粒径计算出来的效率。

影响湿式除尘装置除尘效率的因素主要有：接触区的压降、气液间的相对速度、塔内结构形式、气液比。

湿式除尘中，除尘是以压力损失为代价的。例如，粒径 $1\mu m$ 的粉尘要达到 50％的除尘效率，除尘装备的压力损失大约为 5000Pa，若除尘装置压力损失为 500Pa，切割粒径大约为 $4\mu m$。

一般将压降低于 1200Pa 的洗涤塔称为低能洗涤塔，介于 1200～3700Pa 的称为中能洗涤塔，大于 3700Pa 的称为高能洗涤塔。

图 3-11 为不同除尘装置的切割粒径。

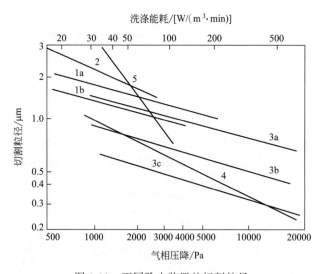

图 3-11　不同除尘装置的切割粒径

1a 为筛板上的泡沫密度为 $0.49g/cm^3$，筛孔直径为 5mm；1b 为筛板上的泡沫密度为 $0.49g/cm^3$，筛孔直径为 3.2mm；2 为填料床高 5mm 的拉西环；3a 为 0.3mm 丝径的丝网层；3b 为 0.2mm 丝径的丝网层；3c 为 0.1mm 丝径的丝网层；4 为文丘里喷孔、文丘里棒等气体雾化方式；5 为 1～3 级空心球移动床

根据大气中常见颗粒的粒径分布，可将其分为五个区，即 A 区（粒径＞$75\mu m$）、B 区（粒径大于 $5\mu m$）、C 区（粒径大于 $0.5\mu m$）、D 区（$0.1～0.5\mu m$）、E 区（＜$0.1\mu m$），供选择湿式除尘装置时参考。

A 区粒径 $75\mu m$ 以上，适合采用错流或水平顺流填料塔除去。

B 区适合采用逆流填料塔。逆流填料塔可除去粒径 5μm 以上的颗粒，对粒径 2μm 以上的颗粒同样具有很高的除尘效率。

C 区适合采用顺流填料塔。顺流填料塔对粒径 0.5μm 以上的颗粒有很高的除尘效率，当粉尘负荷浓度很高时，也建议采用顺流填料塔，以减少结垢的发生。当粉尘呈柱状时，顺流填料塔也可除去粒径为 0.1μm 的粉尘，此时填料床层高度大的需要 $6\sim 8$ft（1ft$=$$0.3048$m）。

当除尘效率要求大于 50% 时，D 区粒径一般不适合采用填料塔去除，一般需要采用凝结技术使 D 区的颗粒长大至 C 区粒径。

E 区非常适合采用填料塔，必要时，该区的除尘效率甚至可接近 100%。此区域的粉尘类似于气体分子，可按气体传质原理进行设计。

垂直逆流喷淋除尘切割粒径见图 3-12，错流喷淋切割粒径见图 3-13。由于液滴分布的不均匀性及边壁现象，需要对液气比进行修正。对于小型塔，一般引入修正系数 0.2，即实验有效液气比应在设计基础上乘以 0.2。图 3-14（a）和（b）为筛板、冲击板、文丘里塔、25mm 球形填料的切割粒径 d_p 与压降之间的关系，对应曲线采用凝并技术，使亚微米级颗粒凝并长大，在中低能耗下获得高的脱除效率。常用的颗粒长大技术有：凝聚、化学反应、颗粒表面冷凝、超声振动、静电吸引。从能耗角度看，采用筛板冷却比采用文丘里塔冷却要低。文丘里塔、冷凝塔和电荷塔对亚微米级粉尘的除尘效率要远高于其他常规除尘塔。

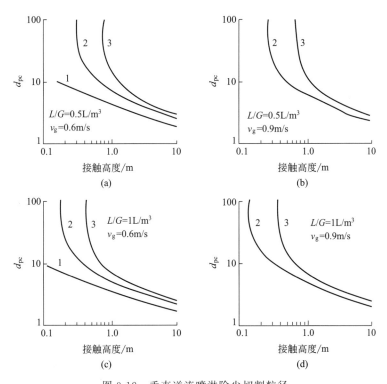

图 3-12 垂直逆流喷淋除尘切割粒径
1—液滴粒径为 200μm；2—液滴粒径为 800μm；3—液滴粒径为 1000μm

几种除尘塔的适用场合见表 3-2。

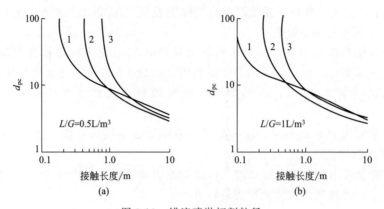

图 3-13　错流喷淋切割粒径

1—液滴粒径为 $200\mu m$；2—液滴粒径为 $800\mu m$；3—液滴粒径为 $1000\mu m$

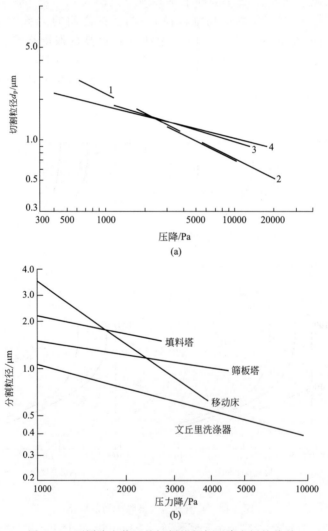

图 3-14　不同除尘装置的切割粒径与压降之间的关系

1—筛板洗涤塔；2—文丘里洗涤塔；3—冲击板洗涤塔；4—25mm 球形填料洗涤塔

表 3-2 几种除尘塔的适用场合

应用场合	除尘塔类型
大型燃煤、燃油锅炉	文丘里塔
小型燃煤、燃油锅炉	文丘里塔、托盘
化工制造	填料床、文丘里塔、移动纤维床
炼铜	喷淋塔
炼铅	文丘里塔、旋风喷雾塔、电荷塔
炼铝	喷雾塔、填料床、文丘里塔、电荷塔
炼焦	电荷塔、文丘里塔、移动纤维床
钛合金生产	填料床、纤维床
钢铁炼结	文丘里塔
钢铁铸造	文丘里塔
洗煤	文丘里塔
木材造纸	文丘里塔、旋风喷雾塔
食品、农业	托盘、纤维移动床、填料床
焚烧	文丘里塔、填料床、冷凝塔

几种湿式除尘装置对微细颗粒物的去除能力评价见表 3-3、表 3-4。

表 3-3 几种湿式除尘装置对微细颗粒物的去除能力评价 (一)

除尘装置	$PM_{10}/PM_{2.5}$ 去除能力	备注	分割直径/μm
喷淋(雾)塔	尚可	旋风喷雾塔比常规喷雾塔要好一些	3.0
填料床	差	仅适用于低尘场合	1.0
托盘(筛板)	好	对粒径小于 $1\mu m$ 的粉尘脱除效果不佳	1.0
机械助力除尘塔	好	需要消耗较高的电力	0.2
文丘里塔	好	压降较大、能耗较大	0.1
冷凝塔	好	需保证足够的停留时间	<0.1
电荷塔	极佳	电耗较大	<0.1
纤维床	尚可	仅适用于可溶性粉尘	1.0

表 3-4 几种湿式除尘装置对微细颗粒物的去除能力评价 (二)

装置名称	气体流速	液气比/(L/m³)	压力损失/Pa	分割直径/μm
喷淋塔	0.1～2m/s	2～3	100～500	3.0
填料塔	0.5～1m/s	2～3	1000～2500	1.0
旋风洗涤器	15～45m/s	0.5～1.5	1200～1500	1.0
转筒洗涤器	300～750r/min	0.7～2	500～1500	0.2
冲击式洗涤器	10～20m/s	10～50	0～150	0.2
文丘里洗涤器	60～90m/s	0.3～1.5	3000～8000	0.1

一、 喷雾塔

气流在运动过程中与液滴相遇，在与液滴相遇前，气流开始改变方向，绕过液滴运动，而惯性较大的尘粒有保持原来直线运动的趋势。尘粒运动主要受两个力支配，即其本身的惯性力和周围气体对它的阻力。对于一定直径和密度的粒子，尘粒与液滴之间的碰撞次数与粒子和液滴间的相对速度成正比，而与液滴直径成反比，故提高气液间的相对速度、减小液滴粒径有利于提高除尘效率。但液滴直径并非越小越好，过小的液滴易随气流一起流动，反而减小了粉尘与液滴间的相对速度。因此，对于给定的尘粒，其最大除尘效率应有一个最佳液滴直径。

图 3-15 为喷雾塔中不同粒径的液滴对不同粒径粉尘的脱除效率图，是根据密度为 2g/cm³ 的尘粒在重力喷雾塔中的碰撞效率作出的。

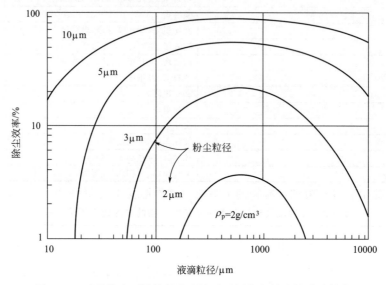

图 3-15 喷雾塔中不同粒径的液滴对不同粒径粉尘的脱除效率

喷雾降尘效率与雾滴粒径、喷雾体中雾滴密度、雾滴与尘粒的相对运动速度、粉尘粒径和性质等因素有关。雾滴粒径过大会很快沉降，过小容易蒸发且易被风流带走，两者均不利于捕尘。雾滴粒径约为尘粒直径的 150 倍时，捕尘效果较佳。尘粒与雾滴间的相对运动速度愈大，惯性碰撞愈剧烈，碰撞效率愈高。雾滴对粒径大于 $1\mu m$ 的粉尘以惯性捕获为主；对亚微米级尘粒（小于 $0.5\mu m$）以扩散捕获为主；对 $0.5\sim1\mu m$ 的尘粒，两种捕尘机理都起作用。细微粒表面吸附着气膜层，需以较大的能量才能被冲破，故难以被雾滴捕集。因此，喷雾对呼吸性粉尘的捕获效率很低。为提高水雾的降尘效果，可在喷雾水中添加湿润剂，或者使雾滴荷电。喷雾降尘主要使用喷雾器或荷电水雾实施。

立式逆流喷雾塔靠惯性碰撞捕集粉尘的效率可以用下式预估：

$$\eta = 1 - \exp\left[-\frac{3Q_l u_t Z \eta_d}{2Q_g d_D\ (u_t - u_g)}\right] \tag{3-4}$$

式中 u_t——液滴的末端沉降速度，m/s；

$\quad\quad u_g$——空塔的断面气速，m/s，一般取 $0.6\sim1.2m/s$；

$\quad\quad Z$——气液接触区的高度，m；

$\quad\quad d_D$——液滴直径，m；

$\quad\quad \eta_d$——单个液滴的碰撞效率；

$\quad\quad Q_g$——烟气流量，m^3/s；

$\quad\quad Q_l$——液滴流量，m^3/s。

单个液滴的捕集效率 η_d 可用下式表示：

$$\eta_d = \left(\frac{S_t}{S_t + 0.7}\right)^2 \tag{3-5}$$

式中 S_t——惯性碰撞参数，也称斯托克斯准数。

$$S_t = \frac{d_p^2 \rho_p (u_p - u_D) C}{9\mu d_D} \tag{3-6}$$

式中 u_D——液滴的速度，m/s；

u_p——在流动方向上粒子的速度，m/s；

μ——液体的运动黏度，Pa·s；

ρ_p——颗粒密度，kg/m^3；

C——坎宁汉修正系数；

d_p——颗粒直径，μm。

对于粒径小于 5.0μm 的粒子，必经考虑坎宁汉修正系数 C，可按下式计算：

$$C = 1 + k_n \left[1.257 + 0.4\exp\left(-\frac{1.1}{k_n}\right) \right] \tag{3-7}$$

式中 k_n——努森数。

k_n 可按下式计算： $\qquad k_n = 2\lambda/d_p \tag{3-8}$

式中 λ——气体分子平均自由程，m。

气体分子平均自由程 λ 可按下式计算：

$$\lambda = \frac{\mu}{0.499\rho \bar{\nu}} \tag{3-9}$$

$$\bar{\nu} = \sqrt{\frac{8RT}{\pi m}} \tag{3-10}$$

式中 $\bar{\nu}$——气体分子的算术平均速度；

ρ——气体密度，kg/m^3；

R——气体常数；

T——气体温度，K；

m——气体的摩尔质量，kg/mol。

坎宁汉系数 C 与气体温度、压力和颗粒大小有关，温度越高，压力越低，粒径越小，则 C 值越大。粗略估计，在 293K 和 1atm（1atm=101325Pa）下，$C = 1 + 0.165/d_p$，其中 d_p 单位为 μm。

粉尘的脱除效率随粉尘粒径的增大而增大，因为粉尘粒径增大，碰撞参数也增大。而对于粒径小于 100μm 的雾滴来说，由于粉尘与雾滴之间的相对速度较低，碰撞参数也较小，此外，雾滴的运动也处于黏滞流区域（即 $Re<1$），这两者都将导致较低的除尘效率。

当雾滴直径在 $100\sim800\mu$m 时，碰撞参数增大，雾滴的流动也从黏滞流转到位势流区域（$2<Re<500$）。当雾滴直径为 $900\sim1000\mu$m 时，雾滴的运动处于黏滞流区域，除尘效率基本保持不变。

喷淋塔主要依靠碰撞机理进行粉尘捕集，它对大颗粒粉尘具有很高的除尘效率。一般地，对于粒径大于 5μm 的粉尘，其除尘效率大于 95%；对于粒径为 $3\sim5\mu$m 的粉尘，其除尘效率大于 90%；对于粒径小于 3μm 的粉尘，其除尘效率低于 50%。为获得较高的除尘效率，喷淋塔的气液比要大于 6L/m^3。

图 3-16 为常规喷淋塔分级除尘效率。

旋风喷淋塔对于粒径大于 5μm 的粉尘，其除尘效率可达 95%；对于亚微米级颗粒也能达到 $60\%\sim75\%$。筛板（托盘）塔对于粒径大于 5μm 的粉尘，其除尘效率可达 97%，切割粒径为 $1\sim2\mu$m。

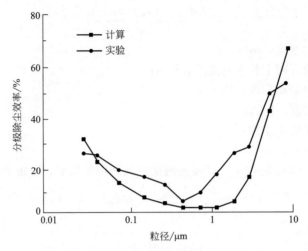

图 3-16　常规喷淋塔分级除尘效率

粒径为 $0.1\sim1.0\mu m$ 的颗粒最难脱除。当粉尘颗粒粒径较小（小于 $0.1\mu m$）时，布朗扩散捕集占优势，并且随着颗粒粒径的减小，布朗扩散加剧，捕集效率提高；当颗粒粒径较大时，惯性碰撞机理起主要作用，且随着粒径的增大，捕集效率提高。由于喷淋液中液滴直径多为 $1500\sim2500\mu m$，而尘粒粒径为 $0.1\sim10\mu m$，二者之间的粒径相差太大，使得截流参数较小，此时可忽略直接拦截机理对颗粒的捕集作用。

喷雾器的水力性能与喷雾体结构有关，常用雾滴分散度、喷雾体的雾滴密度、耗水量和水压等参数表示。对于压力型喷嘴，喷淋液滴的平均直径可用下式计算：

$$d_d=11260\ (d_0+0.00432)\ \exp\ (\frac{3.96}{v_{d0}}-0.0308v_{d0})\tag{3-11}$$

$$v_{d0}=\frac{4m_w}{\pi d_0^2\rho_w}\tag{3-12}$$

式中　d_0——喷嘴直径，m；

$\qquad v_{d0}$——液滴从喷口喷出的平均速度，m/s；

$\qquad m_w$——液体的质量，kg；

$\qquad \rho_w$——液体的密度，kg/m^3。

单位时间内喷嘴产生的液滴数目按下式计算：

$$N_d=\frac{6m_w}{\pi d_d^3\rho_w}\tag{3-13}$$

喷雾器的性能参数主要有以下几个。

（1）射程　即水从喷雾器喷出口起雾滴做直线运动段的水平距离。在射程内的雾滴动能大，捕尘效果好。

（2）作用长度　直线运动段后，雾滴在重力作用下呈抛物线运动，雾滴动能减弱，捕尘效果也减弱。从喷雾器出口至完成抛物线运动的最大水平距离称为作用长度。

（3）喷射体扩张角　扩张角大，喷洒面积大，捕尘面大。

喷嘴喷射角度与轨迹之间的关系见图 3-17。

常用的喷雾器有以下几种。

（1）水喷雾器　利用压力水在喷雾器旋流结构中高速旋转时的离心力，使水在喷雾器出口处碎裂分散成水雾。常见的水喷雾器雾滴粒径为 $100\sim200\mu m$，扩张角达 $98°\sim114°$，射程可达 1.3m 左右。

（2）风水喷雾器　利用压缩空气在喷雾器出口处高速喷射，将压力水分散成水雾，特点是射程可达 12m 左右，扩张角为 15°～20°。

此外，超声波雾化技术产生的水雾粒径小，与空气接触面积大。实验表明，超声波雾化雾流中粒径＜10μm 的雾滴比例可达 76.8% 以上。对于微细雾捕尘，因雾滴与粉尘粒径都较小，需采取一定的措施加强颗粒间的结合，从而使其凝并下降。实验表明，雾滴大小对微细粉尘的去除效率的影响比雾滴数量更显著。

在雾化水中添加表面活性剂或亲水-疏水双极性活水剂，有利于除尘效率的提高。当活化剂与疏水剂的细颗粒物接触时，首先疏水极与疏水的细颗粒物相结合，然后亲水极与水相结合，从而实现对未燃尽炭细颗粒物的捕集。

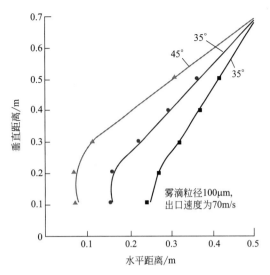

图 3-17　喷嘴喷射角度与轨迹之间的关系

二、冲激式除尘器

冲激式除尘器的除尘原理：利用高速气流在狭窄通道内呈"S"形轨迹运动的冲激力，强化粉尘在水洗作用下的湿润、凝并和沉降功能。含尘气体由入口进入除尘器，气流转弯后冲击水面，部分较大的尘粒落入水中。当含尘气体以 18～35m/s 的速度通过上、下叶片间的"S"形通道时，激起大量的水花，使水气充分接触，绝大部分微细的尘粒混入水中，使含尘气体得以充分净化。经由"S"形通道后，由于离心力的作用，获得尘粒的水又返回漏斗。净化后的气体由分雾室挡水板除掉水滴后经净气出口和通风机排出除尘机组，泥浆则由漏斗的排浆阀连续或定期地排出。

三、水浴除尘器

水浴除尘器喷头的插入深度一般取 20～30mm。冲击水浴式除尘器的冲击速度为 8～14m/s，除尘效率一般可达 80%～95%，阻力约为 600～1200Pa。这种除尘器的结构简单，造价低廉，可用砖或钢筋混凝土砌筑，耗水量少，适合中小型工厂采用。但对于细小粉尘的除尘效率不高，泥浆处理比较麻烦。

此外，除尘滤袋不适用于冲击水浴式除尘器，适用于单机布袋除尘器。

四、筛板塔/托盘塔

筛板的几种形式见图 3-18，其除尘原理见图 3-19。

传统的喷淋洗涤塔是利用液滴去捕集微细颗粒，由于液滴表面张力大，且自身含固量高，加上微细颗粒呈不规则运动特性，因此捕集效果很差。为了降低捕集介质的表面张力，大面积水膜比大量液滴的效果更好。

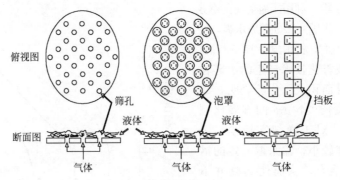

图 3-18　筛板的几种形式

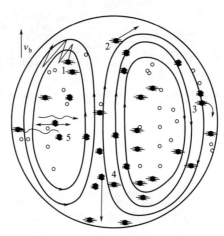

图 3-19　托盘/筛板除尘原理

筛板厚 1.5mm，筛孔直径 3.2mm，平均鼓泡直径为 4mm，粉尘的捕集机理包括：气泡形成过程中，气体穿过筛孔冲击液体（如水）；气液之间紧密接触；气体中的粉尘因惯性碰撞沉积在液膜表面等。颗粒的穿透率可用下式表示：

$$P_t = \exp\left(\frac{40F^2 d_p^2 \rho_p Cv}{9\mu d_n}\right) \tag{3-14}$$

式中　　F——泡沫密度，液体体积分量；

d_p——粉尘粒径，m；

ρ_p——粉尘密度，kg/m^3；

C——坎宁汉滑移系数；

v——筛孔气速，m/s；

μ——气体黏度，dPa·s；

d_n——筛孔直径；

P_t——粉尘穿透率，%。

穿透率一般取值为 0.38～0.65，筛板的切割粒径为 1～2.5μm，随着粉尘颗粒的减小，捕集效率迅速下降。

在空气和水组成的系统中，扩散泳沉积速度可用下式表示：

$$u_{PD} = \frac{0.85RT_g k_g (p_g - p_L)}{1 - p_g} \tag{3-15}$$

式中 u_{PD}——扩散泳沉积速度，cm/s；

p_L——气液界面水蒸气分压，atm；

p_g——气相中水蒸气分压，atm；

T_g——气相温度，K；

R——气体常数；

k_g——气液传质系数，g·mol/（cm²·s·atm）。

在空气和水体之中，热泳沉积速度可用下式表示：

$$u_{PT}=6.14\times10^{-3}Ch_gT_g（T_g-T_L）\tag{3-16}$$

式中 u_{PT}——热泳沉积速度，cm/s；

C——坎宁汉系数；

T_g——气相温度，K；

T_L——液相温度，K；

h_g——气相传质系数，cal/（cm²·s·K）。

气泡中离心沉积速度可用下式表示：

$$u_{pc}=\frac{d_p^2\rho_pCv_t^2}{18\mu r_b}\tag{3-17}$$

式中 u_{pc}——离心沉积速度，cm/s；

v_t——气泡上升速度，cm/s；

r_b——气泡半径，cm。

气泡半径在 $r_b=0.2$cm 时，气泡上升速度为 20cm/s，式（3-17）可表达为：

$$u_{pc}=1.8\times10^8\frac{d_p^2\rho_pC}{T_g}\tag{3-18}$$

在时间 t 内，颗粒生长可用下式表示：

$$r_2^2-r_1^2=\frac{2D_gp（p_g-p_L）t}{RT_g\rho_mp_m}\tag{3-19}$$

式中 r_1——长大前颗粒直径，cm；

r_2——长大后颗粒直径，cm；

D_g——扩散系数，cm²/s；

p——总压，atm；

p_m——除水蒸气外其他气体的平均分压，atm；

t——生长时间，s；

ρ_m——颗粒密度，kg/m³；

p_g——气相中水蒸气分压，atm；

p_L——颗粒表面水蒸气分压，atm。

冲击筛板的筛孔气速为 $18\sim22.5$m/s，可将液体破碎成直径为 100μm 左右的雾滴，具有良好的除尘效果。筛孔气速与切割粒径之间的关系见图 3-20。

在筛板上每个筛孔的上方可安设碰撞挡板，碰撞挡板位于筛板液面以下，细颗粒物连续冲击挡板和液体而被捕集，同时还避免了气体的直接喷射。筛板的捕集效率随筛板孔径的减小而增大，对于孔径为 3.2mm 的筛孔，其切割直径大约为 1μm。

图 3-21 为筛板压降与烟气流量之间的关系。

如果废气的温度比较高，用较低温度的液体洗涤，可以起到与高能文丘里洗涤器相媲美

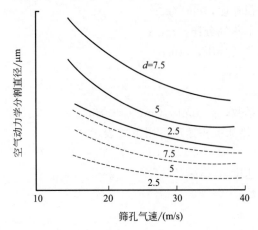

图 3-20　筛孔气速与切割粒径之间的关系

实线泡沫层密度为 $400kg/m^3$，虚线泡沫层密度为 $600kg/m^3$

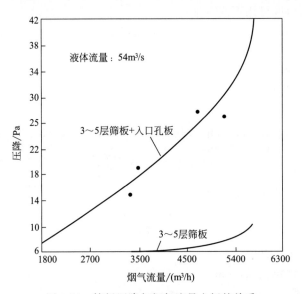

图 3-21　筛板压降与烟气流量之间的关系

的效果，在经济上很有吸引力。

　　Taberi 和 Calvert 在筛板试验中，用水捕捉亲水性粉尘的实验数据按下式处理：

$$P = \exp(-0.04FK_p) \tag{3-20}$$

$$K_p = \frac{d_p^2 v}{9\mu_g d} \tag{3-21}$$

式中　P——穿透率，%；

　　　K_p——碰撞系数；

　　　F——气泡密度，kg/m^3；

　　　v——气体通过筛孔的速度，m/s；

　　　d_p——粉尘粒径，m；

　　　d——筛孔直径，m；

　　　μ_g——气体黏度，$Pa\cdot s$。

气泡密度大约在 $380\sim650\mathrm{kg/m^3}$ 范围内，可用下式估算：

$$\ln F = 6.458 - 0.582 v_0 \rho_{\mathrm{g}}^{\frac{1}{2}} \qquad (3\text{-}22)$$

式中　v_0——空塔气速，m/s；

　　　ρ_{g}——气体密度，$\mathrm{kg/m^3}$。

空气动力学切割直径由下式计算：

$$d_{\mathrm{ac}} = 12.5 \times 10^6 \left(\frac{\mu_{\mathrm{g}} d}{v F} \right) \qquad (3\text{-}23)$$

式中　d_{ac}——空气动力学切割直径，$\mu\mathrm{m}$。

图 3-22 为无冷凝筛板除尘效率（孔径 3.2mm，压降 3000Pa）。图 3-23 为串联筛板的除尘效率与冷凝量的关系。图 3-24 为单块筛板除尘效率。从图中可以看出，颗粒的长大与颗粒的初始数量浓度有关。图中实线颗粒数量浓度为 10^7 个/$\mathrm{cm^3}$，虚线为 2×10^5 个/$\mathrm{cm^3}$，冷凝量度量为 g 冷凝蒸汽/g 干空气。烟气进入筛板前进行预饱和有利于筛板表面形成较高密度的泡沫层，泡沫层中生成的气泡较小且易变形。

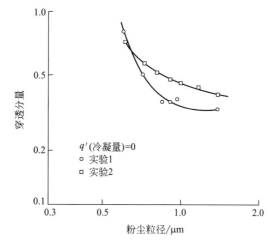

图 3-22　无冷凝筛板除尘效率

孔径 3.2mm，压降 3000Pa

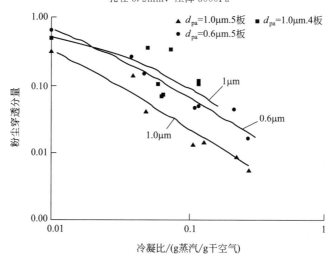

图 3-23　串联筛板的除尘效率与冷凝比之间的关系

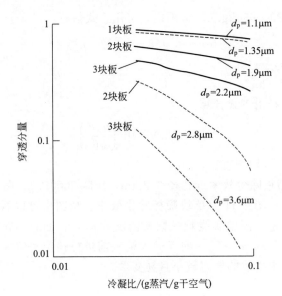

图 3-24　单块筛板除尘效率

饱和度不小于 1.0，实线代表粉尘颗粒数为 10^7 个/cm³，虚线为 $2×10^5$ 个/cm³

托盘塔的除尘效率随液气比的增大而增大，随气泡尺寸、气泡速度和粉尘负荷的增大而减小。

筛板常用于除去气体中的微细颗粒，但常规的筛板对微细颗粒的去除率都是有限的，因为筛板产生的界面面积有限。此外，产生细小的气泡所需的能耗也很大。单级筛板的效率有限，一般需要多级筛板才能获得较好的除尘效果。

当气体通过液层时，产生大量的小气泡，气泡中的微细颗粒通过布朗运动、惯性碰撞、重力沉降等机理进入液膜。对于粒径大于 $5\mu m$ 的颗粒，惯性碰撞和重力沉降是主要的捕尘机理；对于粒径小于 $1\mu m$ 的颗粒，扩散是主要的除尘机理。

Fuchs 等人得出单个气泡扩散捕集效率如下：

$$\eta_d = 1.8\sqrt{\frac{K_B TC}{3\pi\mu d_p v_b R_b^3}} \tag{3-24}$$

式中　K_B——波尔兹曼常数，无量纲；

　　　T——热力学温度，℃；

　　　μ——气体黏度，Pa·s；

　　　d_p——粉尘颗粒直径，m；

　　　C——坎宁汉修正系数，无量纲；

　　　R_b——气泡直径，m；

　　　v_b——气泡上升速度，m/s。

单个气泡惯性碰撞捕集效率如下：

$$\eta_{im} = \frac{\rho_p d_p^2 v_b C}{4\mu R_b^2} \tag{3-25}$$

式中　ρ_p——颗粒密度，kg/m³。

单个气泡重力沉降捕集效率如下：

$$\eta_{se} = \frac{g\rho_p d_p^2 C}{24\mu R_b v_b} \tag{3-26}$$

拦截捕集效率如下：

$$\eta_{\text{in}} = \left(\frac{1 - \varepsilon_{\text{g}}}{J} \times \frac{1}{d_{\text{b}}} \right) d_{\text{p}} + \left(\frac{1 - \varepsilon_{\text{g}}}{J} \times \frac{2}{d_{\text{b}}^2} \right) d_{\text{p}}^2 \tag{3-27}$$

$$J = 1 - \frac{6}{5} \varepsilon_{\text{g}}^{\frac{1}{3}} + \frac{1}{5} \varepsilon_{\text{g}}^2 \tag{3-28}$$

$$\varepsilon_{\text{g}} = \frac{H_{\text{F}} - H_0}{H_{\text{F}}} \tag{3-29}$$

式中　　d_{p}——颗粒直径，m；

　　　　ε_{g}——持气量，无量纲；

　　　　H_{F}——泡沫层高度，m；

　　　　H_0——静液层高度，m；

　　　　d_{b}——气泡直径，m；

　　　　J——持气量参数。

当气体有冷凝，液体有蒸发时，施特藩流动可对颗粒的运动产生额外的影响。

粉尘浓度增大时，微细颗粒的扩散运动受限，气泡表面液膜也可能出现饱和或排斥现象。此外，颗粒的表面润湿性能也对捕集效率有很大影响。

表面气速与气泡直径之间的关系见图 3-25。从图中可以看出，气泡直径随表面气速的增大而减小。

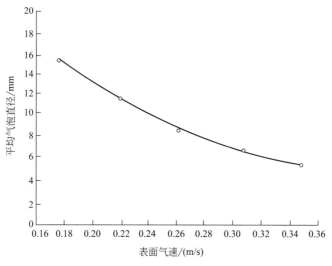

图 3-25　表面气速与气泡直径之间的关系

小直径的气泡减小了颗粒碰撞气泡表面的距离，从而增加了碰撞的概率。图 3-26 为不同表面气速下，气泡直径与除尘效率之间的关系。

气泡直径与表面气速成反比，提高液气比可提高除尘效率。

筛板对空气动力学直径为 d_{p}（单位为 μm）的亲水性颗粒的脱除效率为：

$$\eta_{\text{d}} = 1 - \exp(-40 \rho_{\text{f}} \phi) \tag{3-30}$$

式中　　ρ_{f}——筛板上泡沫的密度，g/cm^3；

　　　　ϕ——筛孔惯性参数。

筛孔惯性参数可按下式计算：

$$\phi = \frac{v d_p^2}{9 \mu_g d_n}$$

(3-31)

式中　　v——筛孔气流速度，cm/s；

　　　　μ_g——气体黏度，po；

　　　　d_n——筛孔孔径，cm。

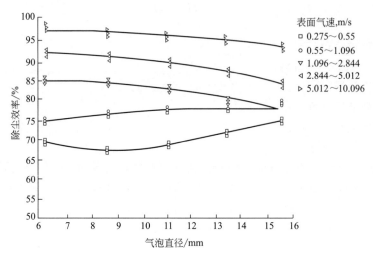

图 3-26　不同表面气速下，气泡直径与除尘效率之间的关系

筛孔直径越小，气泡直径越小，则除尘效率越高。当筛孔直径为 3.2mm 时，其切割粒径约为 0.5μm。

多层托盘的设计与布置：托盘可采用 2~5 层，综合考虑到实际工况和阻力等因素，一般采用 2 层托盘。托盘与喷淋层和烟气口之间的布置主要有以下几种方式。

（1）第一种是将两层托盘布置于烟气入口和第一层喷淋层之间。一般下层托盘采用非均匀开孔方式，孔径为 25~35mm，开孔率为 25%~45%；上层托盘采用均匀开孔方式，孔径为 25~35mm，开孔率为 32%~38%。实际应用中可根据锅炉负荷被动及持液层高度情况，确定非均匀开孔的必要性以及开孔率。

（2）第二种是将两层托盘布置于第一层和第二层喷淋层之间，上层托盘布置于第三层和第四层喷淋层之间。

（3）第三种是将下层托盘布置于烟气口与第一层喷淋层之间，上层托盘布置于第一层和第二层喷淋层之间。

（4）第四种是当喷淋层超过 5 层时，将托盘布置于倒数第二层或第三层喷淋层之下。

大直径穿流筛板由于加工和安装偏差而造成各板之间恶性循环地加剧气液接触不均匀现象，故之后出现了波楞穿流板，即将平穿流板压成波楞形，相邻两板之间的波脊条成 90°错向，这样可以起到液体再分配并使之均匀的作用。而且板上的筛孔多数具有倾斜角度，因此增强了板上的流动程度，通量亦较大。

孔径大于 10mm 的筛板与小孔径筛板相比，大孔径筛板有一些显著的特点，如不易堵塞，加工也更加容易，但孔径越大，越容易发生喷射，操作弹性变小。当用于除尘时，其切割粒径增大，例如，若要求切割粒径小于 1μm 的粉尘，筛板孔径一般要求小于 10mm。气体通过大孔径筛板时，气体在液体中的气泡直径增大，要保持筛板液面高度的均匀性越来越困难。此时，可采用分隔板，将筛板分割成若干个区间并联，强制保持每个区间的液面高度，从而保证整个筛板液面高度的均匀性。图 3-27 为筛板塔表面气速与持液量之间的关系。

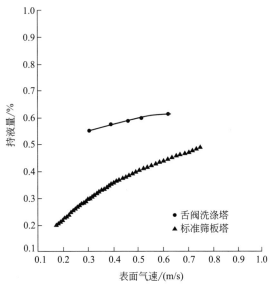

图 3-27 筛板塔表面气速与持液量之间的关系

五、 纤维除尘器

当颗粒物的捕集是由于气流绕过纤维而导致惯性碰撞时，捕集效率随纤维直径的减小和气流速度的增大而增大。对于非常小的颗粒（小于 $0.1\mu m$），扩散沉积可能是极为有效的，这种机理的除尘效率随气流速度的减小而增大。直径为 $0.28mm$ 的金属丝网，惯性切割直径可低至 $1\mu m$，若使用更细的纤维，或采用较高的气速，或者把二者结合起来，切割直径可降至 $0.5\mu m$ 左右。

六、 多级静态混合塔

多级静态混合塔由多级混合单元组成，每级单元叶片具有一定的旋转方向，相邻的两极混合单元方向相反，烟气速度为 $2\sim20m/s$，压力损失为 $0.5\sim3kPa$，液气比为 $0.2\sim500$ L/m^3，气液两相在混合单元及之间的空腔内剪切、破碎、掺混、旋转。气液两相分散，传质效率高，气液一般顺流，也可采用逆流方式，对 $1\mu m$ 以上的粉尘应增强掺混合防堵功能。

七、 S 形泡罩塔盘

如图 3-28 和图 3-29 所示，S 形泡罩塔盘由多个截面为 S 形的长条形极并列排布形成，相邻板体间 S 形端相互交错并间隔设置，设间隔构成中间通道，进气口和出气口分布于中间通道的两侧，为增加出气口的均匀性，在出气口端部均匀开设矩形、三角形或梯形齿缝，出气口端部离底板间距为 $20\sim50mm$，进气口面积为中间通道的 $1\sim4$ 倍，出气口的面积为中间通道的 $1.5\sim4$ 倍。工作时，由浆液管道在塔盘上布一层浆液，烟气由进气口进入，经中间通道后由出气口排出，烟气中的 SO_2 从塔盘上的浆液中出来后，形成泡沫层，烟气中的

SO₂ 和粉尘等污染物在强烈的气液掺混中被脱除。

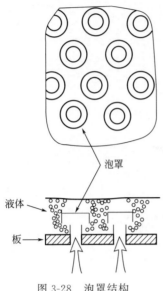

图 3-28　泡罩结构

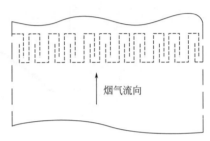

图 3-29　S形泡罩塔盘示意图

八、 动力波除尘器

如图 3-30 所示，动力波脱硫塔采用泡沫区吸收技术，通过设计适当的洗涤器喉管来控制烟气在管内的速度，把吸收液以与烟气流相反的方向喷入，使吸收液与烟气保持动平衡，形成泡沫区。这个泡沫区是强湍流区域，在此气液充分混合，吸收液接触面高速更新。烟气的冲力使吸收液四散飞溅，吸收液与烟气达到动平衡处形成稳定的泡沫层（图 3-31）。吸收液的湍动膜包裹了烟气中的粉尘及气态污染物，同时气液充分接触，使烟气骤然冷却，酸性气体被吸收。

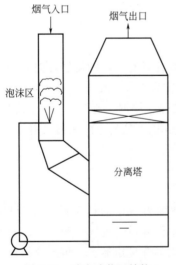

图 3-30　动力波装置结构

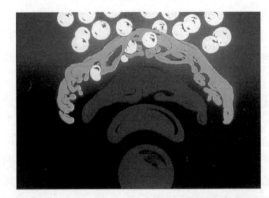

图 3-31　动力波装置泡沫区

动力波塔采用了这种独特的吸收技术，逆喷塔由两个主要部分构成：逆喷头及气/液分离槽。吸收液通过一个大口径喷嘴喷入直桶型的逆喷管中，其喷入方向与烟气流向相反。烟气与吸收液相撞，使吸收液快速转向，撞向管壁，形成稳定波层，或称泡沫区。泡沫区在逆喷管内的上、下移动取决于烟气和吸收液的相对冲力。由于采用大口径敞口喷头，排放烟气中不存在因雾化而产生的细小液滴。所形成的大液滴使气液分离变得容易，防止了排放烟气中夹带液滴和污染物。烟气在动力波洗涤器喉管内的流速设计为 25～30m/s。动力波洗涤塔长度为 6～8m，其中湍动区长度为 2.5m。动力波除尘器对 1～2μm 粒径的粉尘的脱除效率可达 99.9%，可达到 3.6mg/m³ 的出口粉尘浓度，所需液气比为 0.26～0.39L/m³，中低压降。

九、 顺流填料床

图 3-32 为填料结构形式与除尘效率的关系，实验所用粉尘粒径为 0.1μm。顺流填料床可获得与文丘里塔相媲美的除尘效果，可除去粒径 0.1μm 以上的粉尘，运行操作范围也较宽，但填料床较容易结垢，从结垢角度看，垂直顺流优于水平顺流、错流和逆流。填料床需保证一定的床层高度，过高的填料床对除尘效率的提高作用不大，过低的床层高度可能导致气流短路。

在某氯化铵气溶胶除尘实验中，氯化铵的粒径小于 3μm，绝大多数小于 1μm，采用顺流填料床，液气比为 4（L/m³），总压损失为 150Pa，除尘效率为 60% 左右。

顺流填料的除尘性能见表 3-5。

表 3-5 顺流填料的除尘性能

粉尘粒径/μm	入口粉尘质量/g	入口粉尘数量	出口粉尘质量/g	出口粉尘数量	除尘效率/%
>10	0.07	2.8×10^{7}	0	0	100
5～10	0.03	2.8×10^{7}	0	0	100
2～5	0.09	8.4×10^{8}	0.0006	5.6×10^{6}	99.3
1～2	0.22	2.6×10^{10}	0.0028	3.3×10^{8}	98.7
0.5～1	0.26	1.46×10^{11}	0.008	7.58×10^{9}	97
0.25～0.5	0.18	1.37×10^{12}	0.0056	4.31×10^{10}	96.9
0.1～0.25	0.15	1.12×10^{13}	0.003	2.24×10^{11}	98

从表 3-5 中可以看出，顺流填料对 1μm 以上的粉尘可以达到 98% 以上的除尘效率，采用蒸汽或水凝并时，需要大约 3～4s 的时间以确保异相或核的发生及长大。

十、 生态冷凝洗涤系统

生态冷凝洗涤系统利用自然降雨和颗粒长大的原理来脱除亚微米级颗粒，该技术特别适合饱和温度大于 150℃ 的场合。但当温度较低时，采用蒸汽代替水形成必要的冷凝条件。生态冷凝洗涤系统是模仿自然界中雨滴形成过程中捕捉粉尘的原理。雨滴主要是以粉尘的凝结核冷凝于粉尘表面，粉尘质量增加后降落于地面。热烟气首先通过急冷使烟气的含湿量达到饱和，然后烟气与温度更低的洗涤液直接冷凝，该洗涤液形成"人工雨"，由于温度和浓度不同而产生的驱动力、流通力使烟气中的细颗粒物被水包裹。质量增大后的粉尘进入可调喉道的文丘里管，由于颗粒物粒径增大，文丘里管所需的压降可以比常规文丘里管低得多，并且烟气温度降低后，烟气体积也减小了，可以减小洗涤器的尺寸。生态冷凝洗涤系统流程见图 3-33。

常规洗涤塔与冷凝增强技术比较见表 3-6。

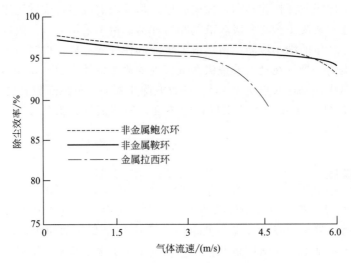

图 3-32 填料结构形式与除尘效率的关系

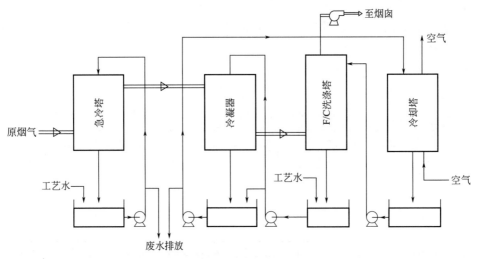

图 3-33 生态冷凝洗涤系统

表 3-6 常规洗涤塔与冷凝增强技术比较

项目	常规洗涤塔	冷凝增强技术
烟气流量/(m³/h)	36000	19800
温度/℃	180	105
压降/英寸水柱	65	35
能耗比	3.5	1

如果要求烟气最终排放浓度低于 $2mg/m^3$ 或对节能有更高要求，可将生态冷凝洗涤技术与湿式电除尘器相结合，湿式电除尘器比常规的比集尘面积可以减少 50% 以上。

十一、 电荷塔

一般地，粉尘和液滴至少有一种带电荷，静电捕集的作用才能显现出来。

对于粒径小于 $1\mu m$ 的粉尘，常规利用碰撞原理除尘的效率有限，若对气流中的粉尘进行预电荷处理，可显著提高亚微米级粉尘的除尘效率。当粉尘和液滴均受电荷处理时，对亚微米级粉尘的除尘效率达到最高，接近于电除尘。

电荷塔有几种预电荷方式，粉尘可以接受正电荷或负电荷，而液滴采用相反的电荷。液滴也可以带双电荷（正电荷和负电荷的混合物），此时，粉尘可为双电荷或单电荷。

十二、 机械助力洗涤塔

机械助力洗涤塔属机械诱导雾化式除尘器（图 3-34），它利用湿式风机除尘，是对湿式除尘的一大创新，特别是专门设计的径向直叶片湿式风机，它产生的离心力和强力扰动迫使细微粉尘与水混合、凝并，从而达到除尘的目的。依靠风机净化含尘气体是其最大特点，它解决了通常风机怕水、怕尘进入的难题，是任何其他湿式除尘器无法比拟的。洗涤器结构紧凑、集成化、具有自动清洗湿式风扇，特点是在最小空间、较低水分要求条件下达到高除尘效率。其性能如下：在粒径为 $1\sim2\mu m$ 范围内达到 99.9% 以上的除尘效率，粉尘浓

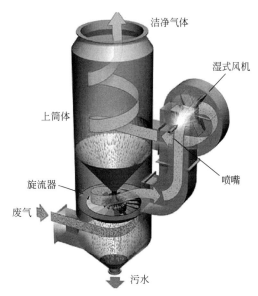

图 3-34 机械助力洗涤塔

度达到 $5mg/m^3$，液气比为 $0.25\sim0.39L/m^3$。其工作原理为：喷雾器将水雾直接喷到叶轮上，在叶轮和叶片上形成一层水膜，由于叶轮高速悬转产生的离心力将这部分水膜再分散细化成更细的水雾；然后，这些水雾由于离心力的作用，向四周飞散，在风机蜗壳内形成一段高度密集的水雾气溶胶；最后，当含尘气流穿过这段水雾气溶胶时，一部分尘粒会被水膜或高速径向运动的水雾滴所捕集下来，另一部分也会被风机高速旋转的叶片所撞击下来，对于细小的尘粒有很好的除尘效果。

机械助力洗涤塔的除尘效率见图 3-35。在实际风机内部，流体处于高度的湍流、涡流状态下，甚至也不是简单的黏性流体，而是压缩流体，所以，尘粒在风机内的运动特性是非常复杂的。

风机不是靠叶轮和叶片碰撞捕集粉尘的，它捕集粉尘是靠喷到叶片上的雾滴。这部分雾滴在叶轮和叶片表面形成一层水膜，这层水膜在离心力作用下可以保持一定厚度。当颗粒撞击叶轮且与水膜结合后，就从气相中转移到水膜中。然后，在风机离心力的作用下随液滴被抛离叶片，飞向蜗壳或上筒体从而被捕集。需要指出一点，风机内部的液滴比喷嘴喷出的液滴除尘效果更好。因为液滴在喷到风机叶轮上时，在叶轮的剪切力、离心力、摩擦力作用下克服了表面张力，将液滴进一步细化。因此，风机内会有一段时间充满了气溶胶状的极细液滴。这种气溶胶液滴对尘粒的捕集有很好的效果。另外，还有水膜捕尘机理，即一部分未被充分雾化的较大的水滴由于惯性较大，在离心力的作用下，到达蜗壳壁面并在内壁形成一层水膜，粉尘由于离心力的作用被甩向壁面，从而被水膜捕集。此外，利用存在的惯性力、布朗运动等也能捕集部分粉尘。由于尘粒、液滴和气体之间的惯性力不同，从而产生了相对运动，尘粒被凝聚、捕集。从上面的分析可以看出，实质上湿式风机的作用机理包括湿式除尘和雾化两部分。

机械助力洗涤塔可以获得很高的除尘效率，但是是以能耗为代价的，另外还面临磨损、

腐蚀、堵塞等问题。

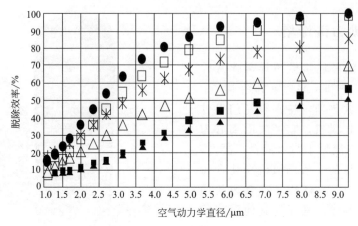

图 3-35　机械助力洗涤塔的除尘效率

十三、　鼓泡装置

鼓泡装置实验模型见图 3-36，喷射管端部见图 3-37。烟气冷却饱和后进入气流分配区，气流分配区由上封板和下封板组成，下封板与喷射管相连，烟气经喷射管鼓泡除尘脱硫后，再经烟气上升管（横穿上封板和下封板）进入集气室，烟气携带较粗大液滴在此处发生分离，剩余的微细滴在此后的除雾器中分离。

鼓泡装置的核心部件是喷射管，喷射管端部开有 $\phi 35$ 左右的小孔或小槽口，烟气以 $25\sim40\text{m/s}$ 的速度从小孔或槽口喷出，形成鼓泡区（泡沫区）。

图 3-36　喷射鼓泡装置实验模型

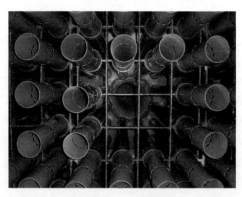

图 3-37　喷射管端部

鼓泡区是一个由大量不断形成和破碎的气泡组成的连续气泡层，形成了很大的气-液接触区。在这个区域中，气泡的生成和破裂不断产生新的接触面积，烟气中的 SO_2 溶解在气泡表面的液膜中，烟气中的飞灰也在接触液膜后被除去。气泡的直径为 $3\sim20\text{mm}$（在这样大小的气泡中存在小液滴）不等，大量的气泡产生了巨大的接触面积，成为一个非常高效的多级气-液接触器。

在传统的脱硫除尘中，烟气是连续相，液相为分散相，这种方式会存在脱硫率的边际效应，致使传质过程和化学反应动力弱化。鼓泡装置正好与传统的概念相反。在其设计中，液相吸收剂是连续相，而烟气是分散相，减少了临界传质和临界化学反应速率的局限性。

鼓泡装置均匀的气流分布是区别于喷淋塔的重大优点，特别是当需要较高 SO_2 脱除率、除尘效率及负荷波动较大时。在大型 FGD（烟气脱硫）吸收塔运行中，影响脱硫除尘效率的一个主要的不确定因素就是烟气分配不均匀，喷淋塔中液气分配不均可能会降低循环浆液的利用率。随着吸收塔尺寸的增加，烟气分配不均的可能性也会增加。对于鼓泡装置，克服浸液深度产生的压降，使原烟气仓成为一个天然的均压箱，而大压降保证了烟气流量的均匀分配，使得每个喷射管喷出的烟气在很大范围内是等速、均匀的，因此，鼓泡塔工艺能够确保在 15%～100% 的负荷范围内运行，而不降低脱硫除尘性能。

鼓泡装置气液间的相对速度更快，气液接触面积大，接触区烟气滞留时间较长，从而提高了微细粉尘的去除能力。PSD（粉尘粒径）分析表明，CT121 对粒径大于 $10\mu m$ 的粉尘，除尘效率达 100%；对 $1～10\mu m$ 的粉尘，除尘效率大约为 90%；对 $1\mu m$ 以下的粉尘，鼓泡装置的脱除率高于传统的喷淋工艺（鼓泡塔 $1\mu m$ 以下粉尘脱除效率可达 60%，而喷淋塔只能达到 20%）。

鼓泡装置对有害空气污染物（HAP）的捕集效率：HCl 和 HF 大于 90%，痕量金属 80%～98%，汞和镉约为 46%，Se 约为 67%，V 和 As 为 95% 以上。

某电厂测试的粉尘粒径与除尘效率之间的关系见图 3-38。

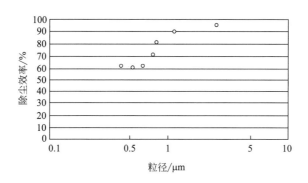

图 3-38　粉尘粒径与除尘效率之间的关系

在高粉尘负荷（电除尘器效率降低）运行时，粉尘很容易在喷射管内结块，在下封板上表面也容易形成淤积。冷却浆液在导致烟气入口室材料磨损的同时，也会造成下封板大量浆液的沉积，部分喷射管的顶部也会被石膏覆盖，导致脱硫效率小幅度下降。因此，需要设置专门的冲洗系统和排浆系统。

当烟气中的粉尘被脱硫浆液捕集后，随着粉尘浓度的增大，脱硫浆液的黏度和表面张力增大。例如，在低粉尘负荷运行时，可观测到泡沫区的高度为 250～300mm，而在其他工况相同的条件下，高粉尘负荷运行时，泡沫区可低至 50～75mm，脱硫除尘效率明显下降。

鼓泡装置也有一些缺点：塔阻力损失较大（其压损由两部分组成，即静压和动压，静压由浆液液位产生，动压由烟气流径喷射管和上升管产生）；直径较大；所需风机的压头较大。

十四、 撞击流

撞击流概念最初是针对气固相体系提出的，目标是强化相间传递。撞击流是在过撞击点平分线垂线正、反方向上具有一定动量通量的两股包含或不包含分散相的连续流体相向流动撞击的流动结构。由于液体密度很大，两股相向撞击流体间剧烈的动量传递导致强烈的相互作用，包括流团或/和分子间相互碰撞、挤压、剪切等。

研究人员对撞击流影响除尘效率的参数进行了单因素实验与分析，确定了除尘效率的影响因素。也有人通过正交实验法分析了各因素对除尘效率的影响权重，并将实验结果与CFD数值模拟的进行了对比，得出了对喷流除尘技术收集高湿、高黏附性粉尘的最优模型及选型的依据：喷嘴风速 $25 \sim 27 m/s$，含尘浓度 $0.6 kg/m^3$，喷嘴间距 $0.3 m$，喷雾化水耗水量 $0.21 kg/kg$ 粉尘，喷嘴倾斜角度 $40°$，该条件下的除尘效率最高可达 97.5%。撞击流示意图见图 3-39。

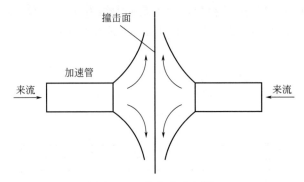

图 3-39　撞击流示意图

撞击流是强化相间传递和促进混合（尤其是微观混合）最有效的方法之一。同时，气流携带的颗粒物相向撞击可导致颗粒间剧烈的碰撞，对于高湿、高黏附性细小颗粒（如细雾滴），会因碰撞而相互团聚长大，研究发现微米级雾滴撞击后倾向于团聚长大，几十至几百微米的大雾滴撞击后倾向分裂，使撞击后雾滴粒径分布变窄。利用这一特性，可促进表面凝结有水膜的细颗粒物进一步碰撞凝并长大。随着烟气撞击流速的增大，细颗粒脱除效率总体呈增大趋势，这是因为增大烟气对喷速度可增强细颗粒（含尘液滴）在撞击区的往复渗透，增大了细颗粒间的碰撞概率，强化了颗粒的团聚效应，有利于细颗粒的凝并长大。另外，烟气速度越大，撞击区湍动程度越大，有利于相间热质过程的传递，强化了水汽在细颗粒表面的凝结，促使细颗粒凝结长大。适宜的烟气撞击流速约为 $25 \sim 35 m/s$。

十五、 气动塔

气动塔结构见图 3-40。气动塔的设计巧妙地利用了文丘里效应（文丘里效应是指当风吹过阻挡物时，在阻挡物的背风面上方端口附近气压相对较低，从而产生吸附作用并导致空气的流动），烟气从气动脱硫单元下方进入，在旋流器的作用下，形成具有一定速度的向上的旋转气流，将单元上端注入的吸收液托住反复旋切，形成一段动态稳定的液粒悬浮层，液相的聚散组合随时发生，达到有害气体吸收、粉尘捕集和气体冷却等目的。

气动塔液相密度较喷淋塔和填料塔大得多，可认为液相为连续相，而气相为分散相。脱硫塔内高速与低速有机结合，在高效脱硫除尘的同时实现雾滴的高效分离。

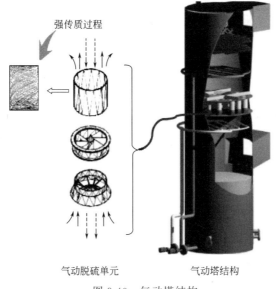

气动脱硫单元　　　　　气动塔结构

图 3-40　气动塔结构

1. 高效聚散组合

常规的折板除雾器是根据惯性原理制成的，其捕捉的液滴直径大致在 $18\mu m$ 以上，也就是说小于 $18\mu m$ 的液滴 100% 会逃逸至烟囱。液滴含有固体颗粒物及可溶解盐，这会增大排烟中的粉尘含量（如粉尘、$CaCO_3$、$CaSO_3$ 和 $CaSO_4$ 等固体悬浮物）和烟气的不透明度。气动塔对雾滴的分离切割粒径可达 $10\mu m$，大大减小了脱硫塔出口含尘量。

2. 对 SO_3 的去除

从电除尘器排出进入脱硫塔前的 SO_3 浓度为（$30\sim60$）$\times10^{-6}$，占 SO_x 总排放量的大部分。同时，在洗涤过程中生成的硫酸酸雾也占烟囱排放 $PM_{2.5}$ 的相当一部分。

由于湿式脱硫塔对高温烟气（约 $150℃$，已除尘）迅速饱和，相当部分的 SO_3 迅速生成气相的硫酸雾滴。湿式脱硫塔对烟气的冷却速度高于对 H_2SO_4 蒸气的吸收，而烟气被冷却至硫酸露点以下（约 $138℃$），烟气急冷使烟气中的 SO_3 转化为亚微米级的硫酸酸雾，极难除去。典型的湿式脱硫塔对烟气中 SO_3 和 H_2SO_4 的脱除率为 $30\%\sim50\%$，而气动塔脱除率可达 70%。

3. 对 NO_x 的去除

由于烟气中 90% 以上的 NO_x 以 NO 的形式存在，湿式脱硫塔只能去除大部分的 NO_2，对 NO 的去除率几乎为零，故总的 NO_x 去除率也低于 10%。而气动塔延长了气液接触的时间，可增大 NO_2 的脱除率，具体增大程度与烟气中的氮氧化物组分有关。

十六、喷射式除尘器

喷射式除尘器可看作是喉管极短的高能文丘里除尘器，它也是利用气体的动能使气液充分混合接触。气体首先通过一个减缩的锥形杯（即喷嘴），将速度提高，溢流或喷入锥形杯的吸收液受高速气体的冲击并携带气流而喷出，气体因突然扩散，形成剧烈湍流，将液体粉碎雾化，产生极大的接触界面，从而达到除尘效果。由于气液以顺流方式进行，不受逆流操作中气体临界速度对除尘器的液流极限能力的限制，提高了体积传送能力，操作简单，不易堵塞。

喷射式除尘器结构如图 3-41 所示。在除尘器中间没有隔板，隔板上并列布置若干个锥形杯，锥形杯的供液可用溢流和喷嘴两种形式。采用溢流方式供液时，隔板的水平度要求较高，以保证液体均匀流入每一个锥形杯；喷嘴供液时可采用在气体入口断面均匀布液的方式，也可采用将若干个锥形杯成组对应若干个喷嘴的方式。不管采用何种方式，目的是要保证锥形杯中气液分布的均匀性。当除尘器截面直径较大时，可采用分别供液的方式。锥形杯入口直径应大于出口直径，使气流因截面收缩而提高流速。喷嘴高度 h 与出口直径 d 之比应大于 2.5，当 $h/d < 1.5$ 时，气流在锥形杯内的分布不均匀，此时不可能达到良好的雾化效果。将锥形杯的出口设计成微扩张形式，可避免气液的二次收缩，但结构比较复杂。为保证喷射除尘器较高的净化效率和较低的阻力，锥形杯出口的气体流速以控制在 $25 \sim 30 \mathrm{m/s}$ 为宜。

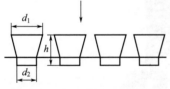

图 3-41　喷射式除尘器结构

喷射除尘器的关键部件为喷杯。该除尘器利用气体的动能使气液充分混合接触，气体首先经过一个收缩的喷杯，将速度提高，喷杯中的吸收液受高速气体的冲击并被携带至底部喷发。气体因突然扩散，形成剧烈湍流，将液体粉碎雾化，产生极大的接触面，从而增强除尘效果。由于气液以顺流方式进行，不受逆流操作中气体临界速度对除尘器液流极限能力的限制，提高了体积传质能力。

喷杯的上口径 d_1 应大于下口径 d_2，以使气流因收缩而提高流速；喷嘴的高度 h 与 d_2 之比应大于 2.5。当 $\dfrac{h}{d_2} < 1.5$ 时，气流在喷嘴内分布不均。

图 3-42 为喷射除尘器达到 99％的除尘效率所需的最小液气比。图 3-43 为喷射塔高径比对除尘效率的影响。图 3-44 为液滴粒径沿喷射塔高度变化情况。图 3-45 为喷射塔烟气速度与压降之间的关系（喉道为 150mm，中心雾化）。

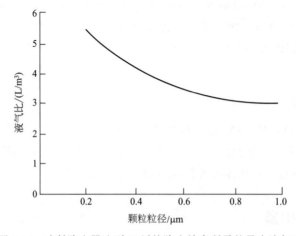

图 3-42　喷射除尘器达到 99％的除尘效率所需的最小液气比

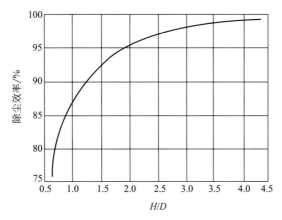

图 3-43 喷射塔高径比对除尘效率的影响

液气比为 $7.1L/m^3$，颗粒粒径为 $0.7\mu m$，烟气速度为 $24.5m/s$，温度为 $20℃$

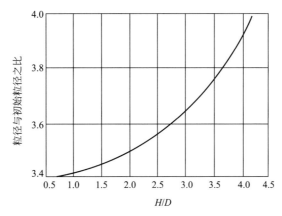

图 3-44 液滴粒径沿喷射塔高度变化情况

液气比为 $7.1L/m^3$，颗粒粒径为 $0.7\mu m$，烟气速度为 $24.5m/s$，温度为 $20℃$

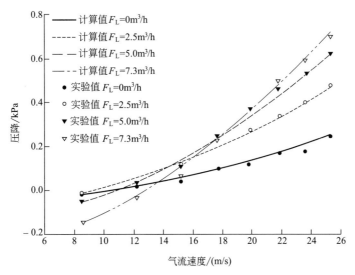

图 3-45 喷射塔烟气速度与压降之间的关系

十七、 涡扇洗涤器

涡扇洗涤器结构如图 3-46 所示。含尘气体沿切向进入吸收塔的下部，较粗的颗粒在离心力和重力的作用下被分离出来。接着烟气进入吸收塔内的旋流板间，中等粒径的颗粒将与润湿的旋流板片表面碰撞而被捕集下来。然后，含有最微细颗粒的烟气进入涡扇除尘室，雾化后的洗涤液喷入涡扇中心，雾滴与粉尘颗粒碰撞凝聚。粉尘凝聚后的烟气沿切向高速进入旋风分离室，在离心力的作用下分离出来。该除尘器的最大压损约为 1200Pa。

使用该洗涤器时，在旋流板的上方直接喷射洗涤液，当液体流经旋流板时，产生洗涤水幕，含尘烟气切向进入洗涤塔，并与水幕相碰发生凝聚，从而被洗涤下来。旋流板中心的挡盘可以加速气流的旋转运动，这种运动可以进一步破碎由雾化喷嘴喷出的液滴，增强粉尘颗粒的凝聚捕集效果。最后通过旋流板除去含尘液滴。

图 3-46 涡扇洗涤器结构

涡扇洗涤器可以处理高浓度的粉尘，压损约为 1200Pa，对 $5\mu m$ 左右的粉尘颗粒，其去除率可达 99% 以上，见图 3-47、图 3-48。

一般地，旋流板的除尘效率随旋流板叶片倾角的减小、气液比的增大、喷嘴直径的减小、喷嘴压力的增大而增大。当喷嘴流量为 34L/min，压力为 $1.6kgf/cm^2$，旋流板叶片倾角为 15° 时，对 $PM_{2.5}$ 和 $PM_{5.0}$ 的脱除率分别达 86% 和 92%，压力损失为 1100 ~ 1200Pa，比文丘里除尘器（3000~5000Pa）小得多。在喷嘴出口和旋流板叶片之间布设一层圆木，可进一步破碎雾滴，提高除尘效率。这种结构特别适用于除黏性粉尘。

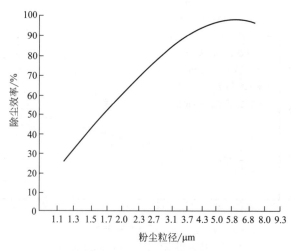

图 3-47 涡扇洗涤器除尘效率与粉尘粒径之间的关系

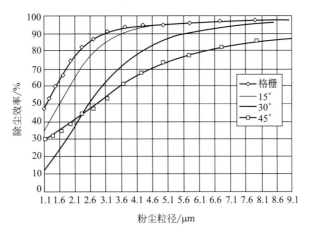

图 3-48　涡扇洗涤器结构参数对除尘效率的比较

第三节　凝并除尘技术

当雾滴含量为 35mg/m³ 时，雾滴与雾滴之间的距离是自身粒径的 300 倍以上。当粉尘含量为 10～20mg/m³ 时，粉尘与粉尘之间的距离是自身粒径的 600 倍以上，雾滴之间的距离是粉尘粒径的 4000 倍以上。因此，依靠惯性碰撞来除尘是非常困难的。冷凝可以改变粉尘的表面特性，将粉尘表面界面特性的气固界面变为固液界面。

目前，在除尘器前设置预处理设施是提高 $PM_{2.5}$ 脱除效率的重要技术途径之一，使其通过物理或化学作用长大成较大颗粒后加以脱除。冷凝和蒸汽相变是两种常用的预处理方法。

一、冷凝洗涤除尘

有些洗涤塔采用冷凝的方式以提高粉尘的捕集效率，因为采用冷凝技术使亚微米级颗粒长大是提高颗粒物脱除效率的有效途径。冷凝塔一般采用多级流程，包括预处理和"成长"室，以便微细粉尘的凝结并形成较大颗粒。一般地，冷凝洗涤效率取决于气流中初次建立的饱和条件，一旦达到饱和，即将蒸汽喷入气流中，喷入的蒸汽产生过饱和条件，在气流中的粉尘表面发生冷凝结核，冷凝长大的颗粒则可被常规的设备除去。

1. 冷凝除尘基本机理

气溶胶颗粒和水蒸气是大气中的两种重要组分，在每平方厘米的面积上，每秒有 10^{23} 个气体分子撞击悬浮的颗粒，它们之间的相互作用即水蒸气冷凝于颗粒表面。由此带来云、雾和雨水，导致地球的水循环和气候变化，在一定的过饱和度下，气溶胶颗粒会变得活跃并长大。对于一定的气溶胶颗粒粒径分布，如果过饱和度达到了某一颗粒粒径的冷凝条件，那么所有大于该粒径的气溶胶颗粒都将冷凝长大。当含尘气体被水或蒸汽过饱和时，粉尘则作为冷凝核不断长大，以利于惯性碰撞捕集。在冷凝塔中，粉尘作为形成液滴的冷凝核。例如，若过饱和度≥400％，所有的气溶胶颗粒都将形成雨滴，一些可溶性气体也将溶解于雨滴并发生化学反应。

冷凝基本流程框图和冷凝流程示意图分别见图 3-49 和图 3-50。

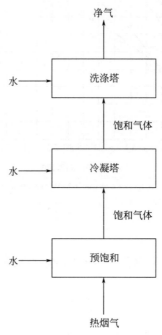

图 3-49　冷凝基本流程框图

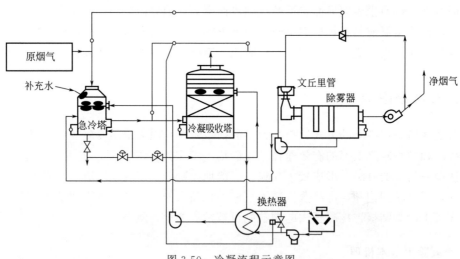

图 3-50　冷凝流程示意图

颗粒长大有两种情况：一种是水蒸气冷凝在现有颗粒表面，使颗粒长大，此称为异相成核；另一种是分子自身结合，自发形成晶粒，此称为均相成核。一般，过饱和度增加过快、过高均易发生均相成核现象。均相成核颗粒数量多但细小，在实际工程应用中，人们更希望发生异相成核。图 3-51 为颗粒物粒径与生长速度之间的关系。颗粒物粒径生长与时间之间的关系见图 3-52。颗粒冷凝长大对文丘里管除尘效率的影响见图 3-53。颗粒冷凝长大时间对喷淋塔除尘效率的影响见图 3-54。

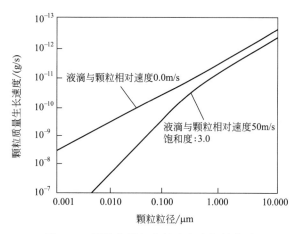

图 3-51　颗粒粒径与生长速度之间的关系

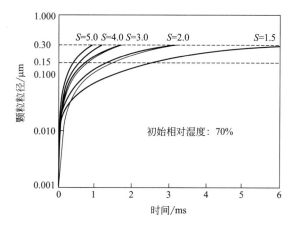

图 3-52　颗粒粒径生长与时间之间的关系

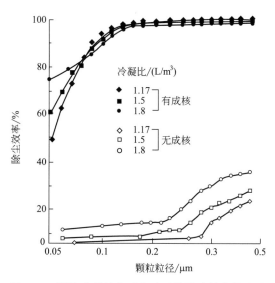

图 3-53　颗粒冷凝长大对文丘里管除尘效率的影响

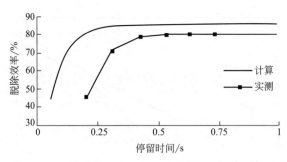

图 3-54　颗粒冷凝长大时间对喷淋塔除尘效率的影响

2. 冷凝长大的影响因素

要使水汽在一定粒径的细颗粒物表面异质核化凝结，水汽饱和度必须不小于颗粒的成粒临界饱和度。一旦水汽饱和度达到颗粒的成核临界饱和度，水汽将迅速在颗粒表面凝结。

液相在颗粒表面的凝结及颗粒的凝聚长大取决于颗粒自身的性质和环境条件。温度、压力、过饱和度、流体动力场以及颗粒组分、粒径、外形均影响颗粒的长大。在冷凝洗涤除尘中，颗粒长大和扩散泳对颗粒捕集的影响最大，单位质量的干空气中冷凝水蒸气的量（冷凝比）、入口粉尘的数量浓度和粒径分布是决定冷凝洗涤性能的重要参数。

（1）冷凝比　一般烟气中每磅（1 磅＝0.45359237kg）干空气的水蒸气含量为 0.01～0.15 磅。卡尔文特等认为，要获得较好的冷凝效果，需要将每磅干空气中的水蒸气含量提高到 0.2～1.0 磅。为获得如此高的水蒸气含量，需在高温烟气中蒸发大量的水或喷入大量的低压空气，对热烟气进行增湿降温，使其相对湿度达到 90% 以上，然后将增湿后的烟气引进冷凝降温装备进行降温，使增湿后的烟气温度降低 10～20℃。在烟气温度下降的同时，烟气中的水蒸气发生凝结，一部分以微细颗粒物为核心在其表面形成一层液膜，一部分则自凝结成若干个液滴，液滴和凝结核之间相互碰撞，使大量的微细颗粒聚集在一起形成粒径较大的颗粒，以便于被除尘装置去除。

小型实验表明，要获得微细粉尘的高效去除，每克干空气中需要冷凝 0.1～0.3g 水蒸气。要到达这么高的冷凝比，一般需要对气体进行预饱和以增加其含湿量，气体的预饱和可用废蒸汽或雾化水直接使其饱和度大于 1.0，这对启动憎水性粉尘的生长非常重要。实验发现，在可凝结蒸汽量为 5.5g/m³ 时，亚微米级微粒粒径可快速增长至 31μm 左右。图 3-55

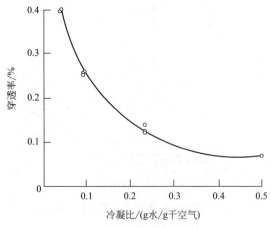

图 3-55　冷凝比与穿透率之间的关系

为冷凝比与穿透率之间的关系。

冷凝装置的循环水一般采用冷却塔进行冷却，一般冷却塔中水温的变化控制在 17℃ 左右比较经济。如果冷凝器中的水温升高 17℃，冷凝每克水蒸气大约需要 32g 冷凝水。如果用气体冷凝全部蒸汽，则运行费用是比较高的，可考虑掺杂部分蒸汽。图 3-56 为两种不同粒径颗粒的穿透率与冷凝比之间的关系。图 3-57 和图 3-58 分别为三级和一级喷淋冷凝比与粉尘穿透分量之间的关系。

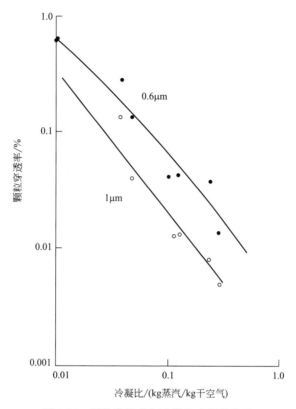

图 3-56　颗粒穿透率与冷凝比之间的关系

在串联筛板或喷淋凝并器中，冷却后的循环洗涤液宜通入高浓度入口烟气最近喷淋层或筛板，以产生最大的浓级和蒸汽压差，提高微细粉尘的凝并效果。

图 3-59 为竖向逆流冷凝塔中颗粒粒径随高度的变化情况。图 3-60 为竖向逆流冷凝塔中冷凝比随高度的变化情况。

一般地，冷凝比（g 冷凝蒸汽/g 干空气）越大，入口粉尘数量浓级越细，微细粉尘的捕集效率越高。采用蒸汽冷凝，凝并技术适用于烟气温度较高和含湿度较高的场合，当冷凝比达到 0.15g 冷凝蒸汽/g 干空气时，微细粉尘的去除率可达到 95％ 以上。

采用雾化喷嘴时，要求雾化粒径在 400μm 左右，才能达到较高的冷凝比和捕集效率。

（2）过饱和度　绝热膨胀降低温度和增加相对湿度是获得过饱和度的几种基本方法，采用冷却方法与蒸汽相变类似。无论采用哪种方法，应保证烟气过饱和度增至 1.1～1.5。很显然，过饱和度越大，颗粒长大所需的时间越短；颗粒越小，其长大的速度越快。图 3-61 为冷凝比与粒径之间的关系，从图 3-61 中可以看出，低含湿量的烟气中，亚微半级的颗粒不但不长大，还要蒸发掉。

图 3-62 为过饱和度与液滴平均粒径的关系。图 3-63 为喷淋塔中过饱和度与脱除效率的

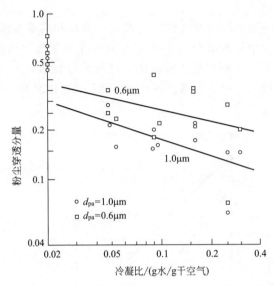

图 3-57　三级逆流喷淋层冷凝比与粉尘穿透分量之间的关系

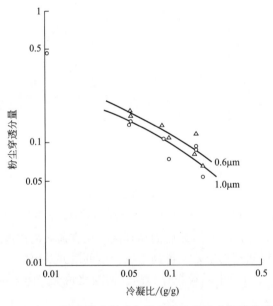

图 3-58　一级喷淋冷凝比与粉尘穿透分量之间的关系

关系。

　　脱硫后的烟气为饱和状态，温度为 40～60℃，只需添加少量的水汽即可实现异质核化凝结所需要的过饱和度，促进水汽在细颗粒物表面发生相变凝结。喷淋温度越低，水汽饱和度越高。例如，对某喷淋塔，当喷淋浆液温度为 50℃ 时，喷淋的出口水流处于未饱和状态，饱和度为 0.81；当喷淋温度为 45℃ 时，出口水汽饱和度为 0.94；当喷淋浆液温度为 40℃ 时，喷淋的出口水汽达到过饱和状态，水汽饱和度为 1.12。喷淋浆液温度对塔内饱和度分布有重要影响，降低喷淋浆液温度能有效提高塔内水汽饱和度，以便迅速形成过饱和水汽场。

　　（3）流动状态　颗粒在扰动状态下比在静止条件下增长的速度要快得多，管排文丘里管

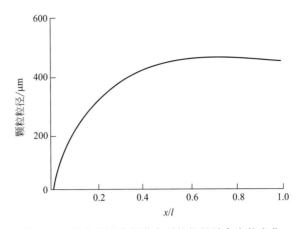

图 3-59 竖向逆流冷凝塔中颗粒粒径随高度的变化

初始颗粒粒径 $0.1\mu m$，冷凝高度 2m，初始冷凝比为 3kg/kg 干空气；图中 l 为塔高，x 为沿塔高方向离开初始点的距离

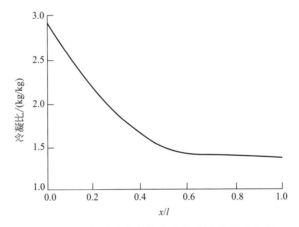

图 3-60 竖向逆流冷凝塔中冷凝比随高度的变化

初始颗粒粒径 $0.1\mu m$，冷凝高度 2m，初始冷凝比为 3kg/kg 干空气；图中 l 为塔高，x 为沿塔高方向离开初始点的距离

的存在对流场有明显扰动，可促进微细颗粒物的凝并。例如，对于 $0.1\mu m$ 的颗粒，其半径增长比为 1.01，而 $0.1\mu m$ 和 $0.05\mu m$ 的颗粒，其半径增长比分别为 1.11 和 1.23。

（4）温差　温差越大，过饱和度也越大，细颗粒物表面凝结速度加快，在 0.3s 的接触时间内，细颗粒物的平均直径可长大到 $5\sim 8\mu m$。当温差从 10K 增加到 60K 时，颗粒长大后的最大直径从 $2.5\mu m$ 增加到 $7\mu m$。

湿式脱硫塔脱除效率随烟气温度的升高而增大。这表明烟气温度升高有利于雾化水的蒸发，使得颗粒表面凝结更多的水滴，促进了颗粒的长大，进而提高了其脱除效率。

（5）生长时间　水汽流速越低，停留的时间越长，越有利于颗粒的长大。研究发现，在可凝结水汽量为 $5.5g/m^3$、微粒浓度为 1.0×10^5 个/cm^3 时，亚微米级微粒可在 $30\sim 50ms$ 内快速增长至 $3\mu m$ 左右，因此，水汽在微粒表面的核化凝结瞬间即可完成，使微粒凝结长大所需的空间可以较小。

（6）粉尘浓度　在细颗粒物浓度较高时，水汽相变条件下，颗粒在发生凝结增长的同时还伴随着凝结液滴的碰撞及增长。随细颗粒浓度增大，凝结于各细颗粒上的平均蒸汽量减少，凝结长大的含尘液滴粒径变小，从而使脱除效率相对较低。

（7）粉尘粒径　在一定过饱和度下，细颗粒物长大速率与其半径成反比，因此，粒径较

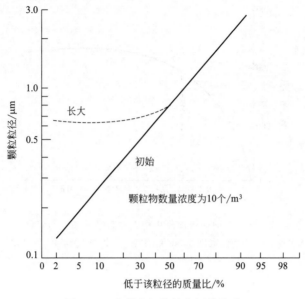

图 3-61　冷凝比与粒径之间的关系

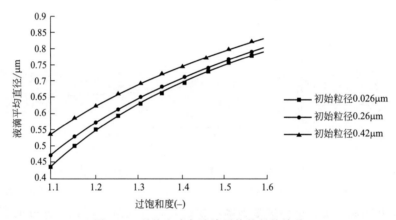

图 3-62　过饱和度与液滴平均粒径的关系

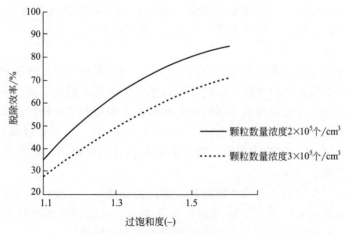

图 3-63　喷淋塔中过饱和度与脱除效率的关系

小的颗粒增长较快。由图 3-61 和图 3-62 可以看出，在高含湿条件下，冷凝效果非常显著，并与初始粉尘粒径成反比。例如，$0.1\mu m$ 的粉尘长大 450 倍，达到 $45\mu m$，而 $0.01\mu m$ 的粉尘则长大了 4500 倍，也达到了 $45\mu m$。

（8）粉尘的润湿性　根据表面化学原理，水汽在固体表面的凝结性能主要取决于固体的润湿性，润湿性越好，水汽越易在其表面凝结，发生核化凝结所需的临界过饱和度越小。因此，在相同过饱和度下，燃煤 PM_{10} 微粒更易凝聚长大，易于被喷淋塔等低能洗涤器捕集。

二、 蒸汽相变除尘

利用蒸汽相变促使 $PM_{2.5}$ 凝并长大是重要的措施之一，主要原理是以 $PM_{2.5}$ 微粒为凝结核，通过水蒸气的冷凝作用使微粒质量增加、粒度增大，从而使微粒易受惯性碰撞而被捕集。

利用蒸汽相变作为脱除微细颗粒的预处理措施已有较久的研究历史，1951 年，Schauerp 等研究得出利用蒸汽在微粒表面凝结是促进微细颗粒增大的最有效的措施之一，即使炭黑之类的疏水性微粒也可在过饱和蒸汽中快速增长。

蒸汽相变预调节的机理是：在过饱和蒸汽环境中，蒸汽以颗粒为凝结核发生相变，使颗粒质量增加、粒度增大，同时产生扩散泳和热泳的作用，促使微粒迁移运动，相互碰撞接触，使微粒凝并长大，从而易受惯性碰撞而捕集。蒸汽在颗粒表面凝结需经历异质核化、凝结长大两个过程。发生异质核化过程时，水汽过饱和度需高于临界过饱和度，临界过饱和度取决于颗粒的粒径、形状、表面的物理化学性质及水汽性质。图 3-64 为颗粒的生长速度。

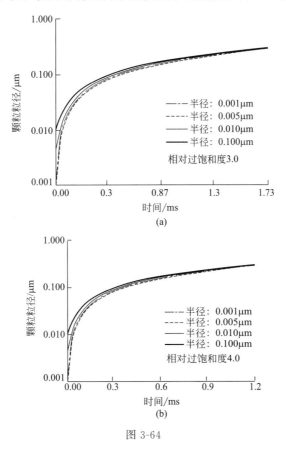

图 3-64

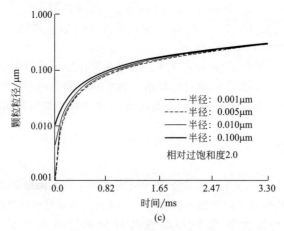

图 3-64　颗粒生长速度

采用蒸汽相变促进微细颗粒长大时，水汽相变可在数十毫秒内使亚微米级颗粒物粒径迅速增加数倍或数十倍，从而提高颗粒的惯性捕集效率。例如，蒸汽异相凝结可使粒径约为 $0.1 \sim 1.0 \mu m$ 的颗粒长大到 $6 \sim 7 \mu m$，细颗粒物表面凝结长大的过程可在数十毫秒内完成。

Helsper 等 (1581) 研究了蒸汽相物质成分对相变凝结的影响。结果表明，当蒸汽相物质为水时，颗粒的物理特性对相变凝结过程有很大的影响；当蒸汽相为丁醇时，相变凝结过程与颗粒的物理特性无关。

颗粒蒸汽凝结长大的方程如下所示（颗粒长大速率与过饱和度的关系）：

$$\frac{\mathrm{d}r_{\mathrm{p}}}{\mathrm{d}t} = \frac{S - S_{\mathrm{a}}}{\rho r_{\mathrm{p}}\left[\dfrac{R_{\mathrm{g}}T}{\beta_{\mathrm{m}}M_{\mathrm{v}}DP_{\infty}(1 + S + S_{\mathrm{a}})P_{\infty}/(2P)} + \dfrac{S_{\mathrm{a}}L^2M_{\mathrm{v}}}{\beta_{\mathrm{t}}R_{\mathrm{g}}kT^2}\right]} \tag{3-32}$$

式中　r_{p}——颗粒粒径，m；

$\qquad S$——过饱和度；

$\qquad S_{\mathrm{a}}$——Kelvin 效应下的颗粒表面过饱和度；

$\qquad \rho$——颗粒密度，kg/m^3；

$\qquad D$——凝结蒸汽扩散系数，cm^2/s；

$\qquad R_{\mathrm{g}}$——气体常数，8.314J/（K·mol）；

$\qquad L$——气化潜热，J/（kg·K）；

$\qquad k$——热导率，W/（m·K）；

$\qquad M_{\mathrm{v}}$——蒸汽摩尔质量，g/mol；

$\qquad P_{\infty}$——饱和蒸气压，Pa；

$\qquad P$——总压，Pa；

$\qquad \beta_{\mathrm{m}}$——质量流量修正系数；

$\qquad \beta_{\mathrm{t}}$——热流量修正系数；

$\qquad T$——气体温度，K。

由式 (3-32) 可知，过饱和度越大，颗粒凝结长大的速率也越大。

Heidenreich 等通过理论计算过饱和水汽在颗粒表面凝结过程中液滴长大时间，发现凝结增长能在 $50 \sim 100ms$ 内完成。综合考虑脱硫塔内的烟气流速等因素，脱硫塔内 0.45m 高度范围内水汽过饱和度即可达到 1.1，即满足利用水汽相变对细颗粒物进行预长大的基本要求。实际工程设计中，水汽在微细颗粒表面核化凝结长大的时间不少于 200ms，最好大于 500ms，以此为依据确定凝结长大所需的空间。

采用蒸汽形成过饱和度时，由于蒸汽在细颗粒物表面凝结会释放出潜热，温度高必然会阻碍热量向外传递，增加了蒸汽在细颗粒物表面凝结的阻力，存在过饱和水汽在细颗粒物与脱硫洗涤液中的竞争凝结现象，会明显削弱蒸汽相变的效果，不利于细颗粒物核化凝结长大。图 3-65 为不同喷淋温度下相对高度与饱和度之间的关系。图 3-66 为不同烟气温度下相对高度与饱和度之间的关系。

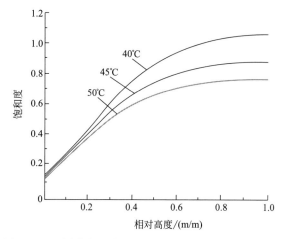

图 3-65　不同喷淋温度下相对高度与饱和度之间的关系

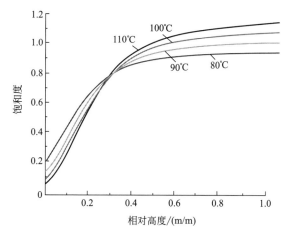

图 3-66　不同烟气温度下相对高度与饱和度之间的关系

三、　冷凝在湿式脱硫系统中的应用

在湿式脱硫系统中，NaOH、Na_2CO_3 脱硫反应生成的 Na_2SO_4、Na_2SO_3 均易溶于水，对烟气中细颗粒浓度几乎没有影响；而 Ca（OH）$_2$ 与 SO_2 反应生成的亚硫酸钙、石膏产物，以及氨气与 SO_2 反应生成的亚硫酸铵、亚硫酸氢铵、硫酸铵等气溶胶微粒，使细颗粒浓度增大。因此，对于安装湿法烟气脱硫（WFGD）系统的燃煤电厂，不仅需控制煤燃烧产生的细颗粒，还应控制 WFGD 系统中形成的细微颗粒。

考虑到电厂排放的烟气本身具有比较高的温度（一般在150℃左右），如能在烟气中直接添加雾化小水滴，利用烟气自身的预热使小水滴蒸发成蒸汽进而凝结在颗粒表面，这样就能在较低能耗的基础上达到与添加蒸汽相似的脱除效果。可在吸收塔的入口喷入水、洗涤浆液或滤液来营造颗粒物凝结所需的过饱和环境。但当采用洗涤浆液时，洗涤液的蒸发又会产生新的微细颗粒，将导致后续细颗粒物的脱除效率降低。在同等条件下，采用水、洗涤浆液和滤液的细颗粒物的脱除效率由高到低依次为水、滤液和洗涤浆液。冷却可采用直接冷却或间接冷却的方法（如换热器），二者均可使细颗粒物表面非均相凝结长大。若在液体中添加润湿剂，则可以促进细颗粒物的凝结长大，但润湿剂的添加为后续水处理增加了难度。

在湿式脱硫塔中，直接用热泵或换热器冷却循环浆液，可将温度降低8～15℃，也有利于冷凝。对于北方电厂，冬季时间长、温度低，利用自然冷源冷却烟气可获得良好的节能节水效果。

一般地，在高度1m的范围内，水汽即可达到最大的饱和度。其他条件相同时，减小喷淋液滴直径，一方面可增大单位高度内传热、传质面积，促进热质传递的进行；另一方面也可降低液滴的沉降速度，增加液滴在塔内的停留时间。因此，较小的喷淋液滴直径有利于在喷淋时迅速过饱和水汽场。

图3-67为液滴对不同粒径粉尘的除尘效率。

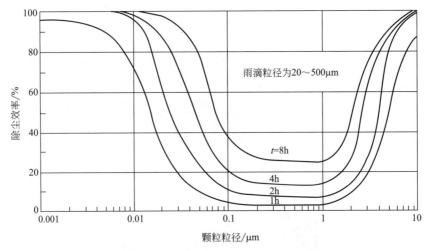

图3-67 液滴对不同粒径粉尘的除尘效率

第四节 提高湿式除尘装置效率的其他措施

提高湿式除尘装置效率的其他措施还有纯净水质、水雾荷电、团聚等。

1. 纯净水质

水质与粉尘的性质也影响喷雾降尘效果。如果使用循环水，则需要有净化设施，否则水中的极细粒子增加，将使水的黏性增大，表面张力增大，雾滴粒径增大，从而降低捕尘效率。

经过磁水器处理过的磁化水，水的表面张力、吸附、溶解渗透能力增大，水珠变小，有利于提高水的雾化程度，增加与粉尘的接触机会，提高降尘率。

2. 添加润湿剂

润湿是指固体表面上的气体被液体所取代的过程，涉及固体和液体的表面性质以及固液分子的相互作用。固体表面的化学性质和结构决定了其润湿性能，通常添加表面活性剂（润湿剂）可改善润湿性能。

一般来说，溶液对微粒的润湿性随溶液表面张力降低而提高，应用润湿剂改善微粒的润湿性能即主要通过表面活性物质在微粒表面的吸附、降低水溶液的表面张力来实现。因此，测试润湿剂溶液的表面张力是选择性能优良的表面活性物质及其最佳使用浓度的重要基础。

表面张力先随润湿剂浓度的增大而下降，但当浓度增大到一定程度时，表面张力不再随浓度的增大而持续降低，而是趋于一个稳定值或稍微增大。

液体润湿固体的能力主要取决于其表面张力，表面张力越小，润湿能力越强，因此，应该首先选择降低水表面张力能力最强的表面活性剂作为润湿剂。同时，还应注意润湿剂在固体表面上的吸附性质。一般认为表面活性剂都具有两亲结构，即亲水的极性基和亲油的非极性基，当表面活性剂的非极性基吸附于微粒表面时，极性基往液相扩展，形成的吸附层以亲水基构成最外层，润湿性能就提高，反之则会导致疏水性增强，降低润湿性能。通常形成的吸附层的结构及最外层的基团不仅与表面活性剂有关，还与微粒表面性质如表面 ζ-电位、疏水亲水晶格结构等有关。因此，选择性能优异的润湿剂除能有效降低表面张力外，还应注意与燃烧源 $PM_{2.5}$ 微粒的匹配结合。

采用纯水进行路面抑尘时，路面微细粉尘往往不易被水湿润，因而抑尘效果不佳，对 $2\mu m$ 粉尘的捕获率只有 $1\%\sim28\%$。往纯水中添加润湿剂可以增强细微粉尘的捕获能力。润湿剂主要由表面活性剂和某些无机盐组成。一般来说，某些表面活性剂的润湿性能要远优于无机盐。例如，质量分数为 $5\%\sim10\%$ 的氯化钙湿润硅尘的能力比纯水提高 30%，而十二烷基苯磺酸钠的质量分数为 0.2% 时，其湿润硅尘的能力比纯水提高约 40%。一般表面活性剂在质量分数为 $0.019\%\sim0.05\%$ 时，能显著降低水的表面张力。

疏水性粉尘与水滴碰撞时，能产生反弹现象，即使碰撞也难以将其润湿捕获。尘粒表面吸附空气形成气膜或覆盖油层时，也难被水湿润。疏水性粉尘表面吸收了表面活性剂以后，可转化为亲水性粉尘。

燃煤电厂排放的 $PM_{2.5}$ 微粒多呈规则的球形结构，粒径分布较为均匀，大多在 $1.0\sim2.5\mu m$ 之间，球体表面光滑无孔。该微粒的主要元素组分为 O、Al、Si（占 94.58%），其余为 Ca、S、Na、Mg、Cl 等次要元素，从其主要元素的量可推知，燃煤电厂的 $PM_{2.5}$ 微粒大多为难溶于水且吸湿性较差的硅铝质矿物颗粒。与燃煤电厂的 $PM_{2.5}$ 微粒相比，垃圾焚烧电厂的 $PM_{2.5}$ 微粒的形态要复杂得多，大多为不规则的多孔结构，大小不一，粒径分布较广，且表面粗糙，孔隙率较高，比表面积较大。垃圾焚烧飞灰的主要组分是 O、Ca、Cl（总质量超过 90%），此外，Na、K、S 的含量也较高。与燃煤电厂飞灰相比，Al 和 Si 的含量极低，可以推知垃圾焚烧飞灰中水溶性的 Ca、Na、K 的氯化物含量较高。上述形态及组分特性均有利于吸收水分，使其与燃煤电厂飞灰相比，具有较佳的润湿性能。同时，较高的水溶性盐含量还可降低水蒸气凝结蒸气压，有利于水蒸气在其表面凝结。

3. 泡沫代替水

泡沫除尘是用无空隙的泡沫体覆盖尘源，使刚产生的粉尘得以润湿、沉积、失去飞扬能力的除尘方法。泡沫除尘几乎可以捕集所有与之相遇的粉尘，特别是对于细微粉尘具有很强的聚集能力。泡沫除尘的特点主要有：泡沫除尘与喷雾洒水相比，可减少耗水量33%～60%；除尘效率可达90%～98%，比一般的喷雾洒水降尘率提高33%～50%；当风流和胶带的相对运动速度为7m/s时，泡沫能稳定地依附在胶带的煤和煤尘表面。

泡沫剂一般要求采用喷嘴进行雾化，保证泡沫的直径为0.75mm，最佳为1.75mm，泡沫剂的浓度大约为1%～3%，泡沫内的空气与水的比例约为30～60。

氯化钙可以吸收空气中的水蒸气和道路中的液态水。例如，在77°F $[t/\text{℃}=\dfrac{5}{9}(t/\text{°F}-32)]$ 和相对湿度为75%的环境下，它可以吸收2倍于自身质量的水，此外，氯化钙溶液吸收空气中的湿气量比蒸发的多，它可使路面保持密实，减少扬尘。

氯化钙一般以浓度为35%左右的溶液经喷洒车洒向路面。当氯化钙喷到路面时，立即与土壤中带负电荷的粒子相吸，防止其渗滤。在潮湿的天气，氯化钙可能渗入较深的地下，但在干燥的气候下，它又会上升至路面，使裸露的地面保持足够的塑性，防止粉尘飞扬。

4. 减小雾化粒径

表面活性剂影响水的表面张力，从而影响雾滴粒径。纯水的最大表面张力大约为72dyn/cm（1dyn＝10^{-5}N），洗涤塔中的添加剂和一些污染物将使其表面张力降至50～60dyn/cm，若添加了表面活性剂，水的表面张力可进一步降至20～30dyn/cm。因此，按表面张力从72dyn/cm降至20dyn/cm计算，雾化粒径可减小50%左右，在实际工程应用中，将雾化粒径减小20%比较经济。

一般地，雾化粒径越小，同等体积下产生的雾滴就越多，进而增加雾滴与粉尘的碰撞概率，但也并非越小越好，还必须考虑到后续装置的脱除性能。当雾滴与粉尘之间粒径相差较大时，粉尘与雾滴之间的碰撞可把液滴表面看作是无限大的平面。

只有当雾化粒径与颗粒物粒径相匹配时，颗粒物才容易被雾滴捕集下来。例如，用于地面抑尘时，雾化粒径约为200～500μm较合适；用于抑制空气中的飘尘时，雾化粒径宜选择10～50μm。

图3-68为除尘效率与粉尘粒径和雾滴粒径之间的关系。

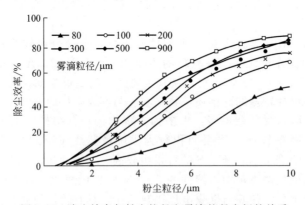

图3-68 除尘效率与粉尘粒径和雾滴粒径之间的关系

5. 雾滴荷电

荷电水雾使水雾带电荷，以提高水雾捕尘能力。通常有两种方法使水雾荷电：①让水雾通过电晕场，电晕场中的离子在电场作用下与雾滴碰撞、结合，使水雾荷电；②在喷雾器周边设感应环，使喷出的水雾感应极性相反的电荷。从图 3-69 中可以看出，未带电荷的水雾，颗粒随气流绕过液滴，而荷电水雾则可以显著增加颗粒与液滴的碰撞概率，荷电水雾能有效地提高水雾捕尘能力。在巷道中设置两道极性不同的荷电水幕，可使空气含尘量由 $10mg/m^3$ 降至 $0.5mg/m^3$ 以下。

新鲜水（电导率为 $50\sim60\mu S/cm$）的荷电量与所施加的电压成正比。当喷嘴口径较小，流量较低时，水的荷电量增加。水的电导率对荷电量影响很小，金属喷嘴比非金属喷嘴可获得更多的荷电量。图 3-70 为雾滴荷电对除尘的影响。

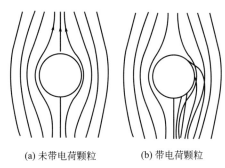

(a) 未带电荷颗粒　　　　(b) 带电荷颗粒

图 3-69　液滴荷电对除尘运动轨迹的影响

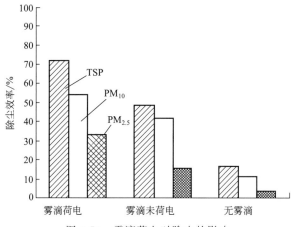

图 3-70　雾滴荷电对除尘的影响

悬浮于气流中的亚微米级颗粒跟随气流运动，当气流性质（速度、温度、组合浓度）均匀时，颗粒的运动完全可以代表气体的流场。当气流及颗粒横掠液滴层时，靠近液滴表面的传热限度边界层内出现了速度梯度、温度梯度、浓度梯度。气流中的颗粒受梯度作用则可能产生动量扩散、温度扩散和浓度扩散，颗粒与气流主体之间会发生相对运动。

液滴直径为 $80\mu m$ 左右，施加电压为 $12kV$，当粉尘带负电，液滴带正电时，除尘效率达 90%；当粉尘和液滴同时带正电时，除尘效率为 85%；当粉尘不带电，仅液滴带正电时，除尘效率不大于 50%。

图 3-71 为水导电性与荷电之间的关系。

根据 $PM_{2.5}$ 的拟流体性质，采用多组分多相流分析方法，发现围绕气流传热体质表面的速度场、温度场和浓度场在恰当的耦合方式下，对边界层内的微粒具有内源性场的作用，推

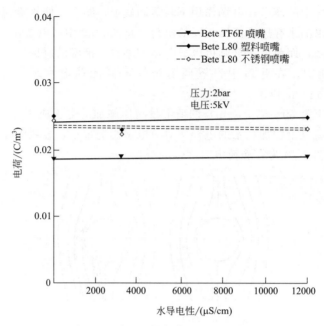

图 3-71　水导电性与荷电之间的关系

动微粒向气流界面运动，产生类似湿式静电除尘器的效果。

　　静电洗涤装置流程见图 3-72。

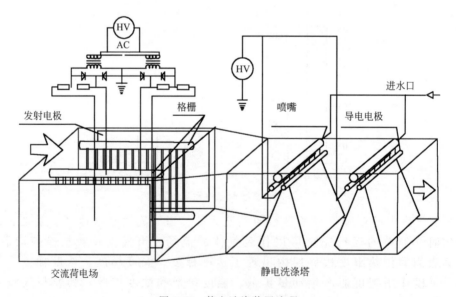

图 3-72　静电洗涤装置流程

6. 微细颗粒和雾滴分别荷电

　　当烟气中含有大量粒径小于 $1\mu m$ 的粉尘时，需要的文丘里管压损和能耗都很高，从工程应用来看，此时用文丘里管除去 $0.5\mu m$ 以下的粉尘是很不经济的。此时，应让微细颗粒和雾滴分别带上不同的电荷，二者互相吸引，使微细颗粒被捕集。静电洗涤不需要专门的集尘极（阳极板），因此也不需要振打冲洗，投资较低，能耗与干式静电除尘器类似，耗水量低于惯性洗涤器，亚微米级颗粒脱除效率高。

7. 声波团聚

由于细颗粒物周围包裹了一层空气膜，当微细颗粒物与变形的雾滴相接触时，这一层空气膜阻碍了微细颗粒与雾滴的结合凝聚。在碰撞过程中，这层空气膜在压力下变薄，而黏性力则阻碍空气膜变薄，如果这层空气膜足够薄，这层空气膜将破裂，微细颗粒将与雾滴发生凝聚。

高强声波团聚技术是一种有效的可吸入颗粒物清除方法。它利用高强度声场来使气溶胶中微米级和亚微米级颗粒产生相对振动，增大它们碰撞的概率，一旦颗粒发生了碰撞，它们便容易产生黏附而形成较大一级的团聚物，在很短的时间范围内，颗粒的分布密度函数（POF）将发生从小尺寸向大尺寸范围的演变，平均粒径变大，细颗粒的数目减少，结果便很容易地通过旋风分离器、静电除尘器等常规的颗粒清除装置将粒径相对较大的颗粒从气体中清除掉。研究发现，声波团聚可提高静电除尘器的除尘效果，并且声波频率为20kHz时，静电除尘器出口烟气中颗粒总质量浓度、微米级和亚微米级颗粒质量浓度分别减小了37%、42%、39%。

提高声强可以加大颗粒振动的幅度，有利于可吸入颗粒物的团聚；延长声波作用的时间，有利于可吸入颗粒物的团聚；增大颗粒物浓度，可增加颗粒物碰撞的概率，有利于颗粒物的团聚。声波频率的作用不是单调性的，声波频率的增加在一定范围内对小颗粒物及总的清除率均有利，但当频率超过一定程度时，清除率反而会下降。

试验结果表明，低频有利于大颗粒的团聚长大，而高频有利于小颗粒的团聚长大。高频声波用于PM_{10}以上颗粒的凝聚，声强大约为140~160dB，频率一般为900~6000Hz。在应用中，一般高频和低频串联使用。如两级高频声波加一级低频声波，声波处理时间为2~10s。当微细颗粒浓度为2300mg/m³时，采用声波处理0.2~0.4s，粒径为0.2μm的颗粒可长大到20μm左右。

声波主要使微细颗粒发生强烈的振动，对较大的颗粒影响很小，这促使微细颗粒与较大的颗粒发生碰撞。声波产生的凝并比布朗运动产生的凝并要高一个数量级。根据气溶胶动力学理论，粒径小于几百纳米的颗粒容易发生布朗扩散并团聚成粒径较大的颗粒。采用声波或超声波喷射蒸汽可同时起到蒸汽凝并和声波团聚的效果。

虽然声波团聚技术的研究有近百年的历史，但声波团聚存在能耗高、噪声污染、团聚效率低下等缺点，其实践应用仍有待进一步研究。

8. 磁团聚

磁团聚是指波磁化的颗粒物、磁性粒子在磁偶极子力、磁场梯度力等作用下，发生相对运动而碰撞团聚在一起，使其粒径增大。磁团聚技术为细颗粒物的控制提供了一种新的技术途径，但实验效果还不是很理想。此外，燃油、燃气、垃圾及生物质等产生的细颗粒物中，因其四氧化三铁、γ-三氧化二铁等磁性物质含量极低，不适合采用磁团聚方法。

9. 化学团聚

化学团聚是一种添加化学团聚剂（吸附剂、黏结剂）促进细颗粒物脱除的预处理方法，主要通过物理吸附和化学反应相结合的机理来实现。根据化学团聚剂加入位置的不同，又可分为燃烧中化学团聚和燃烧后化学团聚，主要针对燃煤颗粒物的控制。燃烧中化学团聚技术知识提供了一种有可能促进细颗粒物脱除的技术途径，离实际工程应用还有很长的距离，其最大的好处是可同时控制衡量重金属元素的排放。燃烧后化学团聚技术既不改变正常生产条件也不改变现有的除尘设备和操作参数，就可以促使细颗粒物有效团聚长大，从而提高后续常规除尘设备等细颗粒物的脱除效率，具有一定的应用前景。

第四章

湿式电除尘技术

第一节　湿式电除尘器原理与结构

湿式电除尘器对微细颗粒物具有很高的去除效率，在脱硫除尘超低排放中得到了较为广泛的应用。

一、湿式电除尘器的工作原理

湿式电除尘器的工作原理与干式静电除尘器除尘工作原理相似。湿式电除尘器利用高压电场，在电晕极与沉淀极之间施加足够高的直流电压，电晕极放电将周围气体电离，生成大量自由电子和正离子。在电晕外区，自由电子附着在气体分子上形成负离子。负离子在电场力的作用下向收尘极（沉淀极）运动，在电场空间充满了大量负离子。当烟气通过电场时，烟气中的颗粒或雾滴与负离子碰撞并被附着，因此获得负离子而荷电（图 4-1）。荷电后的颗粒或雾滴在电场力的作用下向相反的电极（沉淀极）移动，到达电极（沉淀极）表面后放出所带负电荷，沉积在沉淀极上。沉积在沉淀极上的颗粒或雾滴由于重力和水冲洗被清除。

湿式电除尘器运行的三个阶段与干式电除尘器相同：荷电、捕集和清灰。只是湿式电除尘器脱除的是粉尘和液滴，但是由于液滴与粉尘的物理特性存在差别，其工作原理也有所差异。从原理上来说，首先由于水滴的存在对电极放电产生了影响，要形成发射离子，金属极中的自由电子必须获得足够的能量才能克服电离而越过表面势垒成为发射电子。让电极表面带水是降低表面势垒的一种有效措施。水覆盖金属表面后，将原来的"金属-空气"界面分割成"金属-水"界面和"水-空气"界面，后面两种界面的势垒比前一种界面的势垒低很多。这样，金属表面带水后，将原来的高势垒分解为两种低势垒，大大削弱了表面势垒对自由电子的阻碍作用，使电子易于发射。另外，在电场作用下，水中的多种杂质离子也易越过表面势垒而成为发射离子。这些都改变了电极放电效果，使之能在低电压下发生电源放电。其次，由于水滴的存在，水的电阻相对较小，水滴与粉尘结合后，使得高比电阻的粉尘比电阻下降，因此，湿式电除尘器的工作状态会更加稳定。此外，由于湿式电除尘器采用水流冲洗，没有振打装置，所以不会产生二次扬尘。

在湿式电除尘器中粉尘颗粒有两种类型的荷电过程：对于直径大于 $1\mu m$ 的颗粒来说，电场荷电是主要作用，颗粒因碰撞沿电场线运动的负离子而带电，这时电压的强弱是影响这

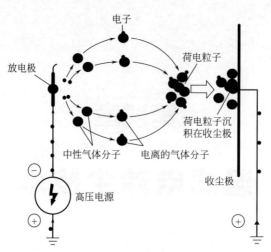

图 4-1　湿式电除尘器除尘原理

个过程的最主要因素；对于直径小于 $0.5\mu m$ 的颗粒来说，扩散荷电是主要作用，亚微米级粒子在随机运动时因与负离子碰撞而带电，注入的电流密度是影响扩散荷电最主要的因素。湿式电除尘器中，因放电极被水浸润后电子较易逸出，同时，水雾被放电极尖端的强大电火花进一步击碎细化，使电场中存在大量带电雾滴，大大增加了亚微米级粒子碰撞带电的概率。而带电粒子在电场中运动的速度是布朗运动的数十倍，这样就大幅度提高了亚微米级粒子向集尘机运行的速度，可以在较高的烟气流速下捕捉更多的微粒。

湿式电除尘器的伏安特性曲线见图 4-2。曲线 1 为正常曲线，电晕形成，电流随电压升高而增大。曲线 2 为短路曲线，可能是绝缘出现问题或阴极线松弛触及阴极管/板。曲线 3 表示阴极线和阳极管/板严重偏心。曲线 4 表示阴极线胀大，放电部分有严重的粉尘沉积。曲线 5 表示出现电晕闭塞，无电晕形成，可能是因为湿式电除尘器入口颗粒物浓度太大，因此湿式电除尘器对入口粉尘（包括液滴）负荷是有一定要求的，不能太高。

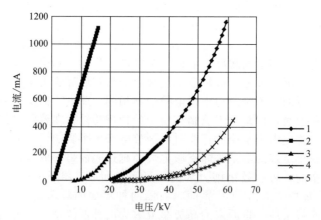

图 4-2　湿式电除尘器的伏安特性曲线

湿式电除尘器的伏安特性曲线表明，即使电压不断升高，电流变化也可能很小（见图4-2 中曲线 5）。

湿式脱硫系统出口的石膏是以含 $CaSO_4 \cdot 2H_2O$ 的液滴的形式存在的，经过除雾器后，其粒径基本在 $20\mu m$ 以下。湿式电除尘器布置在湿法脱硫系统后，脱硫后饱和烟气中携带的水滴，在通过高压电场时大部分可被捕获并随水冲洗带走，这样可降低烟气的中携带的水量及石膏液滴数量，从而减小石膏雨形成概率。

湿式电除尘器不存在粉尘收集后的二次飞扬，它能提供几倍于干式静电除尘器的电量功率，同时，结合冷凝的作用，大大提高对 $PM_{2.5}$、SO_3 等污染物的去除效率。湿式电除尘器对粒径为 $0.01\mu m$ 的粉尘的脱除效率可达 75%，SO_3 去除率大于 70%，雾滴去除率大于 70%，烟尘排放浓度小于（标准状态下）$5mg/m^3$。同时，湿式电除尘器还能有效地脱除脱硝装置逃逸的氨气和重金属汞。湿式电除尘器要将硫酸酸雾的去除率达到 90% 时，所消耗的电量约为电站总输出电量的 0.5%，约为湿式脱硫系统的 $1/4$。

　　对于水平布置的湿式电除尘器，灰水经过处理进行循环利用，中和了酸性水，不影响脱硫系统的性能和稳定性，不增加脱硫系统的负担。因增加了冲洗水，确保排灰通畅，长期安全运行。金属极板湿式电除尘器可以实现稳定的低排放，因此在世界范围内得到了广泛的使用。入口粉尘浓度高时，易造成排灰管道堵塞，影响运行安全。排污水直接进入吸收塔，影响脱硫系统的酸碱平衡，需多消耗 CaO，影响脱硫效果和稳定性，增加脱硫系统的负担。

　　图 4-3 和图 4-4 为湿式电除尘器分级除尘效率与粒径的关系。

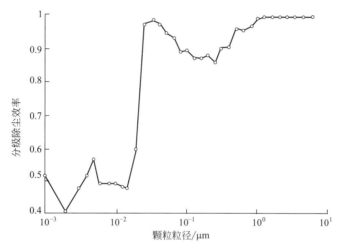

图 4-3　湿式电除尘器分级除尘效率与粒径的关系（一）
阳极管直径 305mm，烟气流速 2.7m/s，电压 80kV

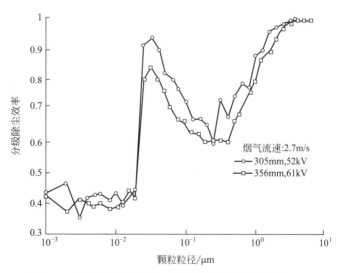

图 4-4　湿式电除尘器分级除尘效率与粒径的关系（二）
阳极管直径 305mm 和 356mm，烟气流速 2.7m/s，电压 52kV 和 61kV

二、 湿式电除尘器的结构与材料

湿式电除尘器与干式电除尘器结构类似，二者比较见表 4-1。

表 4-1 湿式电除尘器与干式电除尘器的比较

性能	干式电除尘器	湿式电除尘器
温度范围	121~454℃	饱和温度 49~59℃
烟气湿度	<10%	100%
功率密度	与煤含硫率和灰分成分有关	比干式电除尘器高很多
比电阻	重要设计因素	非重要设计因素
烟气速度	约 1.5m/s	约 3m/s
反应时间	约 10s	1~5s
二次携带	重要因素	非重要因素
腐蚀	碳钢	耐蚀钢或塑料

在湿式电除尘器里，喷入雾滴，使粉尘凝并、增湿，粉尘和雾滴在电场中一起荷电，荷电粒子在电场力的作用下被收尘极板捕集。被捕集的水滴和粉尘在整个收尘极板上形成连续向下流动的水膜，从收尘极板上流到灰斗中，然后通过灰斗排出，从而达到烟气净化的作用。收尘极板是湿式电除尘器的核心构件之一，由于清灰的方式不同，是否有利于水膜的形成，水膜形成是否均匀，是否能消除一般极板的"沟流"现象，是湿式电除尘器极板结构设计和材料选择必须考虑的因素。湿式电除尘器布置在湿法脱硫后，进入湿式电除尘器的烟尘主要含以 SO_3 为代表的气溶胶、石膏液滴以及难以收集的大量 PM_{10} 以下的微细粉尘。湿式电除尘器长期在此环境下运行，易引起腐蚀、黏结，尤其是极板。因此，极板表面形状、材料选择就显得尤为重要。

从结构上来说，湿式电除尘器壳体仅内部接触酸性腐蚀烟气，因此，其设计通常采用普碳钢（普通碳素钢）。为防止腐蚀，其内表面需涂有薄层防腐材料，安装时还需严格检查壳体内表面的易腐蚀点，如焊缝、构件连接处及盖板等。

阳极极板在腐蚀性环境中工作，因此，其表面需具有较强的抗腐蚀性。同时，应将易产生腐蚀的连接点减至最少，因为极板一旦发生故障，不仅会扰乱电场，而且会产生火花，引起除尘性能的下降。

阴极与阳极相似，其抗腐蚀性能也应高于其他部件。此外，因为其表面易造成粉尘黏结，局部腐蚀较快，因此，还需有特殊的保护措施。

湿式电除尘器阴极材料主要有钛合金和 2205。

湿式电除尘器阳极材料可分为金属材料和非金属材料两种。其中，金属材料主要有 316L、2205、904L 和钛合金，非金属材料主要有导电玻璃钢和聚丙烯纤维膜。

阳极是整个湿式电除尘器荷载最重的部件，约占整个湿式电除尘器本体质量的 50%，因此，阳极的支撑结构设计湿式电除尘器中最关键的环节之一。阳极支撑在一层主支撑梁上，阳极上、下部分配套有密封法兰，法兰与壳体采用积层密封连接，在正常使用时内部腐蚀介质是不会接触到主支撑梁的，在设计时只需考虑梁的强度即可。如果阳极在设计时未考虑密封结构，则在正常使用时，主支撑梁就会一直暴露在腐蚀介质中，主支撑梁在设计时就必须既要考虑强度又要考虑耐腐蚀性。但由于主支撑梁数量较多，承重较重，且集中在阳极内部，根本无法检修。设备在安装或使用过程中又肯定会存在一定的缺陷或变形，如由于主支撑梁的外表防腐层有一点损坏，就会发生腐蚀现象，导致主支撑梁的强度下降，严重时会造成整个设备垮塌。

　　为使气流分布均匀并稳定运行，湿式电除尘器入口需设置烟气均布板，使烟气均匀通过每一个阳极通道，一般均布板平均开孔率应大于 40%。根据实际运行情况，设置针对气流分布板的喷水冲洗装置，进行周期性的喷水冲洗，防止均布板结垢。

1. 金属板湿式电除尘器

　　金属板湿式电除尘器极板上部与除尘器壳体顶梁采用螺栓紧固连接方式，极板中部采用定位耙防摆，下部防摆采用与干式电除尘器相同的整体防摆杆的形式定位，极板采用上、中、下立体的防摆措施，与干式除尘器具有完全相同的防摆结构，可以抵御锅炉风机在间歇性喘振时风压波动带来的影响，确保不会发生摆动、变形或脱落的情况。金属板湿式电除尘器的阴极采用框架式结构，上部采用悬吊梁结构，中部和下部采用整体式的防摆杆，同样可以确保不会发生摆动、变形或脱落的情况。另外，风压的波动主要会对除尘的外墙板及进出口喇叭壁板产生较大压力。湿式电除尘器所有结构体系均需建模设计，每个部件均应进行详细的结构计算以确保设备结构的安全性。

　　在湿式电除尘器中，Cl^- 浓度一般小于 5×10^{-6}，补充水中氯含量很低。湿式电除尘器中硫酸浓度也很低，湿式脱硫塔后典型的硫酸浓度小于 0.003%（体积分数），循环水一般需中和至 pH 值为 6.5 左右。当氯离子和 H_2SO_4 浓度很低时，可用 316L。

　　金属极板湿式电除尘器由于采用优质不锈钢作为极板，机械强度高，抗腐蚀，抗电蚀，极间距得到充分保证，运行电压高，使用寿命长达 30 年以上。采用水喷淋清灰，清灰效果好，除尘效率高，对 $PM_{2.5}$、SO_3、SO_2、NH_3、Hg 及多种重金属污染物的脱除效率高。

　　图 4-5 为湿式电除尘器内部结构照片。

图 4-5　湿式电除尘器内部结构照片

2. 玻璃钢湿式电除尘器

　　玻璃钢湿式电除尘器阳极采用的材料是高性能的导电玻璃钢材料（图 4-6），此材料是以高分子材料为黏合剂，以纤维及其制品为增强材料，以高碳纤维为导电功能材料而合成的复合材料。导电玻璃钢材料具有轻质高强、导电性能优异（该材料具有与金属相似的高导电性）等特点，同时还具有耐化学腐蚀、耐温高、易制作、不变形、阻燃性能好、使用寿命长等特点。导电玻璃钢材料具有比金属材料更好的耐腐蚀、稳定性能。阳极通常设计成对边为

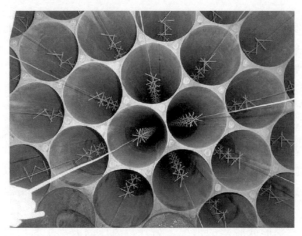

图 4-6　玻璃钢阳极管

330mm 的正六边形管，高度为 4.5m 或 6m。

在玻璃钢湿式电除尘器的制造过程中，严格控制胶料的各项配方，确保阳极的均匀持续导电性和表面电阻率。阳极每组管束采用整体一次性成形、整体脱模工艺，使每组管束具有很好的整体性、较高的制作精度和使用刚度，避免了单管成形后再拼装所带来的粘接强度低、精度不高、易开裂、分层、使用寿命短等缺陷。阳极采用反应型阻燃乙烯基树脂制作，整体氧指数≥32%，可在空气中阻燃和耐电火花冲击。如采用添加型阻燃树脂，为了达到阻燃的要求，需添加阻燃剂（氧化镁粉末）来提高氧指数。如氧指数要达到 33%，则制成阳极管的树脂中需添加大量的阻燃剂，成品阳极管树脂含量会严重不足，导致阳极管的耐腐蚀性、强度、刚度会大大下降，严重影响阳极管的使用寿命，而且不能有效地保证阳极的持续导电性和均匀性。

导电玻璃钢阳极的设计最大烟气流速为 2.7m/s，阳极管长度为 4.5m 或 6m，烟气停留时间为大于 1.67s，粒子驱动速度为 0.1347m/s，粒子驱动到阳极上的时间为 1.15s。

3. 纤维膜湿式电除尘器

纤维膜湿式电除尘器的阳极管见图 4-7。

图 4-7　纤维膜湿式电除尘器的阳极管

纤维膜湿式电除尘器采用纤维材料作为极板，机械强度差，不抗腐蚀，不抗电蚀，极间距不易保证，运行电压低，且使用寿命只有 2 年左右，需要频繁更换，更换费用大、难度大。此外，该类除尘器无喷淋水，清灰效果差，运行电压低，除尘效率偏低，对 $PM_{2.5}$、SO_3、SO_2、NH_3、汞及多种重金属污染物的脱除效率也偏低。

三种阳极板的主要优缺点如下。

玻璃钢阳极管容易被电火花击穿，长时间可能导致玻璃钢阳极管的表面粉化。

金属阳极板水耗、碱耗等运行费用较大。阳极板因加工和安装偏差，当冲洗水流经阳极板表面时容易产生"沟流"现象，导致阳极板表面的水膜分布不均，易产生"污垢点"和火花放电现象，电场内部容易造成烟气窜流，运行时末端电场容易造成雾滴携带，导致腐蚀和效率低下等问题。

纤维膜阳极由于运行的可靠性问题，目前已很少使用。

4. 阴极系统

湿式电除尘器的阴极系统由上部框架、下部框架、阴极线、吊杆等组成。上部框架大梁及条梁均采用刚性结构，此结构对气体形成的阻力小，因此减少了气体的扰动，可保证湿式电除尘器在高气速下运行时不会发生晃动，从而确保湿式电除尘器在具有较好的除尘、除雾性能的同时也具有良好的稳定性能。

上部框架均由大、小梁组成。大、小梁采用 2205 双相不锈钢材料制作，既保证梁的刚度、耐腐蚀性，又满足了导电的要求，此材料还具有质轻和刚度、强度高等特点。

阴极线是湿式电除尘器中的又一关键部件，阴极线的放电性能会直接影响到湿式电除尘器的除尘、除雾性能。阴极线一般采用高效芒刺极线，可保证粉尘以较高的流速经过阴极系统时，湿式电除尘器不仅具有高效的除尘、除雾性能，还能保证不会发生电晕闭塞现象。

湿式电除尘器电晕线的结构，要求能有效防止液滴停留在针尖上，保证针刺的放电能力和减少液滴腐蚀。

电晕线及电晕极框架一般采用钛合金和 2205 材料。

5. 电场分区设计

湿式电除尘器的电场采用多分区设计方式，冲洗时分多个区轮流冲洗，当其中一个区在冲洗时，其他区仍正常工作。冲洗的时间与频率完全根据电场的电场强度来控制，保证了能及时冲洗附在阳极管上的粉尘，控制了电场火花，节省水资源。

6. 绝缘子系统设计

在湿式电除尘器的实际运行中，由于微正压运行等种种原因，绝缘子可能发生爬电现象，造成运行电压下降或者损坏瓷瓶的事故，导致除尘器无法正常投运。因此，需要在结构上对绝缘子采取一些特殊保护措施。例如，在绝缘子室设有绝缘子密封风机系统及绝缘子电加热装置，对每一个绝缘子底部均采用电加热方式，内外隔层中间保温、恒温控制，一是为了保证保温箱内的阴极瓷套管保持干燥，保证阴极瓷套管不结露及发生故障；二是绝缘子增设密封风机，双重保护，使得阴极系统在更加安全的情况下可靠工作。同时在每个绝缘子底部设置防尘罩，更好地隔绝了粉尘进入。

湿式电除尘器如果放置在室外，应考虑设备的运行环境，且具备防台风、防雨、防尘、防腐、高温散热等措施。其中，防盐雾腐蚀的技术措施为高频电源将采用三防工艺处理，三防工艺处理主要是指高频电源印刷电路板的三防工艺处理，即采用特殊三防材料对高频电源

印刷电路板进行整体封装和涂覆处理，可以防止湿气、凝露、盐雾及腐蚀性气体对电路的腐蚀，使得设备完全适合在腐蚀环境中使用。

7. 金属板和玻璃钢式湿式电除尘器比较

某电厂湿式电除尘器主要设计性能参数见表4-2和表4-3。

表 4-2 金属板湿式电除尘器主要设计性能参数

项目	单位	设计煤种
设计烟气量	m³/h	2705000
入口烟气温度	℃	47～50
入口烟气压力	kPa	−5～+5
入口粉尘浓度	mg/m³	20
出口保证值(粉尘包括石膏在内)	mg/m³	5
$PM_{2.5}$脱除效率	%	80
SO_3脱除效率	%	80
汞脱除效率	%	80
湿式电除尘器台数/台锅炉		1
室数/台湿式电除尘器		4
电场数/台湿式电除尘器		1
阳极形式		—
阳极材质		316L
阳极板高度	m	10
阴极线有效长度	m	约22000
阴极线材质		钛合金
沿气流方向阴极线间距	mm	212
通道	个	104
极间间距	m	0.3
截面积/台湿式电除尘器	m²	312
烟气速度	m/s	2.65
烟气流经时间	s	2.16
气流均布系数		<0.13
集尘面积/台湿式电除尘器	m²	12376
比集尘面积/台湿式电除尘器	m²/(m³·s)	14.97
壳体设计压力	kPa	−5～+5
水膜水量(连续使用)	t/h	69.12
压损	Pa	<200
水耗(外排废水量)	t/h	5.76
电源型号		高频电源1.8A/72kV

表 4-3 玻璃钢式湿式电除尘器主要设计性能参数

项目	单位	设计煤种
设计烟气量	m³/h	2905000
入口烟气温度	℃	47～50
入口烟气压力	kPa	约1000
入口粉尘浓度	mg/m³	≤20
出口保证值(粉尘包括石膏在内)	mg/m³	≤3.8
$PM_{2.5}$脱除效率	%	≥75
SO_3脱除效率	%	≥75
汞脱除效率	%	≥50
型号		—
湿式电除尘器台数/台锅炉		1/1

续表

项目	单位	设计煤种
室数/台湿式电除尘器		1/1
电场数/台湿式电除尘器		1/1(每台湿式电除尘器分 5 个电场分区)
阳极形式		蜂窝六边形管式
阳极材质		导电玻璃钢
阳极管高度	m	4.2
阴极线有效长度	mm	4200(每根)
阴极线材质		钛合金
沿气流方向阴极线间距	mm	350
通道	个	1
极间间距	m	0.35
截面积/台湿式电除尘器	m^2	252
烟气速度	m/s	3.28
烟气流经时间	s	1.28
气流均布系数		<0.13
集尘面积/台湿式电除尘器	m^2	12299
比集尘面积/台湿式电除尘器	$m^2/(m^3 \cdot s)$	14.88
外形尺寸(单台湿式电除尘器)	m	$22 \times 17.4 \times 20.5$
壳体设计压力	kPa	5/−2
水膜水量(连续使用)	t/h	无
压损	Pa	$\leqslant 280$
水耗(外排废水量)	t/h	2
碱耗量(NaOH 或其他碱)	t/h	无
工业补充水量	t/h	1.75
整流变压器数量	台	5
电源型号		72kV,1600mA
电源容量	$kV \cdot A$	650

三、 湿式电除尘器的布置

湿式电除尘器主要有 3 种布置方式：一是湿式电除尘器布置于脱硫塔顶部；二是湿式电除尘器布置于水平出口烟道；三是湿式电除尘器布置于脱硫塔出口下行烟道。

对于水平布置的湿式电除尘器，阳极板上的冲洗水膜在重力的作用下流下，同时也在烟气流动的作用下做水平运动。要保证整个板上都覆盖满水，特别是在阳极板的下部和上游的局部区域。对于大型水平式湿式电除尘器，庞大的烟气流量要求阳极板的高度大大增加，水膜不均的问题会更严重，它会导致阳极板冲洗不彻底，出现干湿界面、收尘能力下降以及腐蚀结构等问题。为使水平布置的湿式电除尘器的内件得到适当的冲洗，冲洗水的耗量会比塔顶布置的湿式电除尘器大得多。这种情况下，要考虑冲洗水的循环使用。再循环水滴重新进入烟气中也会增加出口烟气中的颗粒量。同时，必须考虑再循环冲洗系统的投资和运行维护费。

对于水平布置的湿式电除尘器，还应该考虑来自临近电场的冲洗水和携带的颗粒物可能会导致下游的电场过早放电，从而增加总体颗粒物排放水平。从湿式电除尘器出口出来的颗粒物，特别是当清洗时，如果没有采用最后的除雾器，就能逃逸到烟囱中，当然也会增加颗粒排放量。

对于塔顶布置的湿式电除尘器，喷雾冲洗水可以顺流（向上喷水），也可采用逆流（向下喷水）的方式，冲洗断面全覆盖，冲洗水直接作为补给水进入脱硫塔。塔顶布置的湿式电除尘器阳极板较短，更容易清洗。捕集的颗粒物和冲洗水通过精心设计的内部流槽系统排出，减少运行和冲洗时可能出现的电场相互间的电气干扰，同时由于已考虑了最后的出口除雾器，可最大限度地降低整体颗粒物排放水平。

对于湿式电除尘器布置于脱硫塔出口下行烟道的方式，捕集的颗粒物和冲洗水与烟气流向顺流从湿式电除尘器出口排出，由于烟气拐弯带来卷吸携带，必须在出口水平段设置除雾器。又因为除雾器的效率一定，必然有部分捕集的颗粒物逃逸，降低湿式电除尘器总的除尘效率。图4-8～图4-10分别为湿式电除尘器塔顶、水平烟道和下行烟道布置方式。

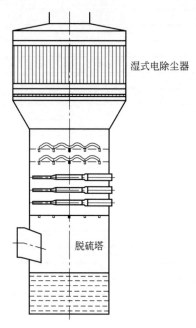

图 4-8　湿式电除尘器塔顶布置方式

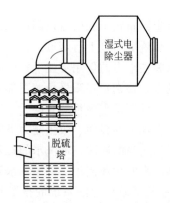

图 4-9　湿式电除尘器水平烟道布置方式

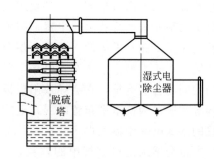

图 4-10　湿式电除尘器下行烟道布置方式

第二节　湿式电除尘器的电源

电源是保证湿式电除尘器性能的重要设备，其工作环境如下。

（1）低温、饱和湿烟气、微尘细雾、高浓度（携液雾和溶解性微尘等，其比表面积远大于常规意义上的干粉尘）、高流速。

（2）电场中的尘/雾浓度高，浓度不均匀，局部迅速过高或过低，相距偏移，电极变形，电极附近都会诱发局部火花放电和击穿放电。

（3）湿式电除尘器采用喷淋清洗的清灰方式，导致在工作状态中经常出现闪络和短路。玻璃钢在导电性能上要远远弱于金属材质的电除尘器，但可能因更高的电压而不会被击穿。

由上可知，湿式电除尘器由于运行在饱和水流状态下，其导电介质是水分子，因此其运行电流很大，与电除尘空载电流几乎一致。湿式电除尘器的电源选择应以电流为主导，并具有较强的抗短路冲击能力。湿式电除尘器高压电源模块应充分考虑水喷淋引流对高压的影响，尽量减小喷淋电压对除尘效率的影响，对于闪络恢复时间和恢复电压与干法电除尘器不同，应尽量避免连闪和跳闸现象的发生。因此，湿式电除尘器对供电装置有以下特殊要求：起晕电压和运行电压高；平均线（极）电流密度或电晕功率大并能持续保持；电流应能自行抑制火花放电向击穿放电发展，一旦发生击穿放电，电源应即时削减功率，不能引起电极的烧损；能承受瞬态及稳态短路，水冲洗时，能自动切断电源；冲洗过后能自动恢复。因此，湿式电除尘器的电源一般采用高频恒流源电源。

下面对几种电源做简要介绍。

一、 工频电源

工频恒流源和高频电源相对其他电源具有较好的优势。在同等条件下，调幅高频电源较工频恒流电源更易出电流，同等电压下是工频恒流源的 1.2 倍，这对于提高收尘效率是有益的。

工频恒流源相对高频电源而言，其对闪络的控制能力明显弱于高频电源。在对工频恒流源要求较高的场合，其火花控制方式有一定的局限性。

二、 高频电源

高频电源是新一代的电除尘器供电电源，其工作频率为几十千赫兹。它不仅具有重量轻、体积小、结构紧凑、三相负载对称、功率因数和效率高的特点，而且具有优越的供电性能。大量的工程实例证明，基于脉冲工作的高频电源在提高除尘效率、节约能耗方面具有非常显著的效果，而高频电源工作在纯直流方式下时可以大大提高粉尘荷电量，提高除尘效率。同等条件下，调幅高频电源较工频恒流源更易出电流，同等电压下是工频恒流源的 1.2 倍，这对于提高收尘效率是有益的。

高频电源具有以下优点。

（1）纯直流供电，运行电压、电流高，降低粉尘排放浓度。高频电源在纯直流供电条件下，可以在逼近电除尘器的击穿电压下稳定工作，同常规的工频电源相比，高频电源纹波系数小于 3%，在直流供电时它的二次电压波形几乎为一条直线，提供了几乎无波动的直流输出，这样就可以使其供给电场内的平均电压比工频电源供给的电压提高 25%～30%，二次电流是常规工频电源的 200%～300%。由于大幅度提高了电场的电晕功率，从而有效地提高了除尘效率。一般纯直流方式应用于电除尘器的前电场，电晕电流可以提高一倍，粉尘排放浓度降低约 30%～50%。

（2）脉冲供电，有效抑制反电晕，同时大幅度节能。高频电源工作在脉冲供电方式时，其脉冲宽度在几百微秒到几毫秒之间，在较窄的高压脉冲作用下，可以有效提高脉冲峰值电压，增加高比电阻粉尘的荷电量，克服反电晕，增大粉尘驱进速度，提高电除尘器的除尘效率，并大幅度节能。

（3）工况适应性强。高频电源控制方式灵活，可以根据电除尘器的具体工况提供最合适的波形电压，提高电除尘器对不同运行工况的适应性。

（4）高效节能。高频电源效率和功率因数均可达 0.95，远远高于常规工频电源。同时，高频电源具有优越的脉冲供电方式，P on、P off 时间任意可调，所以节能效果比常规电源更为显著。

（5）快速熄灭火花，恢复电场能量。高频电源可在几十微秒内关断输出，在很短的时间内使火花熄灭，5～15ms 内恢复全功率供电。在 100 次/min 的火花率下，平均输出高压无下降。高频电源放电火花检测非常灵敏，火花关断时间很短，火花能量很小，恢复时间很短。正常工作时其波形近似于直流，能有效防止电场放电对玻璃钢阳极管的损坏。

（6）体积小、质量轻。其重量约为工频电源的 1/5～1/3，控制柜和变压器一体化，并直接在电除尘顶部安装，节省电缆费用 1/3。

但高频电源也有以下一些缺点。

（1）高频高压电源的控制模式是以检测火花为前提的。在检测到火花后，通过较大幅度降压供电或较短时间内停止供电的方式消除火花，超过火花电压的部分电能全部浪费，低于火花电压的部分无法全部荷电，"无效"比例较大。

（2）平均有效场强远低于火花始发点的临界电压，荷电与驱进能力较差。

（3）为减排，尽可能地向电场输入更多能量，造成电能浪费。

（4）由于火花放电对极线和极板产生电腐蚀，使电除尘器效率衰减较快，不仅影响除尘效果，而且导致除尘器本体维护费用增加。

工频电源、高频电源属直流（DC）电压波形供电，特征是：相同幅值直流电压连续不断地向除尘器充电加压，使板线间始终维持在击穿电压点附近。当粉尘比电阻超过 $10^{11}\Omega\cdot cm$ 后，就会在气体电离—粉尘荷电—移动—捕集—脱尘的过程中出现问题。当高比电阻粉尘累积在阳极板上后，由于连续加压，使带电粉尘在阳极板被更快地再充电，导致阳极板尘层加厚，表面电位升高，导致对放电极的电位差相对减小，放电极电晕放电减弱，引起反电晕现象发生，除尘效率大幅下降。

三、三相电源

三相脉冲电源技术是用三相电源经调压、升压、整流后，通过电容与变压器初级的谐振，在电子开关的控制下产生高压脉冲，具有三相供电平衡、功率损耗小、适合高粉尘浓度电场、输出直流电压稳定以及良好的火花控制和抗干扰能力等特点。在输出相同二次直流的情况下，三相电源的输出电压比单相电源的输出电压高 10%～20% 左右。在输出相同二次电压的情况下，三相电源可有效地降低二次电流，控制反电晕的发生。与常规电源波动工况下相比，运行电压可提高 30%，可提高除尘效率。

三相电源能够增大电流电压工作区域和电晕放电功率，提高电除尘器的工况适应性，大幅度提高除尘效率。电源自身先进的反电晕动态识别及能量优化控制功能，可根据电场工况的变化自动调整输入功率、二次电压以及二次电流，在保证达到最高除尘效率的条件下有效地节约能源。电源改造后，不仅灰尘排放大幅度减少，而且电厂节电 30%～50% 左右。

三相脉冲电源结合了工频电源技术简单、低波纹电源可切换运行模式以及微脉冲电源的高压脉冲等优点，结构简单、运行维护简单，可适应电除尘器入口粉尘浓度变化，且经济性好。在电网运行中，因功率的三角关系，电厂希望功率因素和电源利用率越大越好，即电路中的视在功率大部分用来供给有功功率，减少无功功率的消耗。提高功率因素和电源利用率对于电力系统发、供、用电设备的充分利用有着显著的影响，不但可以充分发挥设备的生产能力、减少线路损耗、改善电压质量，而且可以减轻上一级电网补偿的压力，有效地降低电能损失。

高频电源采用三相电源输入，三相供电平衡。工作频率 20kHz，变压器转换效率高，同等输出功率下，高频电源的输入电流仅是传统工频电源的 50%，降低了能源消耗，节能效果显著。

四、 脉冲电源

脉冲电源属直流叠加脉冲电压波形供电，特征是：在有效电晕电压连续不断地向静电除尘器充电加压的同时，叠加脉冲电压。这种荷电方式不仅提高了瞬间的荷电电压，而且降低了平均荷电电压，即使是高比电阻粉尘，粉尘层中的电位也很容易在阳极板上得到中和，阳极板表面电位降低，不会发生与放电极相对电位提高的现象，抑制了反电晕现象的发生。脉冲波瞬间高电压更易使粉尘荷电，所以除尘效率大大提高。

粒子在直流电晕荷电的过程中，随着颗粒带电量的增加而在颗粒表面产生势垒能。荷电是因那些具有动能大于或足以克服荷电粒子表面势垒能的电子与粒子碰撞而发生的。低于荷电粒子表面势垒能的电子不能到达粒子表面，因此不荷电。当荷电发生到一定阶段时，粉尘的荷电速度减小，从而影响粉尘的带电量，导致除尘效率低下。

在脉冲放电中，由于瞬间电位较高，电子从电场中获得的能量很大，产生高能电子，这些高能电子与中性气体分子碰撞裂解或激发中性分子进而产生更多的电子。此时，电场空间中的带电粒子主要是电子，电晕电流是电子传输形成的。飞灰粒子荷电是以电子荷电为主的。

飞灰在脉冲放电电晕场中的电子荷电机理是以电子的电场荷电和动能扩散荷电为主，飞灰粒子的电子荷电不仅与电场强度有关，而且与电子的热运动程度有关（即电子的动能）。

由于飞灰在直流电晕下的电场荷电很快达到饱和，并在飞灰粒子表面形成势垒能，抑制了飞灰的进一步荷电。但在脉冲期间，单位空间内被激发出的电子密度很大，能量很高，高能电子足以克服势垒能而轰击飞灰粒子表面，使粒子的荷电量超过饱和电场荷电的极限，从而获得更快的驱进速度，提高除尘效率。

脉冲电源有以下一些优点。

（1）脉冲电压上升速度小，持续时间短，不易触发闪络，有效地提高了场强。

（2）高频双窄脉冲供电产生的瞬间高强电场电晕，增大了空间自由离子密度，大大提高了除尘器对 $PM_{2.5}$ 及以下颗粒物的捕集效率。

（3）采用间歇脉冲供电技术来克服高比电阻粉尘引起的反电晕，根据工况条件变化自动选择工作方式（选择间歇脉冲供电的占空比）、自动选择运行参数，可以提高除尘效率，而且还可以较大幅度节约电能。

（4）最大限度地抑制了反电晕现象的发生，大大提高了对高比电阻粉尘的捕集效率。

（5）脉冲高频电源和常规单相工频电源相比，静电除尘器除尘效率提高 50％，节能 30％。

但脉冲电源也有以下一些缺点。

（1）其在大功率连续工作状态下易损毁，抗浪涌电压和耐久性有待商榷，后续维护费用很高。

（2）初期投资较高。

无论哪种电源，必须对各绝缘子室进行有效加热，并增设绝缘子室强制热风吹扫系统，保证绝缘瓷件不结露、不沾灰。

第三节　影响湿式电除尘器性能的几个因素

研究表明，从 FGD（烟气脱硫）系统出来的粉尘主要是超细粉尘，其粒径绝大部分在 $6\mu m$ 以下。燃煤粉尘中约 90％的粉尘集中在 $2.5\mu m$ 以下，且主要分布在 $0.6\sim1.2\mu m$，粒径为 $1.2\mu m$ 的超细粉尘最多，达 32％，而 $2.5\sim6\mu m$ 的含量有限。

湿式电除尘器中的烟气在饱和或高湿度条件下，粉尘表面附着大量的水分子，粉尘的工况比电阻适中，不会产生反电晕，适合电除尘捕集，可有效地脱除烟气中的微细粉尘。NH_3、汞同样由于颗粒粒径小，在烟气中均布，也以气溶胶状态存在，基于同样的原理而被捕集。

SO_3 在低温条件下（50℃）与水蒸气结合形成粒径很小的液滴，即 $1\sim20\mu m$ 的硫酸雾滴，此极细硫酸雾滴在烟气中均布，以气溶胶状态存在，很难在脱硫吸收塔内被喷淋液滴（$1500\mu m$）所捕集，脱硫塔的 SO_3 脱除效率很低，仅有 30％，主要是在湿式电除尘器内荷电后，在电场力作用下运动至阳极被捕集。

影响湿式电除尘器性能的几个因素主要有：气流分布的均匀性、粉尘浓度、粉尘粒径、电场数量和布置方式等。

1. 气流分布的均匀性

与干式电除尘器一样，湿式电除尘器对入口气流分布的均匀性也有严格的要求，局部超负荷将极大地影响除尘效率。在湿式除尘器之前布置均流孔板是保证气流分布均匀性的有效措施之一。此外，设计良好的均流孔板还可能起到除酸性气流和大颗粒粉尘（大于 $2\mu m$）以及进一步冷却饱和烟气的作用。

2. 烟气流速

在湿式电除尘器中，因放电极被水浸润后，电子较易逸出，同时水雾被放电极尖端的强大电火花进一步击碎细化，使电场中存在大量带电雾滴，又因为水分子为负极性分子，大大增加了亚微米级粒子碰撞带电的概率，而带电粒子在电场中运动的速度是布朗运动的数十倍，这样就大幅提高了亚微米级粒子向集尘极（阳极板）运动的速度，可以在较高的烟气流速下捕获更多的亚微米级粒子。

图 4-11 为入口烟气速度与迁移速度之间的关系。

不同入口速度和电压下的迁移速度见表 4-4 和表 4-5。

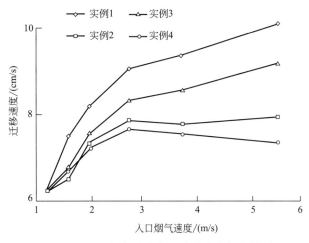

图 4-11 入口烟气速度与迁移速度之间的关系

表 4-4 不同入口速度和电压下的迁移速度 (一)

入口速度/(m/s)	1.2	1.6	2	2.7	3.7	5.5
305mm 管除尘效率 (80kV/3mA)/%	97.60	96.60	94.80	91.10	83	73.30
迁移速度/(cm/s)	6.22	7.52	8.21	9.07	9.39	10.9

表 4-5 不同入口速度和电压下的迁移速度 (二)

入口速度/(m/s)	1.2	1.6	2.0	2.7	3.7	5.5
305mm 管除尘效率 (52kV/3mA)/%	93.40	90.00	85.00	76.90	67.40	56.70
306mm 管除尘效率 (61kV/3mA)/%	91.50	86.80	81.20	71.10	63.10	53.90

305mm 管在不同入口速度和电压下的除尘效率和迁移速度见表 4-6。

表 4-6 305mm 管在不同入口速度和电压下的除尘效率和迁移速度

入口速度/(m/s)	电压/kV	电流/mA	除尘效率/%	迁移速度/(cm/s)
1.2	80	3.0	97.6	6.22
1.6	79.8	2.4	95	6.66
2.0	79.2	2.25	92.7	7.27
2.7	78.2	1.95	77	7.68
3.7	76.6	1.5	61.7	7.55
5.5	73.3	0.75	31	7.33

图 4-12 为某湿式电除尘器的除尘效率与烟气流速之间的关系。

3. 重金属

对于湿式电除尘器，酸雾、铜、镍和铁较容易被捕集，而锌、砷、铅和锑较难被捕集。

锌往往以 $ZnSO_4$ 的形式存在于烟气中，当被冷凝时生成细小的颗粒，很难被洗涤塔去除。当进入湿式电除尘器后产生严重的电晕闭塞，导致湿式除尘器对所有污染物的脱除效率下降，设计时应提供更高的运行电压和更高的致电强度电极。铅的影响与锌类似。

砷通常以 As_2O_3 和 As 的形式存在于烟气中，冷凝后易沉积于温度较低的物体表面，在湿式电除尘器内也易发生沉积。砷及其化合物易沉积于阳极板表面，影响湿式电除尘器对其

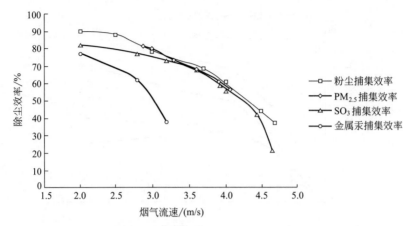

图 4-12　某湿式电除尘器的除尘效率与烟气流速之间的关系

他污染物的捕集。因此，对阳极板表面经常性地充分冲洗是非常重要的。

汞与砷类似，汞可与铅反应生成汞合金。因此，应避免采用铅作为湿式电除尘器的结构部件。PM$_{2.5}$和 SO$_3$雾滴的脱除效率相当，二者均可为微细颗粒物，但由于粒径分布不一样，SO$_3$/H$_2$SO$_4$雾滴的平均粒径为 $0.3\mu m$，而 PM$_{2.5}$的平均粒径为 $1\mu m$，因此，PM$_{2.5}$更容易被捕集。

湿式电除尘器作为湿法脱硫塔后的终端处理装置，可额外获得相应的脱汞率。湿式脱硫塔可获得 68％的脱汞率，而湿式电除尘器还可获得额外 86％的脱汞率。

对于单质汞，湿式脱硫塔实际上是将部分已经捕集的氧化态汞还原成单质汞，再次逃逸至烟气中，因此出现脱硫塔出口单质汞浓度反而高于脱硫塔入口浓度的现象，大约增加 14％的单质汞。单质汞在湿式电除尘器中很难被去除，除非它以颗粒形式存在。湿式电除尘器对颗粒汞、二价汞的去除效率远大于元素汞，如某电厂分别为 72％和 78％，而对单质汞仅为 10％左右。湿式电除尘器由于电晕放电产生了臭氧，臭氧将单质汞氧化为二价汞，湿式电除尘器可以氧化 18％左右的单质汞，并以氧化态汞的形式捕集下来。这样经过湿式脱硫塔和湿式电除尘器后，总的氧化态汞和颗粒汞的脱除率可达 96％。

氟和氯在烟气中以 HF 和 HCl 的形式存在，它们产生的主要问题是腐蚀问题，导致阴极线断裂或阳极板腐蚀穿孔。因此，在烟气进入湿式电除尘器前，应该去除掉烟气中的 HF 和 HCl，一般设计良好的湿式洗涤装置均可高效地脱除 HF 和 HCl。

烟气中的硒通常以 SeO 和 Se 的形式存在，冷凝后容易在湿式电除尘器的阳极板上以红色无定形硒的形式沉积，很难通过冲洗的方式去除。

因此，设计湿式电除尘器时应充分考虑烟气中污染物的组分，特别是当湿式电除尘器应用于冶金行业时，更应注意污染物组分的分析。

4. 粉尘粒径与浓度

湿式电除尘器要用冲洗水进行清灰，也没有反电罩。当烟气中粉尘浓度或雾滴浓度很高时，容易出现电晕闭塞现象，表现为电流很大、电压无法提升、除尘效率下降。

烟气中的颗粒物在电场中的驱进速度与粒径成正比，小颗粒的驱进速度较小，到达阳极板所需的时间相对要长一些，要捕集这些细颗粒物，所需的停留时间自然要增加，一般要求停留时间不少于 2s，才能获得较高的脱除效率。

在同等条件下，湿式电除尘器的二次元电压较高，电场强度较强，电极电离出的离子更多。颗粒荷电量与电场强度成正比，颗粒的驱进速度与电场强度平方成正比。但电压不可以无限增大，过高的电压会造成击穿问题，具体的击穿电压主要与阳极板材质有关。

SO_3 冷凝后形成细小的硫酸微粒，大多数酸雾的粒径小于 $1\mu m$。湿式洗涤器对酸雾的脱除效率与洗涤器的设计和运行操作条件有关。

当烟气中的 SO_3 和 H_2SO_4 雾滴浓度较高时，湿式电除尘器容易产生电晕闭塞现象。对于干式电除尘器来说，电晕闭塞的主要原因是大量超细颗粒的存在。SO_3 蒸气与烟气水分在一起会产生一种带有极细粉尘的酸雾，这种酸雾可以严重地抑制运行时湿式电除尘器的电晕电流，在湿式电除尘器的入口电场中，与空荷载电流相比，其在线电流的衰减可达 90%以上。电晕抑制将会导致湿式电除尘器的功率和捕集效率降低。当湿式脱硫系统产生的细硫酸雾滴和凝结水雾水平均很高时，湿式电除尘器就容易出现电晕闭塞现象。为有效地控制电晕闭塞现象的发生，湿式电除尘器的阴极和阳极必须有合理的几何形状，并考虑阴极和阳极之间合理的距离，降低对下游电场中细颗粒的负荷和电晕闭塞影响，从而可使下游湿式电除尘器电场在充足的功率水平下运行，使其达到设计的捕集效率。

湿式电除尘器虽对 SO_3 和 H_2SO_4 气溶胶具有很高的脱除效率，但一般要求湿式电除尘器入口 SO_3/H_2SO_4 浓度小于 60×10^{-6}。湿式脱硫吸收塔对 SO_3 和 H_2SO_4 的脱除效率均为 20%。由于 SO_3 和 H_2SO_4 气溶胶粒径很小，当 SO_3 在湿式电除尘器中荷电时，仅有每升数十毫克的 SO_3 和 H_2SO_4 气溶胶荷电几十微库仑，放电电流也显著下降。湿式电除尘器的除尘效率与颗粒物的粒径有关，粒径为 $0.1\sim0.3\mu m$ 的颗粒物是最难捕集的，而 SO_3 和 H_2SO_4 气溶胶则刚好在这个粒径范围内，浓度较高时容易出现电晕闭塞问题，导致湿式电除尘器的除尘效率急剧下降。

SO_3 脱除率与运行负荷的关系曲线见图 4-13。

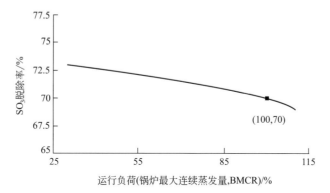

图 4-13 SO_3 脱除率与运行负荷的关系曲线

如果湿式电除尘器的入口负荷（含雾滴的粉尘）太高，将出现电晕闭塞，表现为电晕电流减小。当微细粉尘浓度特别高时，电晕电流可降至原来的 1/51 以下。电晕电流闭塞情况与粉尘的总表面积和设计的电晕电流密度有关，对于给定的粉尘负荷，粉尘颗粒越细，发生电晕电流闭塞的可能性就越大。例如，对于粒径为 $1.0\mu m$ 的颗粒，其表面积为 $6m^2/g$，而对于粒径为 $0.1\mu m$ 的颗粒，其表面积是 $1.0\mu m$ 的颗粒的十倍以上。当烟气中的颗粒物质量浓度一定时，颗粒越细，发生电晕闭塞的可能性就越大。采取以下措施可减少电晕闭晕的发生。

（1）尽可能降低进入湿式电除尘器的颗粒物负荷，必要时设置预除尘器，将颗粒物负荷降至发生电晕闭塞以下的水平。

（2）采用预冷凝技术，将烟气温度冷却至绝热饱和温度以下，通过流量力使颗粒冷凝长大。

（3）通过选用合理的电极和极间距的合理设计，降低启动电压，提高电流密度。

（4）选择合适的烟气速度（也即停留时间），使颗粒物在电晕闭塞下能获得最大的荷电。

（5）增加湿式电除尘器的分区或电场数量，各区/电场单独供电。当湿式电除尘器采用多个电场时，即使发生电晕闭塞，也能保持除尘效率不变，第一个电场发生电晕闭塞，除尘效率较低，但为第二个电场起到调质作用，第二个电场即可以正常运行。

（6）电源自控系统可显著提高湿式电除尘器的除尘效率。

雾滴脱除率与雾滴量的关系曲线见图4-14。

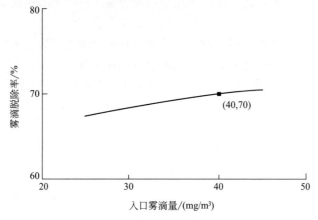

图 4-14　雾滴脱除率与雾滴量的关系曲线

在湿式电除尘器之前最大限度地脱除湿的微细粉尘，有利于保证湿式电除尘器的可靠性，减少维护工作，提高湿式电除尘器的除尘效率。

湿式电除尘器一般是在入口气体含尘浓度很低、要求的排放标准又相当严格时（10～20mg/m³）才采用。

进口含尘量修正系数见图4-15。

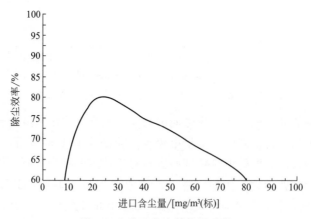

图 4-15　进口含尘量修正系数

5. 输入电压的影响

气流中颗粒向电极板沉降的速度正比于电场强度的平方，湿式电除尘器的除尘效率与输送给气体的电能成正比。对于一定的电极间距，火花率是入口负荷（雾滴和粉尘）和阴极线垂直度的函数，除尘器的功率和除尘效率可通过电压自动控制系统来提高，正确地选择变压整流器、电压自动控制器和电流限抗器非常重要。

6. 电场数量与分区数量

很显然，电场数量越多，除尘效率越高。对于多电场组式电除尘器，可以允许第一个电场在一定程度的电流闭塞条件下运行，后续电场正常运行。

根据应用经验：若要求脱尘效率为 $60\% \sim 70\%$，可采用单电场；若是约 80%，可采用双电场；若要达到更高要求，即 $90\% \sim 95\%$，则必须设置三电场，这样性价比较优。

分区数量增加也可以提高湿式电除尘器的可靠性。

7. 安装质量

湿式电除尘器在安装和使用中需要注意以下几个问题。

（1）保证湿式电除尘器各阴极管或阳极板间的气流分布均匀性，使气体在电场中的有效停留时间基本一致。

（2）保证阴极线与阳极管的同轴度。阴极线变到弯曲线同轴度差，将降低可输入电压，增加电火次数，导致阴极线断裂或电场击穿。

（3）保持绝缘瓷套干燥，防止出现低电压，缩短烟气有效停留时间，进而降低除尘效率。

8. 布置方式

湿式电除尘器的结构形式可分为管式和板式两种。管式一般直接设置于脱硫吸收塔塔顶，板式则布置于脱硫吸收塔与烟囱的水平烟道中。一般地，管式比板式的除尘效率要高一些，占地面积较小。除尘效率和阴极线长度相同时，管式所允许的烟气流速为板式的 2 倍。除尘效率一定时，管式占用的空间体积比板式小。管式湿式电除尘器可设计成上流式（烟气从底部进入，顶部流出）和下流式（烟气从顶部流入，底部流出）。上流式布置时，冲洗喷嘴布置于除尘器的底部，与烟气顺流喷雾，有些在除尘器顶部也设置了冲洗喷嘴。在下流式中，冲洗喷嘴布置于除尘器顶部，同样与烟气顺流喷雾。下流式除尘器一般布置于脱硫吸收塔的下行烟道，可以节省烟道费用，但在除尘器出口必须设置机械式除雾器除去除尘器捕集下来的雾滴和粉尘，而上流式除尘器本身也是很好的除雾器，其出口不需要再增加机械式除雾器。因此，下流式除尘器若机械除雾不佳，则很有可能出现粉尘超标甚至烟囱雨现象。

第四节 湿式电除尘器的废水处理

湿式静电除尘器废水中高 SS 的特性，需要针对性地进行处理。对于国内的百万机组湿式静电除尘器，两台机组的用水量均在 60t/h 以上，如果对于这部分水不进行再利用的话，湿式静电除尘器的运行成本将会很高，而且对于排水水质的全分析表明，可在一定的一次投资成本下，回用水资源。

湿式电除尘器的粉尘清灰机理是采用冲洗液冲洗电极和阳极板，使粉尘呈泥浆状被清除。对于布置于脱硫塔顶的管式湿式电除尘器，其冲洗水一般直接进入脱硫塔浆池内，不需要进行废水处理。对于水平布置的金属板片式湿式电除尘器，一般采用钠碱进行冲洗，产生的废水固含物和盐含量都比较高（1000～5000mg/L），这些固含物和可溶性盐对石膏的结晶是有害的。为了维持整个脱硫系统的水平衡，保证脱硫系统安全稳定运行，节约用水和保护环境，湿式电除尘器的洗净水必须是循环回用的。由于湿式电除尘器水循环系统排出的废水主要含有固体悬浮物、氯根、硫酸根等污染物，其中固体悬浮物高达2000mg/L以上，废水需处理后才能外排或重新利用。

目前，湿式电除尘器废水处理系统的工艺流程主要有2种：一种是采用絮凝、沉淀的原理脱除其中的固含物和部分可溶性盐；另一种是采用精密过滤装置脱除其中的固含物。

一、 絮凝沉淀流程

絮凝沉淀的基本工艺流程为：往废水中加入合适浓度的絮凝剂，通过管道混合器进入沉淀池，经过反应沉淀池和斜管沉淀池过滤，可以去除大部分悬浮物，斜管沉淀池上清液进入清水池，清水池中的水通过除雾器冲洗水泵进入脱硫除雾器冲洗，斜管沉淀池下部灰斗的泥水间断性排入地下泥水池，泥水池的泥水通过螺杆泵进入污泥处理站。

由于湿式电除尘器排水的pH值均小于8，选用合适浓度的铝盐（PAC溶液）作为凝聚剂，将PAC溶液加入加药箱，加水稀释到一定浓度，通过变频冲程计量泵根据排水量变化情况调整加入絮凝剂量，使得达到最佳加药浓度。到管道中混合，水流呈紊流状态，使之充分混合。

沉淀池由6个反应沉淀池、配水槽、6个斜管沉淀池、集水槽、排泥管道组成。其中，斜管体为六角蜂窝状PVC填料，倾斜角度60°，废水在斜管沉淀池中充分停留，重力沉降。

清水池可以储存两台炉4h的废水排放量。清水池配有超声波液位计，当液位高时，通过水泵将地下清水输送至脱硫除雾器中使用。

为了防止泥水沉淀不方便输送，泥水池上部设计有搅拌机。泥水池可以储存45h的泥水。沉淀池的泥水是人工间歇性排放至泥水池，泥水池配有超声波液位计，当液位高时，通过螺杆泵将泥水输送至污泥处理站。

二、 精密过滤装置

采用精密过滤装置的流程（图4-16）比较简单，不采用絮凝沉淀装置，其核心设备是精密过滤装置。湿式电除尘器出来的废水经过精密过滤装置过滤后，废水滤液固含物浓度下降，这部分滤液进入湿式电除尘器冲洗水循环系统。过滤出的滤液进入脱硫系统或进入电厂循环系统进行处理。

精密过滤装置由罐体、过滤元件、反冲洗机构、电控装置、减速机、电动阀门、压差控制器等部件组成。罐体内的横隔板将内腔分为浊水腔和清水腔，横隔板上安装多个过滤元件。从湿式电除尘器出来的废水经入口管进入废水腔，又经横隔板孔进入过滤元件内腔，大于过滤柱缝隙的杂质被截留，清水穿过缝隙到达清水腔。所有过滤后的水在清水腔内汇合，从过滤器出口送出。当杂质在过滤元件内积累到一定厚度时，会使浊水腔和清水腔产生压力差，这时可由压差控制器自动控制反冲洗机构启动排污，也可以定时启动反冲洗系统，将滤渣排出。

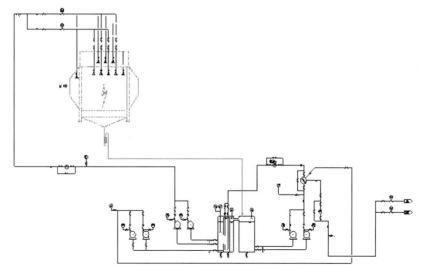

图 4-16 采用精密过滤装置的湿式电除尘器废水处理工艺流程

精密过滤装置的特点是该装置可实现在同一过滤罐体内利用过滤后澄清液对过滤元件进行反清洗，罐体内装有若干个过滤元件同时工作。通过压差控制器监测浊水腔和清水腔的压力差，当压力差达到设定值时，压差控制器输出信号，由电控柜控制反冲洗机构启动或关闭，利用罐内自身的压力实现自动反冲洗，清除深层沉积杂质，其他过滤元件仍继续工作，保证连续供水。不需拆下过滤元件清洗，可实现清洗排渣自动化。

精密过滤装置的过滤元件为烧结金属丝网微孔过滤介质，是一种具有较高机械强度和整体刚性的新型功能和结构材料，该材料既有金属结构所具有的整体刚性和机械强度，又有多孔材料较为理想的均匀的孔隙分布和优异的流体渗透性能。烧结金属丝网微孔材料既能保证普通金属编制丝网的孔隙，结构简单，网孔尺寸均匀，又能克服强度低、整体性差、网孔形状不稳定等不足，还可以灵活地对材料地孔隙尺寸、渗透性和机械强度进行合理匹配与设计。材料的组成分为保护层、阻挡过滤层和强度支撑层三部分，一般由 3～6 层编织丝网平铺叠合在一起烧结而成。

烧结金属丝网多孔材料在流体净化过滤方面具有以下特性。

（1）烧结金属丝网多孔材料利用叠层丝网复合技术，可以通过低强度、高精度的编织丝网与高强度、低精度的编制丝网有机结合，较好地解决了滤材强度、流通能力和过滤精度三者之间的矛盾，实现特性结合。

（2）烧结金属丝网多孔烧结材料由于采用扩散烧结技术，使编织网的相对位置得到固定，不仅有着优异的流体渗透性能，而且孔隙分布均匀，孔隙结构简单，孔隙尺寸可控，过滤精度高且过滤精度稳定可靠，分离效果好，是理想的净化过滤与分离材料。

（3）烧结金属丝网多孔材料整体结构性强，既具有其他类型多孔材料所不满足的较高的强度和刚度，适用于高压环境，又有着良好的耐高温性能，最高温度可达到 1000℃，抗腐蚀性能好，适用于多种酸、碱等腐蚀性介质，有较好的成型加工性能。

（4）烧结金属丝网多孔材料再生性能好，再生后过滤性能可恢复 90％以上，有着优异的清洗性能，经过清洗后可以重复使用，特别是适合于过滤系统连续化生产和自动化控制技术发展。

（5）烧结金属丝网多孔材料具有优良的渗透性能，过滤速度大，而且寿命长。

第五节　湿式电除尘器运行与日常维护

在脱硫洗涤过程中，烟气中的 SO_2 脱除率高达 95％以上，但 SO_3 只去除了 30％左右，剩余的 SO_3 以气溶胶的形式随烟气排出。脱硫后的机械式除雾器主要针对粒径大于 $40\mu m$ 的大液滴和颗粒，出口水雾一般可控制在 $100mg/m^3$ 左右，不能除去 SO_3 和微尘等微细颗粒，因此，进入湿式电除尘器的湿烟气中含有大量 SO_3，且处于酸露点以下，其冷凝液会对湿式电除尘器造成腐蚀。另一方面，湿法脱硫不能完全去除烟气中携带的粉尘，同时自身还会排出部分带尘浆液，这些粉尘和石膏浆液黏性较强，容易结垢。

针对湿法脱硫后烟气易腐蚀和易结垢的特性，湿式电除尘器必须设置连续喷淋系统，减少 SO_3 和石膏浆液在湿式电除尘器极板表面的停留时间，减轻 SO_3 对极板的腐蚀，缓解石膏浆液引起的结垢问题。如果喷淋系统设计有问题，极板表面不能形成均匀水膜，就会在极板表面产生干湿交界，SO_3 和石膏浆液就会在这些区域堆积，引起极板的腐蚀和结垢。腐蚀严重时会导致极板穿孔，结垢严重时会导致电场短路，甚至造成电除尘器坍塌。

喷淋系统是将水雾喷向放电极和电晕区，水雾在电晕场内荷电后分裂进一步雾化，在这里，电场力、荷电水雾的碰撞拦截、吸附凝并共同对粉尘粒子起捕集作用，最终粉尘粒子在电场力的驱动下到达集尘极而被捕集。荷电水雾到达集尘极后形成连续水膜，将捕获的粉尘冲刷到灰斗中随水排出。

冲洗系统可根据系统工况设定启停时间，冲洗系统工作期间，喷淋系统停止运行。冲洗系统采用覆盖范围大、冲洗能力强的喷嘴，可在短时间内实现对内部件的有效清洗，实现长期高效运行。

采用定期间断喷水方式，正常情况每天冲洗一次，实际运行可根据锅炉负荷、入口浓度、脱硫运行等情况调整、优化清洗周期。所需冲洗水压力应＞0.3MPa，每次冲洗时间为 $12\sim18min$。

一般湿式电除尘器的阴阳极设计独立的多个电场区，依次对各电场冲洗，每个电场冲洗时间为 $2\sim3min$。水冲洗过程中，对该电场高压系统降压运行，既可避免发生闪络或短路现象，又能保证被冲洗电场继续工作，使除尘效率维持最优水平。控制系统将自动控制水冲洗系统开启和降低电场电压，自动控制各电场区分别完成各自的水冲洗过程。

当 FGD 非正常运行时，只有温度会影响除尘器的正常运行。除尘器设计温度为 80℃，能保证 90℃时正常运行 1h。高于 100℃水分会蒸发，高于 120℃会损坏防腐层。烟气中粉尘含量增加后，电场捕集的粉尘量会增加，只需加大喷淋水量，保证收尘效果，同时增加阴极线与阳极板冲洗的频率，保证板线上不积灰，确保设备的正常运行。

湿式电除尘器可在手动模式或自动模式下运行。在手动模式下，运行人员可根据实际的运行工况，对水冲洗系统、绝缘子加热系统、热风吹扫系统（绝缘子密封系统）等进行手动操作；在自动模式下，湿式电除尘器可根据实际运行情况，在预设的程序下自动运行。如出现异常工况，如烟气超温（如大于 85℃），控制系统将自动开启水冲洗系统，进行喷水降温，保证湿式电除尘器的正常运行。

一、 湿式电除尘器的检查与投运

湿式电除尘器投运前至少应做以下检查。

（1）高压整流变压器的接地电阻≤2Ω。

（2）用 2500V 兆欧表测定湿式电除尘器阴极侧的绝缘电阻应大于 500MΩ。

（3）检查各瓷套是否干燥、干净，测量其绝缘电阻不低于 0.5MΩ。

（4）手动开启阴、阳极冲洗水系统，逐个开启阴、阳极冲洗水电动门，每个全开 2min 后关闭，就地确认集液槽疏水管出水正常。

（5）手动开启阴、阳极冲洗水系统，全开阴、阳极冲洗水电动门 10min 后关闭，就地确认集液槽疏水管出水正常。

（6）全部冲洗完毕后，打开人孔门，内部检查所有阳极面已被冲洗湿润。

（7）摇测一、二电场阴极侧绝缘在 500MΩ 以上。

（8）检查湿式电除尘器入口烟温在 85℃ 以下。

（9）检查对应电场所有绝缘箱温度在 100～145℃，无报警。

（10）确认至少有一台吸收塔循环泵在运行。

（11）确认阴、阳极冲洗完毕后已延时 20min，电场已允许启动。

（12）确认阳极面在湿润状态。

（13）确认阴极线完好洁净。

（14）启动电场。

通过选择不同的电流键组合，使输出的二次电流达到需要值，二次电压同时没有较大幅度的摆动即可。加档过程中应注意，每加一档电流，应间隔几秒，再加下一档电流，越到后几档，间隔时间应越长，防止加档过快而造成过压报警。电流加档并不是越多越好，当二次电流输出增大到一定值后，二次电压几乎没有变化或者是不但不增加，反而下降，出现所谓的反电晕现象时，就不要再增加输出电流了。放电严重的话，还应退掉一档电流，应使二次电压表头显示在比较稳定的状态。只有当电源能稳定工作在最佳工作点附近时，电源的工作效率才是最高的。

二、 湿式电除尘器的正常停运

要做到湿式电除尘器的正常停运，需注意以下几个方面。

（1）机组停运时，在最后一台吸收塔循环泵停运前应退出各电场运行。

（2）检查阴、阳极冲洗已自动开启，冲洗过程中注意压力、流量及工艺水系统运行正常。

（3）停止各绝缘箱加热器运行。

（4）手动投运阴、阳极冲洗系统，冲洗过程中注意流量及工艺水系统运行正常。

（5）若脱硫系统退出，必须重新、彻底、多次对阴、阳极进行冲洗，疏水管出清水方可停止冲洗。

三、 湿式电除尘器运行与维护中的注意事项

湿式电除尘器属于高压设备，运行中需注意以下事项。

（1）湿式电除尘器运行时，电场内属于高压危险区域，运行期间不准打开人孔门进入内部，所有人孔门除了逻辑保护以外，还必须上锁。

（2）湿式电除尘器的检修必须在脱硫进出口挡板关闭严密时，打开人孔门通风冷却，直至内部温度降至40℃左右时，方可进入，且不准携带火种。

（3）检修工作完成或检修期间工作人员离开湿式电除尘器时，应立即将人孔门关闭上锁。

（4）作业人员在进入湿式电除尘器前，应按规定办理工作票，确认高压整流变压器及高压柜电源已切断，将高压隔离开关打至接地位置，并在显眼处挂上"禁止合闸"警示牌。

（5）进入电除尘器内部的工作人员，至少应有两人，其中一人负责监护，监护人应了解电除尘器的内部结构，掌握有效的安全保护措施。

（6）进入电除尘器前，应先确认集液槽内的浆液已排空，以免人落入浆液中。

（7）当阳极面为玻璃钢等材质时，在其周围和内部进行动火作业必须办理动火工作票，并做好安全防护措施。

（8）检修完毕后，首次送电时，应先确认各电场控制柜及加热控制柜内手动总开关为断开状态，才可以合电场总电源及电加热总电源。

（9）开机时，脱硫设备投运后（至少有一台吸收塔循环泵运行）才可以投运电场；停机时，脱硫设备退出前（最后一台吸收塔循环泵停运前）先退出电场运行。

（10）冲洗时，若工艺水泵出口压力（上位机）在0.6MPa以上，则优先使用工艺水；若工艺水泵出口压力低于0.6MPa，则应启动除雾器冲洗水泵，此时应暂停除雾器的冲洗。

（11）若顺序冲洗过程中，工艺水箱水位维持不住，则可以先退出顺序冲洗，然后关闭已打开的冲洗水电动门即可。

（12）电场保护跳停后，应及时查找原因，故障消除后，才可以启动。禁止电场跳停后直接切至手动模式启动。

（13）远方自动运行模式下，如果二次电压或二次电流参数出现摆动，则应及时将二次电流设定值适当调低。

（14）如出现异常需紧急停运电场时，可在电场控制柜上直接按下"关机"按钮。

（15）电场运行期间，严禁打开对应的高压隔离开关控制柜门。

（16）运行检查时发现变压器漏油或者油位计变为红色，应及时通知检修维护部门，并登记缺陷。

（17）脱硫系统退出运行后，必须立即对阴、阳极进行彻底冲洗，直至疏水管出清水方可停止冲洗。

（18）密封风机、绝缘子的开机时间和电源装置的启动时间至少间隔2h以上，主要目的就是保证电源装置启动前绝缘子内壁干燥、洁净，避免绝缘子内壁结露爬电，从而影响电源的正常运行。

（19）水系统应晚于脱硫系统停运。水系统持续冲洗一段时间，使极板保持洁净。

（20）为避免浓度的频繁变化，绝对禁止干烟气进入湿式电除尘器，否则在干湿结合处由于浓度、温度等的急剧变化，极易导致严重结垢现象。

（21）保持补给水和排污水的平衡，可保持循环水内各种盐类浓度相对稳定，也不易析出结垢。

（22）保持烟气温度基本稳定也直接保证了循环水的温度稳定，对在吸收塔中已生成的$CaCO_3$、$CaSO_4$等微溶、难溶物质而言，循环水基本处于饱和状态，水温的变化直接影响其溶解度,极易造成析出结垢,只要维持好水温就可防止这种结垢发生。

(23)按运行要求定量加碱中和,可维持循环水的酸碱度,防止上述难溶物质在湿式电除尘器内部反应生成。

四、 湿式电除尘器设备故障现象、 原因及消除方法

湿式电除尘器设备故障现象、原因及消除方法见表4-7。

表 4-7 湿式电除尘器设备故障现象、原因及消除方法

现象	原因	消除方法
(1)二次电压降低; (2)二次电流增大; (3)发现不及时跳闸	(1)高压部分绝缘不良。 (2)异极之间间距局部变小。 (3)电场内有金属异物或其他异物。 (4)绝缘箱温度不够而造成绝缘性能降低。 (5)阴极线断脱,造成异极短路。阴极线两端同定采用焊接方式,焊点腐蚀断裂;阴极线两端弹性螺栓连接,阴极框架组受烟气振动使螺栓脱落;阴极线安装过紧,阴极框架组受烟气振动使部件阴极线拉断;冲洗水式水膜不能均匀覆盖其表面,使阴极线处于干湿交变的环境中,从而易腐蚀。 (6)下灰斗U形水封管路下水不畅,导致循环水和补给水在灰斗内淤积,当灰斗液位达到一定高度时,积水漫过下层电场极板线,造成下层电场输出短路跳闸。 (7)绝缘瓷套破损。 (8)阴极线或阳极面黏附浆液过多,使异极间距缩小,引起频繁闪络。 (9)阳极故障。阳极冲洗水膜不均匀,阳极板易结垢和腐蚀,造成电场故障;阳极线不易在阳极管/板长度范围内固定,且易摆动,引起阳极管/板短路烧毁	退出电场运行并进行下列检查。 (1)用摇表测量各部位绝缘阻值,查出故障点。 (2)停机后调整异极间距。 (3)停机后进行内部检查并消除异物。 (4)检查处理各部位加热器,保持温度在规定值以内。 (5)停机后更换断脱的阴极线。 (6)在U形水封管路底部加装一路脱硫工艺冲洗水,定期进行管路冲洗,冲洗水通过排空门排出,确保沉积的粉尘和小块防腐鳞片及时被清理。 (7)更换破损的绝缘瓷瓶。 (8)减小电场参数,若仍有放电现象,则退出电场,对阴、阳极进行冲洗
二次电流周期性摆动	(1)阴极框架振动。 (2)阳极面排晃动。 (3)阴极线断脱后,残余线段在电晕线框架上晃动	(1)消除阴极框架振动。 (2)剪断残余断线部分。 (3)联系锅炉,适当调整引风机负荷
(1)整流变压器启动后一、二次电压迅速上升,但一、二次电流无指示。 (2)整流变压器运行中一、二次电压正常,但二次电流突然无指示,整流变跳闸	(1)高压隔离刀闸合不到位。 (2)电场顶部(绝缘子室内)阻尼电阻烧断。 (3)高压硅整流变压器出口限流电阻烧断	(1)将高压隔离刀闸置于电场位置。 (2)更换阻尼电阻。 (3)更换限流电阻

续表

现象	原因	消除方法
高压控制系统额定电流电压为 1.2A/72kV,在空载升压试验时,二次电流 1000mA 左右,二次电压 64kV 左右;在带水升压试验时,二次电流 800mA 左右,二次电压 50kV 左右,但是运行一段时间后,某些电场运行参数波动较大,二次电压在 30～40kV 之间波动,二次电流在 300～450mA 之间波动,火化率平均 25%,电场运行参数波动较大	循环水工况变化所致,循环水中含有一定的粉尘颗粒,会堵塞喷淋喷头,喷头堵塞后,水雾无法形成,形成水流,造成异极间距发生变化,导致电场运行参数波动大。同时,由于循环水喷头堵塞后,无法对极板、极线进行有效冲洗,造成极板、极线积灰严重,异极间距发生变化,也会导致电场运行参数波动大	机组检修时,对循环水喷淋喷头进行全面检查,更换无法雾化的喷淋喷头
热风吹扫风机运行正常,电加热器设定温度 70℃,实测温度 72℃;保温箱设定温度 75℃,上限温度 90℃,下限温度 60℃,实测温度只有 50℃ 左右,起不到很好的保护绝缘子的作用	绝缘子加热系统不正常	(1)将热风吹扫加热器设定温度升高至 140℃,各保温箱的温度可以控制在 70℃ 左右。 (2)借机组检修机会,对绝缘子加热系统进行检查
水膜形成不佳	(1)连续冲洗时,极板进水结构不合理以及极板垂直度偏差造成偏流。 (2)间断冲洗时,除上述原因外,进入除尘器的烟气未达到过饱和状态,水膜状态和除尘效果均不理想。 (3)阳极材质及结构不利于水流均布。 (4)流场波动或偏流严重,造成阳极振动或者局部高流速,破坏水膜的均匀性	(1)调整极板进水结构。 (2)调整气流分布板
运行电压低于设计值	(1)现场的实际流场、设备及安装等综合因素,造成实际投运电压无法达到实际值。 (2)烟气分布不均,造成局部电场处理量超过设计流量和浓度。 (3)大部件组装和安装质量不达标,特别是在运行中的保持电力不达标。 (4)高压电气组件存在密封、加热等问题	(1)检查安装质量。 (2)调整气流分布板。 (3)检查电气系统密封加热问题
除尘效率低于设计值	(1)运行电压低于设计电压。 (2)流场设计与实际偏差较大。 (3)间歇冲洗模式下,进入除尘器的气体存在不饱和水膜破裂现象	(1)调高运行电压低。 (2)调整气流分布板。 (3)检查冲洗系统

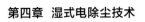

续表

现象	原因	消除方法
放电频繁,除尘效果不佳	(1)本体瓷瓶原因:瓷瓶受潮,造成爬电;瓷瓶表面积灰、积炭,间接缩小了阴阳极之间的间距,在高压下发生火花放电,其结果是电压瞬间下降,待将放电的炭星燃烧后又恢复高压,周而复始,除尘效率必将大打折扣。 (2)阴极线和阳极板积尘过多,随着运行时间的延长,附着在阴极线和阳极板上的炭尘呈胶泥状,逐渐使阴极线和阳极板间的间距缩小,最终导致火花放电。 (3)冲洗系统故障。喷嘴喷出的水雾变成水滴,则会造成火花放电,若变成水线,则会造成阴极线和阳极短路停运	检查瓷瓶密封加热系统,加强冲洗
二次电压为 0	(1)阴极线断裂,搭接在阳极上造成短路。 (2)门联锁停运	
精密过滤器滤芯频繁堵塞	滤芯过滤精度 $20\mu m$(625 目),滤芯由内向外过滤,杂质被拦截在滤芯内部而堵塞	采用质量浓度 10% 左右的稀盐酸进行定期酸洗和反冲洗

第五章

文丘里除尘技术

第一节　文丘里管的基本结构

文丘里管主要由收缩段、喉道和扩散段三部分组成，其基本几何形状如图 5-1 所示。含尘气体进入收缩段后，流速增大，进入喉道时达到最大值。洗涤液从收缩段或喉道加入，气液两相间相对流速很大，液滴在高速气流下雾化，尘粒与液滴或尘粒之间发生激烈碰撞和凝聚，气体湿度达到饱和，尘粒被水润湿。在扩散段，气液速度减小，压力回升，以尘粒为凝结核的凝聚作用加快，凝聚成直径较大的含尘液滴，进而在后续的除雾器内被捕集。

采用液滴捕集含尘气体中的粉尘粒子，实际上涉及惯性碰撞、拦截、扩散力、离心力和重力等沉降捕尘机理，但对于粒径大于 $0.5\mu m$ 的粉尘粒子，在没有强电场力作用下，主要的捕尘机理是惯性碰撞。一般湿法洗涤器，其气液混合过程都是以惯性碰撞为主，只有文丘里管洗涤器才能做到以引射扩散为主，并达到比常规的湿法洗涤器具有更佳的气液之间的混合效果。

文丘里管适用于去除粒径为 $0.1\sim100\mu m$ 的尘粒，除尘效率为 $80\%\sim99\%$，压力损失范围为 $1.0\sim9.0kPa$，液气比取值范围为 $0.3\sim15L/m^3$。文丘里管对高温气体的降温效果良好，广泛用于高温烟气的除尘、降温，也能用作气体吸收器。

文丘里管的结构有多种形式，按断面形状分为圆形和方形两种；按喉道直径的可调节性分为可调的和固定的两类；按液体雾化方式可分为预雾化型和非雾化型；按供水方式可分为径向内喷、径向外喷、轴向喷水和溢流供水四类。

根据文丘里管的流体动力学特性，可分为高压头、低压头和喷射文丘里管三种。第一种用于粒径为几微米和亚微米级粒子的深度净化，其特点是流体阻力高（$20\sim30kPa$）；第二种用于其他除尘设备之前的气体净化上，其流体阻力不超过 $5000Pa$；第三种喷射文丘里管，它把用在净化空气上的能量归并到喷淋液中，通常喷洒液压力为 $400\sim1200kPa$，液气比为 $7\sim10L/m^3$，喷淋液由布置在混合室的喷嘴注入喉道。喷射文丘里管用液体输送气体造成的气压和气体净化装置的流体阻力可以为 0，甚至为负值，因此，该类文丘里管适宜用在由于某种原因（如高温和腐蚀等）装设排风机或鼓风机有困难的场合，其缺点是对较细的粉尘捕集效率不高。

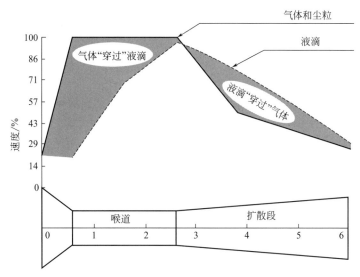

图 5-1　文丘里管内介质速度变化情况

一般将压力损失低于 2.42kPa 的文丘里管称为低压文丘里管，将压力损失为 2.42~4.9kPa 的文丘里管称为中压文丘里管，将高于 4.9kPa 的文丘里管称为高压文丘里管。高压文丘里管的液气比一般不超过 0.3，超过此液气比对洗涤效率的影响不大，相反，能耗都要猛增。对于常规的文丘里管，压力损失超过 11000Pa 后，继续增加压力损失不会显著提高文丘里管的洗涤效率。

高压文丘里管依靠高速气流来破碎雾化洗涤液，洗涤液的高速雾化和喉道处的强烈的湍流，使高压文丘里管对微米级和亚微米级的颗粒物具有很高的脱除率。高压文丘里管的特点是气相压力损失大，所需泵流量小，压头低，液滴由气体雾化而来。而喷射文丘里管的特点是气相压力损失较小，一般小于 750Pa，液相泵流量大，压头高，液滴由机械雾化产生。高压文丘里管与喷射文丘里管的性能简要比较见表 5-1。

表 5-1　高压文丘里管与喷射文丘里管的性能对比

参数	高压文丘里管	喷射文丘里管
气液引入	气、液都从外部机械设备引入	气-液(液-气)高速引射注入
液气比	0.1~4L/m³	一般非常大，4~10.5L/m³
雾化机理	喉部气体剪切雾化	喷嘴机械雾化和喉部气体雾化
除尘性能影响因素	液气比，喉部速度	压力比(操作压力与抽吸压力比值)和质量流量比
引风机	需要	可以不需要
压降	中高，约 1200~17500Pa	低，甚至获得负压
雾化粒径	约 200μm	约 2000μm
喷嘴速度	液体速度低	15~30m/s
典型喷嘴	无特殊要求	全锥型衬里喷嘴

文丘里管的喉道可设计成固定喉道和可改变喉道两种形式。固定喉道的文丘里管初始投资费用和维修费用均较低，从文丘里管取出来的烟气一般进入旋风除雾器。旋风除雾器适用于烟气波动范围大的场合，特别适用于可变喉道文丘里管的出口烟气和除雾。当烟气量很大时可采用多个旋风除雾器并联，或者增加折极式除雾器。当烟气复合波动很大时，需采用可变喉道文丘里管，一般文丘里管允许的烟气负荷范围为 ±20%，在这个负荷波动范围内，不需要改变压降或洗涤液流量，文丘里管的除尘效率基本不变。

当烟气负荷较低时，由于洗涤液和流量保持不变，相当于文丘里管的液气比增加了，这补偿了因烟气流速降低而影响的除尘效率，最终总的除尘效率基本不变。

可变文丘里管的喉道流量调节主要有中心锥和挡板两种形式。当烟气流量下降时，文丘里管的阻力会降低，此时中心锥伸入喉道或挡板关小，从而减小喉道的横截面面积，提高烟气流速。一般来说，采用中心锥形式的文丘里管不易影响洗涤液在喉道的均匀分布，可以更可靠地提高文丘里管的除尘效率。

根据烟气流量波动的效率，可变文丘里管的调节装置可以采用自动或手动方式进行调节。

文丘里管喉部和渐扩管阻力约占文丘里管总阻力的 90％ 以上，通过改善文丘里管的渐缩管和渐扩管的结构形成可显著降低文丘里管的阻力损失。与直面型文丘里管相比，曲面型文丘里管可减少文丘里管阻力损失 40％ 以上。相同条件下，全曲面型文丘里管结构形式相较于双曲面型可降低 17.2％。塔盘开孔孔径越小，所产生的气泡直径也越小，除尘效率越高，一般用于除去 3μm 以上的粉尘。塔盘上的持液量太少，除尘效率会下降；持液量大，除尘效率就高，但压降也随之升高，并会产生液泛。

文丘里管的结构较简单，设计时关键是选择合适的收缩段、喉道、扩散段的几何形状。文丘里单元采用理想的伯努力方程进行设计，以获得最大的能量回收。

一、收缩段

文丘里管的收缩段的收缩角一般为 $25°\sim28°$，大多取 $20°\sim25°$，此时压力损失较小。文丘里管的收缩角越小，气流阻力越小。文丘里管的收缩角也可取大一些，有些甚至取至 $45°$，收缩角的扩大量会增加一些压力损失，但气液之间的速度差增大，有利于提高除尘效率。

收缩管长度 L_1 可按下式计算：

$$L_1 = 0.5 \ (d_1 - d_2) \ / \tan \frac{\alpha}{2} \tag{5-1}$$

式中　d_1——收缩管直径，mm；

　　　α——收缩角，（°）；

　　　d_2——喉道直径，mm。

将收缩段的收缩角扩大至 $60°\sim90°$，可增大气液之间的速度差，提高文丘里管的洗涤效率，但增加的压降很小。

二、喉道

喉道直径 d_2 由喉道气速决定，通常为 $40\sim60\text{m/s}$，一般喉道长度 L_2 可按下式计算：

$$L_2 = (0.15 - 3.0) \ d_2 \tag{5-2}$$

一般气速越高，喉道长度取长一些。文丘里管的喉道越长，除尘效率越高，喉道长度的增加会导致压力损失有所增加。喉道长度过短，喉道出口处的雾滴速度小于气流速度，喉道气流的速度没有得到充分利用；喉道长度过长，此时喉道出口处多的气流和雾滴早已没有了速度差。二者均增加能耗，对除雾除尘效率没有多大的作用。实践表明，雾滴在喉道出口的速度 v_L 与喉道内烟气流速 v_g 之比为 0.5 时，综合性能最佳，可最大限度地提高雾滴与粉尘的碰撞概率。当 $v_L/v_g > 0.8$ 时，所需喉道长度增加，文丘里管的压力损失太高；当 v_L/v_g 小于 0.3 时，所需喉道长度较短，文丘里管的压力损失减小，除尘效率又太低。

最佳的文丘里管喉道长 L_t 可按下式计算：

$$L_t = 369.561 \ (L/G)^{0.293} / v_t^{1.127} \tag{5-3}$$

式中　L_t——喉道长度，m；

　　　v_t——喉道速度，m/s；

　　　$\dfrac{L}{G}$——液气比。

　　合理地选择喉道直径和长度是获得低压力降、高效率的重要因素之一。有两种方法可供选择：一种是适当降低喉口的气流速度，增加喉道长度；另一种是提高喉道气速，缩小喉道直径。由于获得同样的除尘效率，前者比后者的压降小，目前多倾向于增加喉道长度，降低喉道气速的方法。

三、 扩散段

　　扩散段直径 d_3 一般等于收缩段直径 d_1，也可根据与其相连的除雾器要求的气体速度决定。由于扩散管后面的直管段还具有凝聚和恢复压力的作用，在条件允许的情况下，可设 $1 \sim 2m$ 长的连接管，再与除雾器相连。

　　扩散段的扩散角一般取 $5° \sim 7°$，可有效避免气体边界层分离，回收静压较多，相当于降低文丘里管的总压损。

　　对于圆形喉道的文丘里管，喉道的长度和直径比至少应为 $3:1$，扩散段的长度至少应为喉道直径的 4 倍。文丘里管入口收缩段与喉道之间采用圆弧过渡。扩散角和扩散段长度与除尘效率之间的关系见图 5-2。

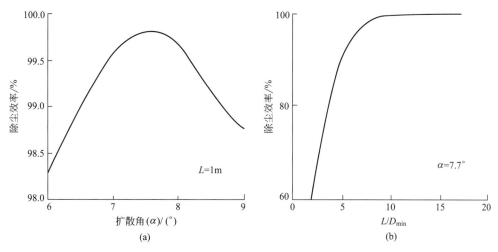

图 5-2　扩散角和扩散段长度与除尘效率之间的关系

　　文丘里管入口收缩段与喉道之间采用圆弧过渡可以减少局部压力损失。当喉道速度低于 $90m/s$ 时，圆锥形扩散线的效果优于抛物线形。

四、 文丘里管等效设计

　　对不同规格的文丘里管，为达到相同的气液混合效果，必须满足下列关系：

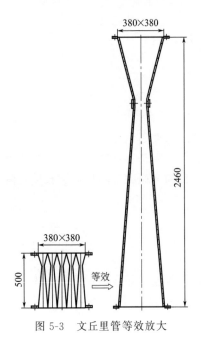

图 5-3　文丘里管等效放大

$$U_t^2/D_t=U_0^2/D_0 \qquad (5\text{-}4)$$

式中　U_t——喉道速度，m/s；

　　　U_0——喉道速度，m/s；

　　　D_t——喉道直径，m；

　　　D_0——喉道直径，m。

当处理气量增大，文丘里管直径需要扩大时，为了达到相同的运行效果，在喉道内的气流速度也必须按式（5-4）的关系做相应扩大。因此，可采用多个小直径文丘里管并联组合起来，如图 5-3 所示，这样能够以较低的喉道气流速度获得较高的气流速度所能达到的运行效果（但不能低于液体被雾化的气流临界速度，经验表明应大于 35m/s）。例如，有一文丘里管喉部直径为 400mm，气流速度为 120m/s，当采用喉部直径为 100mm 的小文丘里管多管并联组合时，相应的气流速度只要 60m/s 就可，因此阻力也可以显著降低。

在要求极高的场合，也可以将多级文丘里管串联，设计成多级文丘里管，见图 5-4。

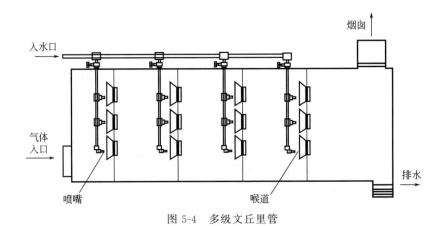

图 5-4　多级文丘里管

第二节　文丘里管的主要工艺参数

文丘里洗涤器的除尘机理：碰撞、扩散、拦截、静电、冷凝、离心力、重力。

文丘里洗涤器的捕集效率与多种参数相关，包括液气比、液滴粒径、粒径浓度分布、喉道气速，以及文丘里管的进口尺寸和布液方式等。

文丘里管的主要工艺参数是烟气在喉管中的流速、液气比和压力降。其中最关键的参数是喉管气速，只要压力降允许，喉管气速以≥60m/s 为宜。对于以捕集粒径较粗的粉尘为主要目的的文丘里管，宜采用较低的气速和压力降；对于捕集粒径较小的酸雾和 As_2O_3 为主要目的的文丘里管，则宜采用较高的气速和较高的压力降。

一、 喉道布液方式

由于洗涤液的加入方式对文丘里洗涤器的洗涤效率影响较大，所以，设计时需要确定喉道的加液方式。

1. 中心喷雾方式

中心喷雾的文丘里管一般通过中心端管加入液体，以使管口流出的液体不以过分大的力量冲击收缩段管壁为宜，从中心端管口到喉道头部的距离 L_x 可由下式求出：

$$L_x = \frac{0.5 \, (d_2 - d_x)}{\tan \dfrac{\alpha_1}{2}} \tag{5-5}$$

式中 d_x——管口直径，m；

d_2——喉道直径，m；

α_1——收缩角，(°)。

当采用辐射式喷水时，喷嘴与喉道之间的距离 s 为：

$$s = (0.5 \sim 1.75) \, d \, (\text{m}) \tag{5-6}$$

当喉道气速较高，喷嘴的喷射角度较小时，s 值取上限，反之取下限。

当采用螺旋喷嘴、渐近线喷嘴或碗形喷嘴时，喷嘴与喉道口之间的距离 s 为：

$$s = (1 \sim 1.5) \, d \, (\text{m}) \tag{5-7}$$

s 值上下限选择同上。

管口前的气体压力一般不超过 $200 \sim 300 \text{Pa}$。

2. 喉道周边注入方式

对于矩形截面或圆形截面周边加入洗涤液的文丘里洗涤器，其注液孔布置在喉道周边。为达到淋洒液的均匀分布，注液孔应错开布置，注液孔的压力务必使液体喷射达到的投影距离超过喉道直径的一半，只有这样才能使液体喷射穿过气流中心，从而使气液进行充分的掺混。从注液孔排出液体的喷射投影长度 X 与喉道中的气体速度关系如下：

$$X = \frac{K u_{液} \, d^{\frac{2}{3}}}{u^{\frac{2}{3}} \rho} \tag{5-8}$$

式中 $u_{液}$——从注液孔排出的液体速度，m/s；

u——喉道气速，m/s；

d——喉道直径，m；

ρ——气体密度，kg/m³；

K——系数，直接喷射 K 为 87，$\alpha = 30°$ 的反射板 K 为 53。

3. 溢流形式

洗涤液以溢流的方式沿着收缩段管壁进入喉道，在气流的作用下破碎雾化，此种布液方式简单，但气液难以混合均匀，现在已很少采用。

二、 喉道气速

颗粒物与液滴之间的相对速度对文丘里管除尘效率的影响很大，一旦雾滴和粉尘获得相同的速度，除尘效率为零。

一般地，文丘里管喉道内的除尘效率占总效率的95%左右，扩散段的除尘效率占总效率的5%左右。

当烟气速度大于45m/s时，烟气对液体的雾化程度较好；当烟气速度低于24m/s时，烟气对液体的雾化程度也还不错；当烟气速度低于4.6m/s时，基本上不会产生雾滴。

液气比和喉道速度与雾化粒径之间的关系见图5-5。

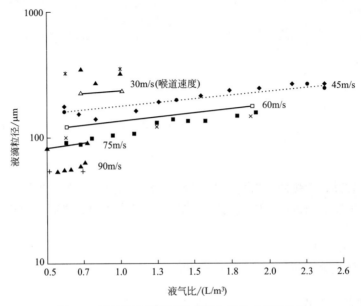

图5-5　液气比和喉道速度与雾化粒径之间的关系

从图5-5中可以看出，在液气比为0.9的条件下，除尘效率随喉道气速的增大而增大。喉道的气速可通过调小喉道直径、洗涤液逆喷或者洗涤液直接喷入喉道获得提高。图5-6为喉道气速与除尘效率之间的关系。从图5-6（a）、（b）中可以看出，当喉道气速超过一定值后，除尘效率的增长极其缓慢，最佳的气速为70～90m/s。从图5-6中也可看出，当喉道气速从40m/s增加到60m/s时，除尘效率从大约93%增加到98%，最佳气速为75m/s。

文丘里除尘器喉口气速大于55m/s时才能达到比较满意的除尘效果，但当喉口气速大于70m/s时，除尘效率随气速增大的增加很慢。例如对于0.1μm的SiO_2，当液气比为1.5L/m^3，压力损失为2.4～15.4cmH_2O（1cmH_2O＝98.0665Pa）时，其脱除效率可达80%～90%。压降与除尘效率之间的关系见图5-7。文丘里管压降和表面活性剂对除尘效率的影响见图5-8。

三、 洗涤液雾化粒径

液滴粒径对捕集效率的影响巨大。若雾滴粒径远大于颗粒物粒径时，颗粒物随气流绕离

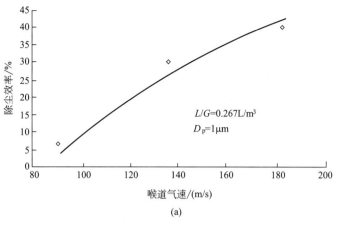

(a)

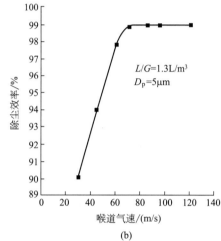

(b)

图 5-6　喉道气速与除尘效率之间的关系

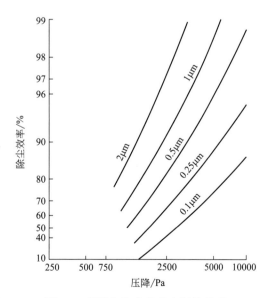

图 5-7　压降与除尘效率之间的关系

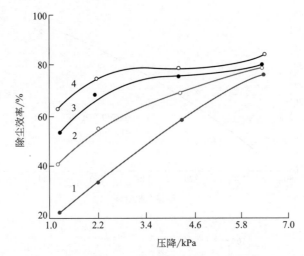

图 5-8　文丘里管压降和表面活性剂对除尘效率的影响

1—0.08％乙醇溶液；2—水；3—0.15％乙烯基表面活性剂；4—0.3％乙烯基表面活性剂

雾滴而逃逸。一般地，对于同等体积的流体，液滴粒径越小，其提供的总可用表面积越大，越有利于提高捕集效率。但是，液滴粒径越小，其减速越快，液滴与粉尘颗粒之间的平均相对速度越低，而这直接会降低粉尘颗粒的捕集效率。

　　液滴的粒径和分布密度影响捕尘效率。对不同粒径的粉尘，均有一个最佳液滴的直径范围。一般地，尘粒的粒径越小，则需要的最佳液滴的直径也越小。对于 $5\mu m$ 以下的粉尘，最佳的液滴粒径范围为 $40\sim50\mu m$，最大不超过 $100\sim150\mu m$。选取液滴粒径为 $15\sim200\mu m$，可以很好地捕捉 $5\mu m$ 以下的粉尘。

　　对一定粒径的粉尘，均有一个最佳捕集粉尘的液滴粒径，见图 5-9。图 5-9（a）、和（b）中，最佳液滴粒径是捕集效率指数最高处。图 5-9（a）为喉道速度 80m/s 时的液滴粒径与捕集效率的关系，图 5-9（b）则为不同喉道速度时粉尘粒径与最佳液滴直径的关系。

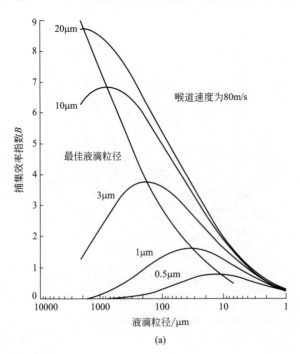

(a)

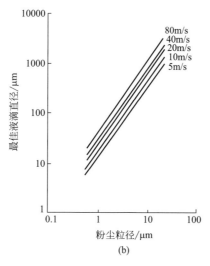

(b)

图 5-9　液滴粒径对效率的影响

从图 5-9 中可以看出，液滴粒径大小的变化可提高或降低粉尘的捕集效率，具体影响取决于液滴和粉尘的初始粒径。例如，对于 $1\mu m$ 的粉尘，最佳液滴粒径为 $40\mu m$。

目前，大多数的文丘里管采用"自雾化"方式，即雾滴依靠高速流动的气体来完成，这种雾化方式的缺点一是难以雾化出细小的雾滴，二是雾滴在喉道内的分布不均匀，这两者都将严重影响对微细颗粒物的捕集效率。目前常用的提高文丘里管捕集效率的方法是缩小喉道直径，增大喉道气速，以增加雾滴与尘粒之间的速度差，但这种方法会大大增加文丘里管的压降，也即增加文丘里管的能耗。研究表明，不同粒径的粉尘均有一个最佳雾滴粒径范围，文丘里管除尘所用雾滴也并非越小越好。

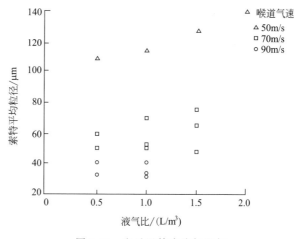

图 5-10　文丘里管内液气比与
雾化粒径之间的关系

从文丘里管"自雾化"的公式可知，提高喉道速度也可以降低雾滴粒径。图 5-10 为文丘里管内液气比与雾化粒径之间的关系。图 5-11 为文丘里管喉道速度、压降与雾化之间的关系。

通过对平均雾滴粒径（体积平均粒径）与粒径为 $0.1\mu m$ 和 $1\mu m$ 的粉尘除尘效率之间关系的研究，结果表明：对于粒径为 $0.1\sim1\mu m$ 的粉尘，最佳液滴粒径范围为 $10\sim200\mu m$ 之间，比粉尘粒径大 2～3 个数量级，或者说是粉尘粒径的 $100\sim500$ 倍，偏离液滴最佳粒径范围，除尘效率将陡降；对于粒径为 $0.1\mu m$ 的粉尘颗粒，最佳雾滴粒径为 $60\mu m$；对于粒径为 $1\mu m$ 的粉尘颗粒，最佳雾滴粒径为 $200\mu m$，但雾滴粒径的偏离对捕集效率的影响不如 $0.1\mu m$ 的那么大。

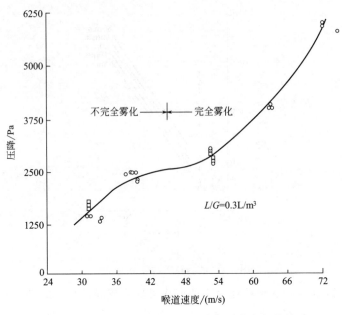

图 5-11　文丘里管喉道速度、压降与雾化之间的关系

四、压力损失

文丘里管的压降中，约 75% 的压降用于雾滴的加速。

文丘里管的压力损失随喉道长度的增加而略有增加，随渐缩角的减小而降低。

从图 5-11 中可以看出文丘里管的压降与喉道速度几乎呈线性关系。

文丘里管的操作弹性受限，当烟气量较小时，文丘里管压降下降，相应的脱除效率也会下降。在文丘里管的出口有一伞状的雾化层，可进一步脱除粉尘颗粒和酸雾。

干式文丘里管（无喷淋）的阻力系数可近似按以下公式计算：

$$\xi_T = 0.165 + 0.34\frac{L}{D} - \left(0.06 + 0.028\frac{L}{D}\right) \times 3 \times 10^{-3}v \tag{5-9}$$

式中　D——文丘里管的喉管直径，m；

　　　L——喉管长度，m；

3×10^{-3}——计算单位系数，S/m；

　　　v——文丘里管的喉管速度，m。

圆截面和矩形面，其内表面积的加工光洁度不小于 5，$v \leqslant 150\text{m/s}$，$0.15 \leqslant \frac{L}{D} \leqslant 10$。

考虑到喷射的影响，文丘里管的阻力系数可按下式计算：

当 $v \leqslant 60\text{m/s}$ 时，$\xi_W = \left(\frac{L}{D}\right)^{-0.266} \xi_T m^{B_1}$ \hfill (5-10)

当 $v > 60\text{m/s}$ 时，$\xi_W = 1.68\left(\frac{L}{D}\right)^{0.29} \xi_T m^{B_1}$ \hfill (5-11)

$$B_1 = 1 - 0.98\left(\frac{L}{D}\right)^{-0.026} \tag{5-12}$$

$$B_2 = 1 - 1.12\left(\frac{L}{D}\right)^{-0.045} \tag{5-13}$$

式中 m——喷淋液体的单位流量，m^3/m^3。

上式适用于收缩管段供液、截面为圆形或矩形的文丘里$\left(0.15\leqslant\dfrac{L}{D}\leqslant12\right)$。

对于圆形（直径 D 约为 $90\sim100mm$，收缩角为 $60°\sim65°$，扩散角约为 $7°$）带喷淋的组合式文丘里管的阻力系数，杜宾斯卡娅推荐采用下列经验公式计算（此喷淋采用不同形式的机械喷雾器在每个文丘里管的收缩段供给）：

$$\xi_W = 0.215\xi_T m^{-0.54} \tag{5-14}$$

Hesketh 关联的文丘里管压降公式为：

$$\Delta p = 2.584\times10^{-3} v_g^2 \rho_g A^{0.133}\left(\frac{L}{G}\right)^{0.78} \tag{5-15}$$

式中 Δp——文丘里管压降（液气比 $0.7\sim2.7L/m^3$），cmH_2O；

$\qquad v_g$——喉道气体流速，m/s；

$\qquad A$——喉道面积，cm^2；

$\qquad L/G$——液气比，L/m^3；

$\qquad \rho_g$——气体密度，kg/m^3。

文丘里管的压降也可按下述方法进行估算。

文丘里管的压力降包括干管压力降 Δp_2，故文丘里管总的压力降为二者之和：

$$\Delta p_1 = \frac{\xi_1 u_g^2 \rho_g}{2} \tag{5-16}$$

$$\Delta p_2 = \frac{\xi_2 u_g^2 \rho_L}{2} \tag{5-17}$$

式中 ξ_1——干管阻力系数，1；

$\qquad u_g$——文丘里管喉道出口处温度和压力下的气体速度，m/s；

ρ_g、ρ_L——文丘里管喉道出口处温度和压力下的气体和液体密度，kg/m^3；

$\qquad \xi_2$——湿管阻力系数。

此外，若有旋风除沫器，还应加上旋风除沫器的液体阻力：

$$\Delta p_3 = \frac{\xi u_g^2 \rho_g}{2} \tag{5-18}$$

式中 ξ——旋风除沫器的阻力系数，1；

$\qquad u_g$——以除沫器自有截面计的气体速度，m/s。

文丘里管总压降可按下式简化计算：

$$\Delta p_{总} = \frac{C_1 \rho_{气} u_g^2}{2} \tag{5-19}$$

式中 $\Delta p_{总}$——文丘里管总压降，Pa；

$\qquad \rho_{气}$——气体密度，kg/m^3；

$\qquad C_1$——压力损失系数，$C_1 = 0.2+1.4L/G$（L 为液体流量，L/h；G 为气体流量，m^3/h）。

上式适用于 L/G 的值不大于 2 的情况下，如 $L/G>2$，C_1 约为 2.5。

文丘里管沿程压降见图 5-12。文丘里管气速与压降之间的关系见图 5-13。文丘里管压降与液气比之间的关系见图 5-14。文丘里管液体负荷与压降之间的关系见图 5-15。文丘里管形状比、入口速度与压降之间的关系见图 5-16。

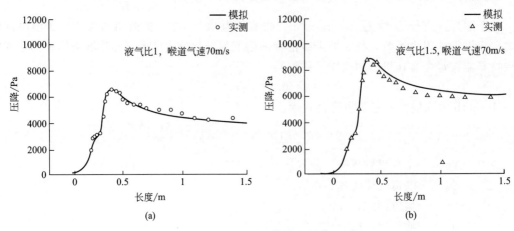

图 5-12　文丘里管沿程压降

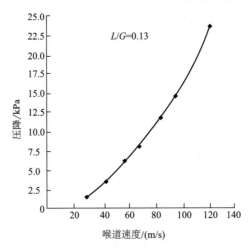

图 5-13　文丘里管气速与压降之间的关系

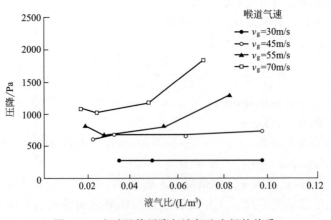

图 5-14　文丘里管压降与液气比之间的关系

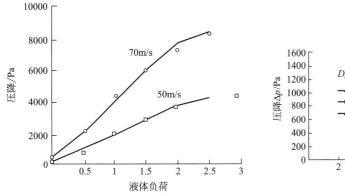

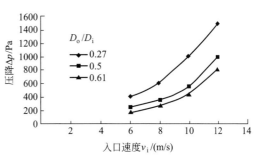

图 5-15 文丘里管液体负荷与压降之间的关系　图 5-16 文丘里管形状比、入口速度与压降之间的关系

五、 液气比

文丘里管喉道的端流掺混适用于固体颗粒与液滴之间的碰撞和捕集，固体颗粒的捕集主要发生在气体流经喷嘴时气液间的碰撞。文丘里管的液气比对洗涤效率和压降的影响很大。一个合适的液气比除了提高洗涤效率以外，还可以节省能耗。液气比可以根据下列经验参数或原则进行选择。

（1）对于捕集微细粉尘，在收缩管中心加液时，液气比可取 $0.5 \sim 0.7 L/m^3$。

（2）对于低压文丘里洗涤器（喉道气速为 $35 \sim 70 m/s$），液气比可取 $0.1 \sim 0.2 L/m^3$。

（3）对于膜状加液的文丘里洗涤器，其周边的喷淋密度应不小于 $3 m^3/(h \cdot m^2)$。

（4）在同时进行气体净化和冷却时，知道了出口温度 t_2 以后，液气比可按下式确定：

$$\frac{L}{G} = \frac{0.133t_1 - t_2 + 35}{0.041t_1} \tag{5-20}$$

式中　t_1——气体进口温度，℃；

　　　t_2——气体出口温度，一般可以取 $t_2 = t_M$（t_M 为湿球温度），℃；

　　　$\dfrac{L}{G}$——液气比，L/m^3。

式（5-20）适用于喉道气速为 $50 \sim 150 m/s$，液气比为 $0.6 \sim 1.3 L/m^3$，气体进口温度为 $100 \sim 900 ℃$ 的场合。

在出口气体温度未知时，可以由下列两个经验公式逐一进行估算：

$$t_2 = \left(0.133 - 0.0091 \frac{L}{G}\right)t_1 + 35 \tag{5-21}$$

或者

$$t_2 = 0.07t_1 + 43 \tag{5-22}$$

它们的适用范围同上。图 5-17 和图 5-18 分别为液气比对压降和除尘效率的影响。

从图 5-17 和图 5-18 中可以看出，除尘效率随液气比的增大而增大，但超过一定值后，除尘效率增长极为缓慢，许多研究认为最佳的液气比为 $0.936 \sim 1.337 L/m^3$。当文丘里管压降超过 45in 水柱（1in＝2.54cm）时，除尘效率不再显著增大。

六、 气流雾化粒径

文丘里管中气体切割液体产生的雾粉颗粒分布很广，一般采用索特平均直径 D_{32} 来表示

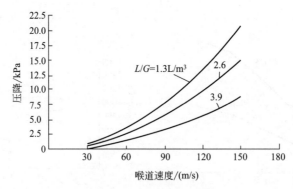

图 5-17　液气比与压降之间的关系

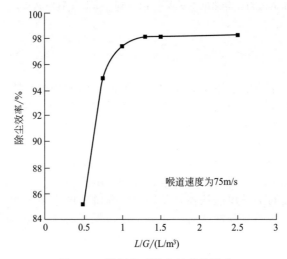

图 5-18　液气比对除尘效率的影响

文丘里管内的雾粒粒径分布。

　　液滴粒径分布可用质量、体积、表面积或数量表示，其中，一个常用来表示体积粒径分布的函数是 Rosin-Rammler 双参数函数：

$$1-\phi=\exp\left[-\left(\frac{D_{\mathrm{d}}}{x}\right)^{n}\right] \tag{5-23}$$

　　式中　ϕ——粒径小于 D_{d} 的液滴所占的总体积分数；

　　　　x，n——函数参数，其中 n 是度量液滴粒径分布密度的参数，例如，n 值越大，表明液滴分布越均匀或单一；参数 x 定义为液滴粒径，63.2% 的总体积的液体产生的液滴粒径小于 x。

　　文丘里管中气体雾化洗涤液获得的雾滴粒径由下式计算（N-S 经验方程）：

$$d=\frac{5.85}{v_{\mathrm{g}}}\left(\frac{\sigma}{\rho_{\mathrm{L}}}\right)^{\frac{1}{2}}+0.0597\left(\frac{\mu_{\mathrm{L}}}{\sqrt{\sigma\rho_{\mathrm{L}}}}\right)^{0.45}\left(\frac{1000Q_{\mathrm{L}}}{Q_{\mathrm{g}}}\right)^{1.5} \tag{5-24}$$

　　式中　d——雾滴粒径，cm；

　　　　σ——液体表面张力，10^{-5} N/cm；

　　　　v_{g}——气体速度，cm/s；

　　　　ρ_{L}——液体密度，g/cm³；

　　　　μ_{L}——液体黏度，p（泊）；

$\dfrac{Q_L}{Q_g}$——液气比，无量纲。

NuKiyama 和 Tamasawa（1938），Boll 等（1974）学者将文丘里管的喉道速度控制在 $73 \sim 230 \text{m/s}$，液气比为 $0.08 \sim 1.0 \text{L/m}^3$。根据他们的实验，得出如下关联结果：

$$D_{32} = \frac{0.585}{U_r}\sqrt{\frac{\sigma}{\rho_L}} + 1.683 \times 10^{-3}\left(\frac{\mu_L}{\sqrt{\sigma \rho_L}}\right)^{0.45}\left(\frac{1000 Q_L}{Q_g}\right)^{1.5} \tag{5-25}$$

式中　U_r——雾化处气液间的相对轴向速度；

　　　σ——表面张力；

　　　ρ_L——液体密度；

　　　μ_L——液体黏度；

Q_L，Q_g——液体和气体体积流量。

所有参数均采用 SI 制（国际单位制），计算结果中的 D_{32} 单位为 m。

实际应用表明，N-S 方程仅在喉道气速 45m/s（液体喷入口处为 32m/s）时精准，在其余气速下，预测粒径要么偏大，要么偏小。例如，当喉道气速为 90m/s 时，预测的粒径偏大 48% 左右；当喉道气速为 30m/s 时，则偏小 25% 左右。

经过验证的修正方程如下：

$$D_{32} = \frac{283000 + 793\left(\dfrac{L}{G}\right)^{1.922}}{v_i^{1.602}} \tag{5-26}$$

式中　$\dfrac{L}{G}$——液气比，$\text{gal}/1000\text{ft}^3$，1gal（英）$= 4.54609\text{dm}^3$，1gal（美）$= 3.78541\text{dm}^3$；

　　　v_i——液体注入口处的气速，ft/s；

　　　D_{32}——索特平均直径，μm。

但采用单一平均粒径与采用粒径分布的方法相比，两者所计算出来的捕集效率相差还是很大的。

采用激光衍射方法可以测量液滴的速度、浓度和粒径分布，是目前实验测量常用的方法。

不同测点处喉道速度与液滴粒径 D_{32} 之间的关系见表 5-2～表 5-5。

表 5-2　喉道速度与液滴粒径 D_{32} 之间的关系（一）（$D_1 = 64\text{mm}$）

$v/(\text{m/s})$	58.3	58.3	58.3	66.6	66.6	66.6	74.9	74.9	74.9
$L/G/(\text{L/m}^3)$	0.07	0.17	0.27	0.07	0.17	0.27	0.07	0.17	0.27
$D_{32}/\mu\text{m}$	238.2	167.2	113.9	215.9	200	112.1	182.3	200	116.8

表 5-3　喉道速度与液滴粒径 D_{32} 之间的关系（二）（$D_2 = 118\text{mm}$）

$v/(\text{m/s})$	58.3	58.3	58.3	66.6	66.6	66.6	74.9	74.9	74.9
$L/G/(\text{L/m}^3)$	0.07	0.17	0.27	0.07	0.17	0.27	0.07	0.17	0.27
$D_{32}/\mu\text{m}$	27.2	159.5	179.7	225.2	176.8	79.7	200	186.4	90

表 5-4　喉道速度与液滴粒径 D_{32} 之间的关系（三）（$D_3 = 173\text{mm}$）

$v/(\text{m/s})$	50	70	90	50	70	90	50	70	90	50
$L/G/(\text{L/m}^3)$	0.5	0.5	0.5	1.0	1.0	1.0	1.5	1.5	1.5	2.0
$D_{32}/\mu\text{m}$	115	60	42	118	76	40	125	70	45	140

表 5-5　喉道速度与液滴粒径 D_{32} 之间的关系 （四） （$D_4 = 173\text{mm}$）

$v/(\text{m/s})$	58.3	58.3	58.3	66.6	66.6	66.6	74.9	74.9	74.9
$L/G/(\text{L/m}^3)$	0.07	0.17	0.27	0.07	0.17	0.27	0.07	0.17	0.27
$D_{32}/\mu\text{m}$	292.5	135.5	147.1	251.9	167.5	79.9	242.8	176.3	75.78

　　从表 5-2～表 5-4 中可以看出，烟气速度对液滴粒径大小有重大影响，液滴粒径随烟气速度的增大而减小。在较小的液气比条件下，距离越远，液滴粒径越大。

　　文丘里管的操作条件对液体分布的影响较大。在较高的气速下，喷射口的液体很难到达喉道中心，液体在喉道截面的浓度相差很大，即使在较低的气速下，仍有 2～3 倍的偏差。

　　文丘里管采用喷嘴雾化时，当喷嘴自由畅通孔径大于 1mm 时，烟气流速超过临界流速，可获得雾化效果。临界流速按下式计算：

$$v_0 = \sqrt{\frac{47203}{d_\circ}} + 466.3 \tag{5-27}$$

式中　　v_0——烟气临界流速，cm/s；

　　　　$d_\circ$——喷嘴自由畅通孔径，mm。

　　文丘里管用于微细颗粒物的去除毕竟是以较大的能耗为代价的，而在文丘里管前设置 1～3 层双托筛板，不仅可以除去大部分粒径较大的颗粒，而且可以对气体进一步冷却，促进微细颗粒物的凝并，在文丘里管冷却凝聚中减少凝结核，有利于微细颗粒物的长大。在文丘里管出口与除雾器之间设置 1～2 级双层筛板也可以起到快速整流和初步除雾的作用，为后续除雾器入口提供均匀的气体流场，同时，也减轻了后续除雾器的负荷。

　　当烟气流量波动不是很大时，可通过调雾化喷嘴的流量来调节文丘里管的压力，基本保持文丘里管的压降不变，这对保证燃烧系统的压力平衡和文丘里管自身的除尘效率非常重要。增加递喷喷嘴也是一个非常有效的方法，当烟气负荷波动特别大时，可采用可变喉道文丘里管或部分文丘里管组件解裂（封堵）等方法。例如，当烟气流量降低时，可通过增加洗涤液的流量，减小喉道（可变喉道文丘里管）解裂（封堵）部分文丘里管组件。又例如，当烟气中的粉尘浓度增大时，可以增加洗涤液流量或减小雾化粒径。

　　文丘里管所用的洗涤液温度应尽可能低些，以利于粉尘颗粒的凝并长大及汞和冷凝烃类化合物的脱除。由于洗涤液是塔外循环的，对于环境温度较低的北方地区，利用自然冷源即可获得良好的降温效果。当环境温度较高时，可采用冷却塔之类的冷却装置对洗涤液进行降温。随着循环时间的延长，洗涤液中的固含量越来越高，需采用精密过滤装置或絮凝沉淀方法对洗涤液进行净化。有一种带旁路的单流体喷嘴，它可以在流量改变时保证雾化粒径基本不变，在某些工况下可以用来代替双流体喷嘴。

　　图 5-19 为索特粒径与液气比之间的关系。

七、　除尘效率

　　图 5-20 为不同液气比和压损下文丘里管的切割粒径。从图 5-20 中可以看出，文丘里管的切割粒径要远小于一般喷淋空塔的切割粒径（大约为 4μm）。

　　文丘里管的性能预测模型主要有约翰逊模型（Johnstone，1954）、卡尔文特模型（Calvert，1972）、波尔模型（Boll，1973）、杨模型（Yang，1977）、康卡维斯模型（Comcalves，2004）等，具体公式可参照有关书籍。

　　文丘里管单位气体中颗粒物减小速度为：

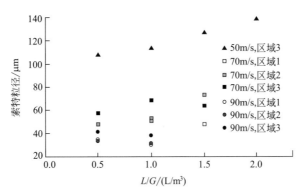

图 5-19　索特粒径与液气比之间的关系

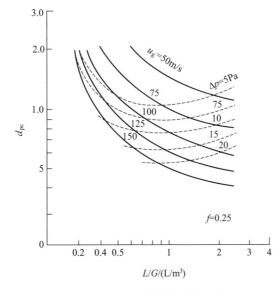

图 5-20　文丘里管的切割粒径图

$$-\frac{\mathrm{d}N}{\mathrm{d}t}=kN^2 \qquad (5\text{-}28)$$

式中　　N——单位气体体积中的微粒数量；

　　　　k——凝聚常数；

　　　　t——时间，s。

　　由式（5-28）可知，增加单位体积中的微粒量或增大凝聚常数可提高凝聚速度。当单位体积中的雾滴数量达到 $10^5 \sim 10^7$ 个/cm^3 时，雾滴和细颗粒物（$0.1 \sim 1\mu\mathrm{m}$）全能碰撞凝聚。根据工业试验得到的规律可知，雾滴直径 D 和细颗粒物直径之间有一个最佳比值，此比值大约为 100，雾滴运动的强度增大，凝聚常数 k 也有相应的增加。当雷诺数 Re 大于 0.6×10^6 时，气流也将促使雾滴做强烈的运动，从而使雾滴间相互碰撞凝聚。因此，提高喉道气速或预先高压（双流体）雾化液体，并使雾滴均匀分布在喉道内，可增大雾滴和细颗粒物与雾化液滴相互混合的程度。喉道气速 v 与凝聚常数 k 之间的关系见表 5-6。

　　喉道气速 v 与细颗粒物凝聚长大的关系见表 5-7。

表 5-6   喉道气速 v 与凝聚常数 k 之间的关系

$v/(m/s)$	$k/(cm^3/s)$
50	0.08
80	0.35
100	0.6
150	2.0

注：分子扩散系数 $K = 10^{-10}cm/s$。

表 5-7   喉道气速 v 与细颗粒物凝聚长大的关系

$v/(m/s)$	雾滴平均直径/μm	通过 10cm 喉道长度的时间/s	雾滴浓度/（个/cm^3）	凝聚长大的直径/μm
50	120	2×10^{-4}	1.1×10^3	5
80	83	12.6×10^{-4}	3.4×10^3	7
100	70	10×10^{-4}	5.5×10^3	8
150	54	6.7×10^{-4}	11.2×10^3	11

注：细颗粒物原来的直径为 $1\mu m$，数量密度为 1×10^6 个/cm^3。

由表 5-6 可知，喉道气速 v 越大，凝聚常数 k 也越大。由表 5-7 可知，气速越大，液滴的粒径越小，尽管在喉道中的停留时间变短，但凝聚后的细颗粒物的粒径仍越大。上述凝聚长大过程中未考虑文丘里管的扩散管中的凝聚长大现象，细颗粒物实际最终直径比表 5-7 中数据还要大一些。文丘里管的凝并效果（将粒径小于 $3\mu m$ 的颗粒增大到 $3\mu m$ 以上）见图 5-21。图 5-22～图 5-27 分别为文丘里管除尘效率与粉尘粒径、液气比等参数之间的关系。

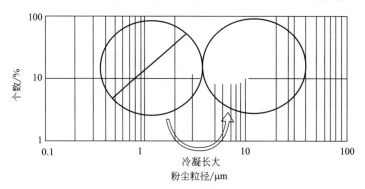

图 5-21   文丘里管的凝并效果

（将粒径小于 $3\mu m$ 的颗粒增大到 $3\mu m$ 以上）

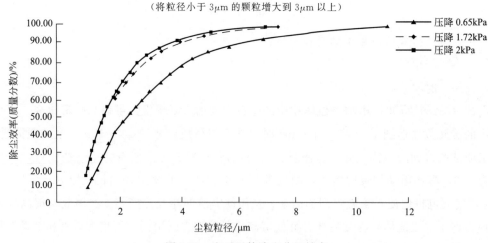

图 5-22   文丘里管除尘分级效率

（液气比 $0.54L/m^3$，粉尘密度 $1000mg/m^3$）

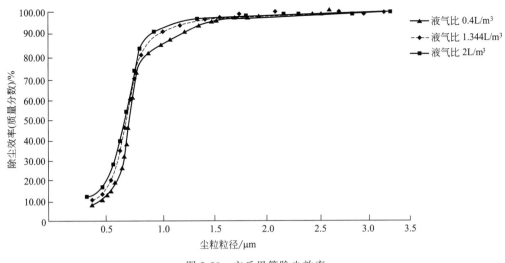

图 5-23　文丘里管除尘效率

（压降 3500Pa，粉尘密度 1000mg/m³）

图 5-24 为颗粒物浓度和含湿量对粉尘捕集效率的影响。其他条件为：液体流速 5m/s，液体温度 20℃，粉尘密度 1000kg/m³，液气比 0.5L/m³，喉道气流速度 160m/s，气体温度 60℃，扩散角 6°，扩散段长度 1m，粉尘粒径 0.1μm。

从图 5-26 和图 5-27 中可以看出，除尘效率主要取决于喉道气速和气液比。图中参数：扩散段长度 1m，液体流速 5m/s，粉尘粒径 0.1μm，液体温度 20℃，扩散角 6°，粉尘浓度 1g/m³，粉尘密度 1000kg/m³，液气比 2L/m³，喉道气流速度 80m/s，气体温度 50℃，含湿量 0.01193kg/kg 干空气。

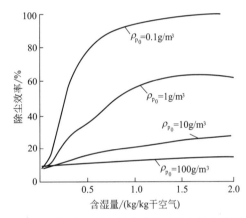

图 5-24　烟气含湿量与粉尘浓度对除尘效率的影响

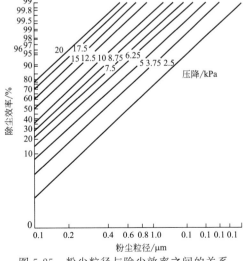

图 5-25　粉尘粒径与除尘效率之间的关系

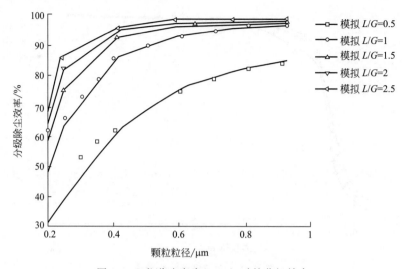

图 5-26　喉道速度为 50m/s 时的分级效率

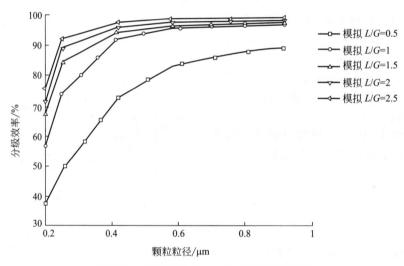

图 5-27　喉道速度为 70m/s 时的分级效率

第三节　预饱和对文丘里管除尘效率的影响

对于大尺寸、低阻力文丘里除尘器，进一步提高其除尘效率存在如下制约因素。

（1）水滴在喉口的分布不均匀（图 5-28）。文丘里除尘器要有高的除尘效率，必须做到整个喉口截面上雾滴分布均匀，不仅水量要均匀，不同粒径的水滴也要分布均匀。大型文丘里管要做到这一点是很难的，这也是文丘里除尘器提高效率的一个主要制约因素。

（2）含尘气体进入文丘里管前缺乏足够的冷凝，经过捕集断面后又形成新的细小颗粒。提高微细颗粒的去除效率是提高原始高浓度烟尘总除尘效率的关键。粗大颗粒在水膜中完全可以被除去，单纯水膜除尘器的除尘效率也可达到 90% 左右，除尘效率进一步的提高主要靠文丘里管对微细颗粒的捕集。在实际运行的文丘里管中，多数出口烟温远高于饱和烟温。

实测表明，出口烟温比饱和烟温高出约 25～30℃。这说明文丘里管的流量力和冷凝作用并没有被充分发挥出来。

（3）文丘里管的洗涤效率完全依赖于气流速度，气体流动的变化（如烟气波动）影响捕集效率。

（4）文丘里管和除雾器不匹配。文丘里水膜除尘器要取得好的除尘效果，必须同时做到文丘里管捕尘效果好和捕滴器除雾效果好。

（5）文丘里管的结构限制了能量的回收。

对于去除粒径大于 $1\mu m$ 的粒尘，文丘里管的压损还基本可以接受，但当去除粒径为 $0.5\mu m$ 的粉尘时，若要取得较高的微细颗粒物脱除效率，需要应用高阻力的文丘里洗涤系统，文丘里管的压力损失达 20000Pa（液气比为 $12L/m^3$），这样就带来高能耗的问题。但在文丘里管前增加冷凝长大装置时，在同等效率下，文丘里管的压降大大降低。为

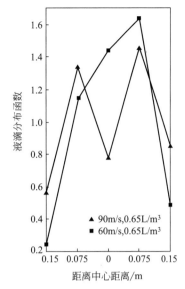

图 5-28 典型文丘里喉道液体分布情况

了解决此问题，最有效的办法是在文丘里洗涤器前加上预处理设施，通过物理或化学作用使小颗粒长大后加以清除，则可望在有效捕集 $PM_{2.5}$ 微粒的同时显著降低文丘里洗涤系统的能耗。

引起细粒粉尘凝并的原因有多种，例如，高温饱和气体与低温或低温固体表面接触，出现水蒸气的冷凝，微细颗粒物作为冷凝核增加质量；扩散泳和热泳沉降，使颗粒增大，整个过程被称为流量力的冷凝作用。发生这一作用的必要条件是烟气局部饱和或接近饱和，有冷表面或冷水滴，这种条件在文丘里管中是存在的。虽然引起细粒粉尘凝并的原因较多，但在文丘里管中真正有实际意义的仅为流量力冷凝作用。在文丘里管内，气体和液体之间的温度差会减小气固两相间的速度差，进而降低液滴对固体颗粒的脱除效率。因此，在气体进入文丘里管前进行直接或间接冷却非常重要。冷凝区域可将烟气中的水蒸气含量减少 80% 以上，大大降低烟囱中的白烟"浓度"，甚至消除白色烟羽。

在烟气进入文丘里管之前，对其进行预饱和（图 5-29），烟气中的亚微米级颗粒将长大成微米级颗粒，长大后的颗粒可以被文丘里管高效地除去。烟气进入文丘里管前达到饱和状态，可有效防止因雾滴蒸发而出现的粉尘二次逃逸。预雾化对文丘里管除尘效率的影

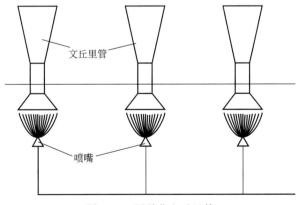

图 5-29 预雾化文丘里管

响见图 5-30。

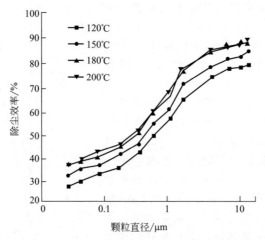

图 5-30　预雾化对文丘里管除尘效率的影响

　　图 5-31 为液滴粒径与所需饱和冷却距离之间的关系。图 5-32 为液滴粒径与所需饱和冷却时间的关系。图 5-33 为液滴粒径、饱和冷却距离与喷淋液气比之间的关系。图 5-34 为液滴粒径、饱和冷却时间与喷淋液气比之间的关系。

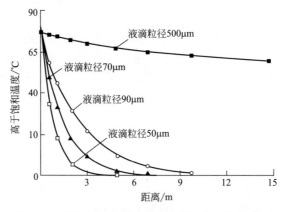

图 5-31　液滴粒径与所需饱和冷却距离之间的关系

　　为了尽可能地在最短的距离和时间内将烟气冷却至饱和温度以下，选择合适的液滴粒径和液气比是关键。如图 5-32 所示，雾化喷嘴布置点应保证液滴从喷口到文丘里管喉道的时间在 0.05～2.0s 之间，也即所谓的液滴停留时间，一般工程应用中选取 0.1～1.0s。根据当地的烟气流速，即可计算出喷嘴出口与喉道之间的距离。图 5-34 中，烟气的温度为 150℃，液气比为 0.3，烟气流速为 21m/s，图中示出四种不同粒径的液滴冷却效果，从图中可以看出，粒径为 50μm 的液滴在喷嘴出口 3m 处即使烟气达到饱和状态，而粒径为 500μm 的液滴在距离 15m 处时，烟气温度为 65.5℃左右，仍高于饱和温度。从图 5-32 中可以看出，对于粒径为 10～100μm 的液滴，烟气在 1s 内即可冷却至饱和温度下，而对于粒径为 750μm 的液滴，5s 后的烟气温度为 38℃，依然高于饱和温度。从图 5-33 中可以看出，对粒径为 50μm 的液滴，38L 的液体可在 3m 内将烟气冷却至饱和温度以下，而对于粒径为 750μm 的液滴，30L 的液体需要 30m 才能被烟气冷却至饱和温度。同时从图 5-32 中可以看出，对于粒径为 50～100μm 的液滴，采用 38L 的液体可在 0.4～1.0s 内将烟气降至饱和温度以下，

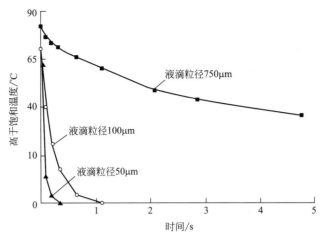

图 5-32 液滴粒径与所需饱和冷却时间的关系

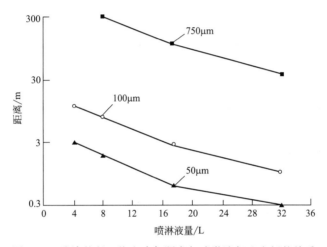

图 5-33 液滴粒径、饱和冷却距离与喷淋液气比之间的关系

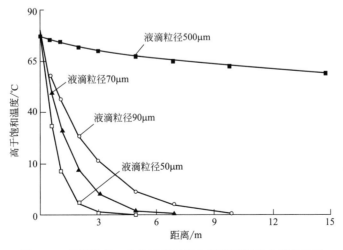

图 5-34 液滴粒径、饱和冷却时间与喷淋液气比之间的关系

而对于粒径为 $750\mu m$ 的液滴，需要 30L 的液体和大约 8s 的时间才能将烟气冷却至饱和温度以下。

采用预喷淋的文丘里洗涤系统，一般将喷嘴布置在收缩段的上游，喷出的液滴连同气流一起顺流进入文丘里管。文丘里管的预雾化采用两个喷嘴，在设置一个顺喷喷嘴的同时，在文丘里管喉道处布置一个逆喷喷嘴。逆喷喷嘴可增强气液之间的湍流强度，提高除尘效率。这种顺喷、逆喷相结合的方式与单纯的顺喷方式相比，在保证同等除尘效率的同时，可有效地减小所需的液气比和降低文丘里管的阻力。当烟气流量变化而引起文丘里管阻力发生变化时，可启用逆喷喷嘴或调整逆喷喷嘴的流量以维持文丘里管的压降和效率基本恒定，这种调节文丘里管压降和效率的方式比采用机械（如可变文丘里管中的调节锥）方式要简单可靠得多。逆喷喷嘴一般采用空心锥喷嘴，雾化压力一般为 $55\sim220m$，液气比为 $0.3\sim3L/m^3$，如图 5-35 和图 5-36 所示，逆喷喷嘴的雾化角一般为 $90°\sim150°$。在静态下，雾化图案呈圆锥状线性扩展，直至碰到喉道表面。当喉道内有气流通过时，液滴的运动轨迹则弯曲呈蘑菇云状，具体的运动轨迹取决于液滴粒径和喷射的初始速度。很显然，采用逆喷喷嘴可以获得最大的气液间速度差，有效地提高除尘效率，提高了液滴在喉道及扩散段的分布均匀性。逆喷喷嘴的压力和流量要与文丘里管喉道直径和气流速度相匹配，使喷嘴喷出的液滴能均匀覆盖整个喉道断面。在喷嘴管路上设置调压阀，可根据文丘里管气体流量的变化调节喷嘴的压力，以保证液滴分布的均匀性。同样，也应避免大量的液滴直接喷射到喉道内表面，贴壁的液滴将形成液膜，降低除尘效果，特别是在喉道气速较低的情况下。随着文丘里管喉道直径的变大，采用单个喷嘴以获得液滴均匀覆盖的效果越来越困难，此时可采用多个喷嘴并联组合的方式。

预雾化与逆喷喷嘴文丘里管见图 5-37。逆喷喷嘴压降见图 5-38。

充分雾化是实现高效除尘的基本条件。采用喷嘴进行预雾化，可减少烟气破碎液体所带来的压损。喷嘴的功能是将洗涤液喷射成细小液滴。构造合理的喷嘴可使洗涤液充分雾化，增大气液接触面积，提高除尘效率。

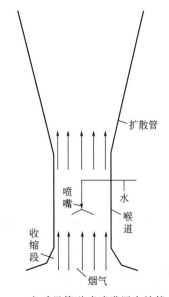

图 5-35　文丘里管逆喷喷嘴压力补偿（一）

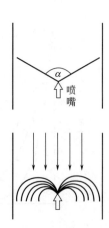

图 5-36　文丘里管逆喷喷嘴压力补偿（二）

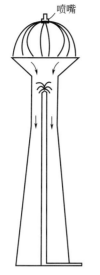

图 5-37 预雾化与逆喷喷嘴文丘里管

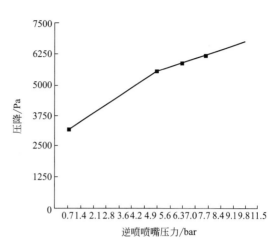

图 5-38 逆喷喷嘴压降

喷嘴预雾化有以下一些优点。

（1）喷出的液滴更细小。在液气比相同的情况下，相对于水膜除尘器，使用喷嘴预雾化可使液滴数目明显增多，增大气液接触面积，提高除尘效率。相对于高能文丘里管仅依靠喉管高速剪切的气体雾化机理，使用喷嘴的喷淋式文丘里管和喷射式文丘里管通过喷嘴的机械雾化机理可使液滴预雾化，再经过喉管高速气体雾化能达到理想的雾化直径。

（2）喷出液体的锥角大，覆盖面积广。选用合适的操作压力可使液滴快速布满整个管道。螺旋形喷嘴不仅使液体向着前进方向运动，而且产生旋转运动，有助于将液体喷出分散为细雾。

（3）所需的给液压力小，动力消耗低。给液压力一般为 2～3bar。

（4）阻力压降小。使用喷嘴预雾化的喷淋文丘里管和喷射文丘里管其阻力压降均小于高能文丘里管。要得到相同粒径的液滴，高能文丘里管需通过增大喉管速度提高气体雾化能力，因而阻力压降增大。

喷嘴可采用高压雾化喷嘴或双流体喷嘴。此外，对进入文丘里管的含尘气体进行预先冷却，尽可能将气体中较大的颗粒物和可冷却物去除掉，有利于减轻后续文丘里管的负荷，提高文丘里管的除尘效率。烟气温度和洗涤液之间温差越大，越有利于微细颗粒物的凝并长大。凝并时，以微细颗粒为凝结核，不断冷凝长大。气体发生冷却后，其体积大幅度减小，从而减小了所需文丘里管的直径和数量。凝结长大后的微细颗粒物也更有利于提高文丘里管的捕集效率。文丘里管部分可根据烟气流量自动改变液体喷射流量和雾滴粒径，以获得最佳除尘效率。当通过文丘里管的烟气流量发生改变时，喷入的液体流量也发生变

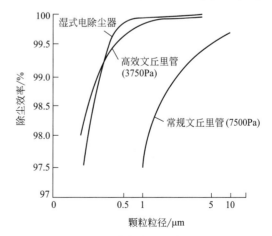

图 5-39 文丘里管与湿式电除尘器的比较

化；调整雾化空气量，雾滴粒径也发生变化；增大雾滴分布密度，从而增大雾滴与粉尘的碰撞概率。

文丘里管与湿式电除尘器的比较见图 5-39。

在某工程应用中，喉道气速为 $60\sim135\mathrm{m/s}$，洗涤液流量为 $0.3\sim0.45\mathrm{L/m^3}$，雾化喷嘴要求能够均匀覆盖收缩段断面。双流体喷嘴的优点是所用的气体和液体压力不算高，可根据粉尘浓度、粉尘粒径和烟气流量、除尘效率等要求灵活调节压力和流量。为节约运行成本，洗涤液经常规水处理后可循环使用。一般地，增大气体压力，雾化粒径将减小，而增大水压则将增加洗涤液的流量。采用单流体喷嘴达到 $10\sim200\mu\mathrm{m}$ 的雾化粒径是很困难的，需要的雾化压力很高，达到 $70\sim100\mathrm{bar}$，并且流量偏小。在文丘里管收缩段口，粉尘粒径和液滴相对速度较低，当二者进入喉道加速时出现较大的速度差。一般地，微细颗粒物粒径小，质量小，可在很短的时间（距离内）内加速到与周围气体相同的速度。另一方面，液滴粒径较大且质量也较大，需要更长的时间或距离才能达到气体的速度，而在实际应用中，液滴的速度在喉道出口处也未达到流速大小，一般认为液滴和气体的速度比为 0.5 时，文丘里管较节能。

当入口烟气温度很高或入口粉尘浓度很高时，一般在入口前设置预冷却，以减小烟气体积，缩小设备尺寸，降低入口喉道的磨损，减少运行维护费用，并且能有效提高除尘效率。采用冷凝方式的文丘里管除去微细颗粒粉尘要比高能文丘里管方式运行费用低 1/3 左右。例如。对于 $0.3\mu\mathrm{m}$ 的亚微米级颗粒，要达到 95% 的脱除效率，采用冷凝方式的文丘里管压降需要 6800Pa，而采用常规的高能文丘里管，其压降达 53500Pa，即使是 90% 的脱除效率，压降也达 25000Pa。

在某工程中，采用自雾化的文丘里管，在 10000Pa 的压降下，出口粉尘浓度为 $9.15\mathrm{mg/m^3}$。当采用逆喷改造后，在 500Pa 的压降下，出口粉尘浓度达到 $2.1\mathrm{mg/m^3}$，所用喷嘴 TF6W 的压力为 7bar。采用 BETE 公司的 MP 系列喷嘴（如 MP125、156、250 等），雾化角为 $60°$、$90°$ 和 $120°$，在压力大于 80MPa 时，可以获得 $10\sim200\mu\mathrm{m}$ 的平均体积粒径的雾滴，顺喷喷嘴液气比为 $0.3\sim2.1$，逆喷喷嘴液气比为 $0.3\sim3$，雾滴的平均体积粒径为 $40\sim200\mu\mathrm{m}$。如采用 BETE 公司的 TF 系列喷嘴，需要压力为 $50\sim206\mathrm{MPa}$。又如在某工程中，仅采用双流体喷嘴顺喷，出口粉尘浓度为 $9\mathrm{mg/m^3}$，文丘里管压力损失为 7500Pa，采用 BE-TEMP125 喷嘴代替双流体喷嘴，流量为 155L/min，运行压力为 9.6bar，雾滴平均体积粒径为 $155\mu\mathrm{m}$ 左右。逆喷喷嘴采用 BETETF10W，运行压力为 $5.5\sim8.2\mathrm{bar}$，出口粉尘浓度为 $3\sim5\mathrm{mg/m^3}$，文丘里管压降为 $5500\sim6250\mathrm{Pa}$。

第四节　喷射文丘里装置

喷射文丘里装置是一种典型的水、气两相流装置。喷淋液在 $600\sim1200\mathrm{kPa}$ 的压力下从喷嘴喷出，高流速的洗涤液形成引射作用，气体在水质点的"裹挟"下运动，基于伯努利效应而产生局部真空，将烟气抽出，气体净化装置的总流体阻力可等于 0 甚至为负压。局部真空的产生使得系统可以在无引风机或鼓风机的状态下运行，特别适用于磨损、腐蚀和易燃爆的场合。气体运动所需能量全部来自水束，气体净化前所消耗的能量全部注入喷淋液中。

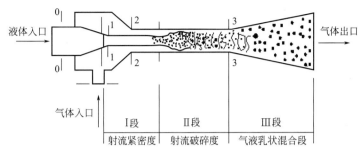

图 5-40 喷射文丘里装置的原理（一）

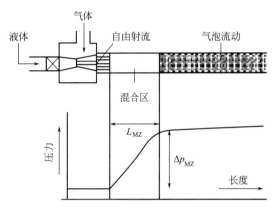

图 5-41 喷射文丘里装置的原理（二）

喷射文丘里装置的运动可分为 3 个阶段（图 5-40 和图 5-41）。第一阶段为射流紧密度。喷嘴射出的工作液体的截面形状基本维持不变，射流扩张很小，由于射流与周围气体的黏滞作用，射流将气体从吸入室带入混合室，气液二者做相对运动，且均为连续介质。液体射流由于受外界扰动源的影响，表面产生表面波。第二阶段为射流破碎段。由于射流液体质点的紊动扩散作用，射流表面波的振幅不断增大，射流被剪切形成液滴。此时工作液体变成不连续介质，而气体仍为连续介质，高速运动的液滴分散在气体中且通过冲击和黏滞性的作用将能量传给气体，使气体被压缩和加速。第三阶段为气液乳状混合液运动段。此段中，气体由于受到高速液滴的冲击，被破碎和压缩为微小气泡，并与液体充分混合，形成气液乳化混合液，且随着混合液静压的升高，气体再一次被压缩，至压力大于大气压时排出。

喷射文丘里装置的性能取决于入口室、喉道、扩散段和喷射嘴。此外，扩散角、入口室形状、喷嘴顶部至喉道入口的距离、喷嘴与喉道截面积等参数也非常重要。

喷射文丘里装置的结构见图 5-42。喷射文丘里装置用喷嘴见图 5-43。

一、 喷射文丘里装置的结构参数

喷射文丘里装置的结构参数包括喷嘴直径（D_N）、喉部直径（D_T）、收缩口直径（D_S）、喉道长度（L_T）、扩散段长度（L_D）、喷嘴口与喉道入口之间的距离（L_{TN}）、收缩角（θ）。

1. 喷嘴的选择

喷射文丘里装置中，喷射喷嘴一般采用锥形收缩实心喷嘴，在喷嘴内部加入旋流元件，

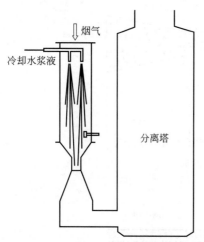

图 5-42　喷射文丘里装置的结构

图 5-43　喷射文丘里装置用喷嘴

使液体产生旋转，增加液体的切向速度，促进液体的剪切破碎，同时产生的旋转液体也有利于对周围气体的卷吸，提高气体流量及气液间的掺混强度，对气液间的传质和除尘是非常有利的。但旋流元件的旋转角也不能太大，旋转角度太大会降低气体的卷吸量。

喷嘴应具有吸气量大、效率高、要求的混合喉管长度短以及易于加工制造等特点。因此，喷嘴的结构形式非常关键。常用的喷嘴有锥形、圆薄壁孔口形和锥形内装螺旋导叶等形式。为提高抽气量，尽可能地增加气液两相接触的面积，使射流能更多地诱导空气吸入，喷嘴还可设计成多喷嘴形。这是由于多股射流使气体更容易窜入射流之间，使射流破裂加快，夹带更多量的气体冲向混合室，一般可以增加抽气量 10% 左右。

锥形喷嘴的锥角一般选择在 12°～25° 之间，其特点是加工比较方便。小的锥角有较长的射流紧密段，喷嘴距较大。大的锥角射流紧密段较短。为了防止喷嘴距较大，大的锥角射流紧密段较短。为了防止喷嘴出口处被高速流体磨损，应该有一段圆柱段，一般取 0.25d （d 为喷嘴孔径）为宜。

圆薄壁孔口喷嘴射流紧密段较短，射流器有较高破裂率，可以提高吸气效率。设有导叶的喷嘴能使射流产生一个附加的旋转，其边界和中心存在压力差，促使吸入气体向"旋心"运动，同时较好地改善全压沿横断面分布不均匀的现象，有利于提高喷嘴的抽气量，导叶角度以 10° 为宜，导叶数以 4～8 片为宜。

涡旋喷嘴可使水束外围的空气质点分布均匀，相互接触面积进一步增大，混合能力增强，形成同向流动，有利于水束裹挟气体排出。采用新型喷嘴技术，可弥补喉道流速降低而降低的除尘效率，没有必要通过提高文丘里管喉道处的压降来提高除尘效率，从而降低能耗。

喷射文丘里管通常采用一只或几只喷射喷嘴，该喷嘴使用的压力和喷射流量均大于常规喷淋塔的喷嘴，其操作压力一般可达 689kPa。

喷嘴出口液体流速的大小取决于流经喷嘴前后的压力差，即：

$$v = (0.9 \sim 0.95) \sqrt{2g(\rho_{前} - \rho_{后})} \tag{5-29}$$

式中　v——喷嘴出口处流速，m/s；

　　　g——重力加速度，取 9.8；

　　$\rho_{前}$、$\rho_{后}$——喷嘴前后压力，Pa。

2. 吸入室

气体被吸入吸入室后，吸入室截面积和容积应该设计成能提供射流卷吸气体所需要的尺寸，使流体能畅通无阻。如果容积过小，射流撞击器壁径向散射强烈，造成涡流，阻碍气体的吸入，甚至不能形成负压。如果吸入室容积过大，不但对提高吸入量无益，而且会大大增加设备质量。吸入口的大小及设置位置与吸气量值有一定关系，但是影响不是十分大，根据流速来选择口径。管口中心线可以设计与喷嘴成同心环形窗进入吸气室，此时阻力最小，但制造要求较高。也可与喷嘴轴中心线成交角进入，为了制造方便，其管中心线亦可垂直于喷嘴轴中心线。

3. 混合室

高速的工作流体射流和被引流体共同进入混合器，在进口处这两股流体刚合成，其压力并不回升，而是从某一截面起流动才能发生突然变化，此时射流变成泡沫流，形成所谓的"混合振荡"。在混合振荡前流体极不均匀，靠近混合管的管壁处有返回流产生，返回流会消耗一定的能量，因此会使引射系数降低。当在极限情况下流动时，尽管在边界层的影响下，流体中心的全压仍高于近壁的全压，但混合管中的全压在横断面上的分布却越来越均匀，在达到混合振荡前流体的均匀度已相当高，它不会再产生回流，因此引射函数能得到较大幅度的提高。混合管入口段的形状很重要，因为在这个区域内，要达到抽吸气体借助射流卷吸作用而混合、紊动热变换和加速等目的，其基本形状应为圆锥形，最佳形状应符合双叶曲线方程的形状。文丘里管喉道长度对效率的影响见图 5-44（a），文丘里管喉道长度对凝聚长大的影响见图 5-44（b）（图中 δ_0 为粉尘初始粒径，δ 为凝聚长大后粒径）。

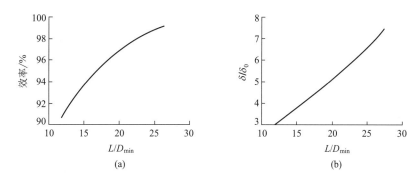

图 5-44　文丘里管喉道长度对效率和凝聚长大的影响

4. 扩散角

扩散角宜选为 $4°\sim10°$，此时圆锥管壁上的局部损失可以忽略不计。当喷嘴截面和喉管截面比值较小时，扩散角取小值；当截面比值较大时，扩散角应取较大值。

在选择渐缩管和喉管断面时要考虑为液流对气体的引射作用创造条件。混合室的断面气速一般选 $10\sim12m/s$。混合室的长度应为其直径的 3 倍左右，液气比为 $7\sim10L/m^3$。喷嘴射出的液体速度为 $15\sim30m/s$。工作液体的压力为 $0.6\sim0.8MPa$，喷射角为 $25°\sim60°$，喷嘴为螺旋型，螺旋线上升角为 $68°$。例如，某工程中，喷射泵流量为 $3000m^3/h$，吸入口压力为 $0.075MPa$，扬程为 $120m$，文丘里管喉道长度为 $2135mm$，烟气流量为 $90000m^3/h$，产生 $-500Pa$ 负压。

喷射文丘里装置的除尘效率见图 5-45。喷射文丘里装置的除尘效率达到 98.5% 所需的液气比见图 5-46。

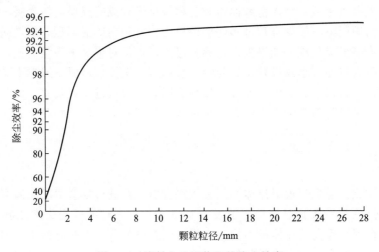

图 5-45　喷射文丘里装置的除尘效率

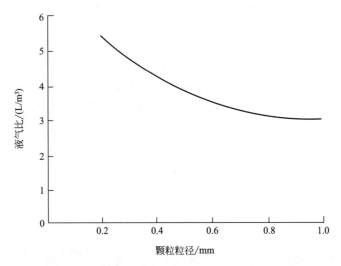

图 5-46　喷射文丘里装置的除尘效率达到 98.5% 所需的液气比

喷射文丘里装置主要面临的维修问题是高速区域的磨损，如喷嘴和喉道，这部分材质必须选择耐磨材质。当应用于腐蚀场合时，还应注意文丘里管的防腐问题。另外一个容易出现故障的设备是循环泵，主要是磨损和腐蚀，相关过流和密封材质必须考虑耐磨、防腐问题。

二、喷射文丘里装置的性能参数

喷射文丘里装置的性能参数包括面积比（$A_R = A_T/A_N$，即喉道面积与喉道喷嘴口面积之比）、喉道形状比（L_T/D_T，即喉道长度与喉道直径之比）、投影比（$P_R = L_{TN}/D_T$，即喷嘴口与喉道入口之间的距离与喉道直径比）和入口面积比 $[A_S/A_N = (D_S^2 - D_N^2)/D_N^2]$。形状比与抽吸量和除尘效率之间的关系分别见图 5-47 和图 5-48。

实验表明，随着面积比 A_R 的增大，携带比也增大，但在高面积比区域，面积比的增大

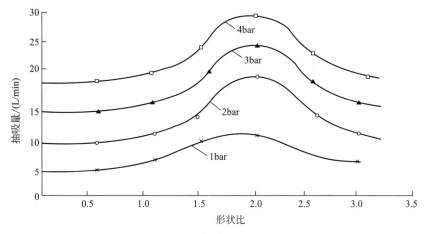

图 5-47 形状比与抽吸量之间的关系

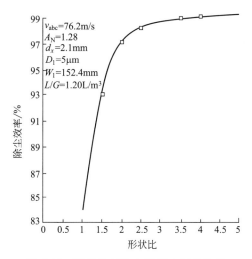

图 5-48 形状比与除尘效率之间的关系

对携带比（引射比）增大的影响变小。

面积比 $(D_S^2 - D_N^2)/D_N^2$ 与抽吸效率之间的关系见图 5-49。

投影比 P_R 只在某特定的区域时对引射比的影响较大，此区域应为最佳工作区域。不同研究者得出的最佳投影比 P_R 是不一样的。Yadan 等研究了多个 P_R（0、2.5、5、10 和14.5）对引射比、沿轴向的压力分布和能量效率的影响。他们发现引射比和能量效率随投影比 P_R 的增大而增大，这是由于当投影比 P_R 增大时，径向流的产生量减少，但当 $P_R > 5$时，产生的径向流可以忽略，引射比和能量效率基本保持不变。因此，他们认为最佳投影比为 5。

收缩段面积比 (A_S/A_N) 可以用下式表达：

$$\frac{A_S}{A_N} = \frac{D_S^2 - D_N^2}{D_N^2} \tag{5-30}$$

Yadan 等将能量效率定义如下：

$$\eta = \frac{\text{传递给被引射流体的能量}}{\text{喷嘴出口能量}} = \frac{\frac{\pi}{8}\rho_p D_N^2 V_j^2}{(p_{\text{出口}} - p_{\text{喉道}}) Q_S} \tag{5-31}$$

式中　$p_{出口}$——扩散段出口绝对压力，Pa；

　　　　$p_{喉道}$——喉道处绝对压力，Pa；

　　　　Q_S——引射体流量，m^3/s；

　　　　ρ_p——引射体密度，kg/m^3；

　　　　D_N——喷嘴直径，m；

　　　　V_j——喷嘴出口引射体流速，m/s；

　　　　D_S——收缩段直径，m。

研究表明，当 A_S/A_N 为 6.6 时，能量效率（20%～25%）最大；当 A_S/A_N 大于 13.6 时，能量效率基本保持不变。

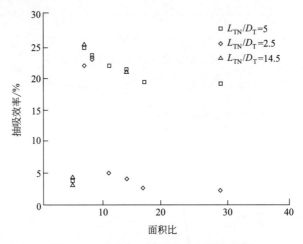

图 5-49　面积比与抽吸效率之间的关系

图 5-50 为不同收缩角对抽吸量的影响。从图中可以看出，当收缩角 $\theta=2.5°$ 时，抽吸量较小。随着收缩角 θ 的增加，抽吸量增加。当收缩角 θ 达到 10°左右时，抽吸量最大。继续增加收缩角时，抽吸量又开始减小。同时，当收缩角 $\theta=10°$ 时，抽吸效率最高。因此，他们建议收缩段的收缩角宜保持在 5°～15°，扩散段扩散角宜保持在 7°～10°。

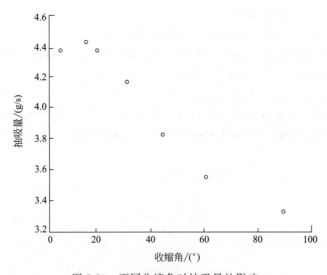

图 5-50　不同收缩角对抽吸量的影响

Utomo 等通过三维 CFD 模型研究了喷射文丘里装置的传质特性。他们研究的液气比范围为 $0.2\sim1.2$，混合段长径比（L_{TN}/D_{MT}）范围为 $4\sim10$。他们的研究表明，当 $L_{TN}/D_{MT}=5.5$ 时，体积传质系数随气体流量的增加而增大，随混合管长度的增加而减小。

三、 喷射文丘里装置的传质

在喷射文丘里装置中，喷射文丘里管形成大量微细的颗粒，气流两相之间发生强烈掺混，气液两相流产生的泡沫，其界面面积可达 $2000m^2/m^3$。

射流凝并通过增强液体流动，促进微细颗粒与较大颗粒之间的相互作用，微细颗粒结合于较大颗粒表面而发生凝并，大大减少了微细颗粒的数量，大约减少 50% 左右。

喷射文丘里装置的传质也可用气液两向的界面面积 a、液相传质系数 K_L 和气相传质系数 K_g 来表示。影响传质的物理化学参数包括气相在液相中的溶解度和扩散系数、吸收剂的浓度、反应速率常数、反应平衡常数、液相黏度和密度等，影响传质的水动力学参数主要包括气体流量、液相流量和气液比。

混合段长度增加，压力损失也会增加；随着喉道形状比增加，气液间的体积传质系数要减小。

当气体密度增大时，可产生更多细小的气泡，其传质系数是增大的。随着液相黏度的增加，体积传质系数减小。

当喷嘴面积比（喷嘴面积与喉道面积之比）为 9.3 时，可产生最大的界面面积（大约 $2400m^2/m^3$）。喷射文丘里装置产生的界面面积要比填料床、筛板等传质部件大得多。

采用多个喷射喷嘴时，最佳喉道长径比为 $6\sim10$，相应的面积比为 $14.56\sim16.39$。

当喉道长径比为 4、液气比为 6 时，体积传质系数达到最大值。

喷射文丘里装置的典型运行参数见表 5-8。

表 5-8 喷射文丘里装置的典型运行参数

参数 污染物	压降(真空度)/Pa	液气比(L/G)/(L/m³)	喷射液体压力/kPa	脱除效率
气体	$130\sim1300$	$7\sim13$	$83\sim100$	95%(易溶气体)
固体颗粒	$127\sim1270$	$15\sim30$	$103\sim827$	$1\mu m$(粒径)

从上表可以看出，喷射文丘里装置运行的液气比 L/G 比其他形式的湿式洗涤塔要高得多，一般达到 $7\sim13L/m^3$，而一般的湿式洗涤塔为 $0.4\sim2.7L/m^3$。

无论增大喷射压力还是增大液气比，均可增加真空度，捕集效率随喷射压力和液气比的增大而增大。液相喷射速度小于 $10m/s$，湍流强度不足，对气相的传质界面面积几乎没有影响。

图 5-51 为 300mm 喷射文丘里装置在不同流量和压力下获得的抽力和流量关系。

喷射效率定义为：

$$e_s=\frac{\Delta p_1 v}{\Delta p_2 Q} \tag{5-32}$$

式中 e_s——EJV 喷射效率；

     Δp_1——喷射泵产生的抽力，Pa；

     v——气体体积流量，m^3/h；

     Δp_2——喷嘴压损，Pa；

     Q——液体体积流量，m^3/h。

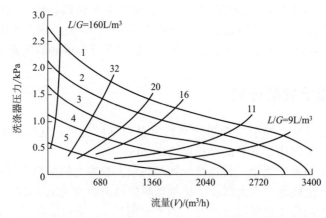

图 5-51　300mm 喷射文丘里装置的流体动力学特性

(1~5 表示文丘里装置的特征尺寸，分别为 700、560、420、300 和 140)

喷射文丘里装置可以去除粒径大于 1μm 的颗粒，但对憎水性且粒径小于 3μm 的颗粒捕集效率不高，能量利用系数较低，一般不用于亚微米级固体颗粒物的脱除，除非该固体粒径具有冷凝性。此外，由于气液接触时间非常短，一般只适用于非常易溶解或化学反应活性非常大的场合。例如，若采用 550kPa 的洗涤液压力，对粒径大于 4μm 的粉尘，其脱除率可达 99% 以上；对于粒径为 2μm 以上的粉尘，其脱除率可达 90% 以上。当用于除亚微米级颗粒的场合时，喷射文丘里装置需要特殊的设计。为保证局部真空度和捕集效率，需要喷射足够的溶液。

喷射文丘里装置与其他形式的文丘里装置类似，其本身没有除雾功能，在其末端也应安装除雾器。

设计喷射文丘里装置时，应注意以下几点。

(1) 洗涤液压力。洗涤液压力越高，洗涤效率也越高。一般喷嘴处的洗涤液压力控制在 550~689kPa 较合适，此时装置的尺寸较小，所需的电耗也较低。

(2) 由于没有风机，各种烟气所需的压头需要精确计算，以确定所需洗涤液的流量和压力。

(3) 液体的表面张力影响液体破碎的粒级及粒子穿透液膜的能力。

喷射文丘里装置的典型参数 (带内旋标准喷嘴) 见表 5-9。

表 5-9　喷射文丘里装置的典型参数 (带内旋标准喷嘴)

产生抽力/Pa	水压/kPa	文丘里尺寸/mm						
		150	200	254	300	400	450	500
		烟气流量/(m³/h)						
0	137.88	1190	2035	3340	7987	14192	17902	25420
0	275.76	2073	3532	5760	12288	21841	27985	39736
0	413.64	2726	4608	7603	1536	27302	35904	50972
0	551.52	3264	4761	9062	18662	33169	39206	55656
63.5	137.88	844.8	1382	2304	6374	11020	12625	17925
63.5	275.76	1920	3264	5376	11520	20474	25820	36656
63.5	413.64	2649	4454	7334	14822	26350	34022	48299
63.5	551.52	3187	5414	8908	18124	32217	37793	53652
		水流量/(m³/h)						
水流量	137.88	2.14	3.72	6.05	9.76	17.2	23.9	33.9
	275.76	3.25	5.58	8.84	13.49	24	33.5	47.4
	413.64	3.95	6.74	11.16	16.5	29.5	40.9	58.1
	551.52	4.65	7.9	12.55	19	33.7	46.7	66.26

在同等压力和流量下，喷嘴喷射角越大，产生的液滴粒径越小。图 5-52 和图 5-53 分别为两种不同喉道直径的喷射文丘里装置的特性。

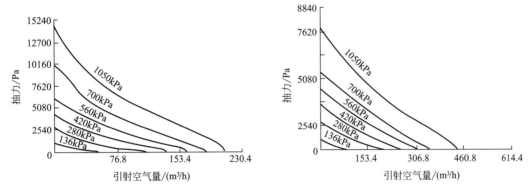

图 5-52　喉道直径为 38mm 喷射文丘里装置的特性　图 5-53　喉道直径为 63.5mm 喷射文丘里装置的特性

图 5-54 为喉道直径为 500mm 的喷射文丘里装置的除尘效率。图 5-55 为要达到 99％ 的除尘效率所需的液气比。

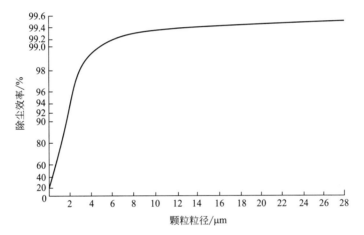

图 5-54　喉道直径为 500mm 的喷射文丘里装置的除尘效率

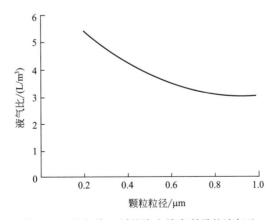

图 5-55　要达到 99％ 的除尘效率所需的液气比

第六章

气液分离技术

第一节　雾滴分离基本原理

在任何一个湿式脱硫塔中，脱硫后的烟气中都带有细小的液滴。这些液滴中包含着固形物或可溶物，它们主要是由未被捕集的粉尘、过剩的脱硫剂（如石灰石、生石灰等）以及吸收 SO_2 后的生成物组成。如果不除去这些液滴，将会产生一系列的问题，例如，液滴中的固形物或可溶物沉积在脱硫塔后风机的叶轮、蜗壳及其他一些支撑机构上，造成风机的振动和腐蚀；沉积在换热器表面，造成堵塞、腐蚀、结垢，影响换热器的换热效果和使用寿命；沉积在烟道和烟囱中，造成堵塞、腐蚀、结垢。严重时导致上述设备无法正常运行，进而导致整个脱硫系统停运或整个机组停机，同时也降低了脱硫塔的脱硫和除尘效率。此外，若烟气需要再热，这些液滴的蒸发还需要消耗相当的热能。

工程中常采用除雾器对脱硫后的烟气进行气水分离，虽然最高效的除雾器也不能百分之百地除去所有液滴，但它足以保证湿法烟气脱硫系统连续可靠地运行，并且还具有一定的除尘脱硫功能，这对保证脱硫系统的超低排放具有重要作用。

一、湿式脱硫塔中雾滴的产生

在目前常用的各种脱硫塔中，喷雾塔产生的雾滴直径较小，且小直径的雾滴占总雾滴的比例最大。

喷雾塔通常采用大流量、大口径雾化喷嘴，雾化压力一般为 $0.7\sim1.5\text{bar}$，这样的雾化喷嘴产生的雾滴直径范围为 $2000\sim3000\mu\text{m}$，实际使用的喷嘴所产生的雾滴直径多为 $2900\mu\text{m}$ 左右。理论上来说，脱硫后的烟气中不应携带太多太细的雾滴，但在实际运行中，烟气中却带有大量的小液滴（$<200\mu\text{m}$），究其原因，主要是因为以下几个方面。

（1）喷嘴产生的细小液滴。在给定的某一喷嘴中，所有的喷雾液滴并非一样大小，通常所说的雾滴直径是指其体积中位数直径（一种以被喷雾液体的体积来表示液滴大小的方法），或索特平均直径（一种以喷雾产生的表面积来表示喷雾精细度的方法），或数目中位数直径（一种以喷雾中雾滴数量表示液滴大小的方法，如 $D_\text{N}0.5$，表明从数目上来说，50% 的雾滴大于中位数直径，另 50％的雾滴小于中位数直径）。对于一个中位数直径为 $1000\mu m$ 的喷嘴来说，有 50％的雾滴小于 $1000\mu m$，甚至小至几微米。

（2）热烟气在与液体的接触过程中蒸发，此过程产生的雾滴直径一般可小至 $1\mu m$。

（3）烟气的冷凝，此过程产生的雾滴直径一般在 $1\mu m$ 以下。

（4）喷嘴喷出的雾滴之间或雾滴与其他障碍物（如管道、支撑等）因碰撞而破碎成细小的雾滴。

（5）在除雾器清洗过程中产生。虽然清洗喷嘴本身只产生少量的 $15\sim50\mu m$ 的雾滴，但当雾滴与分离器叶片碰撞后，雾滴二次破碎，形成大量小于 $15\sim50\mu m$ 的雾滴。一般脱硫后的烟气经高效除雾器除雾后，其游离水的含量大约为 $15\sim100mg/m^3$，当使用冲洗喷嘴进行冲洗时，游离水的含量可达 $200\sim300mg/m^3$，尤其是在冲洗最后一级除雾器上表面时，此现象更为明显。因此，最后一级除雾器上表面在设备运行时一般不冲洗，只有在停炉、脱硫塔检修时进行冲洗。

（6）以飞灰颗粒为核心而凝结成气溶胶。一般进入脱硫塔中的烟气都是经过电除尘器预除尘的，从除尘器中逃逸出来的粉尘颗粒大都在 $10\mu m$ 以下，$0.1\mu m$ 以下的又占了相当一部分，对于这样微细的粉尘，采用喷雾的方法，其效率是不高的（一般其除尘效率为 60％～70％），这样，细小的雾滴凝聚在微细粉尘上以气溶胶的形式逃逸，其直径在 $3\mu m$ 以下，折板式除雾器对其无能为力。

二、 除雾原理

气水分离器的设计所利用的原理较为简单，主要有以下几种。

（1）重力分离——利用液滴和烟气的密度差进行自然分离。

（2）惯性力分离——利用烟气突然改变方向时的惯性力进行气水分离。

（3）离心力分离——利用烟气高速旋转时产生的离心力进行气水分离。

（4）水膜分离——利用液体碰撞、黏附、凝聚的原理，在分离器壁面上形成水膜流下进行气水分离。

三、 气流中液滴在离心力场中的运动

折板式除雾器、旋风除雾器、弯头除雾器等都是靠离心力来实现气液分离的。因此，分离器最重要的部分是迫使夹带液滴的气体在分离器内做旋转运动，这是产生离心力场的先决条件。

1. 液滴运行轨道的微分方程

图 6-1 为离心力场中气体和微粒的运行轨道、速度和受力图，用极坐标系描述运动，r 表示极坐标半径，φ 表示极角。

相对速度 ω'_r 是气流速度 ω 和微粒速度 ω'_p 之差，径向速度分量和切向速度分量表示在速度图中。

如图 6-1 所示，作用于微粒上的力有摩擦力 W、微粒漂浮修正重力 K 和惯性力，摩擦力 W 与相对速度 ω'_r 有相同的方向，修正重力 K 显示重力加速度 g 的方向，这三个力必须时刻处于平衡状态。

微粒轨道的微分方程表示如下：

$$\frac{\partial^2 r^*}{\partial t^{*2}} - r^* \left(\frac{\partial \varphi^*}{\partial t^*} \right)^2 = \frac{3}{8} \times \frac{B}{\omega^*} Re_p \xi \left(\omega_r^* - \frac{\partial r^*}{\partial t^*} \right) - 0.5 \frac{BAr}{\overline{\omega}^{*2}} \sin\varphi^* \tag{6-1}$$

$$r \frac{\partial^2 \varphi^*}{\partial t^{*2}} + 2 \frac{\partial r^*}{\partial t^*} \times \frac{\partial \varphi^*}{\partial t^*} = \frac{3}{8} \times \frac{B}{\omega^*} Re_p \xi \left(\omega_\varphi^* - r^* \frac{\partial \varphi^*}{\partial t^*} \right) - 0.5 \frac{BAr}{\overline{\omega}^{*2}} \cos\varphi^* \tag{6-2}$$

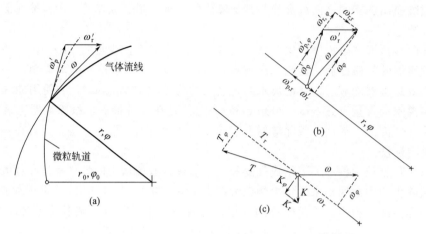

图 6-1　离心力场中气体和微粒的运行轨道、速度和受力图

微粒运动的雷诺数 Re 定义为：

$$Re_p = \frac{\omega_r' d_p}{V} = \overline{\varphi}^* \left[\left(\omega_r^* - \frac{\partial r^*}{\partial t^*} \right)^2 + \left(\omega_\varphi^* - r^* \frac{\partial \varphi^*}{\partial t^*} \right)^2 \right]^{\frac{1}{2}} \tag{6-3}$$

$$\xi = \frac{24}{Re_p} + \frac{3.73}{Re_p^{\frac{1}{2}}} - \frac{4.83 \times 10^{-3} Re_p^{\frac{1}{2}}}{1 + 3 \times 10^{-6} Re_p^{\frac{3}{2}}} + 0.49 \tag{6-4}$$

$$B = \frac{2r_0/d_p}{\rho_p/\rho} \tag{6-5}$$

$$Ar = \frac{d_p^3 g}{\nu^2} \left(\frac{\rho_p}{\rho} - 1 \right) \tag{6-6}$$

$$\omega^* = \frac{\omega d_p}{\nu} \tag{6-7}$$

式中　ξ——球状微粒的摩擦系数；

　　　B——轨道参数；

　　　Ar——阿基米德数；

　　　ω^*——气流速度数；

　　　ω_r^*——无量纲局部气体速度的径向分量，$\omega_r^* = \omega_r / \overline{\omega}$；

　　　ω_φ^*——无量纲局部气体的切向分量，$\omega_\varphi^* = \omega_\varphi / \overline{\omega}$；

　　　r^*——无量纲局部径向坐标，$r^* = r/r_0$；

　　　φ^*——局部极角，$\varphi^* = \varphi$；

　　　t^*——时间坐标，$t^* = t \dfrac{\overline{W}}{r_0}$；

　　　r_0——微粒轨道在开始点的半径；

$\overline{\omega}$——气体在 r_0 和 $\dfrac{\partial r_0}{\partial t_0}$ 时的平均速度；

d_p——微粒直径；

ρ_p——微粒密度；

ρ——气体密度；

ν——气体的运动黏度；

g——重力加速度。

式（6-1）和式（6-2）中，参数较多，需要几何作图来描述流场，也可借助数值方法进行求解。

对于折板式除雾器，气液的分离可以看成是在若干个弯曲通道内的气液分离，分析液滴在弯曲通道内的运行轨道具有普遍的指导意义。弯道内液滴轨道的各种形状见图 6-2。

在图 6-2 中，圆弧形弯曲通道内有 3 条曲线 a、b、c，分别代表 3 条不同的轨道。其中，曲线 a、c 分别代表了两种极端情况，而曲线 b 则是一般情况。

对于曲线 a，惯性参数 $\varphi' = \dfrac{\overline{\omega}^*}{B} \to \infty$，$B \to 0$，直线微粒轨道，$\overline{\omega}^* \to \infty$，离心力起主导作用，摩擦力可以忽略。结果液滴轨道为直线，液滴冲撞在弯曲通道的外壁上，其冲撞角为 β_a，出现 a 所示的状态。可通过增大微粒直径 d 和气体速度 $\overline{\omega}$，以及减小气体的动力黏度 η 和弯曲半径 r_0（$r_0 = D/2$）来达到。

对于曲线 c，$\varphi' \to D$，$B \to \infty$，圆形微粒轨道 $\overline{\omega}^* = 0$，与摩擦力相比，离心力作用可以忽略，于是液滴轨道曲线为圆形，其结果是液滴不撞到

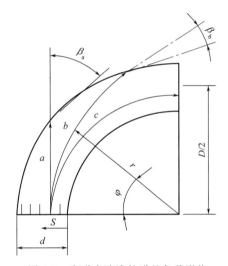

图 6-2 弯道内液滴轨道的各种形状

通道外壁上，不能分离出来，而被气体带走。此种情况出现在微粒直径 d_p 减小、气体速度 $\overline{\omega}$ 减小、气体的动力黏度 η 增大、弯曲半径 r_0（$r_0 = D/2$）增大的条件下。

对于曲线 b，则是弯曲通道中液滴运动的一般情况，由离心力和摩擦力两者确定液滴轨道的形状，其液滴冲撞角 β_b 小于 β_a。微粒轨道形状不受微粒距弯曲通道内壁距离 S 的影响。当距离 S 增大时，冲撞角 β 减小；当 $S = d$ 时，β 为最小值，在这种情况下，$\varphi' \to \infty$，冲撞角为 0；当 $S = 0$ 时，冲撞角为最大值，即为 β 临界值，这是弯曲通道内微粒运动的临界状态。

为提高分离效率，要满足以下 2 个条件。

（1）液滴都要冲撞在弯曲通道的外壁上。这可通过实验使 $S = 0$ 时，研究临界微粒的轨道，然后改变微粒运动的参数 D、d、$\overline{\omega}$、ρ_p 和 ρ 来实现弯曲通道内液滴的冲撞。

（2）产生液滴冲撞的雾化，随着冲撞角 β 的增大，液滴二次雾化量增加。所以当液滴不处于临界状态时，液滴二次雾化量达到最大。相反，在 $S = d$ 时，液体进入弯曲通道，则雾化的可能性可以忽略。此外，缩减通道宽度可以减小冲撞角的变化范围，所以在压力损失允许以及不易堵塞等条件下，弯曲通道的宽度要尽可能小。

2. 上升气流中单个液滴的运动

微细液滴在上升的气流中主要受到气流的作用力和重力的作用。当气流的作用力大于液滴的重力时，这部分液滴将被气流带走；反之，当气流的作用力小于液滴的重力时，依靠重力即可进行气水分离。影响这两个力的主要因素是液滴直径 d 和气流速度 v，可近似按下述方法计算。

将水滴理想化为球形，分析直径为 d 的水滴在烟气中的受力情况。液滴所受重力为 $\frac{1}{6}\pi d^3 \rho_1 g$，气流对液滴的作用力为 $\frac{\pi d^2 \rho_{\mathrm{g}} v^2 \zeta}{8} + \frac{\pi \rho_{\mathrm{g}} g d^3}{6}$（$\rho_1$ 为液滴密度；g 为当地重力加速度；ρ_{g} 为饱和烟气密度；v 为气流速度；ζ 为阻力系数，对喷淋和喷雾，ζ 一般可取 0.1）。

上述二力应平衡，水滴即被烟气托住，处于动态平衡状态，可得：

$$v = \sqrt{\frac{4g\ (\rho_1 - \rho_{\mathrm{g}})\ d}{3\rho_{\mathrm{g}}\zeta}} \tag{6-8}$$

$$d = \frac{3\zeta \rho_{\mathrm{g}} v^2}{4g\ (\rho_1 - \rho_{\mathrm{g}})} \tag{6-9}$$

对于直径大于 d 的水滴，其在烟气流中有分离高度的要求。假设水滴做初速度为 v_0 的向上的平抛运动，则烟气流中水滴向下运动的加速度 a 为：

$$a = \frac{\mathrm{d}v}{\mathrm{d}t} = g - \frac{\rho_1}{\rho_{\mathrm{g}}}g - \frac{3}{4d}\frac{\rho_1}{\rho_1}\zeta v \tag{6-10}$$

可推导得出水滴的最大上升高度 s 为：

$$s = \int_0^r v\,\mathrm{d}t = -\frac{1}{2} \times \frac{4d}{3\zeta} \times \frac{\rho_1}{\rho_{\mathrm{g}}}\left[\ln\left(\frac{4dg}{3} \times \frac{\rho_1 - \rho_{\mathrm{g}}}{\rho_{\mathrm{g}}\zeta} - v_0^2\right) - \ln\left(\frac{4dg}{3} \times \frac{\rho_1 - \rho_{\mathrm{g}}}{\rho_{\mathrm{g}}\zeta}\right)\right] \tag{6-11}$$

当液滴直径 d 一定，烟气速度低于上式计算值时，或当烟气速度一定，液滴直径 d 大于上式计算值时，液滴都不会被烟气带走；反之，则会被带走。对滴径 $d_0 < d \leqslant 0.0025\mathrm{m}$ 的水滴，得出在均匀烟气流中水滴的最大上升高度 $s = 0.954\mathrm{m}$（$d = 0.0016\mathrm{m}$）。

考虑到液滴分离中的受力平衡及其最终速度，液滴的二次携带由空间二次携带数控制：

$$R_{\mathrm{n}} = \frac{F_{s^4}}{\sigma \rho_1 g} \tag{6-12}$$

$$F_{\mathrm{s}} = U_{\mathrm{g}}\sqrt{\rho_{\mathrm{g}}} \tag{6-13}$$

式中　R_{n}——二次携带数；

　　　F_{s}——基于表面气速的 F 因子；

　　　σ——液滴表面张力；

　　　ρ_1——液滴密度；

　　　g——重力加速度；

　　　U_{g}——表面气速；

　　　ρ_{g}——气体密度。

当 R_{n} 大于临界值时，即发生二次携带。实际应用中，临界 R_{n} 值可在大气中采用空气-水体系实测得到。气速高或低均将导致净烟气雾滴携带量增加。气速越高，液滴的穿透力越小，但与此同时，二次携带量越高；反之，气速越低，液滴的穿透力（未收集到）越大，二次携带量越低。最佳运行速度为发生二次携带的临界速度。

3. 极限液滴直径的确定

极限液滴直径 d_T 是指去除率可达 99.9% 的液滴，设计除雾器最重要的准则就是所谓的极限液滴直径 d_T（图 6-3）。d_T 用下式表示：

$$d_T = K\left(\frac{\eta_G}{\rho_F} \times \frac{1}{C'} \times \frac{r_a - r_i}{\varphi}\right)^n \qquad (6-14)$$

式中　d_T——极限液滴直径（99.9% 的去除效率）；

K——系数，与折板几何形状有关；

η_G——气流速度；

ρ_F——液滴密度；

C'——弯道内液滴速度；

$r_a - r_i$——液滴初始位置距弯道外壁的距离；

φ——弯道夹角；

n——指数，与折板形状有关。

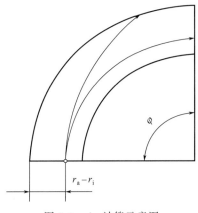

图 6-3　d_T 计算示意图

四、 雾滴的二次携带

在气液分离器中，气液两相间存在着速度差，这个速度差使高压气流绕过低速运动的液滴，这样在液滴的前后驻点形成了压力差，这个压力差会使液滴变形、中心变薄、拉长甚至破裂。当聚结的大液滴到达边壁处时，速度梯度急剧增加，湍流强度也急剧上升，液滴受到的气动压力和湍动扰动都会增加，加大液滴的不稳定性，液滴破碎的概率增大，如果流动的湍流强度较大，将有部分液滴破碎成小液滴，这部分小液滴有可能形成所谓的二次携带，从而降低分离效率。

气液夹带的基本机理：液体夹带连同同时存在的气-液膜是在气相与液相之间的相对速度超过了一个临界极限的情况下发生的。这个临界值主要依赖于液相的物理性质。但是，当夹带发生的时候肯定会发生界面的不稳定情况，这种同时存在的情况称为 K-H 不稳定。波动的液膜通过不同的方式被夹带入气流中，Lshii 和 Grolmes（1975）总结了气液共存流动中四种不同的基本夹带机理，这些机理如图 6-4 所示。第一种机理是与由滚动的波峰剪切产生的液滴相关的，也是相对较高的膜雷诺数流型下比较主要的夹带机理。第二种机理是在波峰的根部剪切，并主要是在低膜雷诺数流型下存在的。后两者是气泡爆炸冒泡，还有液体碰撞液膜表面产生小的液滴。不同的夹带机理是由不同的流型决定的，为了区分不同的流型，有必要考虑液膜的雷诺数。夹带的开始依赖于雷诺数达到了一定的值。同时他们也指出存在一个雷诺数的较低限制，在这个限制之下，除了一些非常高的气速外，其他情况是不会发生夹带现象的。在液膜雷诺数很低，气速很高的情况下，可以将液膜的韦伯数与夹带的开始相关联。

当剪切气流作用在液体波峰上的曳力 F_d 大于表面压力 F 时，开始出现液体夹带。

实验表明，液相黏度对涡流场中液滴的破碎影响很大，黏度增大，分离效率上升。湍流强度是导致旋流场液滴破碎、分离的主动力，当流量达到一定时，高湍流强度导致液滴破碎、分散，效率随流量上升急剧下降。液滴聚结、破碎过程对分离器压力降影响不大。

研究发现，液滴的破碎主要与无量纲韦伯数 We 和昂色格数 Oh 有关。We 是气动力和表面张力在液滴表面产生的无量纲压强比，前者压缩液滴表面使其变形破碎，后者反抗变形使其保持球状。从 *We* 和 *Oh* 的定义可以看出，气液两相间的速度差越大，液滴越易破碎，而液相黏度越大，液滴越不易破碎。液相的黏性起到阻止液滴破碎的作用，因为液滴的黏性能够耗散周边的扰动能量。

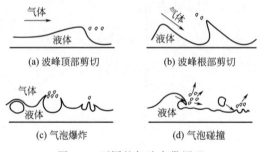

(a) 波峰顶部剪切　　(b) 波峰根部剪切

(c) 气泡爆炸　　(d) 气泡碰撞

图 6-4　不同的气液夹带原理

第二节　折板式除雾器

一、折板除雾器的结构

湿式脱硫塔中的除雾器的设计比锅炉中的气水分离装置要复杂得多，前者除了要求具有高效的气水分离性能外，还要求较低的压损，良好的防结垢、防堵塞、耐腐能力，易于清洗和维修等等。设计时，应与整个脱硫系统的设计要求、系统运行条件、脱硫塔结构、所使用的脱硫剂及其过剩率、洗涤浆液的含固量、煤中的硫含量等因素结合起来考虑。

除雾器本体是由除雾器折叶片、支撑架、连接件等附件组成，通过焊接、铆接或螺栓按一定的结构组装而成。为便于安装、维护、检修，通常将其制成单元除雾器，可为方形或圆弧形，在圆筒形脱硫塔中这两者都要用到，见图 6-5。

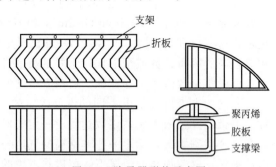

图 6-5　除雾器形状示意图

此外，也可将叶片倾斜一定的角度，制成屋脊式（图 6-6），其所允许的流速介于除雾器水平安装与垂直安装的流速之间。典型的折板式除雾器见图 6-7。

折板除雾器的切割粒径按下式计算：

$$d_{p50} = \sqrt{\frac{9\mu_g h}{(\rho_p - \rho_g) v_m N \phi}} \tag{6-15}$$

$$v_m = Q/(\lambda \pi R^2) \tag{6-16}$$

式中 d_{p50}——切割粒径，μm；

　　　h——叶片间距，mm；

　　　N——折板的折数；

　　　ϕ——折板角度，(°)；

　　　ρ_p——颗粒密度，kg/m^3；

　　　ρ_g——气体密度，kg/m^3；

　　　μ_g——气体动力黏度，$dPa \cdot s$；

　　　v_m——平均气速，m/s；

　　　Q——气体流量，m^3/h；

　　　λ——有效通流面积，m^2；

　　　R——塔器半径，m。

设计速度 v 可用下式计算：

$$v = K \sqrt{\frac{\rho_1 - \rho_g}{\rho_1}} \tag{6-17}$$

式中 ρ_1——液滴密度，kg/m^3；

　　　ρ_g——气体密度，kg/m^3；

　　　K——经验系数，取 $0.09 \sim 0.3 m/s$。

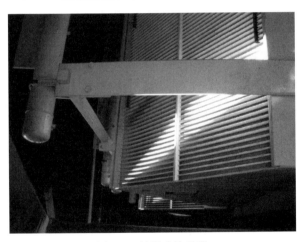

图 6-6　屋脊式除雾器

图 6-7　典型的折板式除雾器

这种除雾器的 K 值一般取 $0.15 \sim 0.25 m/s$，在低压下可除去 $15\mu m$ 以上的液滴，如果烟气中存在较小粒径的液滴，应在除雾器前安装凝结长大装置。

当水流水平流动时，由于折板的疏水性能较好，此时的分离效率可用下式计算：

$$\varphi = 1 - \exp\left(\frac{-v_t m W \theta}{57.3 v_g b \tan\theta}\right) \tag{6-18}$$

$$v_t = \frac{g d_p^2 (\rho_1 - \rho_g)}{18 \mu_g} \tag{6-19}$$

式中 φ——分离效率，%；

　　　v_t——终端沉降速度，cm/s；

　　　m——折板片数或弯折数，一般为 $2 \sim 3$ 折；

W——折板板片宽度，cm；

θ——折板板片角度，(°)；

v_g——气体表面气速，cm/s；

b——折板板片间距，cm；

g——重力加速度，9.8m/s^2；

ρ_1——液滴密度，kg/m^3；

ρ_g——气体密度，kg/m^3；

μ_g——气体黏度，dPa·s；

d_p——粉尘粒径，m。

折板式除雾器的压降可用下式计算：

$$\Delta p = \frac{\sum_{i=1}^{n} 1.02 \times 10^{-3} C_D \rho_g v_a^2 A_p}{2A_t} \tag{6-20}$$

$$v_a = \frac{v_g}{\cos\theta} \tag{6-21}$$

式中　Δp——除雾器压降，Pa；

n——折板弯折数，一般为 2～4；

C_D——电力系数，与入射角有关；

ρ_g——气体密度，kg/m^3；

A_p——气流方向上折板的投影面积，m^2；

A_t——塔或烟道断面积，m^2；

v_g——气体表面流速，m/s。

C_D 与入射角的关系见表 6-1。

表 6-1　C_D 与入射角的关系

入射角(α)/(°)	C_D 值
0～8	0.0575α
8～15	$0.46 - 0.008714(\alpha - 8)$
15～47	$0.4 + 0.01531(\alpha - 15)$
47～70	$0.89 + 0.007955(\alpha - 47)$

设计除雾器时，需要考虑以下几个方面。

(1) 叶片的形状，即叶片是采用连续的还是断开的，若为连续的，其连接处的拐角是尖角还是圆弧过渡，叶片间的夹角为多少。

(2) 通道数量。

(3) 叶片间距。

(4) 叶片的倾斜度。

(5) 除雾器的压力损失。除雾器的压力损失不能太大，尤其是在旧电厂改造时，锅炉引风机的压头一般都小于 5000Pa，除去锅炉本身的消耗所剩裕量已经不多。

(6) 重视除雾器的疏水，尽可能防止分离出来的水滴不被二次携带，避免降低分离效果。

(7) 所用材料应具有良好的防腐性能。

(8) 选择合适的气速设计点。一般大型锅炉负荷的变化较大，锅炉负荷的变化必将引起烟气的波动，从而影响气流流过除雾器时的速度，影响到除雾器的除雾效率。当锅炉低于设计负荷时，气速较小，气流中大量的液滴未与除雾器折板碰撞而逃逸，此时的除雾器除雾效率变得很低。当锅炉高于设计负荷时，气速较大，易造成液滴二次携带，除雾效率也会变得很低。

（9）对于大型脱硫塔，除雾器均采用模块化设计，模块的形状大小根据所用的材质及脱硫塔安装孔的大小而定，不能太重，一般以两人可以较轻松地抬起为宜，以便维护和安装。为防止人员进入脱硫塔维护除雾器时踩坏除雾器折板，在脱硫塔内应设人行通道，一般采用 $300\sim600\text{mm}$ 的长方形通道。当然，可在设计时将除雾器的筋板设计得高出叶片一些，这样在安装维护时，在上面铺上垫板，同时，尽量派遣体重较轻的维护人员。对于小型脱硫塔，人行通道的设置将使除雾器处的通流面积明显减小，建议采用整体不锈钢为材料，不再采用模块化设计，也不再设人行通道。

二、 影响折板除雾器性能的几个特征参数

叶片形状、通道数、叶片间距、叶片倾角等是影响除雾器性能的几个特征参数。

1. 叶片形状

叶片是整个除雾器中最基本、最重要的元件，其性能的优劣决定了整个除雾器的性能。

叶片的结构形式多种多样，大多数叶片的形状见图 6-8。图 6-8（a）给出了 Z 字型除雾器的叶片间距和倾角。带疏水槽的折板式除雾器见图 6-9。

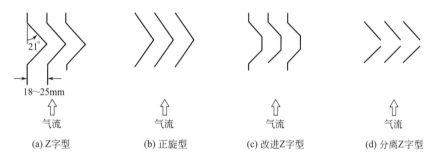

(a) Z字型	(b) 正旋型	(c) 改进Z字型	(d) 分离Z字型

图 6-8 典型的叶片形状

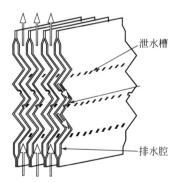

图 6-9 带疏水槽的折板式除雾器

连续的叶片刚度好，造价较低，去除液滴的效率高，但若连接处为尖角，其捕集的液滴二次携带以及发生堵塞的可能性均增大，所以一般将连接处设计成圆角。

在叶片上开槽或设置倒钩可以提高除雾器的排液性能，倒钩用于水平布置的除雾器效果很好，但不适用于垂直布置的除雾器，实践表明很容易在侧钩处结垢，并且也不适合开槽。由于烟气在除雾器叶片间流动时产生高、低压区，即产生"水倒钩"，此"水倒钩"可产生与"物理倒钩"同样的作用，只允许收集液分离，从而避免了采用物理倒钩可能造成的堵塞问题。在容易堵塞的场合，采用倒钩是无效的，因为粉尘颗粒会很快通过塔桥堵塞凹槽。

气流流经除雾器最后通道时，若无导直段或导直段不够长时，气流是以一定的角度流出

的，导致进入下一级除雾器的气流分布不均，影响下一级除雾器的正常工作。导直段的长度与叶片间距和叶片的形状有关，但导直段也不可过长，否则影响除雾器的清洗。

在折板式除雾器中，非常细小的粒子的运动轨迹是远离直线形的。因此，折板除雾器适用于相对粗大粒子的分离。

2. 通道数

通道数为气流方向改变的次数，是除雾器的一个重要参数。图 6-8（a）～（d）四种除雾器均为双通道除雾器。除雾器的通道数可多可少，但应考虑到除雾效率、压降以及清洗难易程度等。一般来说，通道数越多，除雾效率就越高，除雾器的压降越大，但除雾器不易彻底冲洗干净（有死角），产生堵塞的可能性也增大。例如，2 通道与 3 通道相比，2 通道的折板结构简单，加工制作方便，易清洗，适用的材料广；3 通道除雾器的效率要比 2 通道高，但清洗较为困难，使用场合受到限制。当烟气携水负荷大、粉尘含量较多时，就不宜使用 3 通道除雾器。一般认为，除雾器的通道数为 2～3 较佳，目前大型脱硫塔中多采用 2 通道除雾器。

3. 叶片间距

叶片间距离的增大，使得颗粒在通道中的流通面积变大，同时气流的速度方向变化趋于平缓，从而使得颗粒对气流的跟随性更好，易于随着气流流出叶片通道而不被捕集，除雾效率降低。

叶片间的间距越小（除叶片间距小于 18mm 的外），除雾效率越高，冲洗难度也越大，被堵的可能性也增大，压降增大。同时，也会增加单位面积内的叶片数量，进而增大除雾器的质量及成本。折板间距对除雾效率的影响见图 6-10。

一般脱硫塔中采用两级除雾器，考虑到第一级除雾器的工作负荷大，而第二级则要求尽可能提高对微细颗粒的效率，一般第一级除雾器折板间距采用 30～80mm 的间隙，第二级除雾器的折板间距取 25～60mm 的间隙。为获得更好的除雾效率，通常将第二级除雾器折板间隙缩小至 25～30mm。

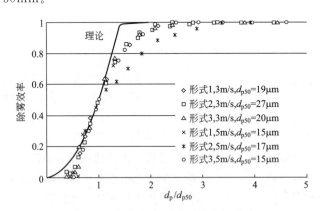

图 6-10　折板间距对除雾效率的影响

4. 叶片倾角

叶片的倾角也影响除雾效率。从理论上来说，拐弯越急（倾角越大），可去除的雾滴粒径越小，但急拐会增大压降。同时，由于叶片表面剪力的增大，再加上尖角对液膜的撕裂作用，会增加雾滴的二次携带。

三、 影响折板除雾器性能的其他因素

影响折板除雾器性能的因素除了除雾器本身的结构外，还有其他一些因素，如气流速度、气流分布、除雾负荷等。

1. 气流速度

随着气流速度的增大，折板除雾器对小直径液滴的捕集率增大，但当气流速度增大到一定程度时，除雾效率反而随着气流速度的增大而减小，出现了所谓的临界流速。在临界流速以下，效率随气速的增大而提高；超过临界值，气速增大，效率急剧下降。临界点的出现是由于产生了雾沫的二次携带，即分离下来的雾沫再次被气流带走。

造成液滴二次携带的原因主要有 2 个方面：一是液滴在碰撞时雾化；二是高速气流剪切力作用在液膜的自由表面上，造成液膜破碎、撕裂。冲洗水流量负荷波动比、气流速度、脱硫塔液气比（L/G）均影响除雾器的二次携带，其中气流速度和液气比（L/G）影响最大。因此，为保证脱硫塔处于较低的二次携带区域，表面气流速度和 L/G 不能单独设定。很显然，当气流速度增大时，L/G 需减小，反之亦然。

为达到一定的除雾效果，必须控制流速在合适的范围内，最高速度不能超过临界气速，最低速度要确保能达到所要求的最低除雾效率。临界流速可根据已知物理常数、气体物化性质、除雾器尺寸、实验室得出压降和修正因子等进行计算。大多数单级除雾器，当烟气流速达到 3.9m/s 时出现烟气携带。对于两级除雾器，当烟气流速达到 3.9～4.5m/s 时出现烟气携带。

当逆流（冲洗方向与气流方向相反）或从顶部冲洗时，将产生大量的雾滴，形成二次携带。必要时，应本着高压、大流量、短时间、长周期的原则设置冲洗程序。

2. 气流分布

图 6-11 为某水平布置的除雾器烟气流速与携带量的关系曲线图（液滴负荷为 $2.4m^3/m^2$）。从图 (6-11) 中可以看出，烟气流速每增加 2ft/s，烟气携带量将增加一个数量级。即使除雾器部分面积内超过了临界烟气流速，其携带量也会显著增加，特别是当设计点的平均流速接近除雾器性能极限的时候。因此，一般要求除雾器的烟气气流分布差别在平均值±15％范围内，以防除雾器局部超速过多。一旦除雾器不能在正常的范围内工作，将形成恶性循环。

3. 除雾器的级数和数量

由于 FGD 脱硫塔内部环境的特殊性，需充分考虑除雾效率与冲洗难度。实践表明，单纯一级除雾器难以满足除雾要求，二级除雾器应用最多，它具有一级除雾器所无法比拟的灵活性，例如第一级除雾器冲洗时，冲洗时产生的雾化颗粒可以由第二级除雾器来去除。因此，也就可以使用更高的冲洗压力、更长的冲洗时间冲洗第一级除雾器，从而可获得更好的清洗效果。如图 6-12 所示，增加第三级除雾器作用很不明显。

一级除雾器采用间距较大、易于冲洗的除雾器，除去烟气中 95％以上的雾滴；二级除雾器采用间距较小但效率高的除雾器，虽然间距较小，但液滴负荷已显著降低，冲洗也容易些；继续增加一级除雾器，可提高除雾效果，但考虑到增加的烟气压降和额外的投资，一般不再增加除雾器的级数。

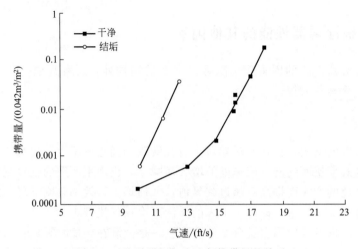

图 6-11　除雾器烟气流速与携带量的关系

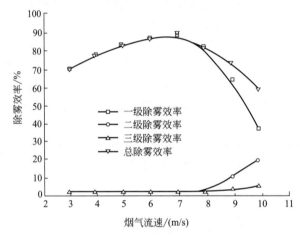

图 6-12　除雾器级数对除雾效率的影响

4. 除雾器的布置方式

垂直布置的除雾器中，除雾器捕集的液滴需要克服气流的曳力才能落下，曳力和重力之间的平衡将使液滴在除雾器板片上的停留时间延长，增加了液滴中固体沉积结垢和二次携带的机会，这是其缺点之一。缺点之二是板片的冲洗只能从上面或从下面冲洗，其冲洗效果不如纵向（沿板片长度方向）清洗效果好。

水平布置的除雾器则不存在液滴的"滞留"问题，其许用气流速度较高，效率也更高，但导水困难，价格也较昂贵。

5. 级间距

两级除雾器间的距离以及除雾器与其他设备间的距离也是重要参数，特别是对于垂直应用的除雾器，其布置于喷雾层的上部。第一级除雾器离最高层（近层）应有足够的距离，以便使大液滴具有足够的分离时间，从而降低除雾器的负荷，另外还应提供安装冲洗水管及其支架的空间。一般，垂直布置的除雾器，其与最高（近）喷雾层的距离为 $1.2 \sim 1.5\mathrm{m}$。

两级除雾器间的距离一般为 1.8～2m，此距离一方面为液滴的再凝聚提供了时间和空间，另一方面也有利于安装、维护人员通行。

表 6-2 为几种除雾器的技术性能。从表中可以看出，冲洗时液滴残余量比未冲洗时液滴残余量要大得多。

表 6-2　几种除雾器的技术性能

除雾器结构形式	通道气流速度 /(m/s)	极限液滴尺寸 $d_T/\mu m$	未冲洗时液滴残余量 /(mg/m^3)	冲洗时液滴残余量 /(mg/m^3)
a	2.8	60	约 45	160～200
b	2.8	35	15	约 55
c	5.5	32	3～5	20
d	3.5	25	—	33

6. 锅炉负荷变化

锅炉负荷的变化必然带来烟气负荷的变化，而经过除雾器断面的流速只能在一定范围内变化，负荷过高或过低都将影响除雾效率。

7. 粉尘

进入脱硫塔的烟气的粉尘含量对除雾器运行的可靠性具有决定性的影响，这些以三氧化二铝、二氧化硅及可溶性盐组成的微细粉尘将在除雾器上形成硬垢。不同的脱硫塔对入口粉尘浓度的要求也不同，对于喷雾塔，200mg/m^3 的粉尘浓度已是极限。

8. 表面清洁度

经验表明，除雾器若一天冲洗一次，除雾器上的结垢即非常严重。小型试验也表明，除雾器叶片上即使出现一层薄垢，也将大大影响除雾器的工作性能。

9. 进入除雾器的液滴负荷

进入的液滴越多，除雾器负荷越大，发生穿透和二次携带的概率大增，同时在除雾器上发生的化学反应越强烈，结垢的可能性越大。

四、　折板除雾器的材质

考虑到脱硫塔内的实际工况条件，对折板除雾器的材料提出了很高的要求：防腐、耐温性能；具有一定的刚度，能承受来自喷嘴清洗时的冲击力和机械维修时的外力；所用的材料表面光滑、不易积垢等。

早期的除雾器大多由 FRP 制作，其制件的刚度高于 PP，耐腐蚀性能也很优异，但其抗老化性能、表面光洁度较 PP 差一些，并且其表面对石膏的吸附黏结力比 PP 大，一般不再使用 FRP 为材料制作。目前，常用的材料有 PPTV 及其他各种等级的不锈钢。其中 PPTV 应用最多，它是用滑石粉增强、在防腐层中添加导热填充剂的 PP，可拉拔挤压出带倒钩或水槽的折板。

脱硫塔内通过除雾器的气体温度为 49～60℃，以上所有的材料均能满足此要求，但若所有循环泵发生停电故障（比如掉电），塔内的温度将很快上升至塔入口烟气温度（大于

90℃），特别是无换热器及其他急冷装置时，温度可上升至 120～175℃，聚丙烯类塑料耐温性能有限，会很快变形，因此设定好 FGD 烟道挡板的联锁极为重要。

几种材料的使用性能比较见表 6-3。

表 6-3　几种材料使用性能比较

项目 \ 材料	聚丙烯	滑石粉增强聚丙烯	聚砜	FRP	不锈钢
耐热	<65℃,最高80℃,10min	<65℃,最高80℃,10min	<65℃	<120℃	完全满足
机械强度	一般	好	好	好	极佳
耐腐蚀性能	好	好	好	好	高镍基不锈钢才能满足使用要求
表面光滑度	好	好	好	好	一般
使用寿命/年	5～8	5～8	—	5～8	10～20
制作	专用工具,拉拔或模压成型,焊接成单元模块,添加阻燃剂	专用工具,拉拔或模压成型,焊接成单元模块,添加阻燃剂	专用工具,拉拔或模压成型,焊接成单元模块,添加阻燃剂	专用工具,挤压或模压成型,粘接成单元块	模压成型,焊接成单元块
造价	一般	较高	高	较高	最高
在 FGD 中的应用	较广泛	最广泛	少	一般	少
综合评价	单纯地以聚丙烯为材料的除雾器,其机械强度较低,采用滑石粉等添加剂增强后,机械强度明显增加,但维护时仍不能直接踩在叶片上,需垫板。聚砜较聚丙烯和 FRP 昂贵,缺乏长期应用的检验。不锈钢过于昂贵,密度大。聚丙烯、增强型聚丙烯、聚砜经过几年使用后逐渐趋向老化变脆,高压冲洗时还易破坏叶片。FRP 表面光滑度不如聚丙烯,其表面的裂缝会使浆液渗入而腐蚀玻璃纤维,以及使纤维膨胀而出现分层现象。若经常出现结垢堵塞现象,手工或机械清理均将缩短除雾器的使用寿命,尤其是对聚丙烯、FRP 等几种塑料来说。 综上所述,目前应用最佳的为增强聚丙烯除雾器				

五、 几种除雾器性能比较

图 6-13 和图 6-14 为几种除雾器叶片和安装间距示意图。

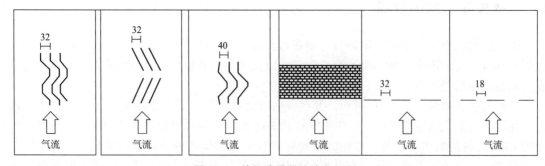

图 6-13　单级除雾器叶片和间距

图 6-13 中，6 种单级除雾器中有 5 种为平式除雾器，垂直布置。munterT-8B 则与水平成 45°角，6 种中的 3 种为 V 型除雾器，Koch 除雾器由 4 层聚丙烯组成，其余两种单级除雾

器为穿流孔板。Munters T-8B 和穿流孔板除雾器多用于除雾器中的第一级，两种穿流孔板的开孔面积为 29%，孔径分别为 38mm 和 17mm。

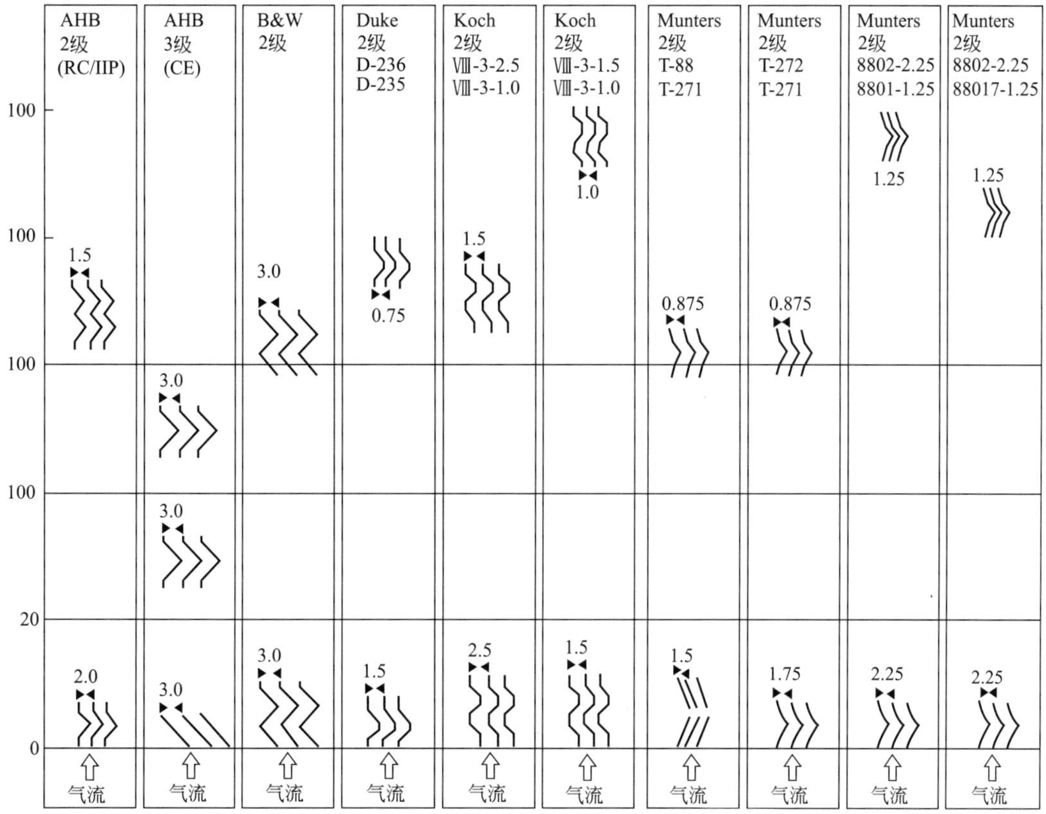

图 6-14　多级除雾器叶片和间距布置（图中纵坐标单位为英尺，图中单位为英寸）

每种除雾器均在第一级除雾器（清水）液滴负荷为 $0.02m^3/m^2$、$0.042m^3/m^2$、$0.1m^3/m^2$ 的条件下，测量了烟气携带量与烟气流速的关系，其中液滴负荷为 $0.042m^3/m^2$ 工况的测量结果见图 6-15、图 6-16。液滴负荷为 $0.02m^3/m^2$ 和 $0.1m^3/m^2$ 的相对性能曲线与 $0.042m^3/m^2$ 相当，只是烟气携带的起始不同而已。图 6-15 和图 6-16 中有几点需做出说明：一是烟气的携带量是以半对数比例绘制的，这样可以突出烟气均布的重要性，例如，当烟气流速增加 0.3~0.6m/s，烟气的携带量将增加一个数量级；二是图中的结果是基于试验设备的实际烟气流速，应用实际工况时，表面烟气流速应根据支撑的遮挡情况进行修正；三是试验设备对垂直布置的除雾器的检测极限为 $3 \times 10^{-6} m^3/m^2$。

从图 6-15 中可以看出，在烟气流速为 1.5~3.9m/s 时，穿流孔板除雾器的烟气携带量很显著，穿流孔板的除雾效果不好，且压降也较大，一般仅在多级除雾器中作为第一级，除去大颗粒。

Munter T-8B 屋脊式除雾器的烟气携带量曲线很平坦（烟气流速为 1.5~5.8m/s），这表明其适应能力力强，适用于烟气流量变化较大的场合。当烟气流速低于 4.4m/s 时，Koch Ⅷ-3-1.5 型除雾器比 Munters T-272 的效率高，但当烟气流速高于这个速度时，munter T-272 更高，其主要原因可能是排水方式更好。

Kimre 丝网除雾器的烟气携带量与 Koch 单级除雾器类似，但出现烟气携带的起始烟气速度较低。

从图 6-16 中可以看出，当烟气流速达到 5.8m/s 时，MuntersT-8B/T-272 和 Koch Ⅷ-3-1.5/Ⅷ-3-10 均测不出烟气携带量；当烟气流速低于 5.2m/s 时，Munters T-272/T-271、

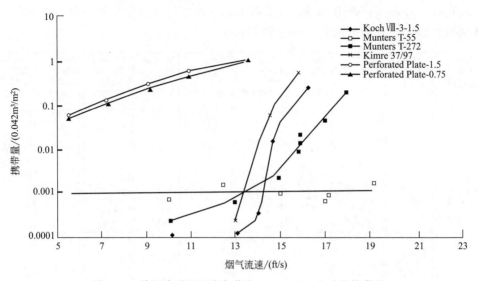

图 6-15　单级除雾器液滴负荷为 $0.042\mathrm{m}^3/\mathrm{m}^2$ 时的携带量

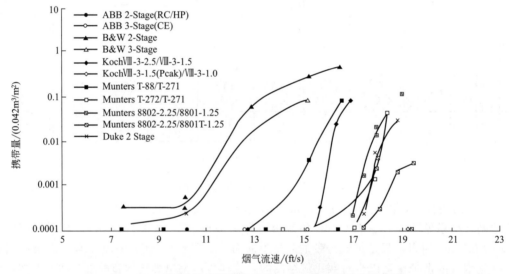

图 6-16　多级除雾器液滴负荷为 $0.042\mathrm{m}^3/\mathrm{m}^2$ 时的携带量

Munters 8802/8801、Munters 8802/8801T、DURE D236/D235 性能次之；当烟气流速大于 5.2m/s 时，平式除雾器的烟气携带量大量增加，其中 Munter 8802/880 的烟气携带量增加较缓，这主要归功于屋脊式除雾器的排水性能较好。AHB 三级除雾器，每级出口烟气偏转 45°，在现场及 1/8 比例模型试验表明，ABB 三级除雾器将导致严重的气流分布不均。

　　从图 6-16 中也可看出结垢对除雾器性能的影响，结垢的除雾器性能是从现场运回来在实验室做出的。Munters T-272 除雾器每平方英尺平均石膏结垢量为 2.69lb（1lb＝ 0.45359237kg），平均增加质量为 70%，叶片上的结垢厚度约为 1.6mm，没有全被堵死的空间，试验过程中有部分结垢脱落。结垢的 T-272 和洁净的 T-272 除雾器之间进行比较，二者烟气携带量曲线类似，但前者出现烟气携带的起始烟气速度降至 0.9～1.3m/s，其压降也较大。这表明，除雾器的结垢对其性能影响很大，必须有良好的在线冲洗系统。

　　图 6-17 为 Matsuzaka 除雾器及其性能，它可安装在水平烟道上，也可安装在竖直烟道

上，不过，当它安装在竖直烟道上时，需要倾斜足够的角度（大于30°），以便良好地疏水和防止结垢、堵塞。它一般采用3通道，每一通道的折板断开，在每一折板的末端都设有一个集液槽，运行时此槽成为负压区，它可以避免因气流或气流中的液滴分配不均而造成的二次携带，对 $15\sim20\mu m$ 的液滴的去除率达99%，压力损失约500Pa，常用的气流速度为 $6\sim7.2m/s$。此外，为防止堵塞、结垢的发生，在除雾器的第一、第二块折板间设有专用的清洗喷嘴，以清洗折板壁及集液槽。它的造价要比普通的V型、Z字型除雾器高，但它对小液滴的分离效率要比V型、Z字型高，因此它适合应用于需分离液滴为 $15\sim30\mu m$ 的场合。

Munters Euroform 除雾器的叶片示意图如图6-18所示。折板间的距离可在 $20\sim80mm$ 之间变动，每隔10mm取为一种型号，其中图6-18（d）、（e）所示的正弦曲线形结构目前最为常用。图6-19～图6-24为由图6-18（e）型折板制成的 Munters Euroform DH2100 的性能参数。

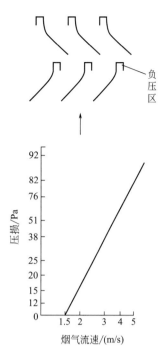

图 6-17 Matsuzaka 除雾器及其性能

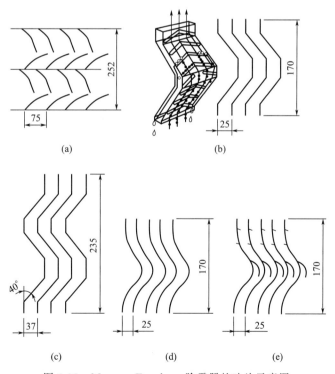

图 6-18 Munters Euroform 除雾器的叶片示意图

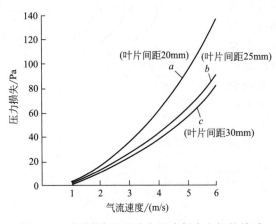

图 6-19　除雾器气流速度与压力损失之间的关系

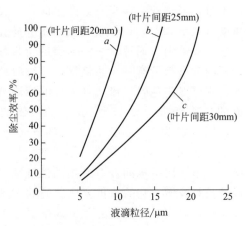

图 6-20　除雾器液滴粒径与除尘效率之间的关系

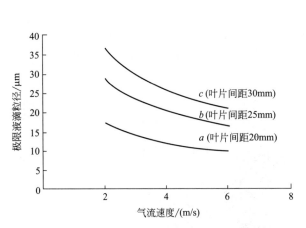

图 6-21　除雾器气流速度与极限液滴粒径之间的关系

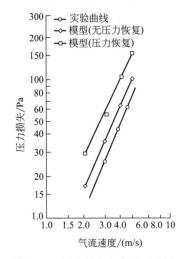

图 6-22　压力损失与气流速度之间的关系（计算与实测）

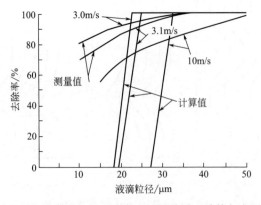

图 6-23　液滴粒径与去除率之间的关系（计算与实测）

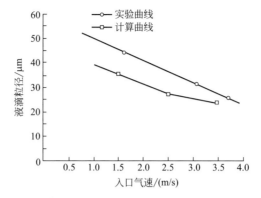

图 6-24　液滴达到 95％的去除率时粒径与入口气速之间的关系（计算与实测）

六、　除雾器在脱硫塔中的布置

图 6-25 为脱硫塔中几种典型的布置方式。

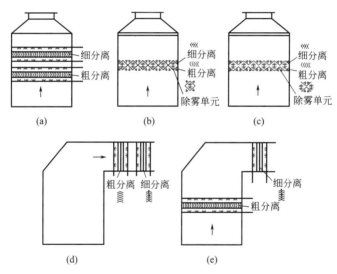

图 6-25　脱硫塔中几种典型的布置方式

图 6-25 中，图（a）中的两级除雾器垂直布置，气流为垂直方向，捕集的液滴在下落之前须首先克服气流的曳力，液滴在折板上的停留时间较长，这增大了折板堵塞、结垢及液滴二次携带的可能性，这是除雾器水平布置的不足之一。另外一个不足之处在于使用新鲜的工业水频繁冲洗时，可能破坏整个脱硫系统的总的水平衡。并且，冲洗时只能从除雾器的上、下表面来清洗，其清洗效果就不如图（b）的清洗方式了。其运行表面气流速为 2.4～3.6m/s，其压降为 25.4～254Pa。

对于垂直安装方式，除雾器安装于脱硫塔的顶部，这种布置方式可减少占地面积，无须设置专门的排水设施，但脱硫塔必须留有足够的高度空间。清水试验表明，20％～60％逃逸的雾滴（包括二次携带的）在除雾器上端 300～600mm 高度返回至除雾器。当高度达900mm 时，雾滴基本上不再减少，因此，留下的空间太大也没必要。对于喷淋塔，除雾器垂直布置（气流垂直流动）时，第一级除雾器离最高一层喷淋管道至少应为 910～1200mm，最高一级除雾器和脱硫塔截面收缩点或水平出口点低端应留 1000～1500mm 的距离。

图 6-25（b）中，除雾器为水平布置，气流垂直流动，除雾器捕集的液滴可以源源不断地向下流动，而不必像水平布置时需要等待，因此，其使用的气速可比水平布置方式高 1.5 倍左右。带倒钩或水槽的除雾器一般均采用竖直布置方式，不但可以获得更高（与水平布置相比）的除雾效率，而且冲洗方便，不易堵塞。如系统需要，可将其设计成一个单独的冲洗收集槽，不必担心因除雾器的冲洗而影响整个脱硫系统的水平衡。

水平布置的除雾器的操作表面气速平均为 6m/s。较垂直布置（平均为 3m/s）的高，由于捕集的液滴沿叶片排放时与烟气流动方向成 90°，减小了液滴被剪切分离和二次携带的可能性。较高的气流速度减小了设备尺寸，降低了成本和占用的空间。但叶片的长度有一定的限制要求，即叶片的排水不应使较低断面的叶片发生"洪涝"。因此，除雾器水平布置时，除雾器模块一般不应高于 3m，并且顶对顶安装，每一个模块的底部均设排水系统。水平布置的除雾器主要应用于水平流脱硫塔，也有少数应用于垂直流脱硫塔。除雾器水平布置时，其主要的缺点是压降较高，安装、拆卸、检查、维护均较困难。与垂直布置的除雾器一样，除雾器间距一般为 1.5～1.8mm。

七、 除雾器冲洗系统的设计

除雾器叶片捕集的浆液液滴含有可溶性物质和悬浮固体，溶解的固体（以离子形式出现）主要为 Ca^{2+}、SO_3^{2-}、SO_4^{2-}、Na^+、Mg^{2+}、Cl^-，后三者主要取决于烟气的组分、脱硫剂的纯度以及 FGD 系统的水平衡。在大多数情况下，这些液滴处于亚硫酸钙和/或硫酸钙过饱和状态，其悬浮固体物质主要有脱硫剂生石灰或石灰石，以及亚硫酸钙、硫酸钙，烟气持续从这些液滴（或液膜）表面通过时将吸收烟气中的 SO_2。研究表明，经过洗涤区后的 SO_2 大约有 10％～30％在除雾器内被吸收，于是产生更多的液相亚硫酸钙和硫酸钙，虽然亚硫酸钙和硫酸钙具有优先沉积于同类固体表面的特点，但当相对饱和度太高时，将会沉积于其他构件的表面（如叶片表面）。导致相对饱和度过高的一个因素是脱硫剂的过量。液滴在吸收 SO_2 后 pH 值下降，若存在过量的脱硫剂，pH 值的下降将导致脱硫剂的溶解，从而释放更多的 Ca^{2+} 提高 pH 值，pH 值的提高又进一步吸收烟气中的 SO_2，这样经过不断循环往复，液滴的相对饱和度不断升高，直至结垢的发生。

除雾器一旦出现结垢，新的结垢即会以原有的结垢为基础不断发展壮大，使除雾器的运行状况不断恶化，进入恶性循环阶段，最终导致整个系统停运。

解决这一问题最好的方法是为除雾器安设自动冲洗系统，及时稀释和冲洗除雾器叶片捕集的液滴。

除雾器冲洗水的设计思想多种多样，但主要有两种形式：固定格栅系统和移动枪。固定格栅由冲洗管道和喷嘴组成。而移动枪则类似于吹灰器，通过导向环插入塔内，并在一个冲洗周期内可旋转移动。移动枪主要用于早期的 FGD 系统中，由于固定格栅冲洗系统没有转动部件，并且可在较低的压力下运行，目前基本上均采用此种类型的冲洗系统。

冲洗面积和覆盖率、冲洗喷嘴的形式、冲洗压力、冲洗强度、冲洗频率、冲洗周期以及冲洗水物化性质直接影响冲洗系统的性能。

1. 冲洗面积和覆盖率

除雾器所需冲洗的表面在一定程度上取决于除雾器的级数。对于单级除雾器，推荐仅采用除雾器前端面（迎风面）冲洗方式。若冲洗其后端面，将导致大量的雾滴进入下游烟道。

在二级系统中，推荐第一级除雾器前后两个端面和第二级除雾器的前端面进行冲洗，第二级除雾器的后端面仅在必要时才进行冲洗，以免烟气携带太多雾滴。对于水平布置的除雾器，可从除雾器的前面、后面或顶部对其进行冲洗。

实践证明，逆流冲洗或从顶部冲洗的方式都将产生大量的雾滴。当烟气流速为 $3\sim 3.6m/s$ 时，对除雾器后端面进行冲洗时约有 $10\%\sim20\%$ 的雾滴将被烟气携带走，直接进入烟道和烟囱，不但增加了水耗，甚至可能导致烟囱"下雨"。

冲洗系统应能 $150\%\sim200\%$ 覆盖所需的冲洗表面，以确保某个喷嘴出现故障（主要为堵塞）时，或布置不均，或安装角度有偏差时仍然能保证除雾器的清洁。

在设计冲洗系统时，应确保所有除雾器的叶片表面均能冲洗到，以及除雾器的支撑结构不会妨碍喷嘴对除雾器表面的冲洗，否则遮挡部位很快会发生结垢和堵塞，并迅速向周围扩展。

冲洗喷嘴离除雾器叶片的距离决定了冲洗喷嘴的数量及冲洗覆盖面积。若喷嘴离叶片太近，将需要更多的喷嘴，减少喷嘴喷雾覆盖范围；若喷嘴离叶片太远，喷嘴喷出雾滴对叶片的冲击力不够，且喷雾形状会因烟气流动而变形，不能对叶片进行彻底的清洗。一般要求冲洗喷嘴离所需冲洗的除雾器表面的距离应不大于 $1m$，超过这个距离，冲洗效果将大受影响。实践证明，保持喷嘴距叶片的距离为 $0.6\sim0.9m$ 较佳。

2. 冲洗喷嘴的形式

选择冲洗喷嘴时，应考虑到其自由畅通孔经、雾化形状、喷射角度、粒径分布等特征参数。

一般选用具有内部固定叶片的直流实心喷嘴，因为它可以产生均一的、粒度较大的雾滴。若喷嘴产生大量的直径小于 $40\mu m$ 的雾滴，将导致大量的烟气携带，这种喷嘴不能选用。带有转部件的喷嘴也不适用，因为其可靠性较差。同时，喷嘴还应具有较大的自由畅通孔径以减少堵塞现象的发生。方形喷雾形状的喷嘴，其雾化的均匀度不如圆形，四边的密度大于角上的密度。在重叠较小的情况下，需要精确地安装喷嘴的角度，然而大量的喷嘴要精确地安装绝非易事。此外，喷嘴的雾化轮廓还随水压的变化而变化。

喷嘴的角度同样影响冲洗效果。喷嘴的角度越大，雾化轮廓边缘的雾滴进入除雾器内部的机会越少，即冲洗效果变差。选用较小雾化轮廓的喷嘴，在同等冲洗面积的条件下，需要更多的喷嘴数目，但其穿透力更强，冲洗效果更好，即使个喷嘴出现故障，其影响范围也比其他喷嘴要小得多。目前，冲洗喷嘴的喷射角度常选 $90°$ 或 $120°$。

冲洗喷嘴还要求具有相对均一的雾化液滴密度分布。试验表明，喷嘴雾化区域外围的液滴密度（g/m^2）要比中心大得多（比率达 $3:1$）。若设计喷距时，仅仅雾化区域外围相重叠，则雾化区域中心冲洗水不足，而外围则过量。若液滴分布相差大于 4 倍，则很可能出现冲洗不彻底和烟气携带量增加的现象。

3. 冲洗强度

冲洗强度为除雾器上单位冲洗面积的冲洗水流量，常表示为 $L/(s\cdot m^2)$。一般来说，高强度冲洗有利于保持除雾器叶片的清洁，但应考虑到由此带来的烟气携带量的增加。

4. 冲洗时间和频率

从防垢角度来看，最理想的冲洗频率是对除雾器进行连续冲洗，但这往往会影响系统水平衡和塔内浆液浓度。典型的冲洗频率为每 30~60min 一次，冲洗时间为 1~2min，具体的时间应根据冲洗水物化性质、除雾器的布置方式、液滴负荷、烟气流速等确定，并在调试运行过程中加以修正。例如，采用滤液作为工艺水冲洗时，其冲洗频率应更高一些；水平布置的除雾器因其烟气流速低、单位时间内除雾器的负荷较大，其冲洗频率也应高一些。冲洗时间间隔也不宜超过 2h，否则折板上的固形物可能已干化结成硬垢了。

对于两级除雾器，第一级除去烟气中 95% 以上的液滴，其中绝大部分又是第一通道除去的。因此，第一级除雾器的第一通道负荷很重，需要增大冲洗频率和冲洗强度（相对其他通道而言）。对于 2 个或 2 个以上通道的除雾器，背面（上表面）的冲洗也很重要，此冲洗可起到"漂净"的作用。第二级除雾器的液滴负荷较低，只需在前面（下表面）冲洗即可，背面（上表面）的清洗仅在必要时或停塔检修时启用。

目前，大型脱硫塔均将除雾器冲洗水作为系统补充水。为了降低冲洗水的流量速率，每个除雾器冲洗表面分若干扇区进行冲洗，按冲洗程序顺序打开或关闭各扇区的冲洗阀，每个扇区的冲洗时间一般为 1~2min/h。为了减轻水锤对冲洗管道的冲击，在顺序冲洗控制中，前一个阀门要待后一个阀门开启后才能关闭。

5. 冲洗水物化性质

冲洗水的质量，特别是水中石膏的过饱和度和悬浮固体的含量是设计冲洗系统时需考虑的主要因素。

在强制氧化或自然氧化工艺中，冲洗水将脱除部分 SO_2，进而增加石膏的相对饱和度。若冲洗水已经具有较高的原始饱和度和固体物含量，这些水将变得过饱和而导致结垢的发生。

在自然氧化工艺中，滤液或回流水的石膏相对饱和度很难控制在 0.5 以下，因此，在不影响水平衡的条件下，尽量不要用这些水作为除雾器的冲洗水。若采用滤液或其他回流水，应控制石膏的相对饱和度在 0.5 以下（如用新鲜水掺混）。

在抑制氧化工艺中，可采用回流水，其石膏相对饱和度较低，可作为除雾器冲洗水。当然，其他来源的水（如冲渣水、冷却塔排放水等）只要满足要求，也可考虑。

冲洗水中的固体悬浮物含量同样很重要，固体悬物过多将会导致冲洗阀门和喷嘴结垢、堵塞，尤其是大块或纤维性物质，同时也不利于冲净叶片表面。因此，在冲洗水管路上级安装过滤器是一个很好的除悬浮物的方法。

对冲洗水的其他要求还包括：Cl^- 浓度、晶形改进剂浓度以及 Ca^{2+}、Na^+、Mg^{2+} 浓度等。

由上述可知，除雾质的冲洗水非常重要，一般应设单独的泵、管路系统来保证。

6. 冲洗水压

冲洗水压直接影响到雾化液滴的尺寸大小和喷嘴的雾化形状，过高的压力将导致产生大量细小的液滴，增加烟气的二次携带量，同时影响除雾器叶片的寿命；过低的压力将导致无法形成正常的雾化形状甚至被烟气吹变形，雾滴对叶片的冲击力也不够，影响冲洗效果。0.14~0.28bar 的压力可获得最佳的综合效果。可在冲洗管路上安装自动式稳压器以获得稳定的压力。

一般情况下，除雾器正面（前面，即正对气流方向）和背面（或后面）的冲洗水压不一样，除雾器的正面水压可比背面水压高 0.5bar。采用两级除雾器时，第一级的冲洗水压稍高于第二级。此外，冲洗水压与除雾器布置方式有关。以某除雾器为例，当为竖直布置时，冲洗水量约为 $2m^3/(m^2 \cdot h)$，冲洗压力为 $1.8 \sim 2.0bar$，冲洗周期为 $1 \sim 2min/h$；当其水平布置时，冲洗水量为 $2.54 \sim 4m^3/(m^2 \cdot h)$，冲洗周期为 $2 \sim 3min/h$，冲洗水压不变。冲洗水量加大和周期的缩短主要是因为除雾器气流速度增大，结垢和堵塞的可能性也增大。

综上所述，为了保证除雾器有效地冲洗，应满足如下要求。

（1）折板的设计应使可能发生结垢的部分都能冲洗到，有关结构件应至少减少对喷雾形状的干扰。

（2）冲洗喷嘴应为实心锥喷嘴，喷射角为 $90° \sim 120°$。

（3）至少保证冲洗水压为 2bar。

（4）喷雾覆盖应大于 150％。

（5）冲洗水中，滤液回流水的加入量不能超过 50％。

（6）除雾器断面的典型冲洗流量为 $2.5m^3/(h \cdot m^2)$。

（7）冲洗喷嘴离除雾器端部距离为 $500 \sim 750mm$（对垂直式除器）。

（8）推荐冲洗周期为每小时至少 60s。

八、 除雾器的监测

除雾器堵塞后会影响除雾性能及系统的稳定运行。一般在除雾器一级的下表面、二级的上表面设压力变送器，将其测量值送到 DCS 上做压差计算，得出除雾器的总压差。若在两级除雾器间增设一压力变送器，则可知每级除雾器的压差，但一般没有必要设置此压力变送器。因为绝大多数情况下，除雾器的总压差升高是由一级除雾器的堵塞引起的。压力变送器应选防腐性能好的，且其连接管路上应设冲洗水或吹扫用压缩空气。

实践表明，用压差变送器来测量除雾器的压差不可靠。运行时，根据除雾器的压差及烟气量和温度的变化可判断出除雾器的结垢堵塞情况，及时采取应对措施。例如，在其他条件不变的情况下，除雾器压差不断升高说明除雾器已发生堵塞，此时，应检查冲洗水质量、冲洗水压、冲洗管路、喷嘴等，及时排除故障。

除雾器的冲洗水压和流量应包括就地显示和远传信号，并设报警装置。在冲洗管路上设总流量计，也有利于检查时发现故障。

第三节　离心式分离器

离心式分离器气液两相的分离过程是液滴离心沉降、碰撞、聚结、破碎的复合过程。液滴的动量与液滴的密度、直径大小有关，较重的和直径较大的液滴将脱离气体流线，沿原来的方向继续前进，这就是惯性碰撞，脱除大于 $10\mu m$ 的液滴的机理基本属于这种机理。粒径稍小的液滴若它们行走的路径比它们的半径小的话，将随着气流流线与拦截物碰撞而被捕集，脱除 $1\sim10\mu m$ 的液滴基本属于这种机理。对于亚微米级液滴，布朗运动是主要的捕集机理，当液滴粒径较小、速度较低时，布朗捕集变得更有效。

离心式分离器主要有 3 种形式：切向式、轴流式和直流式。其中，直流式又可分为非循环直流式和循环直流式。

一、 直流式分离器

在直流式分离器中，气流通过倾斜一定角度的叶片或螺旋式叶片后发生旋转，液滴被分离至筒子内壁面，并从筒子上开的槽缝中排出，同时伴随排出部分"二次气体"。从槽缝中排出的液滴流入收集箱，通过排水管排出，主流气体从筒子顶部排出。图 6-26 为几种直流式分离器的结构示意图。图 6-27 为直流式分离器的组合利用。

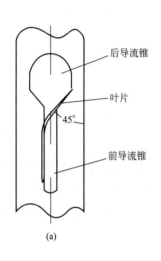

(a)

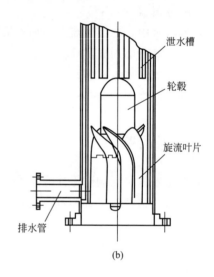

(b)

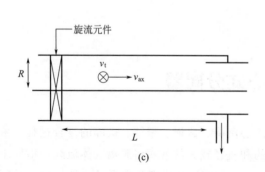

(c)

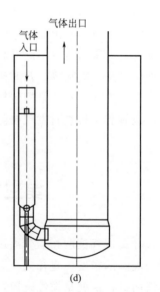

(d)

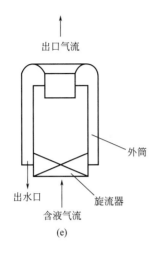

(e)

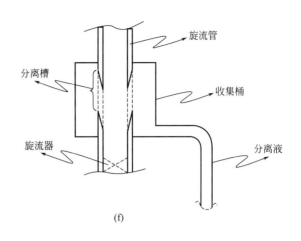

(f)

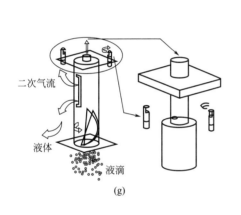

(g)

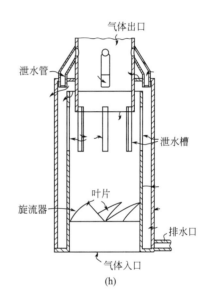

(h)

图 6-26　直流式分离器结构示意图

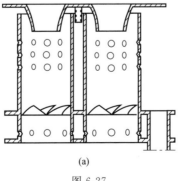

(a)

图 6-27

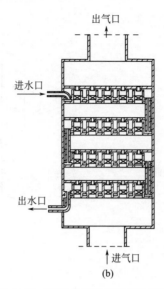

图 6-27　直流式分离器的组合利用

直流式分离器中，如图 6-28 所示，颗粒的径向迁移速度可用下式表示：

$$v_{TC} = \frac{(\rho_p - \rho_F)d_p^2 v_t^2}{18\mu r}$$

（6-22）

式中　ρ_p——颗粒密度，kg/m^3；

　　　ρ_F——携带流体密度，kg/m^3；

　　　μ——流体动力黏度；$dPa \cdot s$；

　　　v_t——切向速度，m/s；

　　　r——颗粒运动轨迹半径，m。

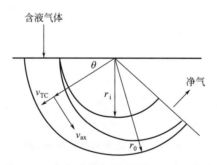

图 6-28　直流式分离器中颗粒运动示意图

颗粒的运动轨迹可表示为：

$$\frac{dr}{d\theta} = \frac{r v_{TC}}{v_{ax}}$$

（6-23）

切向速度与流体速度相等，积分得：

$$r(\theta) = r(0) + \frac{(\rho_p - \rho_F)d_p^2 v_{ax}}{18\mu}\theta$$

（6-24）

式中　θ——圆心夹角，（°）；

　　　r——半径，m。

假设在分离装置入口颗粒分布是均匀的，则分离效率为：

$$\varepsilon = \frac{r\left(\theta_s\right)-r_i}{r_0-r_i}=\frac{\left(\rho_p-\rho_F\right)\,d_p^2\,v_{ax}}{18\mu\left(r_0-r_i\right)} \tag{6-25}$$

式中 θ_s——弯曲角度，(°)；

r_0，r_i——外径和内径，m。

直流式分离器底部入口设有旋流叶片，壁面上开纵向槽缝，液滴在离心力的作用下甩向内壁，在内壁上形成液膜，从纵向槽缝中流出。随同液体出来的还有部分气体，这部分气体将从二级出口流出，进入分离器之间的封极，最终从收集管中排出，进一步提高除雾效率，可采用丝网等除雾装置进行二次处理。轴向分离器的放大很简单，只需将轴向分离器并联组合起来即可。

气液混合物穿过旋流板时，在旋流叶片产生的离心力场的作用下，液滴被甩到边壁上，在边壁上形成液膜，并在沿边壁旋转上升的过程中从筒周边 4 条侧缝流出。而气体进入周边的封闭空间，最后经降液管排出。这种疏水方式可以适应更大的处理量，达到更高的分离效率，实现更小的切割粒径。

周边带开槽的直流式分离器：当气体流速比较低时，在旋流叶片上呈现液冷现象，叶片上持液量增加，气流旋转基本消失；当气流速度增大时，叶片上的持液层消失，分离出来的液体从周边的槽缝中流出。在旋流式分离器出口设置裙座，可有效地降低液体的二次携带。实验表明，当气流速度为 11m/s 时，切割粒径为 $4.5\mu m$。

侧缝开缝的位置距离旋流叶片约 100mm，因液相会在导流锥体周围及导流锥前后形成一定高度的液相，这段液相由向上的气流维持，形成一个动态平衡，此处要消耗一定能量，增加了分离器的压降，是旋流板压降的主要来源。

当含液量增加时，侧缝的宽度也适当增加（可为 25～30mm），且为切向（与气流旋转方向一致），只要边壁形成的液膜及时排出，气体含液量的增加对压力损失的影响很小。含液浓度增加，液滴的碰撞和凝聚/团聚增多，大液滴增多，更容易被分离出来，因此表现为分离效率增大。图 6-29 和图 6-30 为直流式分离器入口气速对性能的影响。

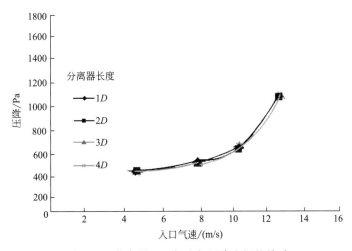

图 6-29 分离器入口气速与压降之间的关系

采用离心力进行分离的装置，装置的尺寸是由气流通量决定的，装置尺寸越大，气流通

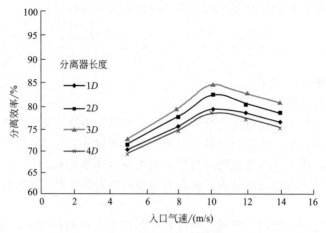

图 6-30　分离器入口气速与分离效率之间的关系

量越大，除雾效率越低，特别是在细小的雾滴存在较多的情况下。

直流式旋流器的分离效率有一个最佳的表观气速，气速过高或过低都将降低分离效率。气速过低，旋流器形成的离心力小，能被甩到边壁处的液滴也少，分离效率自然下降；当气速过高时，虽然甩到边壁上的液滴数量增多，但液滴与液体之间、液滴与边壁上形成的液膜之间的碰撞也增加，很容易产生液体夹带现象，使分离效率降低。图 6-31～图 6-34 为直流式分离器的一些性能参数。

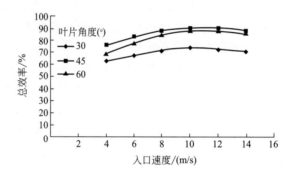

图 6-31　不同叶片角度下直流式分离器总效率与速度之间的关系

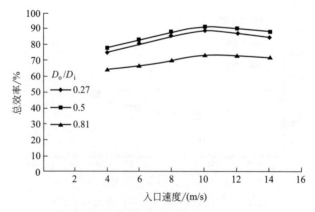

图 6-32　不同直径比下直流式分离器速度与总效率之间的关系

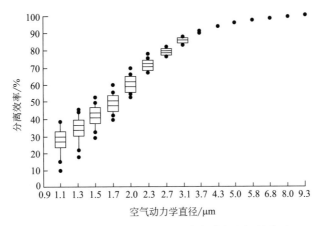

图 6-33　直流式分离器粒径与分离效率之间的关系

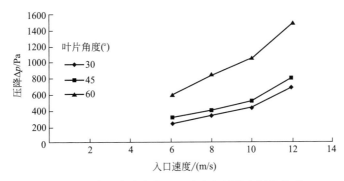

图 6-34　直流式分离器入口速度与压降之间的关系

在同等条件下，多管直流式分流器的总体分离效率要比单管的效率降低 19%～35%。主要原因有：一是内部结构装备得不精准，有气体泄漏；二是不同单管的负荷不均匀，如单管内部堵塞、管与管之间互相窜气等，均可导致各单管的负荷不均匀。疏水方式为侧缝排液，侧缝的结构为渐扩的频缝，缝宽从 8mm 过渡到 12mm。

限制多管直流式分离器分离效率的主要因素是离心力场的强弱和细小颗粒的逃逸，因此，在出口增设一个对细小颗粒分离效果较好的丝网除雾器可有效地提高除雾效率。导致气体窜流的原因有两种：第一种是气体在单管侧缝间压力差的作用下由高压侧缝流向低压侧缝中；另一种是气体在惯性力的作用下通过侧缝流入到另一个单管的侧缝中。多管直流式旋流分离器对 $5\mu m$ 以上的颗粒具有很好的分离力，总的效率可达 99% 以上。

二、　切向式旋风分离器

在切向式旋风分离器中，气流切向进入旋风分离器本体。气流在向下流动的过程中，液滴旋转到外壁上并流向底部，气流反转并流入溢流管。主出气管伸入的长度为 100～150mm，叶片边缘设置凹槽，将叶片上形成的液膜收集起来，减轻分离器内壁的液膜负荷，有利于防止雾滴的二次逃逸。入口中心锥突出一部分，可有效防止液滴沿着中心柱流动，使分离出来的液滴沿叶片流动，排气管入口处的环形锥也突出排气管边缘，一方面促使气流旋转流向分离器内壁，另一方面又防止分离出来的液体卷吸进入排气管。

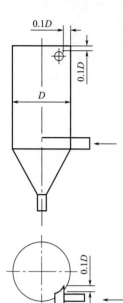

图 6-35　旋风式气水
分离器的结构

旋风式气水分离器的结构如图 6-35 所示。

旋风分离器内是复杂的三维强旋湍流场，一般都是用大量的实验来研究寻找它的规律，并用来修正和验证理论研究描述流动特性的数学模型。对于气液两相涡旋流动特性的研究，主要是参照旋风器和水力旋流器的涡旋流动的研究理论和方法。

颗粒质点的速度规律为其所经历途径时的时间的微分：

$$u_d = \frac{dr}{dt} \tag{6-26}$$

$$dt = \frac{dr}{u_d} = \frac{1.8\mu rg}{d^2(\rho_s - \rho)u_q^2}dr \tag{6-27}$$

对式（6-27）积分得分离时间 t：

$$t = \int_{r_1}^{r_2} \frac{1.8\mu rg}{d^2(\rho_s - \rho)u_q^2}dr = \frac{1}{2} \times \frac{1.8\mu g}{d^2(\rho_s - \rho)u_q^2} \times (r_2^2 - r_1^2) \tag{6-28}$$

停留时间 T 为：

$$T = \int_0^L \frac{dL}{\omega} \tag{6-29}$$

取轴向平均速度为：

$$\overline{\omega} = \frac{Q_i}{\pi(r_1^2 - r_2^2)} \tag{6-30}$$

$$T = \frac{L}{\overline{\omega}} = \frac{L\pi(r_1^2 - r_2^2)}{Q_i} \tag{6-31}$$

式中　u_d——颗粒沉降速度，m/s；

u_q——切向分速度，m/s；

ω——轴向速度，m/s；

μ——气体黏度，kg·s/m²；

Q_i——气体流量，m³/h；

t——颗粒的分离时间，s；

T——气流在旋流场中的停留时间，s；

L——旋流场的高度，m；

ρ——气体密度，kg/m³；

ρ_s——颗粒密度，kg/m³；

d——颗粒直径，m；

r_1——旋流场内径，m；

r_2——旋流场外径，m；

g——重力加速度，m/s²。

切向式旋风分离器的表达式如下：

$$d_{p50} = \sqrt{\frac{9\mu v_{ax}R^2}{2(\rho_P - \rho_F)v_t^2 L}} \tag{6-32}$$

式中　v_t——切向速度，m/s；

　　　L——分离器有效长度，m；

　　　R——分离器有效半径，m。

新型结构的旋风气液分离效率达到94%以上，并且能够完全除净粒径大于$25\mu m$的固体颗粒。通过流场测试和数值计算分析了新型直流旋风分离器结构流动分布，研究发现：前导流锥体具有很好的导向作用，分离空间内旋风管的中心附近存在着低压区，截面内的切向速度呈组合涡分布，在排气管内仍有二次流动。由于其强烈的离心作用，旋风分离器可水平布置或垂直布置。同时，由于气流速度很高，沉积结垢问题一般不是主要关心的问题。当旋风分离器和丝网分离器联合使用时，可获得很高的负荷调节比。

切向进气的旋流式分离器的切割粒径与旋流速度之间的关系见图6-36。入口速度与效率之间的关系如图6-37所示。

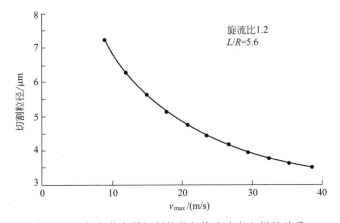

图6-36　切向分离器切割粒径与旋流速度之间的关系

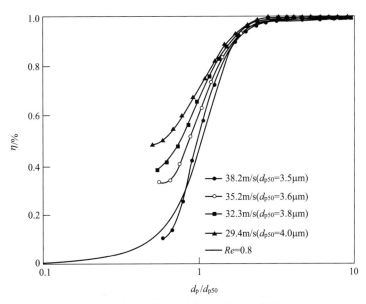

图6-37　切向分离器入口速度与效率之间的关系

切向进气的旋风分离器常用于雾滴较细（$\geqslant 5\mu m$）而除雾要求又较高的场合。进气管的流速一般可取$22\sim 25 m/s$，筒体截面上升的气流速度一般取$4.5\sim 5.5 m/s$。筒体的长径比与筒体截面上的气流速度有关，一般地，若筒体直径为 D，截面气流上升速度为 v，筒体高度可取 vD，但 D 不能太大，超过 1.8m 时，效率将迅速下降，此时应采用旋流板气水分离器。

三、 轴流式旋风分离器

轴流式旋风分离器中，气流从顶部进入，液滴从底部流出，净化后的气体从溢流管排出。轴流式旋风除雾效率高，气体通量大，且有破泡和自洁功能，近年来得到了越来越广泛的应用。旋风除雾器的气流通量约为丝网的 10 倍和折板的 4 倍。因此，旋风除雾器适用于现有设备的改造以及更紧凑的结构设计。

轴流旋风分离器的性能研究结果表明，结构参数对气固分离和气液分离效率的影响并不一致。分离器内离心力场增强，分离能力增大，分离效率提高。当叶片出口气流速度超过一特定数值（临界值）后，虽有利于液滴分离的离心力场继续增强，但分离器内湍流强度也大大增加，在气流的强湍流的作用下，液滴破碎、雾化加剧，分离难度增加。同时，沉积在器壁上的液体表面出现湍流弥散，产生气雾夹带现象，使总的分离效率降低。

其他条件不变时，分离器分离效率随入口含液浓度的增大而增大，达到最高点后，则随着入口含液浓度的进一步增大而降低。

轴流式气液分离器与旋风式气液分离器相比，由于采用了轴向进气的方式，旋转气流由轴向导叶产生，从而使旋转气体保持稳定，并有助于维持层流特性，而且其显著特点是阻力损失较小，结构也更加紧凑，适宜于狭长空间环境的安装操作。

对于安装与重力方向相反的分离器，需同时考虑被夹带液滴的向上传输及分离器内壁上液膜的剪切破碎对效率的影响。随着喷嘴压力的提高，除尘效率也提高；当旋流板倾角变小时，除尘效率也是提高的。

轴流式旋风分离器的切割粒径可按下式计算：

$$d_{p50} = \frac{\pi R^2}{2\pi r v_\theta} \sqrt{\frac{27\mu_g}{2(\rho_p - \rho_g)} \times \frac{v_Z}{L}} \tag{6-33}$$

式中　　d_{p50}——切割粒径，m；

$\quad\quad R$——分离器内径，m；

$\quad\quad r$——颗粒进入处的半径，m；

$\quad\quad \mu_g$——气体黏度，dPa·s；

$\quad \rho_g,\ \rho_p$——气体和颗粒的密度，kg/m³；

$\quad\quad v_Z$——轴向速度，m/s；

$\quad\quad v_\theta$——切向速度，m/s；

$\quad\quad L$——分离器长度，m。

轴流式旋风分离器中：当气体流速为 7m/s 时，切割粒径为 $7\mu m$；当气体流速为 11m/s 时，切割粒径为 $4.5\mu m$。

为确保液体在分离通道内的最大速度反应不会产生液膜的破碎和二次携带现象，一般应小于 10m/s。在常压水-空气体系中，典型的液滴粒径为 $10\mu m$。

第四节　旋流板分离器

旋流板常用于脱硫除尘中，其脱水除雾性能也相当不错，它们的计算方法相同，只是在具体结构和安装上有些差异。其主要影响参数如下。

1. 叶片仰角

不同叶片仰角均有一个临界气速，当气流速度超过临界气速时，分离效率会急剧下降。随着叶片仰角的增大，一方面气流沿旋流器内的停留时间减少，气液两相未经充分分离即从溢流口排出，从而使分离效率下降。随着叶片仰角的减小，切向速度增大，气流锥在旋流器内的停留时间增加，但过高的切向速度将使旋流器内壁形成的液膜发生破裂，造成雾滴的二次携带，从而降低了气液两相的分离效率。

径向角增大或仰角减小，将导致叶片间的通流面积减小，气流的穿过速度增大。动能因子的增大使得流体的湍流脉动更加剧烈。旋流板对应的最佳截面气速较小，但通过叶片时的速度是增大的。例如，当叶片径向角为 45°，仰角为 70°时，最佳截面气速为 9m/s，相应经过叶片时的计算速度为 10.7m/s；当仰角为 60°时，最佳截面气速为 9m/s，相应计算的叶片出口速度为 15.6m/s；当仰角为 50°时，最佳截面气速为 7.5m/s，相应的叶片气速为 16.7m/s。因此，一般选定截面气速为 5~9m/s，通过叶片时的速度为 20m/s 左右。

在一定范围内，随着叶片仰角的减小和径向角的增大，分离效率增大，但压力损失也急剧增大。工作实际中，综合考虑分离效率和压力损失，旋流叶片仰角一般为 30°~60°，径向角一般选择 15°~30°，叶片最佳仰角为 45°。

2. 旋流器直径

分离器直径越小，临界速度也越小；分离器的直径越大，相应的临界气速也越大。例如，对于直径小于 200mm 的气液旋流器，其临界速度约为 14m/s。气液旋流分离的分离效率随入口含液浓度的增大而提高，但也有一个临界值，到达最高点后随含液浓度的增大而出现下降趋势。当气体中含液浓度较高时，宜选用直径较大的气液旋流分离器。

3. 叶片重合度

实验中发现，短路流和二次流夹带对气液旋流分离器的分离效率影响较大，宜采用合理的叶片覆盖率和气体流速。一般，叶片重叠度取 0.03~0.04m，但在易黏结、易堵塞的工况下，重叠度应取小，甚至留出空隙。在同等重叠度下，叶片数量增加，阻力会有所降低。当含液浓度为 60~85g/m³ 时，分离效率可达 99％以上。

4. 分离段长度

雾滴受旋转气流的夹带，在离心力的作用下被甩向器壁，其运动可分解为向下的轴向运动。由临界粒径的关联式可知，只要雾滴在分离器内的停留时间大于移动到壁面所需的时间，雾滴即可被捕集。因此，在其他条件不变的条件下，分离效率将随出气筒高度的增加而增大。

叶片参数和排气管结构参数对旋风管阻力特性和分离效率的影响最大。环隙排液综合效率比较好，宽度为 20mm、出口角为 30°的叶片和直筒＋锥型排气管的性能最好，最佳的分离段长度为 2~3 倍的旋风管管径，在低抽气量的情况下，对分离效率没有太大影响。

5. 气速

一般在 5~12m/s 之间处于高效分离区。当旋流板仰角为 45°时，旋流板有效断面上最优气体流速为 5m/s 左右。若安装在文丘里管的出口，安装位置取扩压段，截面积为文丘里洗涤器本体截面积时，脱水效果最好。

若进气口采用向下弯头或渐扩槽管，当气速为 14～18m/s 时，其分离的极限粒径可达 25μm。发生液体夹带时，不但会导致一些细小的液滴出现，而且会产生一些 20μm 以上的大液滴，恶化了旋流器的性能。

图 6-38 为分离器长度与分离效率之间的关系。

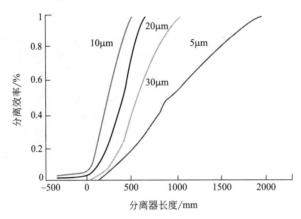

图 6-38　分离器长度与分离效率之间的关系

分离器叶片前段为导直段，后段为倾斜段，中间轮毂伸出较多，用于消除负气压。为适应气体负荷的波动，叶片可设计成可调节式，当气体流量减少时，可减小叶片倾角，也即增大叶片与分离器轴线的夹角，以保持分离器分离效率基本不变。

6. 压降

旋流板分离器的压降主要由 3 部分组成：入口局部阻力损失、出口局部阻力损失和分离器内旋流板的阻力损失。前两者主要是进气和排气的各种损失，对分离过程所起的作用非常有限，应尽量减小；后者是为造成气体的旋转提供离心力，是获得高效分离的关键因素。当然，对进口的结构设计也不可忽视，它也会影响旋流板内的气体流场，进而影响分离效率。

7. 除雾效率

旋流板除雾器的除雾效率可达到 99％以上。当除雾器直径较大时，除雾效率会下降，此时可采用多程旋流板或若干个小型旋流板并联组合的方式。安装与重力方向相反的分离器时，需同时考虑被夹带液滴的向上传输及分离器内壁上液膜的剪切破碎对效率的影响。

旋流板式除尘器在出口设置锥形罩，防止被旋转气流沿距面夹带上去的液滴逃逸。其压力损失与叶片的仰角关系较大，叶片仰角（小于 60°时）对捕集效率无明显影响。锥形罩与旋流板之间的距离根据以下原则确定，即保证烟气通过装置的时间大于极限直径为 d 的雾滴到达管壁的时间，两个时间可以通过经向速度、轴向速度以及除尘器的规格尺寸求得。

常用的旋流板有圆柱形和圆锥形两种，一般圆柱形旋流板有效截面上的最优气流速度为 5m/s；而圆锥形旋流板为 12～18m/s。当气流中夹带的雾滴小于 800mg/m³ 时，宜采用圆锥形旋流板；等于或大于 800mg/m³ 时，宜采用圆柱形旋流板。两种旋流板外形见图 6-39 和图 6-40，几何参数见表 6-4。

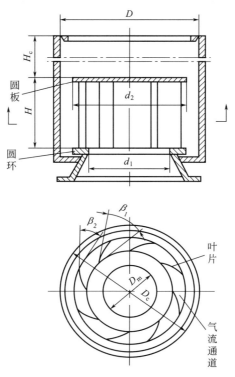

图 6-39 圆柱形旋流板气水分离器结构

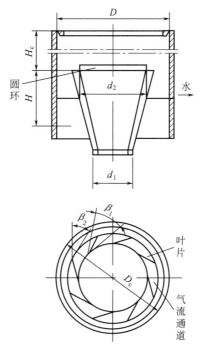

图 6-40 圆锥形旋流板气水分离器结构

表 6-4　圆柱形和圆锥形旋流板气水分离器几何参数

几何参数	H/d_1	d_2/D_c	d_1/D_c	d_2/d_1	D_m/D_c	β_1	β_2	N（叶片数）
圆柱形	0.7	0.6	0.5	1.25	<1.5	50°	0°	<18
圆锥形	6.0	0.85	0.2	4.25	2.0	34°	10°	18

　　一般设置两块旋流板，以提高分离效率。第一块板起主要分离作用，初始进入旋流区域的液滴颗粒粒径较大，分离需要较大的作用力，所以气体应以较大速度穿过旋流板。经过第一次分离后，气体中夹带的是小粒度的液体颗粒，质量小，惯性也小，要达到沉降所需的力也小些，而且受力一定时，小颗粒更容易迫混，所以第二块旋流板的气速宜低一些。但颗粒粒径越小，扩散能力越强，越难沉降，这就要求气流经过第二块旋流板产生的旋流场的时间比第一块要长一些，因而气液分离器的高度也要高一些。

第五节　其他形式的除雾器

一、重力式气水分离器

　　重力式气水分离器与重力沉降除尘器的结构和原理是相同的，可以采用相同的计算公式来计算，只有当雾滴的沉降速度大于气流上升的速度时，雾滴才能被分离出来。雾滴沉降的临界直径与气流上升速度的关系见表 6-5。从表中可以看出，要提高重力式气水分离器的效率，气流的上升速度就应尽可能小。因此，重力式气水分离器占地面积大，适用于含大颗粒雾滴的气水分离中，或精细分离前的粗分离。需要指出的是，在石灰石（石灰）-石膏法中，浆液的浓度较大，其密度略大于 $1\times10^3\,\text{kg/m}^3$，其雾滴的沉降临界直径相应也要小些。

表 6-5　雾滴沉降的临界直径

气流上升速度/(m/s)	2.0	2.5	3.0	3.5	4.0	4.5	5.0
沉降临界直径/μm	120～150	190～230	270～330	370～440	490～570	620～740	760～900

二、弯头气水分离器

　　弯头气水分离器内的气速以 7m/s 左右为宜，若气速增加，液膜又被破坏，产生二次携带，除沫效率下降。弯头除雾器气流速度宜小于 13m/s，分离效率随气流速度的增大而增大，但气速过大易引起分离出来的水二次携带，从而降低除雾效率。

三、丝网除雾器

　　丝网除雾器是由金属丝或非金属丝叠加在一起组成的具有一定厚度的气水分离装置，其工作原理为：当带有雾滴的气流以一定的速度上升通过丝网时，由于雾滴惯性力的作用，雾滴与丝网细丝相碰撞而被吸附在细丝表面，形成一层薄薄的液膜；细丝表面的液膜进一步扩散，重力沉降，逐渐形成较大的液滴，沿着细丝流至两根交织丝的交接处，细丝的可湿性、液体的表面张力及细丝的毛细管作用使液滴越来越大，直至聚集液滴大到自身所产生的重力超过气体的上升力与液体表面张力的合力时，液滴就从细丝上分离而落下，完成整个气水分离过程。

丝网除雾器的分离效率较高，对于 $5\mu m$ 以上的液滴，其效率可达 $98\%\sim99\%$，适用于洁净气体，但不宜用于液滴中含有或易析出固体物质的场合（如碱液、碳酸氢铵、硫铵等），以免液体蒸发后留下固体堵塞丝网。丝网除雾器的高一般取 $100\sim150mm$，压降为 $250\sim500Pa$。丝网除雾器一般制成抽屉式，安装、维修、制作、拆卸非常方便，费用低。鉴于丝网除雾器已有很多厂家生产，且有标准型丝网产品系列，本书不再对其设计做详细的介绍。丝网除雾器不易冲洗，易结垢，离心式除雾器压力损失太大，且不适合应用于烟气量大的场合。

丝网可由不同的材料制作，从而达到捕集雾滴和实现其他功能（如冷凝）。设计流速一般按下式确定：

$$v_m = K\sqrt{\frac{\rho_1-\rho_g}{\rho_g}} \qquad (6\text{-}34)$$

式中　v_m——设计流速，m/s；

　　　ρ_1——气相密度，kg/m^3；

　　　ρ_g——液相密度，kg/m^3；

　　　K——容量因子，m/s。

推荐的容量因子 K 是变化的，主要取决于以下几个因素：液相黏度、表面张力、液相负荷和运行压力。

每一个制造商都有自身的推荐值。一般指导性的 K 值为 $1.0m/s$。

丝网除雾器的丝径一般为 $0.1\sim0.28mm$，厚度为 $100\sim300mm$，可用于捕集 $3\mu m$ 以上的颗粒，其压降一般为 $250Pa$ 左右。冲洗时，应对准除雾器的前沿直接冲洗，若冲洗后沿将导致持液增加，降低通气量。典型的冲洗流量为 $120L/(\min\cdot m^2)$。

纤维床式除雾器可以除去粒径为 $2\mu m$ 的颗粒，按碰撞模型改的纤维床式除雾器，表面设计气速为 $1\sim3m/s$；按扩散模型设计的纤维床式除雾器，表面设计气速为 $0.05\sim0.2m/s$，压力损失为 $1000\sim3000Pa$。坎宁汉（canningham）滑移修正因子（对于小于 $0.5\mu m$ 的颗粒需要引入，对电力系数进行修正）可按下式进行计算：

$$C' = 1.0 + \frac{2\theta\lambda}{D_p} \qquad (6\text{-}35)$$

$$\lambda = \frac{1}{\sqrt{2\pi n d_m^2}} \qquad (6\text{-}36)$$

式中　C'——坎宁汉滑移修正因子；

　　　n——气体分子密度，个/m^3；

　　　d_m——气体分子直径，m；

　　　λ——气体分子平均自由程，m；

　　　D_p——颗粒直径，m；

　　　θ——无量纲。

不同温度下的坎宁汉滑移修正因子见表6-6。

表 6-6　不同温度下的坎宁汉滑移修正因子

颗粒直径/μm	21℃	100℃	260℃
0.1	2.88	3.61	5.41
0.25	1.628	1.952	2.528
0.5	1.325	1.446	1.711
1	1.16	1.217	1.338
2.5	1.064	1.087	1.133
5	1.032	1.043	1.067
10	1.016	1.022	1.033

四、 RPS 分离器

PRS 为旋转分离器，在旋流器之间安装旋流分离单元，分离单元由一系列直径为 1～2mm 的通道构成。其核心部件为旋转单元，旋转单元呈管状，集中布置于一圆筒内，并一起绕中心轴旋转，依靠离心力将液滴甩至管壁。液滴径向轨迹距离相比管长度来说是很短的，它可以分离直径为 1μm 的颗粒。

颗粒物在 RPS 通道内的分离过程与旋风分离器类似，其可表达为：

$$d_{p50} = \sqrt{\frac{27\mu v_{ax} d_c R}{2(\rho_p - \rho_F) v_t^2 L}} \tag{6-37}$$

式中　d_{p50}——切割粒径，μm；

　　　d_c——通道直径，m；

　　　μ——液相黏度，dPa·s；

　　　R——分离半径，m；

　　　ρ_p——液相密度，kg/m³；

　　　ρ_F——气相密度，kg/m³；

　　　v_{ax}——切向速度，m/s；

　　　v_t——总速度，m/s；

　　　L——分离器长度，m。

在同样的轴流速度下，旋流器和 RPS 的中位粒径之比为：

$$\frac{d_{p50x}}{d_{p50R}} = \sqrt{\frac{36LS^2}{27\theta_s R}} \tag{6-38}$$

式中　S——转速，m/s；

　　　θ_s——分离角度，(°)；

　　　R——分离半径，m；

　　　L——分离器长度，m。

分离角度大约为 π/2，可通过改变 R/L 和 S 来提高 RPS 的分离性能。RPS 对气体流量的变化不敏感，在同等流量和尺寸下，RPS 可分离出来的颗粒粒径要比旋风分离器小一个数量级。从图 6-41 可以看出，随着轴流速度的增加，切割粒径减小，但在分离器内壁面，离心力为 0，液膜很容易被二次破碎导致二次携带，而 RPS 具有回转壁，不存在此问题。

RPS 可在有限的旋转速度、压力损失以及很短的停留时间内将微细颗粒分离出来，与传统的旋风除尘器相比，在同等分离效率下，RPS 的外形尺寸要比旋风除尘器小一个数量级，或在同等尺寸下，RPS 所能分离的颗粒粒径比旋风除尘器小 10 倍。

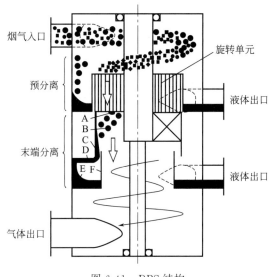

图 6-41　RPS 结构

RPS 的分离粒径要比轴流式旋风除尘器小一个数量级，其去除过程可分以下 3 步。

（1）切向进气进行预分离，去除大于 $10\mu m$ 的颗粒。

（2）旋风分离单元将 $10\mu m$ 以下粒径的颗粒凝结成液膜，在分离单元的出口，在重力和剪切力的作用下，液膜破碎成 $50\mu m$ 的颗粒。

（3）破碎的液滴在分离器的作用下被甩向外筒内壁，流至内壁凹槽中，凹槽具有收集和防止液滴二次携带的作用，旋转单元长径比达 $1：100$（如直径为 $6.6mm$，长度为 $700mm$）。

RPS 分离器的 d_{p50} 表达式如下：

$$d_{p50} = \sqrt{\frac{13.5\mu_g h Q}{(\rho_p - \rho_g)\pi(1-\varepsilon)(R_o^2 - R_i^2)L\omega^2}} \tag{6-39}$$

式中　d_{p50}——分割半径，m；

μ_g——气体黏度，dPa·s；

h——旋转单元直径，m；

Q——气体流量，m^3/h；

ρ_p——颗粒密度，kg/m^3；

ρ_g——气体密度，kg/m^3；

ε——盲区面积比例；

R_o——外半径，m；

R_i——内半径，m；

L——旋转单元长度，m；

ω——旋转速度，m/s。

旋风分离器与 PRS 切割粒径的比较见图 6-42。

五、　静电除雾器

静电除雾器的除雾原理与静电除尘器的原理是相同的，都是利用高压直流电使电极不断

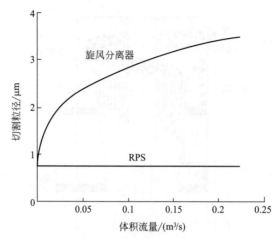

图 6-42　旋风分离器与 PRS 切割粒径比较

发射出电子，把电板间部分气体电离成正、负离子，由于离子运动而与尘、雾颗粒碰撞。荷电后的尘、雾颗粒向与其电性相反的电极移动，到达电极放电，沉移在电极上被收集而除去，气流中的雾滴被分离出来。静电除雾器在硫酸工业的炉气净化中应用较广，在氨-硫铵法烟气脱硫系统中，有些公司也将静电除雾器安装在脱硫塔后，一方面起烟气除雾的作用，另一方面又可去除大部分的气溶胶。静电除雾器可分为管式和板式两种，其中管式静电除雾器又可分为铅静电除雾器、塑料静电除雾器及导电玻璃钢静电除雾器。导电玻璃钢静电除雾器是近几年发展起来的一种静电除雾器，其沉淀极结构不再采用圆管，而是采用 400mm×400mm 的方管或 360mm×360mm 的正方形蜂窝结构，使空间利用率大大提高，重量显著降低，同时易于安装、维护。

作为静电除雾器的阴极，电晕极目前已采用了多种形式，从材料来看主要是铅和纯钛，也有其他一些耐腐蚀的金属材料，但均有一定的局限性，如遇到 HF（氢氟酸）从结构来看，目前正从四角形线、六角形线发展到各种高效芒刺线，这主要依赖于钛等高耐腐蚀性能材料的应用，以前只使用铅线。由于高效芒刺线的使用使除雾流量提高了一倍左右，从而抵消了钛等耐腐蚀材料成本的增加，而同时体积明显减小，质量显著下降。

板式静电除雾器由于材料只能用玻璃钢加导电除层来解决，因此在制造上遇到加工和安装精致、造价等方面的制约，目前应用较少。

六、　PP 管式除雾器

喷淋层的雾滴粒径统计分析见表 6-7。由于喷淋层产生的雾滴绝大部分（95％以上）都是大的雾滴颗粒（超过 $1000\mu m$），这些大的雾滴颗粒是造成除雾器堵塞的主要原因，因此，管式除雾器对捕集大的雾滴颗粒发挥了巨大作用。

表 6-7　喷淋层的雾滴粒径统计分析

雾滴粒径/μm	＞2500	1000～2500	500～1000	250～500	20～250	0～20
体积分数/％	50	45	4.5	0.45	0.045	0.005

管式除雾器能去除粒径大于 $400\mu m$ 的雾滴，效果显著。在常规屋脊式除雾器前增加 PP 管式除雾器，可预先除去烟气中的大液滴，减轻后续除雾器的工作负荷，进而提高整体除雾

效率，起到预处理的作用，降低后方屋顶除雾器堵塞风险，阻止大部分携带石膏固体的浆液直接进入屋顶除雾器，能有效减小除雾器堵塞的风险。此外，塔内的烟气流场存在很大的不均匀性，增加管式除雾器，能均布烟气流场，起到烟气整流的作用，降低除雾器冲洗水消耗量。由于管式除雾器把大部分的石膏浆液雾滴拦截，进入屋顶除雾器的量大幅下降，因此，用更少的水即可保持屋顶除雾器洁净，用水量通常可以减少50％以上。

不需要单设冲洗系统，借助除雾器冲洗水"被动"冲洗，有自洁作用，不需要额外增加冲洗设备。管式除雾器的压降约为80Pa，适用温度≤80℃。

若在PP管制作时添加导热型材料，增强PP管的导热性，在PP管内通入冷却水，可使烟气中携带的水蒸气发生冷凝，小液滴凝聚增大，从而节约脱硫系统的水耗。同时，减小了脱硫塔内烟气与环境的温差，大大减少了烟气冷凝水量，从而降低了湿烟囱排放时下雨的可能性，甚至可完全避免烟囱石膏雨。此时的PP管式除雾器既是除雾器，又是换热器，起到双重作用。

PP管式除雾器结构简单，一般由三层$\phi 100 \sim 150mm$的聚丙烯管交错布置而成，表面光滑。

七、 填料床除雾

填料床可用于没有固体颗粒物的除雾场合。图6-43～图6-47为一些填料床的实验数据。

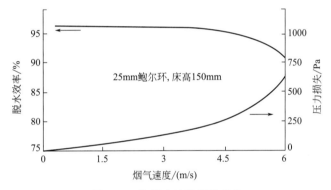

图6-43 填料床液滴脱除性能

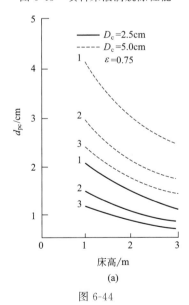

(a)

图6-44

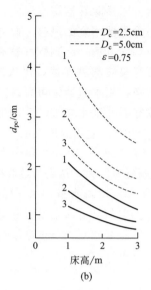

(b)

图 6-44　填料的切割粒径图

图中 1、2、3 曲线代表气流速度分别为 1.5m/s、3m/s 和 4.5m/s

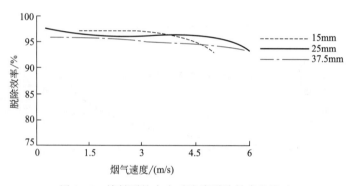

图 6-45　填料颗粒大小对液滴脱除效率的影响

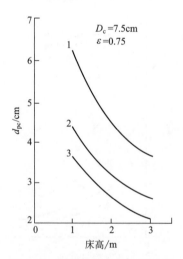

图 6-46　床高与压降之间的关系

（图中曲线 1，2，3，分别表示气流速度为 1.5m/s、3m/s 和 4.5m/s）

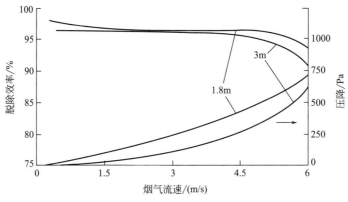

图 6-47　25mm 塑料球床层除雾

第六节　组合式雾滴分离器

由机械（如鼓泡、托盘气泡、沸腾等）产生的液滴直径往往较大，粒径为 $6 \sim 800\mu m$；中高压雾化喷嘴产生的雾滴为 $50 \sim 200\mu m$；气液双流体喷嘴产生的雾滴较小，可达 $10\mu m$ 以下；化学反应产生的雾滴（如 SO_3 与湿气反应产生的酸雾）粒径小于 $1\mu m$。由于较低的液气比（L/G），或者其他独特的吸收塔的几何结构，在某些处理低浓度二氧化硫的应用中可能只需使用一级 V 形平面除雾器。但是，对于大多数应用来说，除雾区域通常由两级除雾器组成。

典型喷淋塔除雾器之前的液滴测试结果如图 6-48 所示。

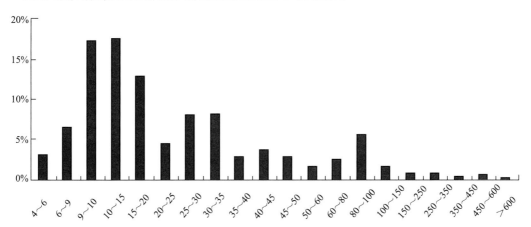

图 6-48　典型喷淋塔除雾器之前液滴测试结果

典型的气液分离器极限粒径见表 6-8。

表 6-8　典型的气液分离器极限粒径

分离技术	可分离的液滴粒径（极限粒径）/μm
重力式分离器	300
离心式分离器	$8 \sim 10$
折板式除雾器	10
高效凝结式分离器	1

由表 6-8 可以看出，粒径为 $10\mu m$ 以下的颗粒采用重力沉降很难获得令人满意的效果，但可用离心的方法获得较好的效果，离心的效率可比重力大 100 倍左右。

凝聚器是使细小的雾滴凝聚成较大粒径的液滴，气流通过几层过滤介质，每层介质的平均孔径是逐渐增大的。当雾滴通过微孔时，粒径逐渐长大，直到长大到适合捕集的粒径，有制造商宣称可去除 $0.3\mu m$ 的雾滴。

纤维过滤床层利用碰撞或布朗运动的原理除去细小雾滴，可除去粒径小至 $0.1\mu m$ 的雾滴。

不同气液分离介质所对应的以 99.9％效率捕捉的液滴大小（空气中水）见表 6-9。

表 6-9　不同气液分离介质所对应的以 99.9％效率捕捉的液滴大小

介质种类	大小范围
纤维滤芯或纤维极	$0.1\mu m$ 或更大
羟复合编织丝网	$2\mu m$ 或更大
0.006 英寸编织丝网	$10\mu m$ 或更大
旋流叶片	$8\mu m$ 或更大
折板除雾器	$15\mu m$ 或更大

选择分离技术时，需考虑分散液的液相浓度、液滴大小及所需的分离效率。当需分离的液相浓度很大时，需在入口设置相分离装置，如渐缩式百叶窗分离装置。当烟气流速较高，所需分离的液滴粒径又较小时，可设置大通透丝网作为凝结器，液滴在丝网中碰撞、凝结增大后进入后一级除雾器，为后续除雾创造条件。图 6-49 为几种除雾器的适用范围。

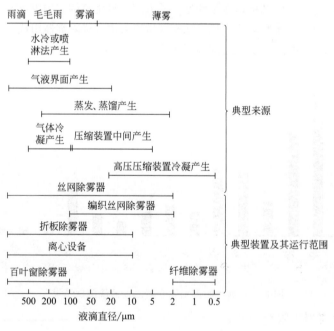

图 6-49　除雾器的选择

高效气液分离器组合方式如下。

方式一：入口叶片挡水器＋丝网除雾器＋离心式分离器组合。

方式二：入口叶片挡水器＋折板式除雾器＋离心式分离器组合。

方式三：入口叶片挡水器＋丝网除雾器＋离心式除雾器＋丝网除雾器组合。

方式四：入口叶片挡水器＋丝网除雾器＋丝网除雾器＋离心式分离器＋丝网除雾器组合。

入口叶片挡水器一般是当入口液滴负荷特别重时才使用，它可以大大减轻后续除雾器的负荷，提高整体除雾效率。

高效凝结式分离器是采用编织丝网预先将微细的雾滴凝结长大，然后再用折板式除雾器进行分离，可以说是高效凝结器和折板式除雾器的结合体。

离心式除雾器前的丝网除雾器或折板除雾器运行的流速较高，主要起微细液滴的凝聚作用，将微细的液滴凝聚成较大的液滴，为后续离心式除雾器创造优良的分离条件。这些除雾器的组合操作弹性大，与常规的丝网除雾器相比，允许的气流速度可大 2.5 倍，即使气量为设计速度的 1/10 时，仍能获得良好的除雾效率，因为在除雾组合中，至少有一种除雾器处于良好的运行状态。

离心式除雾器前采用丝网除雾器还是折板式除雾器进行凝聚，取决于气体中固含物的多少。当气体中含有的固含物较多且黏性较大时，宜用折板式除雾器代替丝网除雾器。

在以上几种除雾器的组合中，方式四效率最高，在离心式除雾器前进行凝聚，在离心式除雾器之后，再增设一层丝网除雾器，以防液滴从离心式除雾器泄放槽缝中逃逸。

丝网除雾器一般在雾沫量不是特别细的情况下使用，一般除雾效率可达 99％以上，对于 $5\mu m$ 雾滴的除雾效率为 99％，对 $10\mu m$ 雾滴的除雾效率为 99.5％，并能有效地除去 $2\sim 5\mu m$ 的雾滴。

当气体流量低时，离心式除雾器前的丝网除雾器作为除雾功能使用；当气体流量较高时，则作为凝聚器使用。在隔板上并列安装了一系列轴流离心分离器，从分离器底部进来的气体经旋流装置发生强烈旋转，气流中心液滴离心分离至旋流器内壁，并经旋流器壁面上的纵向槽缝流出，并汇集在底板上。与液滴一同流出的还有部分支流气体，主要气体从分离器顶部出口流出，与支流气体汇合。需要指出的是，支流气体容易携带微细液滴发生二次逃逸，因此，为了进一步提高效率，可在支流体出口安装丝网或折板式除雾器，以除去支流气体携带的液滴，也可对主流气体和支流气体汇合后的全部气体采用丝网或折板式除雾器进行再次除雾，该除雾方式的除雾效率可达 98％～99％。在同等运行条件下，若未设凝聚器和支流气体除雾器，除雾效率可降至 95％以下。

凝并装置示意图见图 6-50。

雾滴凝聚效果见图 6-51。凝并装置的雾滴粒径与分离效率之间的关系见图 6-52。

(a)

图 6-50

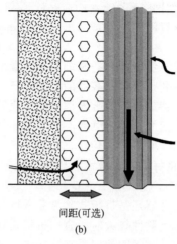

(b)

图 6-50 凝并装置示意图

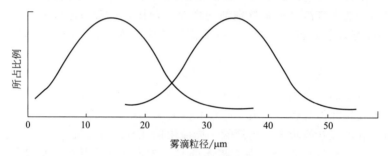

图 6-51 雾滴凝聚效果

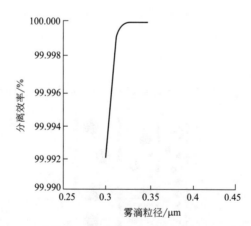

图 6-52 凝并装置的雾滴粒径与分离效率之间的关系

第七章

脱硫超低改造技术

第一节　脱硫塔协同除尘技术

国内燃煤电厂锅炉尾部现有的烟气治理岛工艺流程一般是由脱硝、除尘器、湿法脱硫组成，烟气湿法脱硫后直接进入烟囱。脱硝负责脱除 NO_x，除尘器负责烟尘治理，湿法脱硫负责脱除 SO_x。

然而，脱硝设备工作时，在催化剂的作用下，伴有 SO_2 转化为 SO_3 的副反应，使烟气中的 SO_3 含量大为增加。作为脱硝还原剂注入烟气中的 NH_3，在实际运行中会产生部分逃逸。但在现行工艺流程中，SO_3 和逃逸的 NH_3 并不能得到有效去除。

对于湿法脱硫，一方面，通过脱硫浆液的洗涤作用可脱除烟气中的部分颗粒物；另一方面，由于存在脱硫浆液雾化夹带、脱硫产物结晶析出，也会形成 $PM_{2.5}$。脱硫塔对 SO_3 的去除率很低，SO_3 以气溶胶的形式随烟气排出。吸收塔顶部设置的机械式除雾器对水雾、烟尘、重金属和气溶胶粒子的脱除能力有限。

当含有气态 SO_3 或 H_2SO_4 的烟气通过湿法烟气脱硫（FGD）系统时，由于烟气被急速冷却到酸露点之下，且这种冷却速率比气态 SO_3 或 H_2SO_4 被脱硫塔内吸收剂吸收的速率要快得多，因此，SO_3 或 H_2SO_4 不仅不能有效脱除，而且会快速形成难于捕集的亚微米级 H_2SO_4 酸雾。一般来说，酸雾中颗粒较大的雾滴是可以被脱硫塔除去的，但是对亚微米级的雾滴，脱硫塔则不能去除，只能通过烟囱排入大气。

由于大量 SO_3 的存在，进入烟囱的湿烟气处于酸露点以下，其冷凝液对烟囱造成腐蚀。因为现有湿法脱硫系统去除 $PM_{2.5}$ 细颗粒物的能力很弱，对汞和 SO_3 气溶胶等的脱除也有限，从而导致烟囱风向的下游经常出现"酸雨""石膏雨"等现象，或是有长长烟尾的"蓝烟"现象。

脱硫洗涤前燃煤细颗粒呈表面粗糙的球形结构，大小较为均匀，颗粒之间相互堆积在一起，主要成分有 Si、Al、C、O 等元素，其余为 Na、K、Ca、S、Fe 等次要元素。从其主要元素的种类可以推知，燃煤细颗粒主要是难溶于水的硅铝酸盐和挥发分凝结形成的油性含碳颗粒。出口处烟气中的细颗粒大多呈大小较均匀的球形结构，但含少量微米级的块状结构颗粒，这些块状结构颗粒粒径大多在 $1\sim2\mu m$ 左右，表面吸附有亚微米级微粒。同时，Ca、S、O 元素含量增加，这表明经 $CaCO_3$ 脱硫洗涤后，颗粒中可能含脱硫形成的 $CaSO_4$、$CaSO_3$ 晶粒及未反应的 $CaCO_3$ 颗粒等。采用氨水脱硫剂时，因氨水易挥发，气态氨可与烟气中的 SO_2 反应生成亚硫酸铵、亚硫酸氢铵、硫酸铵等气溶胶微粒，这些气溶胶微粒的粒径一般为 $0.05\sim0.50\mu m$，WFGD 系统难以脱除，使得出口细颗粒中含有较多的 S、O 等元素，且细颗粒数量增多。采用 Na_2CO_3 和 NaOH 作为脱硫剂时，WFGD 出口细颗粒组成与采用洗涤水没有明显区别；而采用 $Ca(OH)_2$ 和 $NH_3 \cdot H_2O$ 作为脱硫剂时，氧含量由 30.94％分别增加到 45.22％、42.55％，S 含量由 4.91％分别增加到 22.96％、25.64％，其中 $Ca(OH)_2$ 作为脱硫剂时，湿式脱硫塔进出口 Ca 含量由 14.14％提高到 21.34％，这可能与 $Ca(OH)_2$ 与 SO_2 反应生成的亚硫酸钙、石膏产物等细颗粒有关。氨水易挥发，气态氨可与烟气中的 SO_2 反应生成亚硫酸铵、亚硫酸氢铵、硫酸铵等气溶胶微粒。

上述气溶胶微粒的粒径大多在 $0.05\sim0.50\mu m$ 左右，属于 $PM_{2.5}$ 粒径范围，常规的 WFGD 系统很难脱除。但对于 $3\sim5\mu m$ 及以上的微粒脱除效率可达 70％～80％。因此，结合现有湿法脱硫工艺，促使细颗粒在脱硫区或脱硫净化湿烟气中凝结长大，可望协同实现湿法脱硫和脱除细颗粒。

一、 预洗涤

通过对安装有石灰石-石膏法脱硫装置的烟气再热系统出口颗粒物组成研究发现，煤燃烧产物中，飞灰仅占 40％，10％为石膏组分，其余 50％为脱硫液滴蒸发形成的固态微粒。

对于温度较高的烟气，安装预洗涤塔对烟气进行预冷却和增湿，有利于防止后续吸收塔出现浆液"闪蒸"而产生大量的亚微米级颗粒，对提高整个系统的除尘效率是非常重要的。预洗涤塔宜采用相对较干净的水。

在脱硫塔入口，喷淋浆液与热烟气接触，大量的浆液中的水分蒸发，浆液中的悬浮固体或溶解的固体（盐类）也将以细颗粒的形式释放出来。释放数量的多少与洗涤液的温度、入口烟气浓度、洗涤液的颗粒分布、气液比、气液之间的接触形式、洗涤液悬浮物和可溶性盐浓度等有关。很显然，入口烟气浓度越高，洗涤液浓度越高，释放出来的细颗粒物越多。采用清水或海水对烟气进行预冷却，可有效降低脱硫塔出口含尘量。

FGD 入口的烟温为 90℃，烟尘浓度为 $40mg/m^3$，由于降温效果使烟尘在脱硫装置上游发生凝并效果，使烟尘粒径增大，按照日本日立公司的测试结果，前端采用低低温除尘器，脱硫装置入口烟尘粒径分布平均大于 $3\mu m$，此时脱硫填料塔的除尘效率约为 80％。

二、 改变吸收剂

在以石灰石为脱硫剂的脱硫系统中，添加氧化钙可有效地提高脱硫效率。不同石灰石和生石灰比例对 pH 值的影响见图 7-1。石灰石溶解速度与 pH 值和二氧化碳分压之间的关系见图 7-2。

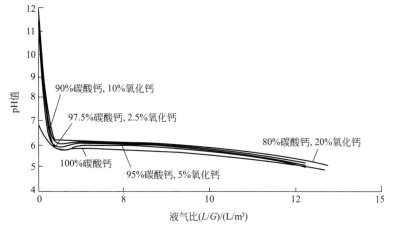

图 7-1 不同石灰石和生石灰比例对 pH 值的影响

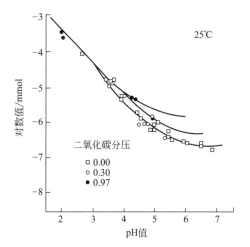

图 7-2 石灰石溶解速度与 pH 值和二氧化碳分压之间的关系

三、 脱硫塔入口优化

脱硫吸收塔入口优化设计可以提高脱硫吸收塔内气流分布的均匀性和气液传质效果，同时降低吸收塔入口局部压力损失和防止吸收塔入口底部出现固体堆积。从图 7-3 可以看出，采用水平烟气入口和较大的宽高比有利于减少局部压力损失，防止旋涡和液滴飞溅造成入口固体堆积。

四、 喷淋层优化

1. 喷淋层布置优化

增加喷淋层喷嘴的雾滴覆盖率，至少达到 300％，可有效提高脱硫塔的除尘效率。交叉喷淋层的布置方式是将两层喷淋合并为一层，脱硫吸收塔喷淋管交叉布置，可以降低脱硫吸

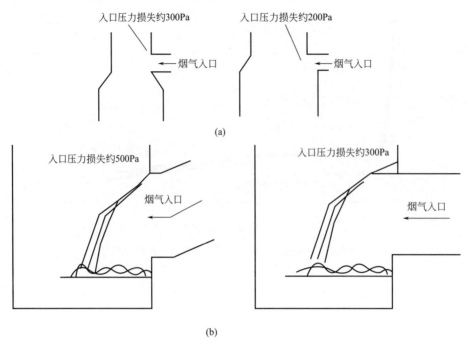

图 7-3　脱硫塔入口优化设计

收塔的高度，而压力损失和脱硫效率基本不变。

2. 喷嘴设计优化

两液滴碰撞以后有两种可能：一是碰撞以后聚合；二是碰撞后两液滴分开。当小液滴碰撞时，如果促使液滴聚合的力超过液滴与气相之间的界面张力，则两液滴将发生聚结，否则就会分开。

通常每个浆液颗粒只有颗粒表面的液体与烟气反应吸收 SO_2，反应生成的亚硫酸钙物质会包裹在液滴表面，阻止内部的浆液与烟气继续反应。但是在二次雾化过程中，包裹在原液滴表面的壳体被打破，内部浆液会转移到新的液滴表面，能够继续与烟气反应吸收 SO_2。经过二次雾化，浆液雾滴可以更好地吸收烟气中的 SO_2，而且液滴在一次浆液循环过程中的反应效率也大大得到提高，减少了液滴完全反应需要的循环次数，降低了浆液循环需要的能耗。在相同的喷嘴流量以及工作压力下，双头喷嘴的每个雾化喷射腔体需要雾化的浆液流量只是标准喷嘴的一半，因此，也具有更小的雾化腔体，以及获得更小的浆液索特直径值。采用双头喷嘴（双向或同向）或者将两个切向旋转方向相反的喷嘴靠近，不同的旋向不仅使得相邻的锥体碰撞速度提高，确保了二次雾化的效果，更主要的是避免了塔内烟气同向旋转后烟气富集在塔壁的分布不均问题。

浆液喷射压力不要太高，避免产生过多粒径细小的雾滴。

3. 提高脱硫塔局部气速

将逆流脱硫塔的气速增加到 $4\sim5m/s$，提高流速可提高气液两相的湍动，一方面可减小烟气与液滴之间的膜厚度，液膜增强因子增大，从而提高总传质系数；另一方面，喷淋液滴的下降速度减小，持液量增大，使得吸收区的传质面积增大。

当烟气流速低于3m/s时，脱硫效率与烟气速度无关；高于3m/s时，液滴表面的振动加大，液滴中的混合增强，表面更新加快，可促进二氧化硫吸收反应，有利于脱硫效率的提高；当烟气流速从3.0m/s提高到4.5m/s时，脱流率上升幅度较大；进一步提高烟气流速时，脱流率的提高趋于平缓。同时，烟气流速受除雾器性能和液泛速度的制约。

低烟气流速时，压降的增大幅度大于传质面积，而高烟气流速时，结果则相反，传质面积的增大幅度大于压降。这一点在ABB的高流速实验中也得到证实：在脱硫率不变的条件下，烟速从2.3m/s提高到4.3m/s，液气比减少32%，相应的传质速率增加50%，总能耗可下降25%。根据中试结果，从节能观点出发，空塔流速最好大于4.57m/s。

五、 增效环

喷淋空塔具有压降低、造价低、不存在堵塞等显著优点。脱硫塔运行时，烟气会出现附壁现象，即烟气沿塔壁流动增加的现象，这要求喷淋塔靠近塔壁处保持足够的浆液密度，以防止出现烟气短路现象和提高脱硫效率。因此，靠近脱硫壁的喷嘴大多采用单向实心喷嘴，逆向烟气喷射。与此同时，也导致大量的脱硫浆液贴壁，沿着塔壁往下流动，形成所谓的"壁流"。这种沿塔壁向下流动的浆液膜，减少了气液接触的有效传质面积，液气交界面处的传质效率很低，因此降低了脱硫剂的利用率，增加了液气比。浆液再分布环见图7-4。

通过对不同容量机组的测试证实了壁流现象，试验发现，把距塔壁距离作为SO_2浓度的函数，SO_2浓度的变化是非常明显的。从吸收塔壁开始，$0 \sim 1.3m$的外部圆周区域内的喷淋密度比吸收塔中心区域小，SO_2浓度在塔壁或靠近塔壁处最大；距塔壁1.2m处，测出的SO_2浓度等于或低于烟囱中的SO_2平均浓度；距塔壁3m处，SO_2浓度接近0。大部分塔体的中心区能达到99%～100%的SO_2去除率。

图7-4 浆液再分布环

增效环可以把塔壁上的液膜收集起来，重新破碎成液滴，分配到烟气中，一方面减轻烟气的附壁效应，靠近塔壁的喷嘴也可布置得离塔壁远些，减少贴壁流动的浆液和对塔壁防腐层的冲刷，另一方面又可使贴壁流动的浆液余热挥发。

安装液体再分配装置后的性能测试结果表明，系统脱硫效率可提高2%～5%。

例如，某电厂采用增效环技术对脱硫塔进行改造，该电厂锅炉燃用高硫煤（含硫量2.5%～3.5%），使用单台吸收塔，正常工况下4层循环喷淋层运行（另加1层备用）。在该吸收塔内安装了2个吸收塔液体再分配器（ALRD），运行效果测试如下。

① 4层循环喷淋层运行，pH＝5.6时，SO_2的去除效率由原来的95.7%增加到98.7%，脱硫效率提高了3%；pH＝5.9时，效率可达99.1%。

② 3层循环喷淋层运行，pH＝5.6时，SO_2的去除效率由原来的93.8%增加到96.1%，脱硫效率提高了2.3%；pH＝5.9时，效率可达97.1%。

从测试结果可以看出，采用ALRD后，脱硫效率可以得到显著提高。在同样的脱硫效率下，采用ALRD可以明显降低液气比，即降低循环泵的流量，或者少用一层喷淋层，浆液循环量降低了25%以上。

采用增效环降低了液气比，浆液循环量、循环泵流量和浆液喷嘴的数量都相应减小，投资费用可显著降低。

采用增效环后，由于循环泵的电耗降低，脱硫系统的总电耗也将降低，脱硫装置年运行费用下降。但塔环下沿容易发生固体物的沉积，因此塔环不宜过大。

六、 增混元件

喷淋吸收塔内壁周围烟气流速较高（气流高速区），塔中部烟气流速较低（气流低速区），而靠近塔壁的浆液喷淋密度较低，喷到塔内壁形成的液膜呈沟流状，气液传质效果不佳。增加增混元件后，烟气均匀性能和边壁沟流现象都得到了很好的改善，提高了脱硫除尘效率。增混元件主要有填料、托盘、气动元件等。

1. 填料

填料塔的阻力实际上并不一定比喷淋塔高，特别是当吸收塔效率达到95%以上时，填料塔的阻力可能会低于喷淋塔。这主要是由于填料塔内的烟气流速受其泛点气速（最高烟气流速）的限制，塔内流速比喷淋塔内烟气流速低许多。填料塔内烟气流速在 $2.1 \sim 2.4 \text{m/s}$ 范围内，而喷淋塔内烟气流速一般在 $3.3 \sim 3.9 \text{m/s}$ 范围内。另外，为了提高喷淋塔的脱硫效率，需要采取增大液气比、增加气流的扰动等措施来增加吸收塔的阻力。

2. 托盘

托盘塔就是在逆流喷淋的基础上增设了一块或多块穿流孔板托盘，见图 7-5。典型的喷淋/托盘上方往往布有两层或多层喷淋层，托盘下方有时也布置一层喷淋层对烟气进行预饱和。托盘是带有小孔或细长缝的格栅，烟气从托盘下向上流动，浆液从托盘上喷射下来，烟气和浆液在托盘上表面发生强烈掺混，形成泡沫层，泡沫层具有很大的气-液接触界面，对 SO_2 具有良好的吸收能力。

(a)

(b)

图 7-5　带托盘的喷淋塔（右图为托盘）

托盘常用隔板分成若干小区域，一方面增加托盘的刚度和平面度，另一方面提高浆液分布的均匀性。运行时，烟气从托盘中的部分孔中穿过（透气），同时浆液从托盘的其他孔中落下（漏液）。由于托盘上面的湍流运动，透气和漏液也是反复交替的，可认为是液相为连续相、气相为分散相的鼓泡和喷射过程。

托盘典型的筛孔直径为 $20 \sim 35 \text{mm}$，托盘的开孔率为 35% 左右。托盘的压损为

$400 \sim 800 \mathrm{Pa}$。

托盘的安装位置很重要，若布置得太靠近其上面的喷淋层，喷淋层上雾滴的脱硫效率将大为降低。

托盘产生的传质表面积比喷淋层所需的垂直距离短。因此，采用托盘时，可以降低塔高，减小循环泵流量，从而减少了塔的投资费用和循环泵的运行费用。但由于托盘增大了脱硫塔压力损失，增加了风机的运行费用。因此，总的投资和运行费用需根据具体情况具体分析。

托盘塔的缺点是对负荷变化的适应能力较弱，托盘上的泡沫只能在一个较窄的气流范围内形成，当负荷降低幅度较大时，压降会明显上升。当液气比较小，入口烟气 SO_2 浓度较高，入口烟气中粉尘浓度也较高时，应注意防止托盘表面及其孔的结垢堵塞问题。只要控制好 FGD 中浆液的化学特性和流程设计，完全可以避免托盘潜在的结垢问题。

（1）托盘对逆流型喷淋塔脱硫效率的影响　托盘除自身的脱硫作用以外，另一个作用是提高了其上面各喷淋层气流分布的均匀性，这也进一步提高了脱硫效率。

（2）烟气流速对托盘脱硫效率的影响　随着烟气流速的增加，托盘上的湍流度和持液量增加（压力损失也增加），提高了总传质系数和表面积，可以提高脱硫效率。当然，这与浆液碱度等一系列因素也有关系。

（3）托盘上浆液流量对脱硫效率的影响

提高托盘上的浆液流量，将提高脱硫效率，但增加了托盘上的持液量和托盘压力损失。大规模的试验表明，镁增强的石灰脱硫工艺流程的传质单元数（NTU）与托盘上的浆液流量大致成正比。

3. 文丘里棒层

文丘里塔与托盘塔类似，不同之处在于文丘里棒层代替了托盘。文丘里塔的结构见图 7-6。

文丘里棒栅由若干根棒料组成，棒与棒之间留存一定的间隙，该间隙还可根据负荷的变化进行调整。

文丘里棒具有强化浆液与烟气传质、传热的功能，且不会出现结垢和磨损现象。根据脱硫工艺的不同要求，可水平布置层数不等的文丘里棒层。

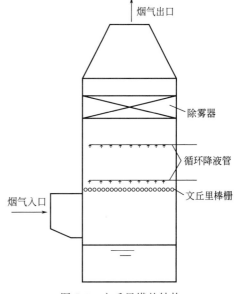

图 7-6　文丘里塔的结构

在文丘里吸收塔中，文丘里棒层是一个独立完整的部件。即使在低烟气流量下，文丘里棒也可保证吸收塔稳定地完成气液传质。烟气流速加大，形成湍流，强化了气液传质效果，使吸收剂表面不断更新，提高了脱硫剂的利用率。

文丘里棒层的作用与托盘类似，相当于筛板塔中的筛缝。根据吸收塔内的流体情况实行非等距布置，文丘里棒层一般设两层，上下两层在高度方向上要有一定的层距，层距一般为文丘里棒直径的 $2 \sim 5$ 倍。文丘里棒之间的间距一般为 $30 \sim 50 \mathrm{mm}$，文丘里棒层的有效通流截面为吸收塔断面的 $25\% \sim 40\%$。文丘里棒层的大致结构见图 7-7，其除尘效率见图 7-8。

工作时，在文丘里棒层上方同样可形成鼓泡层。文丘里棒表面光滑，棒与棒之间烟气流

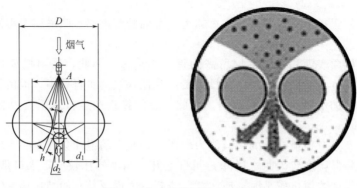

图 7-7　文丘里棒层的大致结构

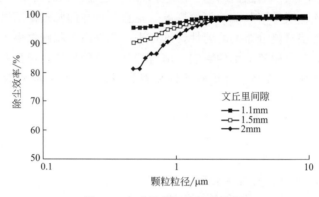

图 7-8　文丘里棒层的除尘效率

速较高，并带有轻微的振动和旋转，具有自洁作用，不易结垢。对脱硫浆液或最上一层喷淋层循环浆液进行降温，有利于除去烟气中的微细粉尘，减少烟气的蒸发水量，达到节约水耗的目的，这一点对于高寒缺水的西北、内蒙古等地区值得推广引用。与冷却脱硫后的烟气相比，冷却脱硫浆液所需的运行费用和建造费用要小得多。

采用文丘里棒层在文丘里棒之间产生文丘里效应，在同等效率下，它比常规的文丘里塔的压降更低，所需的液气比也更低。烟气与喷射的液体同向进入文丘里棒层，在文丘里棒层间隙处快速将液滴雾化，提高雾滴与亚微米级颗粒的碰撞效率。

文丘里棒层的特点是对亚微米级颗粒的脱除率达到 99％以上，压降为 2500～15000Pa，文丘里棒层可以进行人工或自动调整。

与托盘塔一样，文丘里吸收塔充分吸收了填料塔和传统喷淋塔的优势。文丘里脱硫塔的优点具体如下。

① 与传统的喷淋塔相比，它的体积可做得更小，因为它接受高流速。

② 在同样液/气比的情况下，具有更高的脱硫效率。

③ 相比同等脱硫效率，文丘里脱硫塔可减少 20％～25％的循环泵浆液量。

④ 相比同等脱硫效率，文丘里脱硫塔可减少 15％～20％的功率消耗。

⑤ 由于文丘里棒的布置，改善了气流在脱硫塔内的均匀性。

4. 喷射文丘里管

喷射文丘里管的结构见图 7-9。洗涤液与烟气同向进入文丘里管，在文丘里喉部以上注入洗涤液，除尘过程发生在文丘里管湍流部分，微细颗粒物在咽喉段被捕捉。然后，气液混

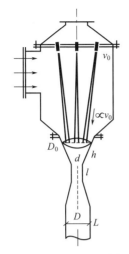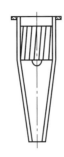

图 7-9 喷射文丘里管的结构（右图为喷嘴）

合物进入分离塔中，实现清洁气体与脏吸收剂液体分离。分离塔中的除雾设施具有高效、低堵塞、低压力降的特点，将气体夹带的颗粒物脱除，清洁气体通过分离器上部的烟囱排入大气。洗涤液循环使用，为防止催化剂积累，装置运行中将排出部分洗涤液进入洗涤液处理装置。

喷射文丘里管要求液气比为 0.7～2.7，压力损失至少提供 500Pa。当系统无法提供压损时，必须采用抽空器类型，即采用较大的液气比（6.66～13.33）。喷射文丘里管的喷嘴为螺旋实心锥形，所用材质主要为非金属，部分为金属。

5. 高能文丘里管

如图 7-10 所示，经湿式脱硫塔脱硫后的烟气进入除尘除雾装置，烟气中的微细粉尘和液滴与从雾化喷嘴喷出的雾滴发生强烈碰撞，水汽开始在粉尘颗粒表面凝聚并长大。流经喉道时，粉尘与液滴之间的空间进一步压缩，增大了微细颗粒（粉尘与粉尘之间、粉尘与雾滴之间、液滴与液滴之间）的碰撞概率，微细颗粒直径继续增大。在凝并室，烟气速度降低，温度也开始下降，压力开始回升，烟气中微细颗粒直径进一步增大。然后，烟气进入细颗粒滤清单元，在离心力的作用下，烟气中的微细颗粒（包括粉尘、液滴）被分离出来，深度净化后的烟气最终排至烟囱。在深度净化过程中，由于温度的降低，烟气饱和含湿量降低，烟气中的饱和蒸汽部分析出。

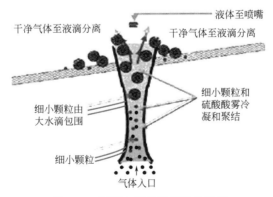

图 7-10 高能文丘里管脱硫示意图

文丘里管减小了烟气在塔中的流通截面,烟气流速迅速增大,增强了气液间的湍流程度和色散效应,使微细颗粒物与液滴之间发生强烈的凝聚碰撞,从而获得很高的除尘效率。

一般,高能文丘里管的压力损失为1800~4500Pa。

文丘里管与筛板塔的除尘效率比较见图7-11。

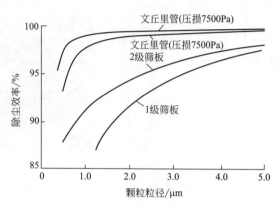

图 7-11　文丘里管与筛板塔的除尘效率比较

6. 气动单元

气动单元的结构见图7-12。烟气从气动脱硫单元下方进入,在旋流器的作用下,形成具有一定速度的向上的旋转气流,将单元上端注入的吸收液托住反复旋切,形成一段动态稳定的液粒悬浮层,液相的聚散组合随时发生,达到有害气体吸收、粉尘捕集和气体冷却等目的。

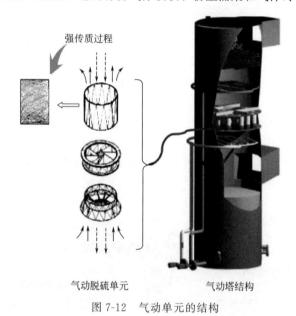

图 7-12　气动单元的结构

七、 采用高效除雾器

脱硫后净烟气携带的液滴中含有石膏、粉尘和未溶解的石灰石颗粒,因此,尽可能地除去净烟气中的液滴,相当于提高了脱硫塔的除尘效率。

经过计算分析可知，当 FGD 入口烟尘浓度为 $40mg/m^3$ 时，吸收塔出口的烟尘浓度约为 $8mg/m^3$（按填料吸收塔除尘效率 80% 计）；若控制烟道除雾器出口雾滴含量不超过 $50mg/m^3$，且考虑雾滴含固量为 2%，则烟道除雾器出口携带粉尘量 $1mg/m^3$，FGD 出口烟尘浓度为 $9mg/m^3$，总除尘效率为 77.5%，满足小于 $10mg/m^3$ 的超低排放要求。

1. 屋脊式除雾器

屋脊式除雾器辅助 V 形仿水滴形管式除雾器，可获得很高的除雾效率。V 形仿水滴形管式除雾器的管子截面为水滴形，水滴截面的长轴长度是水滴形截面短轴长度的 1.5～2.5 倍，水滴形截面的大圆面积是水滴形截面的小圆面积的 1.1～1.5 倍，水滴形截面的小圆的头部上带有锥度为 30°～40°的楔形，管壁的倾斜度为 8°～10°，安装后管子轴线与水平线呈 10°～25°夹角。水滴形管子和倾斜布置方式有利于雾滴的凝并和排水，提高了除雾效率，防止结垢，增强了自洁能力。

2. 直流式除雾器

直流式除雾器的挡水板和旋流段主要用来脱水，利用固定旋流板使气流得到旋转，从而在离心力作用下将水滴分离。在设计中采用圆柱形旋流板，旋流板与文丘里洗涤器中心线之间的夹角为 45°，旋流板有效断面上取最优气体流速 5m/s，安装位置取扩压段截面积为文丘里洗涤器本体截面积，此时脱水效果最好。合理设计挡水板和旋流段，才能使该种除雾器有非常好的脱水效果，这直接影响到后续除尘工艺设备的除尘效率。

八、 冷凝

冷凝主要有直接冷凝和间接冷凝两种方法。

1. 喷水直接冷凝

在条件允许的情况下，往原烟气中或脱硫后的净烟气中喷冷却水，可获得良好的冷却效果，并有效降低净烟气中固体颗粒物和可溶性盐的浓度。

2. 管式间接冷凝

间接冷凝多采用管式换热器方式进行冷却，见图 7-13。

九、 改善吸收介质

在吸收塔内，以循环浆液作为吸收介质，其含固量很高，进一步吸收颗粒提高含固量，难度比较大。因此，吸收水质含固量越低，除尘效果越好。此外，脱硫浆液的浓度越高，从除雾器中逃逸的液滴密度也越大，无形中增加了出口烟气的尘含量。因此，宜将脱硫浆液的密度控制在尽可能低的水平。

当吸收液捕集到烟气中的粉尘后，液滴黏度增大，表面张力增大，导致气液间的传质阻力增加。而目前常用的除尘脱硫一体化设备，其气液接触的时间都比较短，这样就影响吸收液吸收烟气中 SO_2 的能力，这是造成除尘脱硫一体化装置脱硫效率较低的主要原因。

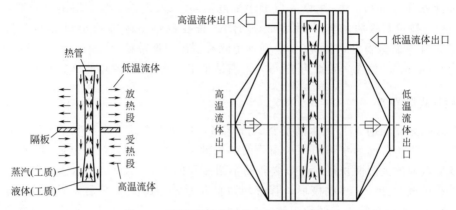

图 7-13　低低温省煤器除三氧化硫示意图

另一种较为有效的方法是添加具有保湿、渗透、浸润功能的有机化学药剂，改善浆液的化学特性，降低其表面张力及黏度。以 $CaCO_3$ 浆液为例，添加有机化学药剂后，其表面张力由 $82×10^{-5}N/m^2$ 下降到 $32×10^{-5}N/m^2$，并且其对微细粉尘的浸润速度加快，例如对 $5\mu m$ 以下的 SiO_2、Al_2O_3、C 等的浸润速度提高了 $300\sim900$ 倍。另外，加入药剂后，浆液产生大量的正、负离子，对带电粉尘粒子具有很强的吸附力。基于以上原因，添加有机化学药剂可较大地提高除尘脱硫系统对二氧化硫及微细粉尘的去除效率，尤其是对那些气液接触时间短的除尘脱硫装置。由于该药剂无毒、无味、无腐蚀，用量仅为浆液的 $1\%\sim4\%$，对石膏品位和废水处理基本上无影响，故可安全使用。

图 7-14 为先进的除尘脱硫系统框图。

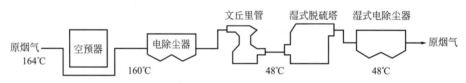

图 7-14　先进的除尘脱硫系统框图

第二节　脱硫废水零排放技术

一、FGD 系统需要排放废水的原因

1. FGD 系统对 Cl^- 浓度的限制

在 FGD 系统中，Cl^- 主要以可溶性的 $CaCl_2$ 存在，随着系统运行，Cl^- 会在系统中不断富集。当 FGD 排水受限或未排水时，Cl^- 的浓度累积达 $15000\sim50000mg/L$ 是很常见的，有些甚至达到 $100000mg/L$ 以上。

由于 Ca^{2+} 和 Cl^- 配成离子对 $CaCl_2$，溶解的 Ca^{2+} 浓度随着 Cl^- 浓度的增大而增大，这反过来抑制了石灰石的溶解，降低了液相碱度。这时，在要么降低脱硫效率，要么保持相同脱硫效率的情况下，降低脱硫剂的利用率，同时增大材料的腐蚀速率。

此外，商品级的石膏对 Cl⁻ 的浓度有最大值要求，石膏最大 Cl⁻ 允许含量大多要求小于 120mg/kg，需要通过排放部分废水或冲洗石膏滤饼来获得，一般 FGD 系统综合采用这两种方法。

2. FGD 系统对微细粉尘浓度的限制

与氯一样，粉尘也会在系统内不断积累。为了保证石膏的纯度和系统浆液正常的物化性质，需要对系统内的微细粉尘浓度进行控制。系统内的粉尘主要来自石灰石中的惰性组分、微细粉尘、被包裹的石灰石、停止生长的石膏晶体。

3. 其他

在特定检修期间，需要经废水处理系统处理废水。维持系统内的氯平衡、减少微细粉尘的含量最经济的方法是排放部分废水。

二、 废水排放量的确定

煤中氯含量对系统氯离子浓度的影响是线性的，这表明 FGD 系统中大多数的氯离子来自烟气中的 HCl。脱硫塔对烟气中 HCl 的吸收效率几乎达到 100%。当系统的废水排放速率为 6L/s，煤中氯含量从 0.1% 增加到 0.2% 时，FGD 系统中氯离子浓度从 10000mg/L 增加到 20000mg/L。其他的诸如补充工艺水、脱硫剂、添加剂等的氯含量对 FGD 系统氯离子浓度的影响很小。

在闭环运行的 FGD 系统中，唯一带走 Cl⁻ 的是副产物，其量的大小取决于副产物的含湿量及浆液中 Cl⁻ 的浓度，而副产物的含湿量又取决于 FGD 工艺流程和最终的处理方式，其值范围为 10%～25%。在闭环运行的 FGD 系统中，废水排放速率与 FGD 系统的氯离子浓度也大致呈线性关系，这表明随副产物带走的氯离子含量有限。

一般地，废水排放量根据 Cl⁻ 浓度来确定。但当长期燃用低氯煤时，若仍按 Cl⁻ 浓度来确定废水排放量，可能发生系统中微细粉尘浓度严重超标的情况。因此，应根据系统所允许的 Cl⁻ 浓度和微细粉尘浓度来确定废水排放量，废水排放量的最小值取上述二者要求的限值。废水排放量与 Cl/S 之间的关系见图 7-15。

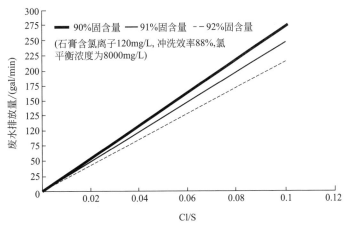

图 7-15　废水排放量与 Cl/S 之间的关系（1gal＝0.00378m³）

废水中 Cl^- 的含量取决于滤饼是否进行了冲洗,若没有,则其中 Cl^- 的浓度与脱硫浆液中的浓度是一样的。

三、 湿法脱硫废水特征

湿法脱硫废水的主要特征是呈现弱酸性,pH 值低于 5.7,悬浮物浓度高。废水的主要成分为粉尘和脱硫产物($CaSO_4$ 和 $CaSO_3$)、可溶性的氯化物和氟化物、硝酸盐等,以及 Hg、Pb、Ni、As、Cd、Cr 等重金属离子。

(1) 悬浮物 主要为石膏颗粒、SiO_2、铝和铁的氢氧化物,悬浮物(SS)的含量因脱水设备、废水排放点位置、各类杂质含量等而波动较大,总悬浮颗粒物浓度为 $1800\sim35000mg/L$,一般为 $12000mg/L$ 左右。

(2) NH_4^+ 来源于烟气脱硫装置补给水,在烟气洗涤中浓缩,对重金属的去除率有影响,所以要除去。

(3) Ca^{2+} 和 Mg^{2+} 主要来源于脱硫剂和补充水,含量很高。

(4) Cl^- 来源于脱硫剂(石灰石)、煤和补充水,经反复循环浓缩后含量较高。在 Cl 总量不变的情况下,提高脱硫系统内的 Cl^- 浓度可减少废水量。

(5) SO_3^{2-} 和 $S_2O_6^{2-}$ 是构成废水 COD 的主要成分,含量大小与脱硫装置的运行有关。

(6) F^- 主要来源于煤。煤中的氟化物燃烧后生成氟化氢,但因在脱硫系统内被溶解钙吸收的 HF 会转化为 CaF_2 析出,所以脱硫废水的 F^- 浓度一般由 CaF_2 在脱硫循环水中的溶解性来决定。

(7) 重金属离子 来源于脱硫剂和煤。由于燃煤中含有多种元素,包括重金属元素,这些元素在炉膛内高温条件下进行一系列化学反应,生成了多种不同的化合物。这些化合物一部分随炉渣排出炉膛,另一部分随烟气进入脱硫装置吸收塔,溶解于吸收浆液中。煤中含有的元素包括 F、Cl、Cd、Hg、Pb、Ni、As、Se、Cr 等,这些元素形成的化合物都能随烟气进入脱硫浆液中,并在吸收液循环使用中富集,因此脱硫废水中的重金属含量很高。

(8) 废水中的 COD 由未氧化的 SO_3^{2-}、$S_2O_3^{2-}$、$S_2O_6^{2-}$ 及痕量有机物组成。这是脱硫的产物,含量较高且不稳定,只采用沉淀处理很难达到排放标准。一般地,未氧化的亚硫酸盐可在第一级氧化流程中去除,痕量的有机物可用活性炭吸附,$S_2O_6^{2-}$ 可用离子交换法去除。脱硫废水的化学耗氧量(COD)通常为 $150\sim400mg/L$。

(9) 废水中的 BOD_5 废水中 BOD_5 含量一般很低,低于环保法规要求的 $20\sim30mg/L$,无须生化处理。但当脱硫系统中添加了有机酸时,由于溶解度很高,废水中的 BOD_5 基本上均超标,采用化学方法对 BOD 的去除率有限,一般需采用生物膜处理。例如,羧酸的 BOD 含量(单位为 gBOD/g 有机酸)随着 C 链的增加而增加;蚁酸的 BOD 含量为 $0.24g/g$;乙酸为 $0.65g/g$;丙酸为 $1.1g/g$;DBA(己二酸二丁酯)约为 $1.1g/g$。有机酸本身也会进行稳定的生物降解,在去离子水中,$300mg/L$ 的 DBA 耗氧速率为 $60\sim75mg/(L\cdot h)$。在脱硫废水中,由于其中的可溶解固体(TDS)含量较高,相同浓度的 DBA,其耗氧速率降至 $20\sim30mg/(L\cdot h)$。脱硫废水在去 BOD 前,应首先去除其中的重金属,以防止生化处理过程中对细菌的抑制;另外一点是添加石膏晶种去除 $CaSO_4\cdot2H_2O$ 的过饱和状态,防止钙盐的结垢。

废水的特性还与选择的工艺有关。从预洗涤塔排出的浆液呈强酸性(pH<2),含有大

量的粉尘、F⁻，由于呈强酸性，大多数被捕集的粉尘均溶解，同时，石膏也呈严重的过饱和状态。对于仅有脱硫塔的 FGD 系统，其 pH 值为 4.5～5.8，在此 pH 值范围内，有相当数量的粉尘、金属氧化物、惰性物质等不溶解，可随石膏处理系统除去。预洗涤塔和仅有脱硫塔（无预洗涤）的浆液典型组分见表 7-1。

表 7-1　预洗涤塔和仅有脱硫塔的浆液典型组分

种类	pH值	Cl⁻/(mg/L)	硫酸钙/(mg/L)	As/(mg/L)	Cd/(mg/L)	Cr/(mg/L)	Cu/(mg/L)	Ld/(mg/L)	Hg/(mg/L)	Ni/(mg/L)	Zn/(mg/L)	Al/(mg/L)	Sb/(mg/L)	Be/(mg/L)	Mg/(mg/L)	Mo/(mg/L)	Se/(mg/L)	V/(mg/L)
预洗涤塔	0～2	30000	400～7500	7.5	1.6	14.7	19.8	22.4	1.5	3.0	28.8	117.0	1.5	54.3	30.2	11.6	5.0	3.2
脱硫塔	5～6	30000	900	3	0.2	0.5	1.0	1.0	0.5	5.0	5.0	100～500	0.5	41	25	1.0	0.1	1.0

从表 7-1 中可以看出，脱硫废水含盐量极高，含有悬浮物、过饱和的亚硫酸盐、硫酸盐以及重金属，脱硫废水的水质较差，如果不加处理直接外排，势必对周围水环境造成严重污染。因此，电厂脱硫系统需同步建设脱硫废水处理系统，将脱硫废水通过必要的处理后达标排放。

目前，国内外脱硫废水处理工艺主要采用物化法，通过氧化、中和、沉淀、絮凝等方法去除脱硫废水中的污染物。采用物化法处理后的脱硫废水基本除去了废水中的重金属及悬浮杂质，基本能满足火电厂石灰石-石膏湿法脱硫废水水质控制指标。但对于某些电厂，当废水浓缩倍率较高时，废水中的 COD 和 F⁻ 不能达标。物化法处理工艺中，采用石灰处理水中 F⁻，通过生成 CaF_2 沉淀以达到净化的目的。当 F⁻ 的残留量仅为 10～20mg/L 时，形成沉淀的速度会减缓，而且废水中存在的硫酸盐等强电解质会产生盐效应，因此，用 Ca^{2+} 处理较难使 F⁻ 浓度降至标准限值 10mg/L 以下，通常只能稳定降至 30mg/L 以下，此时，脱硫废水尚需进一步处理，如采用铝盐混凝沉淀或者采用石灰-氢氧化镁法沉淀处理。此外，脱硫废水中 COD 主要由连二硫酸根、工艺水浓缩中的耗氧化合物以及少量的还原性物质（如亚硫酸根）等组成。在化学处理时采用的常规氧化方式，如曝气、加 $NaClO_3$ 等，对还原性物质及少量耗氧化合物有效，而对连二硫酸根基本无效。因此，当要求严格控制时，还需采用离子交换树脂或活性炭吸附的方法进行净化处理，而这些均加大了脱硫废水处理系统的复杂性，增加了投资和运行费用。

一般 2×300MW 机组需排放脱硫废水为 8～10t/h。

四、FGD 废水处理系统

废水处理系统工艺流程见图 7-16。经废水旋流器溢流排出的废水进入废水处理系统的废水箱，经曝气氧化后，由废水泵打入 pH 值调整槽，由加药系统把石灰乳打入 pH 值调整槽与废水进行酸碱中和，经中和后的废水溢流到沉降槽，加药系统将混凝剂加入该槽，经搅拌均匀的混合液体溢流到絮凝槽，由絮凝槽再溢流到澄清器中。助凝剂由加药系统的计量泵通过管路加入溢流管中，与澄清后的液体一同进入澄清器中，在澄清器中由刮泥机将沉淀的稠状液体刮入澄清器底部，经污泥输送泵将其打入厢式压滤机进行脱水处理，产出的泥饼落入储泥斗中由汽车运出。当澄清器中的液体浓度较低时，由污泥循环输送泵打入 pH 值调整槽继续循环处理。

加药系统（图 7-17）主要是给废水处理提供各种药剂的定量加装，其中包括：石灰乳储箱、石灰乳循环输送泵和石灰加药装置；助凝剂加药装置、混凝剂加药装置；酸加药系统

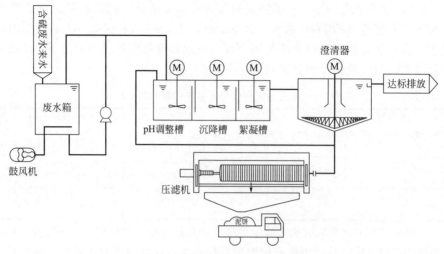

图 7-16 废水处理系统工艺流程

及清水冲洗系统。处理后的废水满足有关标准后，再排入到电站污水系统。

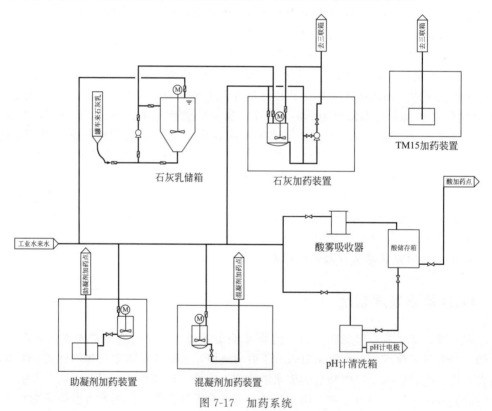

图 7-17 加药系统

1. 脱硫废水处理四步骤

（1）废水中和 反应池由 3 个隔槽组成，每个隔槽充满后自流进入下个隔槽。在脱硫废水进入第 1 隔槽的同时加入一定量的石灰浆液，通过不断搅拌，其 pH 值可从 5.5 左右升至 9.0 以上。

（2）重金属沉淀 $Ca(OH)_2$ 的加入不但升高了废水的 pH 值，而且使 Fe^{3+}、Zu^{2+}、Cu^{2+}、Ni^{2+}、Cr^{3+} 等重金属离子生成氢氧化物沉淀。一般情况下，3 价重金属离子比 2 价更容易沉淀，当 pH 值达到 9.0～9.5 时，大多数重金属离子均形成了难溶氢氧化物。同时，石灰浆液中的 Ca^{2+} 还能与废水中的部分 F^- 反应，生成难溶的 CaF_2，与 As^{3+} 络合生成 $Ca_3(AsO_3)_2$ 等难溶物质。此时，Pb^{2+}、Hg^{2+} 仍以离子形态留在废水中，所以在第 2 隔槽中加入有机硫化物（TMT-15），使其与 Pb^{2+}、Hg^{2+} 反应形成难溶的硫化物沉积下来。

（3）絮凝 经前两步化学沉淀反应后，废水中还含有许多细小而分散的颗粒和胶体物质，所以在第 3 隔槽中加入一定比例的絮凝剂 $FeClSO_4$，使它们凝聚成大颗粒而沉积下来。在废水反应池的出口加入阳离子高分子聚合电解质作为助凝剂，来降低颗粒的表面张力，强化颗粒的长大过程，进一步促进氢氧化物和硫化物的沉淀，使细小的絮凝物慢慢变成更大、更易沉积的絮状物，同时脱硫废水中的悬浮物也沉降下来。

（4）浓缩/澄清 絮凝后的废水从反应池溢流进入装有搅拌器的澄清/浓缩池中，絮凝物沉积在底部并通过重力浓缩成污泥，上部则为净水。大部分污泥经污泥泵排到灰浆池，小部分污泥作为接触污泥返回废水反应池，提供沉淀所需的晶核。上部净水通过澄清/浓缩池周边的溢流口自流到净水箱，净水箱设置了监测净水 pH 值和悬浮物的在线监测仪表，如果 pH 值和悬浮物达到排水设计标准则通过净水泵外排，否则将其送回废水反应池继续处理，直到合格为止。

该废水处理系统自动化程度高，运行人员只需根据 FGD 的运行状况调整进口的废水流量，其化学药品添加和过程控制均可自动随之调整。当烟气短时间停止进入吸收塔时，相应地减少从石膏旋流站进入废水处理系统的流量，但维持废水处理系统运行；而当烟气中粉尘浓度长期较高时，可加大废水流量，以保证脱硫效率和副产物石膏的品质。

典型的 FGD 废水处理前后的组分浓度见表 7-2。

表 7-2 典型的 FGD 废水处理前后的组分浓度

组分	处理前	处理后
悬浮固体质量分数/%	2.0	<1.5
化学需氧量/(mg/L)	200	<150
Fe/(mg/L)	1000	<2
Al/(mg/L)	1500	<3
Cl/(mg/L)	20000	20000
Pb/(mg/L)	2	<0.1
Cd/(mg/L)	1.5	<0.1
Cr/(mg/L)	5	<1
Hg/(mg/L)	1	<0.05
Cu/(mg/L)	6	<0.2
pH 值	5～6	5.5～9.5

2. 废水处理中的注意事项

（1）若进入废水中的 SO_3^{2-} 超过 100mg/L，则必须进行氧化处理，以减少 COD，其氧化方法与脱硫塔的强制氧化一样，鼓空气，并保证足够的氧化时间。

（2）废水中的石膏呈过饱和状态，它应在沉淀重金属前将石膏的过饱和度消除掉，以免在沉淀重金属处理时发生结垢现象。因此，常从澄清池中泵回商业石膏作为晶种，消除石膏过饱和度，再往废水中添加石灰或氢氧化钠，使其 pH 值从 5～6 上升至 9～9.2。在这个 pH 值范围内，大部分重金属形成氢氧化物沉淀下来。

（3）在废水中需添加硫化物以沉淀其中的汞和镉，这些硫化物包括 Na_2S、$NaHS$、氢硫基三嗪、连多硫酸盐、有机硫等，硫化物要求加入到处理流程最后一级。

硫化物对重金属，尤其是汞的处理效果最好，但不可过量，否则将降低沉淀效果。

$FeCl_3$ 作助凝剂增强沉淀效果，同时它还可以形成铁氧化物，与其他重金属形成共沉淀，特别是 Se^{6+} 和 Cr^{6+}，这两种金属离子的氢氧化物和硫化物的处理效率均不高，可加入聚合电解质，以促进絮凝效果。由于 Na_2S 和 $NaHS$ 有毒性，控制不好会有残留，使用时应特别小心，现在已用无毒的有机硫代替 Na_2S 或 $NaHS$。

重金素去除剂 TMT-15 为琥珀色液体，pH 值约为 12.5，密度为 $1.12g/cm^3$，微刺鼻味，一般浓度为 15%。它对各类重金素的去除率可达 99% 以上，处理后的水质重金素含量远低于 0.5g/L。以汞为例，其化学反应式如下：

$$3Hg^{2+} + 2TMT^{3-} \Longrightarrow Hg_3TMT_2$$

各种方法处理后的烟气废水溶出试验见图 7-18。

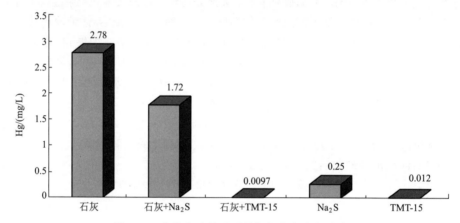

图 7-18　各种方法处理后的烟气废水溶出试验

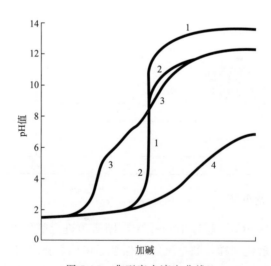

图 7-19　典型废水滴定曲线

1—碱强；2—生石灰；3—生石灰和金属氢氧化物；4—碳酸钙

（4）对于废水 COD 的处理，除了采取曝气氧化外，采用颗粒状的活性炭也可获得很好的效果。但颗粒状活性炭对 $S_2O_6^{2-}$（也是产生 COD 的物质之一）的去除效率很低，此时应使用离子交换树脂才能除去 $S_2O_6^{2-}$。

（5）废水 BOD 处理可用生物塔或活性污泥序批式处理反应器（SBRS）。实践表明，入口废水 COD 为 1000mg/L、Cl^- 为 9000mg/L 时，生物塔可除去废水中 90% 以上的 BOD；对含 Cl^- 浓度为 15000mg/L、TDS 为 28000mg/L 的废水，SBRS 对 BOD 的去除率可达 92%～96%。但当 Cl^- 大于 10000mg/L 时，生物过程将受到抑制。

（6）对预洗涤塔的废水，在处理流程的最后一级加氯化铁，Fe^{3+} 可以消除过量的硫化物，而 Cl^- 的添加也不会使后续设备发生结垢。

从预洗涤塔出来的废液含有严重过饱和的石膏、CaF_2 和硅的化合物，这些物质很容易造成结垢（如同 FGD 脱硫塔内）。为防止结垢，特别是在一级沉淀中，应确保沉淀在液相中迅速发生，与脱硫塔一样，可以保持沉淀区足够的悬浮固体浓度来达到要求，从增稠器中返回部分沉淀物至浆液中，增加沉淀区的悬浮固体物的浓度，防止结垢的生成。对于仅有脱硫塔的系统，这个问题表现得不那么明显，但仍要求至少有 30% 的固体回流。

对于预洗涤塔来的废水，两级沉淀的物化特性极不相同。一级主要除去所有被捕集的物质，如粉尘、石灰石中的惰性物质、石膏晶体以及铁、铝、氟等物质，因此，一级处理的任务是非常繁重的。一级增稠器底部的泥浆密度大、黏度高，应用中心齿轮驱动的重型泥浆耙。二级处理则稍好些，主要是处理去饱和后的沉淀物。

图 7-19 为典型废水滴定曲线。从图中可以看出，如果中和曲线靠近曲线 1，则碱性中和剂很小的误差都将使 pH 值发生巨大变化，曲线没有指出达到平衡所需的时间。虽然 pH 值的指示值是正确的，但接下来的沉淀反应可能出现问题。因此，将一级处理分为 2 个步骤：第一步将 pH 值中和至大约 4，第二步将 pH 值中和至 7 左右。

（7）影响系统处理能力的主要因素有流量、组分、温度。

流量的变化导致给药系统的给药量发生变化，进而改变增稠器的工作点。影响增稠性能，也会影响到整个废水处理系统运行的稳定性。废水在反应池 3 个隔槽内的停留时间直接影响废水的沉淀和絮凝效果。由于反应池的容积固定，停留时间取决于废水流量的大小。

组分的变化所带来的影响与流量的变化所带来的影响类似。

温度的变化能在某些增稠器中产生温度梯度，引起对流，影响增稠性能。

当废水仅从脱硫塔中排放时，废水处理系统应至少有 4h 的缓冲能力；当废水从预洗涤塔中排放时，废水处理系统至少应有 8h 的缓冲能力。

（8）由于增稠器出来的泥浆极黏稠，一般需用箱式压滤器过滤才能满足要求。

（9）反应池内混合溶液的 pH 值、水温、搅拌强度等因素都会影响絮凝效果。

（10）粉末状的助凝剂——聚合电解质，需要先配制成 0.05% 的水溶液，如果浓度过高，这种助凝剂溶液过于黏稠，容易使加药管道堵塞，而且不利于絮凝物浓缩。

（11）在废水反应池和净水箱中均装有在线 pH 值监测仪，其测量探头需要定时用 3% 的盐酸冲洗，其中反应池的探头每 4h 冲洗 1 次，净水箱的探头每 8h 冲洗一次。

（12）废水中的重金属和悬浮物经过絮凝、沉淀等化学和物理过程，从反应池自流进入澄清/浓缩池。在搅拌器的缓慢搅拌下，污泥和净水分离，上层的净水自流进入净水箱；污泥则沉积在浓缩池底部，当污泥累积到一定厚度时，启动污泥外排除泵排除污泥。运行时应严格控制浓缩池的污泥料位，以保持污泥有一定的浓度，料位太高（大于 2.0m）会影响上层净水水质。污泥回流泵应持续运行，一边将一部分污泥作为接触污泥返回反应池。

（13）若经处理后的净水悬浮物＞100mg/L 或 pH＞9.0，则不具备外排条件，需要通过自动控制系统将该净水返回反应池继续处理。为保持系统的水平衡，此时应相应减少进入反应池的 FGD 废水量，而将其暂时存放在废水储箱内。如果净水的悬浮物浓度和 pH 值在允许排放的范围内，则开启外排阀门进行排水，其流量由净水箱的液位自动控制。

五、 废水烟道蒸发系统（WES）

废水烟道气蒸发工艺是将脱硫废水雾化后喷入空气预热器（APH）和电除尘器（ESP）间的烟道，利用热烟气使废水完全蒸发，废水中的污染物转化为结晶物或盐类等固体，随烟气中的飞灰一起被电除尘器收集下来，从而除去污染物，实现污水的零排放。

1. 废水烟道蒸发系统工艺流程

废水烟道气蒸发处理方案的原则性流程如图 7-20 所示。自脱硫岛来的废水进入废水缓冲箱，经废水泵泵至空气预热器与电除尘器间的烟道中，通过双流体喷枪将废水雾化成细小的液滴，以增加与高温烟气的传热面积，从而充分蒸发，防止粘壁或粘底现象的发生。

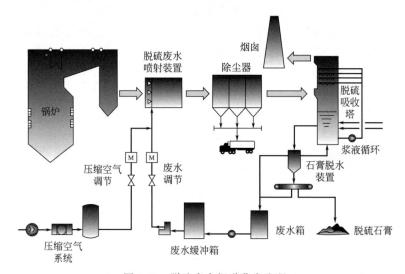

图 7-20　脱硫废水烟道蒸发流程

某电厂通过不同负荷下脱硫系统物料平衡的计算，初步确定了不同烟气负荷下的废水处理量（表 7-3）。

表 7-3　不同烟气负荷下的废水处理量（1×600MW）

烟气负荷/%	60	70	80	90	100
烟气/（m³/h）	1213993	1416325	1618658	1820990	2023322
烟气温度/℃	115	117	119	121	123
蒸发量/（t/h）	6.64	9.29	12.39	15.94	19.93
产生废水量/（t/h）	3	3.5	4	4.5	5

当温降约为 4.5℃时，空气预热器（空预器）出口烟气热量能蒸发的废水量与产生的废水量基本相当，而当机组负荷或排烟温度较高时，依靠空预器出口烟气热量所能蒸发的水量远大于废水产生量。

示范工程的运行结果表明，在该使用环境下，压力型喷嘴堵塞严重，而双流体喷嘴则表现良好。所需的停留时间取决于烟气温度和喷水量，一般采用压缩空气作为雾化介质。

根据在不同烟气负荷条件下的蒸发能力，并综合考虑废水增湿后的烟气温度（控制在酸露点 101℃以上），以除尘器入口温度 105℃ 为控制目标，调节各不同负荷下的废水处理量。

2. 脱硫废水烟道蒸发对电厂的影响

（1）对除尘器负荷的影响　脱硫废水的主要成分包括 H_2O、$CaCl_2$、总溶解物，固体成分主要包括 $CaSO_4 \cdot 2H_2O$、CaF_2、MgF_2、灰分等，其中的主要污染物是 Hg、Cd、Ag、Cu、Fe、Ca、Mg、Ni、Mo、F^- 和 Cl^- 等，这些成分都来自工艺水、锅炉烟气和石灰石浆液中，不存在除尘器难以捕集的特殊物质以及对布袋除尘器具有剧烈腐蚀的物质。废水蒸发后灰分只增加了 2.07%，可见，废水蒸发带来的飞灰量的增加导致的除尘器负荷增加是很有限的，可以忽略不计，以现有电厂一般的除尘器负荷能力即可满足处理要求。

（2）对除尘器结构的影响　将废水增湿后的烟气温度控制在 105℃ 以上，高于酸露点 101℃，不会对除尘器及下游设备造成酸腐蚀。

（3）对除尘器性能的影响分析　通常，在除尘器的前段喷水进行调质处理，以降低飞灰比电阻，从而提高除尘效率。加设烟道气废水蒸发装置后，可取消原有的调质处理，简化了系统。

图 7-21 为废水喷射前后粉尘粒径的变化。

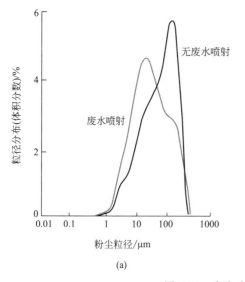

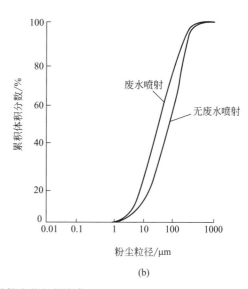

图 7-21　废水喷射前后粉尘粒径的变化

（4）对粉煤灰综合利用的影响分析　我国的粉煤灰综合利用主要体现在建材领域，主要有：粉煤灰水泥代替黏土作水泥原料、普通水泥、硅酸盐水泥、硅酸三钙水泥、硫酸铝酸钙水泥、低体积质量油田水泥、早强水泥等，有的粉煤灰掺量达 75%；硅酸盐承重砌块和小型空心砌块、加气混凝土砌块及板、烧结陶粒、烧结砖、蒸压砖、蒸养砖、高强度双免浸泡砖、双免砖、钙硅板等。

（5）对脱硫系统水耗的影响分析　废水在除尘器前烟道蒸发后降低了 FGD 入口的烟气温度，使吸收塔内蒸发量减少，FGD 系统水耗降低。其减少的水耗量大致与 FGD 废水量相当。

（6）对脱硫系统物质平衡的影响分析　只要比传统工艺增加少量废水排放量到除尘系统就能确保氯离子平衡。其他污染物的平衡与此过程类似，也就是说系统最终会通过自调节达到平衡态。美国 EPA 和能源部的研究和示范应用结果也以 Cl^- 平衡为例同样得出了类似的结论，不会有污染物不断富集在脱硫系统中，最终导致脱硫系统崩溃的情况出现。

3. 废水蒸发的计算

在电除尘器前喷入脱硫废水时，双流喷嘴的雾化空气可以考虑预热，以防止结垢，设计时应保证空气温度高于露点温度 20～40℃。

脱硫废水喷入烟道中时，烟气与雾滴之间直接发生热交换（相当于无隔膜的换热器），雾滴的平均粒径为 40～60μm，最大粒径为 140μm。

雾滴全部蒸发所需烟道体积 V_a 为：

$$V_a = \frac{Q}{(K_V \Delta t_a)} \tag{7-1}$$

式中　V_a——雾滴完全蒸发所需的烟道的体积，m^3；

　　　Q——从气相到液相的热流量，W；

　　　K_V——热穿透体积系数，W/（K·m^3）；

　　　Δt_a——平均温差（热穿透动力单元），℃。

从气相到液相的热流量 Q 可由下式计算：

$$Q = \frac{m_1}{3600}(I_w - t_1 C_p) \tag{7-2}$$

式中　C_p——液体比定压热容，J/（kg·K）；

　　　I_w——与烟气温度相关的水蒸气焓，J/kg（干空气）；

　　　m_1——喷射液体的质量流量，kg/h；

　　　t_1——喷射液体的初始温度，℃。

水蒸气焓 I_w 可用下式表示：

$$I_w = 1.927 t_{zq} + 2493 \tag{7-3}$$

式中　t_{zq}——最终烟气温度，℃。

对于水平烟道，所需蒸发区的长度 L_a 可以用下式计算：

$$L_a = \frac{V_a}{ab} \tag{7-4}$$

式中　L_a——所需蒸发区的长度，m；

　　　V_a——所需蒸发区的体积，m^3；

　　　a，b——烟道的截面尺寸，m。

水平烟道的热穿透体积系数 K_V 可用下式计算：

$$K_V = \alpha \left(116.5 + 525 \frac{m_1}{m_g}\right)\left(1 + \frac{\bar{t_g}}{1000}\right) \tag{7-5}$$

式中　α——经验比例系数，顺流取 2，逆流取 1；

　　　m_g——气体质量流量，kg/h；

　　　$\bar{t_g}$——烟道内烟气算术平均温度，℃。

平均温差 Δt_a 由下式确定：

$$\Delta t_a = \frac{t_{1g} - t_{2g}}{\ln \dfrac{t_{1g} - t_m}{t_{2g} - t_m}} \tag{7-6}$$

式中　t_{1g}——烟气初始温度，℃；

　　　t_{2g}——烟气最终温度，℃；

　　　t_m——湿球温度，℃。

蒸发区的平均烟气温度由下式确定：

$$\overline{t}_g = \frac{t_{1g} + t_{2g}}{2} \tag{7-7}$$

增湿后的烟气温度可由下式回归方程计算：

$$t_{2g} = t_{1g}^{1.1563} X_{1g}^{0.01148} I_{1g}^{-0.01372} m_1^{-0.1843} w_{1g}^{0.13087} \tag{7-8}$$

式中　X_{1g}——喷射前（原烟气）烟气含湿量，kg/kg（干烟气）；

$\quad\quad I_{1g}$——喷射前（原烟气）焓值，J/kg（干烟气）；

$\quad\quad w_{1g}$——烟道内烟气速度。

工程设计中，实际所需蒸发烟道长度一般取理论的 $1.4 \sim 1.8$ 倍。对于粒径为 $140\mu m$ 的雾滴，当烟气温度为 $140℃$ 时，所需蒸发的时间为 $0.41s$ 左右。

六、 废水浓缩固化系统（WCS）

废水浓缩固化系统（WCS）是将脱硫废水浓缩后再稳定化的系统，其特点如下：无废水排放，固体废物无害化，工艺流程相对简单，运行费用较低，占地面积也较小。固化产物见图 7-22。

图 7-22　固化产物

七、 废水蒸发结晶系统

盐水浓缩流程如图 7-23 所示。经过废水处理后的澄清液，在进入盐水浓缩系统前，需进行 pH 值调整、脱气。90% 的澄清液经盐水浓缩处理后返回 FGD 系统作为补充水，剩下的 10% 为浓缩富含 Ca^{2+}、Mg^{2+}、Na^+、Cl^- 的盐水，可供商业应用。从二级水力旋流器过来的废水进入 pH 值调整/去饱和罐，添加石灰浆使 pH 值上升到 $11 \sim 11.2$，中和酸性物质并开始沉淀 Mg^{2+}、Ca^{2+}、Al^{3+}、Fe^{3+}，然后废水通过重力流入重金属沉淀罐，往此罐中添加有机硫沉淀剂，将金属分子黏结在一起沉淀下来。然后，废水进入凝结罐，往此罐中添加 $FeCl_3$，然后废水进入增稠系统，增稠器提供足够的停留时间，使固体物质沉淀下来，溢流一般通过重力进入盐水浓缩系统储罐。若 pH 值太低或太浑浊，则返回平衡箱再处理。在处理过程中，还需往增稠器中加聚丙烯酰胺作为助凝剂。增稠器底部沉积的淤浆中较稀的泥浆泵入 pH 值调整/去饱和罐，作为石膏晶种，控制结垢，剩下的泥浆进入泥浆储罐，再往此罐中添加石灰浆，然后泵入板框压滤机过滤。石灰的加入，有助于脱水，可获得更干燥的滤饼。滤饼收集后填埋，滤液返回平衡箱，增稠器溢流进入盐水浓缩系统。

盐水浓缩系统采用了蒸汽回收系统和热交换器，以降低能耗，仅在浓缩系统启动时需要蒸汽，在正常运行时，不需要蒸汽。采用盐水浓缩系统后，电厂 FGD 废水达到零排放。

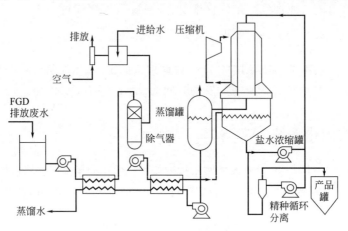

图 7-23　盐水浓缩流程

废水蒸发结晶系统的工程实例如下。

某电厂最初进入盐水浓缩系统的废水计划采用硫酸和除垢剂进行调整，然后泵入一级热交换器，在此处被逆流的蒸汽加热至 65℃。盐水浓缩系统启动后，采用盐酸代替硫酸，以减轻硫酸钙在换热器中结垢。有一支流进入常压冷凝器，冷凝从脱气器中抽出的蒸汽，然后返回供给罐。加热后的废水进入脱气器，然后再经二级换热器出来的气体进入常压冷凝器，蒸汽被冷凝下来，气体则排入大气中。

盐水浓缩器为蒸汽压缩型薄膜蒸发器，包括热媒体和热交换管。在顶部管排上方有一注水箱，浓缩的盐水从浓缩器的底部储罐泵入注水箱，有一喷嘴将盐水雾化。通过过滤器后，洒在顶部换热管子上，盐水呈薄膜状沿管子壁面流下，流回浓缩器底部过滤网。将较大的固体颗粒滤至一单独的管子里，然后倒入浓缩器底部，这些粒径较大的颗粒最终通过不断地循环粒径变小。当盐水呈薄膜状沿管壁流下时，盐水被加热至沸点，产生的蒸汽沿管子中心流至浓缩器底部，然后由蒸汽压缩机抽出，蒸汽压缩机将其温度提高至循环盐水的沸点以上，然后蒸汽进入冷凝器，冷凝器在管子的外部，收集在蒸馏罐中，经过一级和二级换热器进入储水箱中，冷凝器中不可压气体通过低压蒸汽吹至蒸馏罐的顶部排入大气。

随着盐水的不断循环浓缩，$CaCl_2$ 开始沉淀。为控制管壁发生石膏结垢，需往循环盐水中加入石膏晶种。

盐水浓缩器有两个排出口，其中一支流循环盐水泵入水力旋流器，水力旋流器的底流返回浓缩器底部，部分溢流则排至成品罐，供控制可溶性盐浓度用；另一支流泵入泥浆罐，供控制悬浮固体物浓度用。在成品罐中，悬浮固体沉入圆锥段底部，然后泵入泥浆罐中待过滤。成品罐的溢流（即浓缩的盐水）通过重力进入盐水储罐中。

在验证实验过程中，盐水浓缩系统遇到了大量问题，每次关闭蒸汽压缩机时都将发生反转，压缩机的迷宫密封、轴及前轴承发生损坏。在最初设计中，压缩机中未设背压保护，后来安装一个背压阀以防止压缩机停车时反转。在启动阶段，蒸汽压缩机齿轮箱高速轴承部位振动很大，经分析，其原因为：一是转子本身不平衡（制造问题）；二是压缩机的设计用介质为盐水，而不是清水，造成背压不足，导致压缩机在其不稳定区域运行。重修转子和安装背压阀后，振动问题得到解决。

在正常运行后，发现蒸发器的管子经常发生堵塞，最终导致蒸发器跳闸。检查发现为石膏结垢，是系统化学不平衡所致，往系统中添加 Na_2SO_4 和 $NaOH$，强制石膏沉积于晶种表面，结垢问题消除，但成品的纯度受到影响。

又如，美国某电厂通过一级蒸发器使脱硫废水的固体含量从 3% 增加到 50%，再通过二级的薄膜蒸发器浓缩到 70%，盐浆在冷却时剩余的自由水结合成结晶水，成为含有结晶水的盐类，无废水排放。从理论上来说，蒸发脱硫废水可以实现水的重复利用，便于实现全厂废水零排放，但这是以高昂的投资为代价的，广东河源电厂 $2 \times 600MW$ 机组采用脱硫废水"预处理＋蒸发＋结晶"工艺，新增设备投资超过 6000 万元，运行费用也将增加 2000 万元/年。由于蒸发过程结晶析出的石膏和 $NaCl$ 会形成垢覆盖在热交换面上，降低热交换效率以及废水浓缩和沉积固体物的效率，再加上投资很高，国内外很少有应用。

第八章

脱硝超低排放技术

第一节　SCR 脱硝工艺运行中的主要问题

氮氧化物是主要的大气污染物之一，目前主要的控制手段有选择性非催化还原法（SNCR）、选择性催化还原法（SCR）及 SNCR/SCR 联合工艺。这些方法的共同特点是将氨或尿素作为还原剂，在一定温度和/或催化剂作用下，与烟气中氮氧化物进行反应，生成无害氮气和水排出体系。

一、氮氧化物的物化性质

N_2O_3 为蓝色固体，在低温下存在，气态时分解为 NO_2 和 NO，熔点为 172.4K，276.5K 时分解。NO 在气态、固态、液态下都是无色的，熔点为 109.5K，沸点为 121K。NO_2 是红棕色气体，熔点为 264K，沸点为 294K。N_2O_4 为无色气体，熔点为 261.9K，沸点为 294.3K。N_2O_5 为无色固体，在漫射光和 280K 以下稳定，气体不稳定，熔点为 305.6K，直接升华。

NO_x 的化学反应式如下：

$$N_2 + O_2 =\!=\!= 2NO$$

$$2NO + O_2 =\!=\!= 2NO_2$$

NO_x 的化学反应计算平衡浓度见表 8-1。

表 8-1　NO_x 的化学反应计算平衡浓度

温度/℃	浓度/10^{-6}	
	NO	NO_2
28	3.4×10^{-10}	2.1×10^{-4}
515	2.3	0.71
1150	800	5.6
1615	6100	12

从表 8-1 中可以看出，NO_2 的稳定性随温度的升高而降低，但绝对浓度随温度的升高

而升高。NO_2 与 NO 的浓度比随温度的升高而降低。NO_2 氧化成 NO_3 的反应速率随温度的升高而升高。当温度高于 50℃时，N_2O_5 开始分解。

在环境温度下的空气中，将 50％的 NO 氧化为 NO_2 所需的时间见表 8-2，NO 在较低温下氧化速率更快。

表 8-2　将 50％的 NO 氧化为 NO_2 所需的时间

空气中 NO 的浓度/10^{-6}	50％NO 氧化为 NO_2 所需的时间/min
20000	0.175
10000	0.35
1000	3.5
100	35
10	350

烟气中的 NO 浓度很低，单纯采用 O_2 来氧化的反应速率很慢，导致湿式吸收装置对 NO 的吸收效率很低，但可以采用臭氧（O_3）和二氧化氯（ClO_2）等氧化剂来加速 NO 的氧化。

几种氮氧化物的物性参数见表 8-3。

表 8-3　几种氮氧化物的物性参数

物性		NO	N_2O	NO_2	N_2O_3	N_2O_4	N_2O_5
原子量		30	44	46	76	92	1108
298K 下的密度 /(kg/m^3)	气态	1.3	1.228	1.443	1.4	1.443	
	流态	1.34	1.8	3.4			
熔点/℃		−163.6	−90.86	−11.2	−0.1	−11.2	41
沸点/℃		−151.7	−88.48	21.1	3.0	21.1	分解
焓/(kJ/mol)			+82.01			−35.05	
颜色		无色	无色	棕红色	天蓝色液体	透明液态	白色粉末
水中溶解度/(g/m^3)		0.032	0.111	213	500	213	500

SO_2 在水中的溶解度为 27g/m³（50℃）和 5.8g/m³（90℃）。低价的氮氧化物（NO 或 N_2O）一旦氧化成高价氮氧化物，其在水中的溶解度和反应活性即显著增加。高价态的 NO_x，如 N_2O_3 和 N_2O_5 比 SO_2 的溶解度要大得多。

虽然 NO_2 在水中的溶解度比 SO_2 还要大，但由于 NO_2 在水中的溶解速度较 SO_2 慢得多，故 NO_2 远较 SO_2 难捕集。

高价氮氧化物（N_2O_5 和 N_2O_3）易溶于水，可被水吸收生成硝酸和亚硝酸，也可被碱液吸收生成硝酸盐和亚硝酸盐。若将臭氧直接喷入常规的脱硫吸收塔中，将生成亚硝酸盐。几种物质的相对溶解度见表 8-4。

表 8-4　几种物质的相对溶解度

物质	25℃时的相对溶解度	物质	25℃时的相对溶解度
NO	1	N_2O_5	≫2000（200000）
NO_2	20	HNO_3	任意比互溶
SO_2	2000		

在 1 个大气压（即 101325Pa）和 22℃的水中，几种气体的相对溶解度见表 8-5。

表 8-5　几种气体的相对溶解度

气体	N_2	O_2	NO	NO_2	CO_2	SO_2
相对溶解度	1.0	4.4	6.3	126	174	11700

烟气中 SO_3 与 NH_3 的反应如下：

$$NH_3 + SO_3 + H_2O \Longrightarrow NH_4HSO_4$$

$$2NH_3 + SO_3 + H_2O \Longrightarrow (NH_4)_2SO_4$$

从上面两个反应式可以看出，当 NH_3 不足时，产物是 NH_4HSO_4，NH_4HSO_4 在 235℃ 以下时呈黏稠的液态，带来黏附和腐蚀、堵塞问题；当 NH_3 充足时，产物为 $(NH_4)_2SO_4$，$(NH_4)_2SO_4$ 在烟气温度下为白色粉末，无腐蚀性。因此，当 NH_3 和 SO_3 反应时希望获得的产物为 $(NH_4)_2SO_4$。当然反应生成的 $(NH_4)_2SO_4$ 也是亚微米级的微粒，对后续除尘装置提出了更高的要求。

图 8-1 为硫酸铵和亚硫酸氢铵生成与氨和三氧化硫的关系。图 8-2 为典型的脱硝效率与氨逃逸之间的关系。

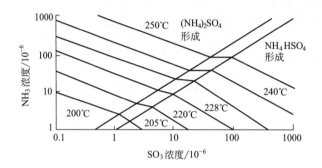

图 8-1　硫酸铵和亚硫酸氢铵生成与氨和三氧化硫的关系

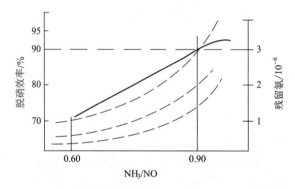

图 8-2　典型的脱硝效率与氨逃逸之间的关系

二、　运行中的主要问题

SCR 在运行中存在的主要问题包括烟道积灰、烟道内支撑磨损、氨氮混合不均匀、催化剂局部积灰严重、催化剂磨损、催化剂失活加速、空气预热器腐蚀堵塞、通流阻力大、烟气温度场分布不均匀、氨逃逸超标、脱硝效率不达标等，这些问题又多由脱硝装置流场分布不均、喷氨格栅喷氨不均所导致。

为了达到预期的脱硝效率，通常采用形式各异的喷氨设施、混合装置及复杂的调节措施，以使氨与烟气中的 NO_x 均匀混合，以尽可能少的氨和催化剂获得最高的脱硝效率。但由于受反应条件、反应时间、控制精度等条件的限制，总会有或多或少的氨逃逸出来。这部分未反应的氨将与烟气中的 SO_3 反应，生成 NH_4HSO_4 和 NH_4HSO_3，这类物质在温度为 $220℃$ 左右时很黏稠，容易黏附在空气放热器的垫面上，造成空气放热器和除尘器（特别是布袋除尘器）的堵塞和腐蚀问题，甚至影响整个装置及系统的运行。同时，逃逸的氨还会与烟气中的飞灰相结合，影响飞灰的品质和再利用，也会影响到脱硫废水中的氨氮含量，导致排放废水氨氮超标。特别是在超低排放（出口氮氧化物浓度小于 $50mg/m^3$）要求下，一些厂家为了提高脱硫效率，盲目提高喷氨量，这进一步加剧了氨的逃逸问题。

当 NH_3 与 SO_3 的摩尔比大于 2 时，主要形成硫酸铵；NH_3 浓度较低时，生成大量硫酸氢铵（ABS）。硫酸铵的熔点为 $230\sim280℃$，温度超过 $280℃$ 后分解，在空气预热器的运行温度范围内通常为干燥固体粉末，对空气预热器影响很小。硫酸氢铵（ABS）的熔点为 $146℃$，黏性极大，对空气预热器运行的负面影响较大。

脱硝催化剂各层进出口参数见表 8-6。

表 8-6 脱硝催化剂各层进出口参数

脱硝催化剂层	脱硝效率/%	NO_x 浓度/10^{-6}	NH_3 浓度/10^{-6}	NH_3 与 NO 摩尔比	NH_3 偏差/10^{-6}	NH_3/NO 进入每层催化剂的标准偏差/%	SO_3 生成浓度/10^{-6}	ABS 起始温度/℃
入口		200	182	0.91	9	5	15	300
第一层催化剂								
过程	68	136	136					
出口		64	46	0.72	9	14	21	285
第二层催化剂								
过程	19	38	38					
出口		26	8	0.31	9	35	31	225
第三层催化剂								
过程	3	6	6					
出口		20	2	0.1	9	46	45	200

影响硫酸氢铵形成的重要因素是 NH_3 和 SO_3 浓度的乘积。以往认为，如果氨逃逸量在 2×10^{-6} 以下，将不会形成硫酸氢铵，然而事实上，在足够高的 SO_3 烟气浓度下，即使 1×10^{-6} 的氨逃逸量仍可形成硫酸氢铵。硫酸氢铵生成是 NH_3 和 SO_3 浓度乘积的函数，随着 NH_3 和 SO_3 浓度乘积的增大，硫酸氢铵的露点温度升高。

硫酸氢铵生成曲线见图 8-3。铵盐的生成图示见图 8-4。

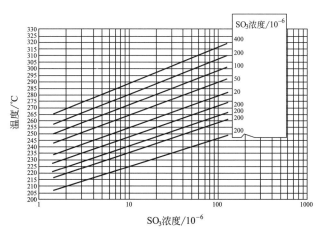

图 8-3 硫酸氢铵生成曲线

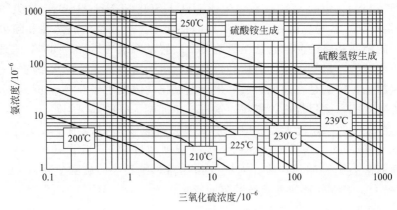

图 8-4　铵盐的生成图示

对于 SCR 脱硝系统来说，在自由空间内，烟气温度远高于硫酸氢铵的结露温度，因此硫酸氢铵不会对反应器、烟道等产生较大的影响。但是，对于具有微孔结构的催化剂来说，由于微孔导致的毛细冷凝现象存在，导致微孔内的硫酸氢铵平衡压发生变化，因此在较高的温度下容易发生硫酸氢铵的结露，导致催化剂堵塞风险增大，影响了脱硝系统的投运。在低温条件下，硫酸氢铵对催化剂的影响直接决定了脱硝系统的最低连续喷氨温度。

图 8-5 为不同因素对喷氨温度的影响。图 8-6 为三氧化硫浓度对最低连续喷氨的影响。

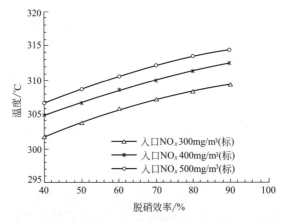

图 8-5　不同因素对喷氨温度的影响

$SO_3 = 10mg/m^3$，H_2O（体积分数）$= 6\%$

从图 8-5 中可以看出，降低烟气中的二氧化硫、三氧化硫含量，提高烟气温度，可采用较小的氨氮比甚至在欠氨下运行，从而提高 SCR 反应器的运行可靠性。

为尽可能地减少氨的逃逸，通常采取降低脱硝效率及采用更大体积的催化剂的方法，但这会影响烟气的达标排放，整个系统的性价比也较差。可在 SCR 反应器和空气放热器之间设一层分子筛反应器，脱除或部分脱除烟气中反应的氨，从而达到降低氨逃逸的目的。分子筛反应器由活性炭、沸石或人工合成的方法制作而成，分子筛的孔径要基本均匀，范围为 $2.8 \sim 3.8 \text{Å}$（$1\text{Å} = 10^{-10} \text{m}$），最佳孔径为 3Å，这是由 NH_3、SO_2 和 SO_3 的分子大小决定的，该尺寸的分子筛可有效地脱除 NH_3 而不吸附 SO_2 和 SO_3，从而避免了 NH_3HSO_4 和 NH_3HSO_3 等在分子筛上生成的可能性，而且此处烟气温度仍然较高，即使生成 NH_3HSO_4 和 NH_3HSO_3 也仍呈气态，不黏稠。分子筛经化学处理以消除其催化性能。

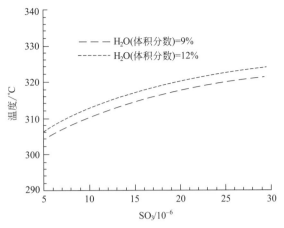

图 8-6　三氧化硫浓度对最低连续喷氨的影响

（入口 NO_x 400mg/m³，脱硝效率 80％）

SCR 脱硝中，不可避免地会出现氨逃逸现象，逃逸的氨有相当一部分被飞灰吸收，并在除尘器中与飞灰一起被除下来，可能影响到飞灰的利用。要想去除飞灰中的氨，可在生产过程中添加水和生石灰，并设置空气吹扫，将释放出来的 NH_3 送热分解炉分解掉。

采用炭燃尽技术可以将飞灰中的炭含量大大降低，同时将飞灰吸附的氨（从 SCR 逃逸出来的氨）分解掉。炭燃尽技术中，飞灰的燃烧温度一般控制在 $1300°F[t/°C=\frac{5}{9}(t/°F-32)]$ 左右，停留时间控制在 45min 左右。从化学反应热力学上来说，这样的温度和停留时间是氨分解较为理想的条件。飞灰中吸附的氨最终将分解为无害的氮气和水。

表 8-7 为不同的脱硝工艺下飞灰吸附的氨以及经炭燃尽技术处理的飞灰中残留氨的情况。

表 8-7　不同的脱硝工艺和处理技术下飞灰中的氨量

飞灰中吸附的氨/10^{-6}	飞灰中残留的氨/10^{-6}	脱硝工艺
60	<5	SCR 工艺，氨作为还原剂
230	<5	SNCR，氨作为还原剂
300	<5	SNCR，氨作为还原剂
500	<5	SNCR，氨作为还原剂
650	<5	SNCR，氨作为还原剂
700	<5	SNCR，尿素作为还原剂
735	<5	SNCR，尿素作为还原剂

从表 8-7 中可以看出，炭燃尽技术可使飞灰吸附的氨的热分解效率达 94％～98％，最终生成无害的氮气和水。

采用氯化铵代替氨，对降低氨逃逸是有利的。采用氯化铵作为还原剂的流程见图 8-7。SCR 中氯化铵与氨作为还原剂的比较见图 8-8。

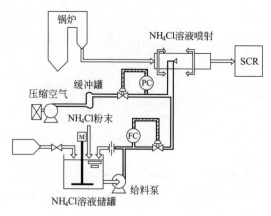

图 8-7　采用氯化铵作为还原剂的流程

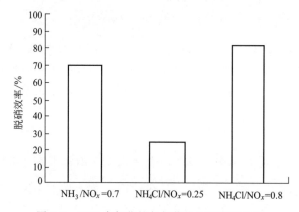

图 8-8　SCR 中氯化铵与氨作为还原剂的比较

第二节　臭氧脱硝技术

一、臭氧的物化性质

臭氧的分子式为 O_3，通常状态下是浅蓝色气体，并具有强氧化性。由于臭氧有一种鱼腥臭味，故得了这个不雅的称谓。臭氧在 $-112℃$ 时凝聚为深蓝色液体，在 $-192℃$ 时凝结为黑紫色固体。臭氧在水中的溶解度很小，但比氧易溶于水。液态臭氧与液氧不能互溶。与氧气相反，臭氧是非常不稳定的，在常温下缓慢分解，在 $200℃$ 以上分解较快，且分解时释放大量热量，纯的臭氧还容易爆炸。

$$2O_3 \xrightarrow{\text{一定条件}} 3O_2$$

而 O_3 作为活性自由基的一种，在电子束技术与等离子体技术中已被证明大量存在，而且由于其生存周期相对较长，从而可以实现采用少量气体放电产生活性 O_3 后送入烟气进行反应，大大降低电催化同时脱硫脱硝技术的能耗。

O_3 在水中的溶解度要比 O_2 大得多。

O_3 在不同温度下的分解试验发现，O_3 在常温下分解很慢；200℃时分解加快，在反应器中停留 9s 时，O_3 的分解率为 59%，而在 275℃时分解更快，在反应器中停留 9s 时，O_3 的分解率为 80%。

臭氧的测量方法有碘量法和紫外线吸收法。碘量法是过去最经典的测量方法。该方法是先用臭氧使碘化钾溶液中的碘游离出来而显色，然后用硫代硫酸钠滴定还原至无色，以消耗的硫代硫酸钠数量计算臭氧浓度。该法显色直观，设备便宜，但要用各种药品和洗瓶、量筒、天平、滴定管等化学测验设备，使用不方便，且易受其他氧化剂（如 NO、Cl 等）干扰。碘量法目前仍为我国的标准测量方法。

紫外线吸收法适合在线臭氧浓度的测量，如臭氧发生器出口臭氧浓度的测量。

二、 臭氧生产

采用空气作为臭氧发生器的气源时，在产生臭氧的同时，必然会有 NO 和 NO_2 生成。一般 NO_x 的浓度要比 O_3 的浓度少两个数量低。表 8-8 为臭氧发生器后 NO_x 和 O_3 的浓度典型值。

表 8-8 臭氧发生器后 NO_x 和 O_3 的浓度典型值

项目	NO	NO_2	O_3
浓度/10^{-6}	200～500	100～200	30000～70000

最高供给速率时，典型的电耗为 8.8kW/kgO_3。因为 O_3 为强氧化剂，烟道应采用不锈钢或合金作为防腐材料。

三、 臭氧氧化反应的选择性

烟气中除了氮氧化物外，还有其他一些物质，如一氧化碳、二氧化硫、汞等，这些物质与臭氧的反应速率如下：

$$NO+O_3 \Longrightarrow NO_2+O_2 \quad K_{298}=1.8\times10^{-14}[cm^3/(m \cdot s)]$$
$$NO_2+O_3 \Longrightarrow NO_3+O_2 \quad K_{298}=3.2\times10^{-17}[cm^3/(m \cdot s)]$$
$$NO_2+NO_3 \Longrightarrow N_2O_5 \quad K_{298}=2.0\times10^{-12}[cm^3/(m \cdot s)]$$
$$CO+O_3 \Longrightarrow CO_2+O_2 \quad K_{298}\approx1.1\times10^{-21}[cm^3/(m \cdot s)]$$
$$SO_2+O_3 \Longrightarrow SO_3+O_2 \quad K_{298}=2.2\times10^{-22}[cm^3/(m \cdot s)]$$

臭氧和烟气中主要物质的相对反应速率见表 8-9。

表 8-9 臭氧和烟气中主要物质的相对反应速率

反应方程式	相对反应速率	反应方程式	相对反应速率
$NO+O_3 \Longrightarrow NO_2+O_2$	62500	$CO+O_3 \Longrightarrow CO_2+O_2$	5
$2NO_2+O_3 \Longrightarrow N_2O_5+O_2$	125	$SO_2+O_3 \Longrightarrow SO_3+O_2$	1

理论上来说，SO_2 也会与 O_3 发生氧化反应。从以上几个反应可以看出，臭氧与 NO_x 的反应速率要远快于臭氧与 CO 和 SO_2 的反应速率，基本上不受烟气中 CO、SO_2 和 SO_3 的影响，臭氧的利用率很高，不会被 CO、SO_2 或 SO_3 无谓地消耗掉，这就是臭氧与 NO_x 反应具有高度选择性的原因。

实践也表明，无论在黑暗中还是照射下，O_3 在干燥条件下与 SO_2 几乎不反应，不必担心因 SO_2 氧化而产生 SO_3 气溶胶的问题；当温度低于 230℃时，O_3 对 SO_2 的氧化率极低，可以忽略。但是在臭氧和不饱和烯烃存在的条件下，SO_2 可迅速被氧化成 H_2SO_4，烯烃与臭氧氧化反应产生的中间产物可迅速与 SO_2 反应生成 H_2SO_4。此外，在潮湿的气氛中，SO_2 会与 O_3 反应，虽然反应速率很慢，但仍应注意保持烟气中的雾滴特别是还原性盐的浓度要尽可能低，以避免 O_3 无谓的消耗。

O_3 氧化 NO_x 的主要反应是：

$$NO + O_3 \rightleftharpoons NO_2 + O_2 \tag{1}$$

$$NO_2 + O_3 \rightleftharpoons NO_3 + O_2 \tag{2}$$

$$NO_3 + NO_2 \rightleftharpoons N_2O_5 \tag{3}$$

$$N_2O_5 + H_2O \rightleftharpoons 2HNO_3 \tag{4}$$

反应（1）中，NO 氧化成 NO_2 的速率是非常快的，大约为 $0.1s$。反应（2）和反应（3）相比，反应（2）的速率要比反应（3）慢一些，部分二氧化氮可能没有被氧化，此时宜添加过量的 O_3 进行补偿。

臭氧/氮氧化物（摩尔比）与脱硝效率之间的关系见图 8-9。

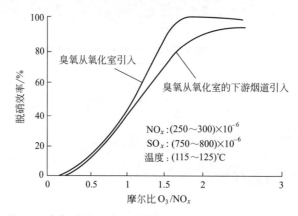

图 8-9　臭氧/氮氧化物（摩尔比）与脱硝效率之间的关系

在反应区的上方，烟气中生成的 HNO_3 被上方的喷雾强力洗涤下来。出口处采用亚硫酸盐可有效地破坏 O_3，消除可能过量的 O_3 的存在。臭氧/一氧化氮（摩尔比）与氧化效率的关系见图 8-10。

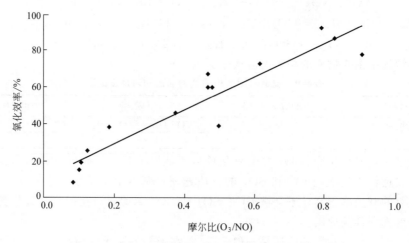

图 8-10　臭氧/一氧化氮（摩尔比）与氧化效率的关系

图 8-11 为臭氧/氮氧化物（摩尔比）与脱硝效率之间的关系。

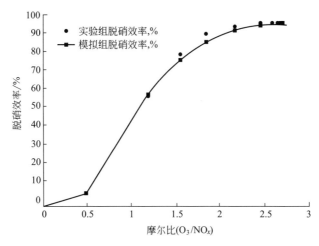

图 8-11　臭氧/氮氧化物（摩尔比）与脱硝效率之间的关系

臭氧可与单质汞反应生成溶解性较大的 HgO。表 8-10 为脱硝氧化过程中臭氧对 FGD 除汞效率的影响。

表 8-10　脱硝氧化过程中臭氧对 FGD 除汞效率的影响　　　　　单位：%

煤种	典型的 Hg^{2+} 百分含量	FGD 除汞效率	添加 O_3 后 FGD 除汞效率
烟煤	70～85	76	94
无烟煤	15～45	33	92
褐煤	10～30	19	91

实验中，采用臭氧作为氧化剂，湿式脱硫塔作为吸收设备，对汞的捕集效率均达到 91% 以上。不同煤种中汞的捕集效率见表 8-11（温度为 70～110℃）。

表 8-11　不同煤种中汞的捕集效率　　　　　单位：%

煤种	Hg^{2+} 百分含量	单独 FGD 效率	添加 O_3 的 FGD 效率
烟煤	70～85	76	94
无烟煤	15～45	33	92
褐煤	10～30	19	91

四、　臭氧脱硝的影响因素

臭氧脱硝的影响因素主要有摩尔比、反应温度、反应时间、吸收液性质和混合均匀度等。

1. 摩尔比的影响

理论上 NO 与臭氧的摩尔比为 1，但实际一些副反应（包括与 SO_2 的副反应）需要消耗部分臭氧。一般地，氧化 1mol 的 NO 需要 1.5mol 的 O_3，氧化 1mol 的 NO_2 需要 0.5mol 的 O_3。当 O_3 与 NO 的摩尔比小于 1 时，产物大多为 NO_2，只有当 O_3 极过量时，才能大量生成 NO_3 和 N_2O_5。为获得更好的脱硝效果，需要 O_3 将 NO 氧化为高价的 N_2O_5。

图 8-12 为不同臭氧因子在不同温度下的脱硝效率。

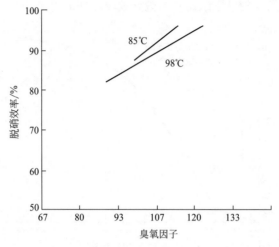

图 8-12　不同臭氧因子在不同温度下的脱硝效率

当烟气中 NO_x 的浓度大于 750×10^{-6}，停留时间为 $1 \sim 7.5s$ 时，调节 O_3 与 NO_x 的摩尔比可使脱硝效率大于 90%。若烟的气中 NO_x 浓度较低（例如低于 45×10^{-6}），当停留时间为 $1 \sim 7.5s$ 时，需要更高的 O_3 与 NO_x 的摩尔比（至少 $3:1$）才能达到高于 90% 的脱硝效率，运行费用非常高。同时，过量的臭氧还需要消耗更多的还原剂来去除。

2. 反应温度的影响

在 $18 \sim 180℃$ 之间，温度越低，NO 的氧化率越高。温度升高后，O_3 的自身降解率增大。温度太高时，臭氧的自分解速率和 NO_x 氧化反应的稳定性均受影响。当温度大于 $100℃$ 时，臭氧的自分解速率加快，反应温度一般控制在 $60 \sim 70℃$，温度高时宜喷水冷却，氧化过程除生成 N_2O_5 外，还可能生成 NO_2、N_2O_3、N_2O_4。

图 8-13 为温度对脱硝效率的影响。

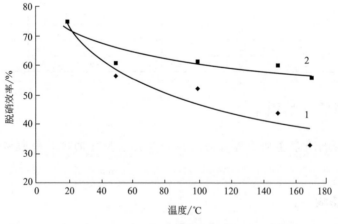

图 8-13　温度对脱硝效率的影响
1—预测曲线；2—实验修正曲线

O_3 的分解速率与温度密切相关。导致 O_3 对 NO 氧化率低的原因有两个：一是温度升高，臭氧的分解速率加快；二是温度升高，导致气体增加，气体流速增大，停留时间变短。当温度大于 $100℃$ 时，O_3 的分解速率迅速加快，而在 $25℃$ 时，O_3 的分解率只有

0.5%。因此，采用臭氧脱硝时，反应温度不能太高，综合考虑氧化反应速率，以 60～85℃为宜。

3. 反应时间的影响

NO 的氧化率随 NO 与 O_3 接触时间的增加而增大。若要达到理论摩尔比，NO 与 O_3 的接触时间应大于 6s。

NO_3 和 N_2O_5 都是极不稳定的，因此，氧化剂到达吸收区的时间也是需要控制的。

臭氧将 NO 氧化为 NO_2 的时间小于 0.1s，将 NO_2 氧化为 NO_3 或 N_2O_5 的时间稍长一些。

图 8-14 为停留时间对脱硝效率的影响。主要产物亦为 NO_2，O_3 与 NO 的摩尔比为1∶1.4。

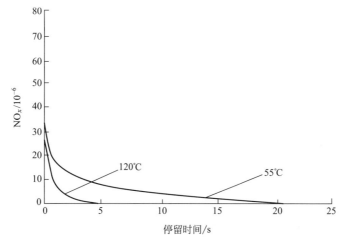

图 8-14 停留时间对脱硝效率的影响

反应时间是影响 NO 氧化率的一个重要因素，当 O_3 与 NO 的摩尔比为 1.14 时，不同臭氧因子在不同停留时间下的脱硝效率见图 8-15。

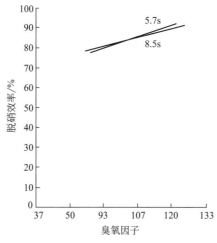

图 8-15 不同臭氧因子在不同停留时间下的脱硝效率

图 8-16 为不同停留时间对脱硝效率的影响。

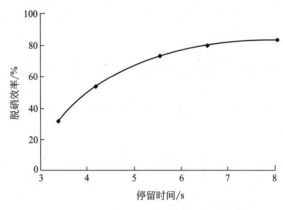

图 8-16　不同停留时间对脱硝效率的影响

4. 吸收液性质的影响

O_3 将 NO 氧化为高价态的氮氧化物后，需进一步吸收。臭氧与 NO 或 NO_2 发生快速反应，生成易溶于水的 N_2O_5，N_2O_5 与烟气中的水汽快速反应生成硝酸，此反应快速且不会发生逆反应，反应生成的硝酸、NO_2 与水反应生成的亚硝酸以及未反应的 N_2O_5，可以较容易地由湿式洗涤塔脱除，洗涤溶液可以是水或碱液。不同的吸收剂产生的脱硝效果也有一定差异。当利用水吸收时，脱硝效率也可达 86% 以上，采用 NaOH 或 $Ca(OH)_2$ 等碱液效果会更好。

氮氧化物被氧化成 N_2O_5 后，遇水生成 HNO_3，HNO_3 再与洗涤液中的碱性物质发生反应生成盐。例如，在石灰石-石膏法中，HNO_3 与 $CaCO_3$ 反应生成 $Ca(NO_3)_2$。$Ca(NO_3)_2$ 的溶解度很大，产生大量的 Ca^{2+}，因为同离子效应而影响 $CaCO_3$ 的溶解。当 $Ca(NO_3)_2$ 浓度达到一定程度时，脱硫塔将出现脱硫效率下降、脱硫浆液 pH 值持续下降、石膏中 $CaCO_3$ 含量急剧增加的现象。

在净烟气排放前采用亚硫酸盐溶液进行洗涤，不但可以去除过量未反应的 O_3，还可以去除较低氧化态的二氧化氮。

采用预洗涤塔将烟气冷却至绝热饱和温度以下，骤冷喷水量为理论所需流量的 3～10 倍，增加了烟气的水蒸气分压，使氧化过程中生成的较不稳定的高价氮氧化物转化为稳定的 HNO_3，促进 NO_x 氧化反应的进行。生成的含氧酸对单质汞也是一种良好的氧化剂，因此对汞的氧化也有利。同时，脱除一部分 SO_2 也减小了 SO_2 对单质汞氧化反应的抑制作用。预洗涤对臭氧二次排放的影响见图 8-17。

为降低预洗涤塔中亚硫酸盐的氧化率，宜选用雾滴粒径较大的喷嘴，缩短气液接触时间。

5. 氮氧化物浓度的影响

NO 的氧化率随 NO 浓度的增大而增大。当 NO 浓度低于一定浓度（如小于 $50g/dm^3$）时，若要达到较高的氧化率，其 O_3 与 NO 的摩尔比要比理论值大得多。例如，当 NO 和 O_3 接触时间超过 6s 后，NO 氧化率的增加非常缓慢。又如，在相同的接触时间下，当 NO 的浓度为 $200×10^{-6}$、O_3 与 NO 的摩尔比为 1∶1 时，NO 的氧化率为 81%；若 NO 的浓度

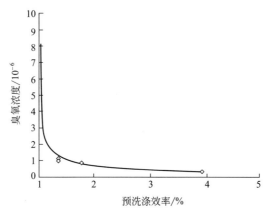

图 8-17 预洗涤对臭氧二次排放的影响

为 55×10^{-6}、O_3 与 NO 的摩尔比 4：1 时，NO 的氧化率也只有 60％ 左右。NO 浓度与氧化率之间的关系见表 8-12。

表 8-12 NO 浓度与氧化率之间的关系

入口 NO 浓度/10^{-6}	出口 NO 浓度/10^{-6}	O_3 与 NO 的摩尔比	NO 氧化率/％
281	54	1：1	81
220	52	1.28：1	76.22
142	62	1.97：1	56.6
74	33	2.79：1	55.4

6. 混合均匀度的影响

尽管 O_3 与 NO_x 的反应速率很快，但为确保混合均匀，需采用格栅混合器。

综上所述，可得出以下几个基本结论。

(1) 当停留时间较短时，同样的脱硝效率所需的臭氧量要适当增加。

(2) 当停留时间过长时，同样的脱硝效率所需的臭氧量也增加了。这是因为停留时间过长，生成的 N_2O_5（不稳定）可能重新分解为 NO_2，臭氧的自身降解率也会增大。当温度超过 65℃ 时，臭氧的耗量也急剧增加，这主要是由于有些臭氧在氧化 NO_x 之前就已经分解掉了。

(3) 过剩的臭氧可被生成的亚硫酸盐消耗掉，只有当臭氧过剩量很大时，才能在排烟中检测到残余的臭氧。

(4) 温度越高，所需的臭氧量也越多。

(5) O_3 与 NO_x 反应的温度为 55~80℃，最佳反应温度为 80℃ 左右。O_3 与 NO_x 反应的停留时间为 3~7s，最佳停留时间为 4s 左右，最佳摩尔比为 1.2~2.4。

NO_x 被 O_3 氧化后由后续脱硫塔进行吸收。当 O_3 与 NO_x 的摩尔比为 0.5~3.5、反应时间为 0.5~10s 时，NO 的浓度可削减到 50mg/m^3 以下，脱硝效率可大于 90％。

烟气中酸性气体和固体颗粒对臭氧的氧化影响不大。有些固体颗粒甚至可以促进氧化反应的进行。

五、 几种脱硝技术比较

三种脱硝技术的基本比较见表 8-13。

表 8-13　三种脱硝技术的基本比较

反应原理	SNCR	SCR	低温臭氧脱硝技术
活性物质	NH_3/尿素	NH_3/尿素	O_3
所需烟气温度/℉	1650～2000	500～900	150～250
所需压损/psi(1psi=6894.76Pa)	0+	0++	0+
布置位置	靠近燃烧器	空预器与省煤器之间	尾部
气相反应烟道	需要	不需要	需要
洗涤塔	可选	可选	需要
脱硝效率/%	40～70	60～95	90～98
反应物逃逸	NH_3	NH_3	无
处理后 CO 排放浓度	可能增加	可能增加	无影响
处理后 SO_2 排放浓度	影响很小,可能有少量 H_2S	SO_3 略有增加	无影响
温度高于运行要求	NO_x 排放浓度增大,NH_3 发生氧化反应	NH_3 发生氧化反应,NO_x 排放浓度增大	O_3 的耗量增加
温度低于运行要求	NO_x 排放浓度增大	NO_x 排放浓度增大	无影响

低温臭氧脱硝工艺适用于新建或改造工程,由于其系统可模块化,所需的停工安装时间很短,占地面积小,投资费用较低。

低温臭氧脱硝工艺需要与湿法洗涤塔配合使用,可选择性地氧化 NO_x,但对于含高浓度的 NO_x、大烟气量、高含湿的烟气使用时,性价比可能受到影响,并且需要大量的稀释空气用于输送臭氧。

低温臭氧脱硝工艺一般对于烟气中 NO_x 浓度小于 $250mg/m^3$ 的场合比较有竞争力。当烟气中 NO_x 浓度低于 $150mg/m^3$,且要求出口的 NO_x 浓度很低时,采用臭氧氧化与 SCR 相比,无论在建造费用还是运行费用上均具有优势。

第三节　双氧水高温脱硝技术

一、双氧水的基本物化性质

纯双氧水为淡蓝色的黏稠液体,水溶液为无色透明液体,溶于水。双氧水具有较强的氧化性,几种氧化剂的氧化电位比较如表 8-14 所列。

表 8-14　几种氧化剂的氧化电位比较

氧化剂	氟	H_2O_2	臭氧	高锰酸钾	二氧化氯	氯气
氧化电位	3.0	2.8	2.1	1.7	1.5	1.4

从表 8-14 可以看出,H_2O_2 的氧化电位为 2.8V,仅次于氟,高于 O_3(2.1V),分解出的羟基自由基(·OH)与 O_3 相比,羟基自由基的选择性较差一些。

H_2O_2 常用的催化剂是铁、铜、锰,例如,当采用铁作为催化剂时:

$$Fe^{2+}+H_2O_2 \longrightarrow Fe^{3+}+OH^-+·OH$$

$$Fe^{3+}+H_2O_2 \longrightarrow Fe^{2+}+·OOH+H^+$$

反应过程要求废水的 pH 值为 3～5，持续添加 $FeSO_4$，缓慢添加 H_2O_2。如果 pH 值太高，添加铁离子将产生 $Fe(OH)_3$ 沉淀，H_2O_2 被催化剂分解成氧气和水。

一般，Fe 与 H_2O_2 的质量比为 1：（5～10）。

紫外线也可激发 H_2O_2 生成 $\cdot OH$ 和 $HO_2\cdot$，但将紫外线放置于烟气中将导致维护和运行问题，并且紫外光的强度也会因被其他气体吸收而减弱。

根据分解条件的不同，H_2O_2 可分解为 $\cdot OH + \cdot OH$、$H_2O + HO_2\cdot$、$H_2O + O_2$ 或 $HO_2\cdot + H^+$。

双氧水分解为羟基自由基的最佳温度为 500～550℃，低于 450℃ 或高于 600℃ 时，绝大部分分解为水和氧气，产生的羟基自由基很少，NO 的转化率也开始降低。当用于 NO_x 的氧化时，希望获得尽可能多的羟基自由基（$\cdot OH$）。当温度大于 400℃ 时，H_2O_2 与 NO_x 的反应趋向于生成 NO_2 和 HNO_3，当温度降低时，NO 的转化率也降低。由图 8-18 可以看出，H_2O_2 的最佳分解温度为 500℃，低于 400℃ 时和高于 600℃ 时，NO_2 热还原成 NO 的速度增大。NO 氧化率与双氧水/一氧化氮（摩尔比）之间的关系见图 8-19。喷入的双氧水浓度与一氧化氮转化率之间的关系见图 8-20。

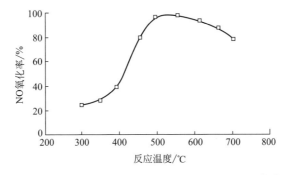

图 8-18　H_2O_2 分解温度与 NO 氧化率的关系（H_2O_2 和 NO 各为 400mg/m^3）

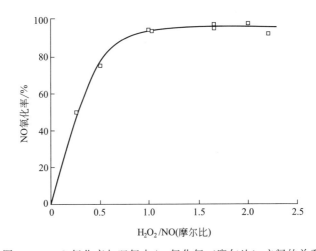

图 8-19　NO 氧化率与双氧水/一氧化氮（摩尔比）之间的关系

二、 双氧水脱硝

H_2O_2 在温度高于 500℃ 时迅速热解生成 $\cdot OH$ 和 $HO_2\cdot$，羟基自由基的寿命大约为 30～

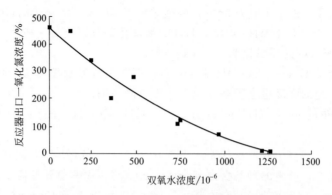

图 8-20　喷入的双氧水浓度与一氧化氮转化率之间的关系

$60\mu s$，可以迅速地将烟气中的污染物如 CO、VOCs、NO、Hg 等氧化，可在 0.3s 内将 NO_x 氧化为 NO_2、HNO_2 和 HNO_3。双氧水喷入高温烟气中，主要分解和反应如下：

$$H_2O_2 \longrightarrow 2 \cdot OH \tag{1}$$

$$H_2O_2 \longrightarrow HO_2 \cdot + H^+ \tag{2}$$

$$H_2O_2 \longrightarrow H_2O \cdot + \frac{1}{2}O_2 \tag{3}$$

$$\cdot OH + H_2O_2 \longrightarrow H_2O + HO_2 \cdot \tag{4}$$

$$\cdot OH + NO \longrightarrow NO_2 + H^+ \tag{5}$$

$$\cdot OH + NO + M \longrightarrow HNO_2 + M \tag{6}$$

$$\cdot OH + NO_2 + M \longrightarrow HNO_3 + M \tag{7}$$

$$HO_2 \cdot + NO \longrightarrow NO_2 + \cdot OH \tag{8}$$

在上述分解反应中，反应（2）发生的可能性较小，因为打开 HOO—H 的能量比打开 HO—OH 要高得多。反应（3）很容易在表面发生，在 400℃ 以下时占主导，此反应宜尽可能减小，以最大限度地生产羟基自由基（·OH）。反应（4）只有在高浓度的过氧化氢中才显现出来。

当采用湿法吸收的方法时，将 NO 氧化为 NO_2 是远远不够的，NO_2 的溶解度依然很低，且存在歧化反应，若要获得较高的脱硝效率，气液接触时间需达到 6～9s。

在工程应用中，一般在空气预热器前喷入浓度为 50% 左右的 H_2O_2。为了获得超细雾滴，宜采用空气辅助的超音速喷嘴，将少量的 H_2O_2 雾化成极细的颗粒，H_2O_2 迅速分解出羟基自由基，并与烟气中的 NO 反应生成 NO_2。由于 H_2O_2 产生的羟基自由基缺乏选择性，对烟气中的 SO_2 也会产生氧化反应。为提高烟气中 NO_2 的吸收效率，需要脱硫浆液中有足够的亚硫酸盐，而在强制氧化炭灰/石灰-石膏脱硫工艺中，脱硫浆液中的亚硫酸盐不足，故对 NO_2 的吸收效率有限。

氧化率与反应温度之间的关系（NO_x 浓度 500×10^{-6}，H_2O_2 浓度 1200×10^{-6}，H_2O_2 与 NO_x 反应时间约 0.3s）见表 8-15。

表 8-15 氧化率与反应温度之间的关系

温度/℃	NO 的氧化率/%	温度/℃	NO 的氧化率/%
300	24	550	98
350	29	600	93
400	39	650	89
450	80	700	79
500	98		

在烟气温度为 500℃、停留时间为 0.7s 的条件下，H_2O_2 与 NO 的摩尔比为 1.6 时，NO 的转化率为 75%；H_2O_2 与 NO 的摩尔比为 2.6 时，NO 的转化率为 97%。同时，SO_2 转化为 SO_3 的转化率在 2.6% 左右。

实验表明，进口 NO_x 浓度在 $(50\sim200)\times10^{-6}$ 范围内时，出口 NO_x 的浓度可以控制在 $(20\sim100)\times10^{-6}$ 的水平，烟气温度在 $60\sim65℃$ 范围内时，NO_x 的脱除效率为 $60\%\sim90\%$ 。

在温度为 $500\sim550℃$，且双氧水与氮氧化物的摩尔比为 2∶1 时，NO 的转化率可达 90%。NO 的转化率随摩尔比的增大而增大，但喷射温度对 NO 转化率的影响比摩尔比更大。

在烟气温度为 538℃ 处喷入 H_2O_2，烟气中的一氧化氮浓度为 200×10^{-6}，当 H_2O_2 和 NO 的摩尔比为 1 时，NO 的氧化率约为 70%；当 H_2O_2 和 NO 的摩尔比为 2 时，NO 的氧化率为 90%。烟气中二氧化硫的存在对 NO 的转化率影响很小。实验表明，烟气中二氧化硫转化为三氧化硫的转化率为 $2\%\sim2.6\%$。烟气中产生的三氧化硫是值得关注的问题，因为烟气中 $(5\sim10)\times10^{-6}$ 的三氧化硫即可导致蓝色烟羽的出现。

当 NO 的浓度超过 1000×10^{-6} 时，H_2O_2 与 NO 的摩尔比为 1，即可获得大于 90% 的转化率（500℃ 处喷入）。NO 可在中低温条件下被羟基自由基氧化为 HNO_2、HNO_3 和 NO_2，H_2O_2 在 500℃ 左右时可分解为 ·OH 和 HO_2·。为获得最大的 NO 氧化率，要求 H_2O_2 尽可能分解为 ·OH 和 HO_2·，尽可能抑制 H_2O_2 与储存输送设备的表面反应分解成 H_2O 和 O_2，一般应对反应器表面进行硼酸酸式处理。实验表明，H_2O_2 分解成 ·OH 和 HO_2· 的最佳温度为 500℃ 左右，此时 NO 转化为 NO_2、HNO_2 和 HNO_3 的转化率也最大。当 H_2O_2 与 NO 的摩尔比大于 1.92 时，采用 H_2O_2 来氧化 NO 并脱除的方法是不经济的；当 H_2O_2 与 NO 的摩尔比低于 1.37 时，采用 H_2O_2 来氧化 NO 并脱除的方法比 SCR 经济。

在硝酸中添加双氧水也可促进氮氧化物的吸收。采用 $35\%\sim45\%$ 浓度的硝酸和浓度为 $0.5\%\sim1\%$ 的 H_2O_2，反应温度为 $30\sim80℃$，每磅（1lb＝0.45359237kg）NO 和 NO_2 需要 1.7 磅和 0.37 磅的 H_2O_2，化学反应大致如下：

$$3NO_2 + H_2O \Longleftrightarrow 2HNO_3 + NO$$

$$2NO + HNO_3 + H_2O \Longrightarrow 3HNO_2$$

$$HNO_2 + H_2O_2 \Longrightarrow HNO_3 + H_2O$$

也有以 0.2% 的 H_2O_2 和 10% 的硝酸作为吸收溶液的。

氮氧化物浓度与双氧水浓度之间的关系见图 8-21。

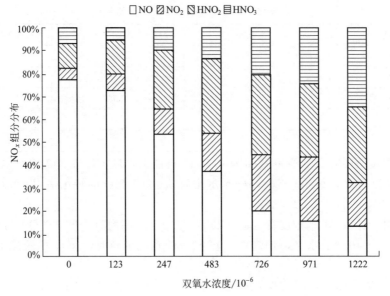

图 8-21　氮氧化物浓度与双氧水浓度之间的关系

第四节　其他氧化剂脱硝技术

一、氮氧化物的其他氧化剂

氮氧化物的其他氧化剂有二氧化氯、高锰酸钾、次氯酸钠和亚氯酸钠等。

1. 二氧化氯

二氧化氯的分子式是 ClO_2，在温度高于 $11℃$ 时，二氧化氯沸腾，成为一种黄绿色气体。它是一种极活泼的化合物，稍经受热，就会迅速爆炸性地分解为氯气和氧气。二氧化氯具有比氯气更大的刺激性和毒性。

二氧化氯极其不稳定，不能像次氯酸钠那样运输，运输中很容易发生爆炸事故，所以只能现场制备。

二氧化氯极强的化学腐蚀性几乎与氯气一样，而且它的毒性还是氯气的 40 倍。羟基自由基（·OH）是一种重要的活性氧，从分子式上看是由氢氧根（OH^-）失去一个电子形成的。羟基自由基具有极强的得电子能力，也就是氧化能力，氧化电位为 2.8V，是自然界中仅次于氟的氧化剂。

NO 与 ClO_2 在气相中的反应速率要比液相中快得多。由于 NO 在溶液中的溶解度很低，O_3 不仅可以将 NO 氧化为 NO_2，还可氧化至 N_2O_5，N_2O_5 又可与水或碱快速反应生成硝酸或硝酸盐。但 O_3 的运行费用很高，不太经济。

气相中 NO 与 ClO_2 的反应如下：

$$2NO + ClO_2 + H_2O \longrightarrow NO_2 + HCl + HNO_3$$

实验表明，当 NO 的浓度大于 24×10^{-6} 时，理论摩尔比的 ClO_2 可以在 2s 内将 95％的 NO 氧化成 NO_2。ClO_2 比 O_3 要便宜得多，但在设备维护时，其储存和吸收存在一些困难。

2. 高锰酸钾

高锰酸钾需要不断消除反应产生的 MnO_2，因为 MnO_2 容易在填料上沉积。

3. 次氯酸钠

氧化剂中最经济的应属次氯酸钠，它通常以碱性溶液的形式存在，以防止次氯酸钠分解成 Cl_2 和 ClO_2。最佳的洗涤 pH 值为 9 左右，此时次氯酸钠处于氧化状态，所释放出来的活性也最多。最佳的 pH 值随气液接触时间的增加而增大，氧化反应如下：

$$NO + NaClO = NaCl + NO_2$$

二、 氮氧化物的氧化产物的吸收

1. 氢氧化钠吸收

当 NO 的浓度与 NO_2 的浓度大致相当时，采用 NaOH 溶液吸收的反应式如下：

$$NO + NO_2 = N_2O_3 \tag{1}$$

$$N_2O_3 + 2NaOH = 2NaNO_2 + H_2O \tag{2}$$

当 NO_2 的浓度高于 NO 的浓度时，采用 NaOH 溶液吸收的反应式如下：

$$2NO_2 + 2NaOH = NaNO_2 + NaNO_3 + H_2O$$

由以上反应式可以看出，当 NO_2 和 NO 的摩尔比为 1 时，反应将主要以反应（1）进行，反应（2）是次要的。当 NO 和 NO_2 的摩尔比大于 1 时，反应产物将是亚硝酸盐，但过量的 NO 基本保持不变。因此，采用碱液与 NO/NO_2 反应时，最好保持 NO 与 NO_2 的摩尔比为 1。不同 NO 与 NO_2 之间的相对浓度，其吸收机理是不一样的。但当 NO_x 的浓度很低时，即使 NO 和 NO_2 的摩尔比为 1，N_2O_3 也不会大量生成，NO_x 的吸收效率也很低。采用碱液吸收 NO_x 时，只有 NO/NO_2 浓度均很高时才能获得较高的脱除效率，这意味着在 NO 低浓度（低于 500×10^{-6}）时，即使 NO 和 NO_2 的摩尔比为 1，也需要彻底将 NO 氧化为 NO_2，才可能获得较高的脱除效率。

但当亚硝酸盐与硝酸盐的液相浓度相对较高时，将降低对 NO_x 的脱除效率，因为会发生歧化反应：

$$NaNO_2 + NO_2 = NaNO_3 + NO$$

这个方程限制了碱液吸收 NO_x 的脱除效率，因此，即使气相中的 NO 氧化成了 NO_2，在液相中仍会产生新的 NO。

如果烟气中含有 SO_2，则可获得更高的脱硫效率。当 NaOH 溶液与烟气中的 SO_2 发生反应时，迅速生成亚硫酸钠和亚硫酸氢钠，它们可以与 NO_x 发生反应，亚硫酸钠与 NO_2 的反应速率比 NaOH 与 NO_2 的反应速率快得多。当亚硫酸根离子过量时，大致反应如下：

$$4Na_2SO_3 + 2NO_2 = 4Na_2SO_4 + N_2$$

NO 与亚硫酸盐的反应非常缓慢，当采用含有可溶性催化剂（如含钴溶液）的氨水迅速吸收 NO_x 和 SO_2 时，可获得较高的 NO 脱除率。硫酸铵或亚硫酸铵作为中间产物，其反应式大致如下：

$$2NO + 5SO_2 + 8NH_3 + 8H_2O = 5(NH_4)_2SO_4$$

实验表明，要将 200×10^{-6} 的 NO_x 脱除 80%，烟气中的 SO_2 浓度必须大于 1200×10^{-6}。当烟气中含有较多的氧气时，采用亚硫酸盐来吸收 NO_x 是不合适的，因为烟气中的氧气可将亚硫酸盐氧化为无效的硫酸盐。因此，一般采用两段吸收法，前段对 NO_x 进行氧化，后一段对 NO_x 进行吸收，但对高浓度的 NO_x 有些例外。例如，当 NO_x 浓度大于 2000×10^{-6}、NO_2 和 NO 的摩尔比大于 2、O_2 和 NO_x 的摩尔比大于 5 时，采用填料塔也可以获得 90% 左右的 NO_x 脱除效率。

2. 亚硫酸盐吸收

NO_2 的吸收反应是很慢的，采用 Na_2SO_3 或 $(NH_4)_2SO_3$ 时可加快吸收速度，但由于烟气中氧气的存在，Na_2SO_3 或 $(NH_4)_2SO_3$ 容易被氧化为 Na_2SO_4 或 $(NH_4)_2SO_4$ 而失去吸收 NO_2 的能力。研究表明，吸收 NO_2 时，SO_3^{2-} 比 HSO_3^- 快 40 倍左右。

3. 硫化钠/硫氢化钠吸收

当 Na_2S 溶液用于洗涤 NO_x 时，反应式如下：

$$4NO_2 + 4NO + 3Na_2S = 6NaNO_2 + 3S + N_2$$

尽管相对 NO 来说，NO_2 的吸收速率要大得多，但仍然属于反应缓慢的范围，采用常规的传质核反应速率数据来设计吸收塔往往是无效的，需要大大增加传质表面积、延长反应时间（气液接触时间）。

采用两段式处理系统，即前一段将 NO 氧化，后一段吸收氧化后的 NO_2。氧化和吸收均采用填料塔，吸收溶液为 Na_2S 溶液。实验结果表明：当 Na_2S 溶液浓度为 0.002mol/L、液气比为 2.51 时，吸收效率可达 80%～90%（填料高度约 1.8m）。Na_2S 溶液浓度较高时，NO_2 的吸收效率也会有所增大。pH 值控制在碱性（pH=9.0）时，Na_2S 的吸收效率较高。气体在吸收塔内的停留时间增加，NO_2 的吸收效率也显著增大。塔内气体停留时间大于 4.1s，气体流速最好低于 0.45m/s。

4. 钙基吸收

采用钙基吸收剂时，生成产物是亚硝酸钙。亚硝酸钙的主要用途是作为混凝土外加剂中的早强剂和防锈剂，以代替亚硝酸钠，其市场广阔，应用前景很好。化工行业的生产工艺是：利用 $Ca(OH)_2$ 溶液吸收塔内 NO_x 气体，制取亚硝酸钙中和液，经过滤、澄清、浓缩后，在结晶机内析出结晶，再经离心甩干、脱除游离水，制得带结晶水的亚硝酸钙粒状产品，其化学式为 $Ca(NO_2) \cdot nH_2O$，$n=2$～4。带有结晶水的亚硝酸钙产品，当堆积时间稍长时，便会出现结块现象。当温度高于 25℃时，便会出现部分结晶体分解成液体的现象，给储存、运输和使用带来不便，可采用喷雾干燥的方法，除去所含的结晶水，以便储存、运输和使用。

第五节　SCR协同脱除二噁英

一、　二噁英的基本性质

二噁英，即1，4-二氧杂环己二烯，是一种单环有机化合物。它是一种在工业上没有用处的副产物。一般来说，广义的"二噁英"一词泛指含有前述结构的衍生化合物；狭义的二噁英是指2,3,7,8-四氯二苯并对二噁英（TCDD），因其在二噁英类物质中毒性最强，所以有时中国国内学术界所指的二噁英特指该物质。二噁英与其衍生化合物的毒性各有不同，另外，此类化合物因具有脂溶性，会积聚在动物脂肪组织中及植物的某些部位。某些类二噁英多氯联苯（PCBs）具有与二噁英相似的毒性，归在"二噁英"名下。目前，大约有419种类似二噁英的化合物被确定，但其中只有近30种被认为具有相当的毒性，以TCDD的毒性最大。

二噁英具有类似于"12大危害物"的特性，"12大危害物"是一组被称为持久性有机污染物的危险化学物质。实验证明，二噁英可以损害多种器官和系统，一旦进入人体，就会长久驻留，因为其本身具有化学稳定性并易于被脂肪组织吸收，并从此长期积蓄在人体内，可能透过间接的生理途径而致癌。它们在人体内的半衰期约为7～11年。在环境中，二噁英容易积聚在食物链中。食物链中依赖动物食品的程度越高，二噁英积聚的程度就越高。

自然界的微生物和水解作用对二噁英的分子结构影响较小，因此，环境中的二噁英很难自然降解消除。它的毒性以LD_{50}表示，专业术语叫"半数致死量"。它的毒性十分大，是氰化物的130倍、砒霜的900倍，有"世纪之毒"之称，国际癌症研究中心已将其列为人类一级致癌物。环保专家称，二噁英常以微小的颗粒存在于大气、土壤和水中，主要的污染源是化工冶金工业、垃圾焚烧、造纸以及生产杀虫剂等产业。日常生活所用的胶袋、PVC（聚氯乙烯）软胶等物都含有氯，燃烧这些物品时便会释放出二噁英，然后悬浮于空气中。

二噁英在标准状态下呈固态，熔点约为303～305℃。二噁英极难溶于水，在常温情况下其溶解度在水中仅为7.2×10^{-6}mg/L。而同样在常温情况下，其在二氯苯中的溶解度高达1400mg/L，这说明二噁英很容易溶解于脂肪，所以它容易在生物体内积累，并难以被排出。二噁英在705℃以下时是相当稳定的，高于此温度即开始分解。另外，二噁英的蒸气压很低，在标准状态下低于1.33×10^{-8}Pa，这么低的蒸气压说明二噁英在一般环境温度下不易从表面挥发。这一特性加上热稳定性和在水中的低溶解度，是决定二噁英在环境中去向的重要特性。

二、　二噁英的主要来源

（1）固体废物焚烧　包括生活垃圾、医疗废物及危险废物等的焚烧。

（2）工业锅炉燃烧　煤等化石燃料和木材在锅炉等中的燃烧。

（3）金属生产　关于欧洲二噁英排放的清单表明，铁矿烧结是欧洲二噁英排放仅次于生活垃圾焚烧的第二大主要来源。

（4）金属回收　如从电缆回收金属、二次熔铝、熔铜以及锌的回收等也是二噁英的来源之一。

（5）含氯化合物的合成与使用　许多有机氯化学品，如多氯联苯、氯代苯醚类农药、苯氧乙酸类除草剂、五氯酚木材防腐剂、六氯苯和菌螨酚等，在生产过程中有可能形成二噁英。

（6）纸浆漂白过程　纸浆漂白过程通入氯气可以产生二噁英，废液则会排入水体。

（7）汽油的不完全燃烧　汽车尾气可以释放二噁英。

（8）家庭燃料　家庭固体燃料（木材和煤）的燃烧排放占60％的非工业源二噁英排放量，其排放与燃料和炉型有关。

（9）偶然燃烧　如五氯酚处理过的木制品和家庭废物的非法燃烧。

（10）光化学反应　氯代2-苯氧酚可以通过光化学反应生成二噁英，氯酚可以通过光化学二聚反应生成二噁英。

（11）生化反应　氯酚类可以通过氧化酶催化氧化产生二噁英。

分子氯的产生对二噁英的形成具有重要影响。

氯元素不可避免地通过各种方式进入烧结原料，铁矿石中含有一定量的氯，生产用水中也含有一定量的氯，作为燃料的焦炭、无烟煤中也含有氯，返矿中也含有氯。当需要脱除As、Cu、Cd、Pb和K等元素时加入的$CaCl_2$或NaCl溶剂，又如在原料中加入附着有油漆等的铁屑，或是焦炭中裹挟含氯物质等，这些都会引进氯元素。

在燃烧过程中，特别是在有氯存在的条件下，铜将作为催化剂，促进二噁英的生成。例如，在燃烧枕木的过程中，烟气中的二噁英由$2.5ng/m^3$增加到$8.1ng/m^3$。

二噁英在400~500℃的氧化氛围下最易生成，烟气中二噁英一般呈现超细颗粒态或者吸附在烟气中的粉尘表面。

三、二噁英的去除方法

二噁英和呋喃的主要去除方法有活性炭吸附法和催化剂降解法两种方法。

1. 活性炭吸附法

活性炭吸附法是目前国内外焚化厂常见的二噁英处理技术，虽然其去除机制是将气相二噁英吸附转移至固相飞灰中，但若配合良好的二次污染防治措施，仍属经济有效的二噁英处理技术。其他污染物（如二噁英、呋喃、挥发性有机物、酮、苯和二甲苯等）大多采用活性炭吸附。吸附后有用的物质可以再回收利用，而对于汞等物质，活性炭吸附饱和后抛弃填埋。

2. 催化剂降解法

二噁英催化剂具有破坏二噁英，将其分解为二氧化碳和水的能力。虽然二噁英催化剂的建造与运行成本昂贵，但因其可完全分解二噁英，且近年来催化剂技术日益成熟，故此处理技术逐渐受到重视。

二噁英催化剂可分为贵重金属、金属氧化物与沸石，包括$V_2O_5/WO_3/TiO_2$、$Pt/Si/Ti$、$Pt/Au/SiO_2/B/Al_2O_3$及经Au表面处理过的$Fe_2O_3 + La_2O_3$。商用二噁英催化剂$V_2O_5/WO_3/TiO_2$最为普遍，其中TiO_2为催化剂载体，可使催化剂V_2O_5/WO_3均匀分布，有效发挥催化剂功效。此外，催化剂为均质性材质，不会因粒状污染物磨蚀催化剂表面而造成催化剂活性降低，从而影响二噁英的分解能力。

催化剂只有在适当的温度下才能进行催化分解二噁英，$V_2O_5/WO_3/TiO_2$ 的运行温度为 150～350℃。如果废气中颗粒物浓度较高，则需提高最低操作温度至 210℃ 以上；如果废气温度过低，氨及硫氧化物反应生成的硫酸氢铵及亚硫酸氨将冷凝附着于催化剂上，阻塞催化剂上的孔隙，降低催化剂活性。同样，如烟气温度过高时，沉积于催化剂表面的重金属将烧结附着于催化剂上，降低催化剂活性。

废气中的颗粒物与有毒物质对催化剂反应的效率有很大影响，这些物质会造成催化剂的失活。颗粒物会遮蔽催化剂，因此阻止污染物与催化剂表面接触，而有毒物质会与催化剂发生融合反应，进而改变催化剂活性，也减小催化剂的比表面积，因此降低了催化剂的活性。当催化剂与毒化物质发生不可逆反应时，称为永久毒化，则需更换催化剂。若可恢复原来的催化剂活性，则需进行再生以恢复其活性。

催化分解利用催化剂在一定温度下将二噁英分解为小分子甚至 CO_2 和水，可以彻底解决二噁英污染。SCR 法是处理烟气中 NO_x 的一种方法，研究发现，该法对烟气中的二噁英类也有较好的处理效果。然而该催化剂通常的使用温度范围是 300～400℃，而布袋除尘器后的烟气温度低于 150℃，在这样的低温状态下，难以实现利用常规的 SCR 装置降解二噁英类。

$V_2O_5/WO_3/TiO_2$ 催化剂的运行温度为 150～350℃，空间速度（空速）为 8000～40000h^{-1}。当空间速度相同时，温度较高者二噁英的去除率较高；相同温度时，空间速度越低，分解率越高。催化剂层需设置吹灰装置，定时自动进行吹扫，避免废气中的粉尘及其他物质（如碱金属、铅、砷及磷等）造成催化剂孔隙阻塞及表面遮蔽，从而降低催化剂活性。

采用催化剂可有效分解二噁英，使其排放浓度低于 0.1ng TEQ（毒性当量）/m^3 的排放标准。但一般要求入口温度必须保持在 210℃ 以上，且其入口废气需经适当的前处理，以避免酸气或重金属毒化催化剂。尽管催化降解法可以彻底除去二噁英，但是由于其工作条件苛刻、成本较高等原因，还未得到广泛应用。

早期选择性催化剂还原（SCR）主要应用于电厂脱硝，后来又应用于一般市政废弃物焚化炉中二噁英和呋喃的排放控制中。当要求 SCR 系统同步去除 NO_x、二噁英和呋喃时，催化剂的选择及配置极为重要。对于脱硝而言，催化剂材质的选择较具有弹性，一般可采用 Pt/Al_2O_3、V_2O_5/TiO_2、$V_2O_5/WO_3/TiO_2$、Fe_2O_3/TiO_2、CrO_3/Al_2O_3 及 CuO/TiO_3 等金属氧化物催化剂。在用于去除二噁英和呋喃时，催化剂材质的选择受到一些限制，大多以 $V_2O_5/WO_3/TiO_2$ 和贵重金属为主，$V_2O_5/WO_3/TiO_2$ 对脱硝也有效果。在催化剂床的配置方面，脱硝催化剂通常置于二噁英和呋喃催化剂的上游。这种配置的主要目的有以下 2 个。

（1）利用脱硝催化剂去除大部分 NO_x，减少后续二噁英和呋喃催化剂的负荷，以提高对二噁英的破坏能力。

（2）通常二噁英和呋喃催化剂较为昂贵，如果烟气中含有对催化剂不利的毒害物质，可先由脱硝催化剂承受，以降低对二噁英和呋喃催化剂的毒害。

二噁英和呋喃催化剂布置在布袋除尘器之后，可减少灰分对催化剂活性的影响。但布袋除尘器之后的温度一般在 150℃ 左右，在此温度下，催化剂要催化裂解二噁英和呋喃是不可能的。V_2O_5/WO_3 催化剂在 150℃ 以下，气相二噁英易吸附在催化剂表面上，导致催化剂中毒。因此，需要把烟气加热至 200～300℃ 才有利于催化剂对二噁英的催化分解。

四、 影响 SCR 催化分解二噁英的主要因素

影响 SCR 催化分解二噁英的主要因素主要有催化剂活性相金属比例、催化剂载体、催化剂添加剂组分以及氨浓度等。

1. 活性相金属比例

实验表明，邻二氯苯的催化分解率随 CrO_x 含量的增加而增大，在相同温度下，CrO_x 含量为 12.5%（质量分数）时邻二氯苯的催化分解率最高（载体为 Al_2O_3）。邻二氯苯的催化分解率与钒氧化物的比例成正比，可见整个反应活性主要由钒氧化物提供，在相同温度下，V_2O_5 负荷为 5.8%（质量分数）时邻二氯苯的催化分解率最高。TiO_2 本身也会提供活性位，只是其活性不如 V_2O_5 显著。此种现象可以由键能大小解释：V—O 和 V—Cl 的键能（121kJ/mol）比 Ti—O（289kJ/mol）、Ti—Cl（213kJ/mol）、Co—O（159kJ/mol）、Co—Cl（117kJ/mol）以及 Cr—Cl（167kJ/mol）等都要小得多。

2. 催化剂载体

对催化剂载体 TiO_2 与 $\gamma\text{-}Al_2O_3$ 的研究表明，以 TiO_2 为载体的催化剂的反应活性大于 $\gamma\text{-}Al_2O_3$。不同载体的五氧化二钒催化剂的活性的结果依次为：$TiO_2 > CeO_2 > ZrO_2 > Al_2O_3 > SiO_2$。

3. 催化剂添加剂组分

一般，SCR 催化剂的添加剂（又称辅催化剂）有 WO_3 和 MoO_3 两种，WO_3 本身为具有活性的催化剂，加入 SCR 催化剂中，可提升催化剂的活性，也可增加催化剂的选择性，并且使催化剂有更广的温度适用范围。在 SCR 催化剂中加入 WO_3 和 MoO_3，可使邻二氯苯的催化分解率增大。WO_3 的添加使 NO_x 的反应速率增加了 1 倍以上，但对于邻二氯苯的氧化则影响有限；MoO_3 的添加仅仅使邻二氯苯的氧化效率增大了 0.25 倍左右。因此，在催化剂中加入 WO_3 及 MoO_3 可增加催化剂的热稳定性，可防止 TiO_2 表面积的减小。此外，WO_3 及 MoO_3 可抑制 SCR 反应中 SO_2 的氧化，进而避免催化剂中毒。总之，WO_3 及 MoO_3 扩大了催化剂的使用温度范围，提高了 TiO_2 的热稳定性，可防止催化剂中毒。

4. 氨浓度

在 SCR 催化剂系统中，NH_3 的添加量对二噁英的去除并无明显的影响，可能是由于 NH_3 主要与 NO_x 进行反应，且 NH_3 对已生成的二噁英无任何作用。实验表明，使用 CrO_x/TiO_2 催化剂，在喷入 200×10^{-6} 的 NH_3 后，其对二噁英的催化分解并无太大的影响，且催化分解二噁英的效率高达 93%。

5. 催化剂操作温度

催化剂对化合物的破坏难易程度取决于化合物的挥发性（沸点、蒸气压）及氧化作用。而这两者均与化合物的氯化程度有关，含氯芳香族的分解随氯化程度增大而降低。二噁英与呋喃相比，催化剂 $V_2O_5/WO_3/TiO_2$ 对于呋喃的去除率较差。当其温度为 150℃ 时，催化剂仍可对不含氯芳香族化合物进行破坏，但对含氯芳香族化合物的破坏能力并不高。当操作

温度上升至190℃以上时，催化剂对含氯芳香族化合物才有破坏能力。因此，在150℃的操作条件下，二噁英并不会被催化剂分解，反而吸附在催化剂上，造成催化剂中毒。

二噁英种类和催化剂之间的反应与温度有很大的相关性。当催化剂温度为150℃时，2,4,8-TCDF、1,3,6,8-TCDD与1，3，7，9-TCDD的去除效率虽然大于96%，但约50%以上都是被吸附在催化剂表面上；当温度升高至200℃时，OCDD（八氯二噁英）与OCDF（呋喃）的去除率才可提升至80%，而残留于催化剂表面的比例少于2%。二噁英在催化剂表面吸附与二噁英本身的沸点和蒸气压密切相关，催化剂对二噁英的催化分解效率随温度的升高而增大。当温度上升至230℃时，二噁英的催化分解效率达98%；当在100℃时，二噁英几乎都吸附在催化剂表面上。四氯以上的二噁英的沸点都在400℃以上，且随着氯含量的增加而升高，而蒸气压则随物质氯含量的增加而减小。高氯含量的二噁英（6～8氯）在SCR反应过程中，吸附于催化剂表面的比例越高，所需的分解反应时间也越长，温度也相对越高。因此，在利用催化剂催化二噁英/呋喃的氧化与分解时，相当程度地受限于二噁英的高沸点和低挥发性。

在某工程应用中，当运行温度为100℃时，对二噁英和呋喃的去除效率分别为82.4%、79.9%，大部分的二噁英和呋喃吸附在催化剂表面上，真正被催化剂破坏的二噁英和呋喃仅为0和3%。因此，操作温度为100℃时，无法有效破坏、分解二噁英和呋喃，反而造成催化剂的中毒；当运行温度为150℃时，对二噁英和呋喃的破坏效率则达到90%以上，只有大约5%～6%的二噁英和呋喃吸附在催化剂表面上；当运行温度为230℃时，对二噁英和呋喃的破坏效率则高达98%以上，二噁英和呋喃吸附在催化剂表面上的比例不到0.5%。故随SCR运行温度升高，催化剂对二噁英和呋喃的破坏效率随之增大。

6. 空速

空速的倒数即为烟气在催化剂层的平均停留时间。空速越大，表示烟气在催化剂层的停留时间越短。污染物与催化剂反应时间较短，因此去除效率较低。反之，减小空速，去除效率会提高。一般来说，使用贵重金属催化剂时，所采用的空速为 $10000\sim60000h^{-1}$，而碱金属催化剂则为 $5000\sim15000h^{-1}$。空速主要取决于烟气的特性、运行温度及催化剂的形态。对二噁英和呋喃的分解研究表明，当运行温度为150℃、空速从 $8000h^{-1}$ 升至 $40000h^{-1}$ 时，随着空速的增大，催化剂对二噁英和呋喃的破坏效率随之降低（由99.8%降低至92.5%），而催化剂上二噁英和呋喃的吸附量有增多的趋势（由0.04%增大至6.1%）。三成分的贵重金属催化剂 $Pt/SnO_2-Au/Fe_2O_3-Ir/La_2O_3$ 在150℃时对二噁英和呋喃的分解效率都达到99.8%。贵重金属催化剂 $Pt/SnO_2-Au/Fe_2O_3-Ir/La_2O_3$ 对二噁英的转化效率非常好，与商用催化剂 V_2O_5/TiO_2 相比有较大的发展空间。

几种二噁英和呋喃催化剂的比较见表8-16。

表8-16 几种二噁英和呋喃催化剂的比较

催化剂种类	分解特性
CrO_x/Al_2O_3、 CrO_x/TiO_3 催化剂	(1) CrO_x/Al_2O_3 催化剂对二噁英和呋喃的分解效率随温度的升高而增大。 (2) CrO_x/Al_2O_3 和 CrO_x/TiO_3 催化剂在温度为325℃时对二噁英和呋喃的分解效率分别为95%、99%。 (3) CrO_x/Al_2O_3 催化剂在温度升高至380℃时对二噁英和呋喃的分解效率为98%；当温度降至280℃时对二噁英和呋喃的分解效率降为82%

续表

催化剂种类	分解特性
$V_2O_5\text{-}WO_3/TiO_2$ 催化剂	(1)在温度为 $150\sim310℃$ 时对二噁英和呋喃的分解效率超过 95%,对 T3CDD 和 T4CDD 的分解效率甚至超过 98%。 (2)当温度在 $150℃$ 时,有 $59\%\sim75\%$ 的二噁英和呋喃吸附在催化剂上;当温度升至 $190℃$ 时,吸附在催化剂上的二噁英和呋喃小于 7%。 (3)温度低于 $200℃$ 时,含氯芳香族化合物仍然吸附在催化剂 $V_2O_5\text{-}WO_3$ 上,没有明显破坏含氯芳香族化合物的潜力
多组分贵重金属催化剂	$Pt/SnO_2\text{-}Au/Fe_2O_3$、$Ir/La_2O_3\text{-}Au/Fe_2O_3$、$Ir/La_2O_3\text{-}Au/Fe_2O_3\text{-}Pt/SnO_2$ 在温度为 $150℃$ 时,对二噁英和呋喃的分解效率分别为 69.9%、78.8% 及 98%
$V_2O_5\text{-}MoO_3/TiO_2$ 催化剂	当温度为 $300℃$ 时,对二噁英和呋喃的分解效率为 93.2%
V/Ti 催化剂	当温度从 $100℃$ 升至 $150℃$ 时,对二噁英和呋喃的分解效率由 80% 升至 98%
Fe/C、Cu-Fe/C 和 Cu/C 催化剂	在金属冶炼厂进行的实验表明,三种催化剂对二噁英的去除效率均达 95% 以上。就三种催化剂对二噁英的破坏效率来说,$150℃$ 时三种催化剂对二噁英的破坏效率约为 $20\%\sim30\%$,在此温度下破坏效率较差。然而随温度的升高,Fe/C 与 Cu-Fe/C 催化剂对二噁英的破坏效率增大。当温度为 $250℃$ 时,Fe/C 催化剂对二噁英的破坏效率高达 78%。Cu/C 催化剂比较特殊,随着温度的升高,破坏效率反而递减,当温度为 $200℃$ 时,其对二噁英的破坏效率已为负值,温度升高至 $250℃$ 时更加明显
Fe/C 和 Cu/C 催化剂	在垃圾焚化厂进行的实验表明,在不同的温度下,两种催化剂对二噁英的去除效率约达 90% 以上。 两种催化剂在 $150℃$ 时的破坏效率约为 $30\%\sim40\%$。然而随温度的升高,Fe/C 催化剂在 $200℃$ 时对二噁英的破坏效率达 66%,在 $250℃$ 时对二噁英的破坏效率降为 57%。Cu/C 催化剂在 $200℃$ 时对二噁英的破坏效率最高,达到 63%;当温度升至 $250℃$ 时,对二噁英的破坏效率为负值。 对于金属冶炼厂,在 $200℃$ 和 $250℃$ 下使用 Cu/C 催化剂时,催化剂表面都有二噁英的生成。使用 Cu-Fe/C 催化剂时,在温度为 $250℃$ 时催化剂上才有二噁英生成。 对于垃圾焚化厂,在 $250℃$ 下使用 Cu/C 催化剂,催化剂上有二噁英的生成。Cu 催化剂和 Fe 催化剂相比,含有 Cu 的催化剂易于产生二噁英。 总之,Fe/C 催化剂对二噁英的催化分解能力较佳,无论在高温还是低温条件下,二噁英的去除效率都可达 90% 以上,而破坏效率可维持 50% 以上,并无明显的再生成现象

7. 改善燃烧条件

高温条件下,氯与碱性化合物生成的氯酸盐可以氧化破坏已经生成的二噁英污染物。在焚烧后的烟气中喷入氨、氧化钙、KOH、Na_2CO_3 都对二噁英有抑制效果,一些碱性化合物如 CaO、$CaCO_3$ 还可以在焚烧前与垃圾等掺烧。氨气、尿素及一些胺类可以与金属催化剂形成稳定的配合物,减弱其催化能力,同样对二噁英的形成具有抑制作用。氨会与二噁英发生反应,形成 H_2O、HCl、CO_2 和 N_2 等物质,这些物质可在后续的 SO_2 回收工艺中经过酸洗除去 HCl 后排空。

锅炉及管道上的残碳会存留较长时间,部分可能为二噁英的合成提供碳源,因此,定期除灰可以减少这一碳源。

第六节　活性焦同时脱硫脱硝除尘技术

活性焦在非电力行业脱硫脱硝除尘中应用较多。

一、 脱硫、 脱硝、 解吸工艺和原理

1. 主体工艺流程

活性炭烟气脱硫脱硝装置在一套装置中完成吸附和催化还原反应。吸附剂和催化剂选用特殊性能的活性炭,烟气自下而上流动,活性炭自上而下流动,二者逆流接触,活性炭连续地从吸附塔底部排出,输送到解吸塔进行解吸,解吸后的活性炭再进入系统循环使用。用氨作为脱硝剂,在活性炭的催化下进行脱硝。

活性炭烟气净化工艺主要由烟气系统、急冷塔、烟气布袋除尘器、吸附系统、解吸系统、活性炭输送系统、活性炭卸料存储系统等组成。

来自烧结机主抽风机的烟气经急冷塔、布袋除尘器、增压风机增压后依次经过吸附塔脱硫段、脱硝段,然后经主烟囱排入大气中。

在急冷塔内喷入少量熟石灰,脱除烟气中的 HCl 和 SO_3,防止系统出现露点腐蚀。采用布袋除尘器除去烟气中的粉尘、石灰与酸气反应的产物以及未反应的石灰。

吸附塔脱硝段入口前喷入氨气,烟气中的污染物被活性炭层吸附或催化反应生成无害物质。

活性炭由塔顶加入到吸附塔脱硝段,并在重力作用下,从塔顶向塔底移动,依次通过脱硝段和脱硫段,最终进入出料输送装置。吸收了 SO_2、NO_x、二噁英、重金属及粉尘等的活性炭先经过筛分,筛下的小颗粒活性炭、粉尘送入粉仓,用吸引式罐车运输至高炉系统作为燃料使用。过筛后的活性炭经输送装置送往解吸塔进行解吸,解吸后的 SO_2 送往制酸系统制硫酸。

脱硫脱硝装置从急冷塔到主烟囱前分为独立的两个系统,以增加系统的可靠性。解吸塔100％备用,正常生产时低负荷操作,一台检修时另一台可以处理全部需再生的活性炭。

所用脱硝剂为焦化蒸氨装置副产的 20％的浓氨水,节省占地并且安全性好,但氨水气化的蒸汽消耗量大,硫酸装置生产的 98％的硫酸送焦化装置硫铵工段作原料。

脱硝用活性炭性能需要满足一定的要求。

活性焦脱硫脱硝除尘工艺流程见图 8-22。活性焦逆流吸收塔的结构见图 8-23。解析塔的结构见图 8-24。

2. 主要吸附过程

活性炭净化法利用活性炭的吸附性能,能同时吸附多种有害物质,和 SO_2、NO_x、二噁英、重金属及粉尘等。主要吸附反应过程如下。

① SO_2 分子向活性炭细孔移动发生物理吸附:

$$SO_2 \Longrightarrow SO_2^*$$

② 在活性炭细孔内发生化学吸附:

$$SO_2^* + O^* \Longrightarrow SO_3^*$$

$$SO_3^* + nH_2O^* \Longrightarrow H_2SO_4^* + (n-1)H_2O^*$$

③ 向硫酸盐转化:

$$H_2SO_4^* + NH_3 \Longrightarrow NH_4HSO_4^*$$

$$NH_4HSO_4^* + NH_3 \Longrightarrow (NH_4)_2SO_4^*$$

主要解吸再生过程如下。

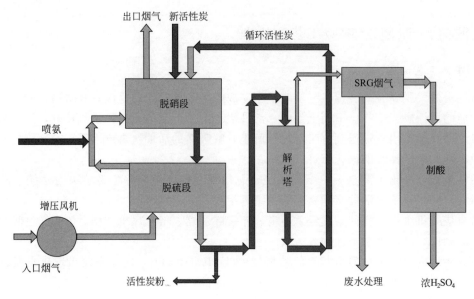

图 8-22 活性焦脱硫脱硝除尘工艺流程

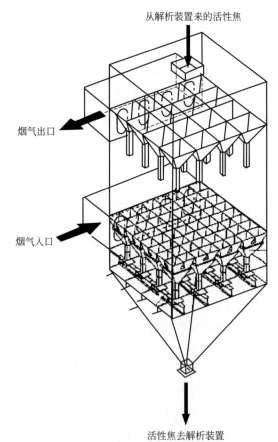

图 8-23 活性焦逆流吸收塔的结构

① 硫酸的分解反应：

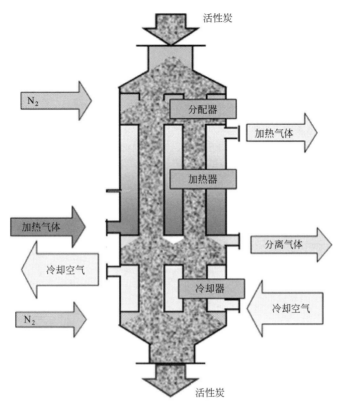

图 8-24　解析塔的结构

$$H_2SO_4 \cdot H_2O \Longequal SO_3 + 2H_2O$$

$$SO_3 + 1/2C \Longequal SO_2 + 1/2CO_2 \text{（发生化学损耗）}$$

$$H_2SO_4 \cdot H_2O + 1/2C \Longequal SO_2 + 2H_2O + 1/2CO_2$$

② 硫酸氢铵的分解反应：

$$NH_4HSO_4 \Longequal SO_3 + NH_3 + H_2O$$

$$SO_3 + 2/3NH_3 \Longequal SO_2 + H_2O + 1/3N_2$$

$$NH_4HSO_4 \Longequal SO_2 + 2H_2O + 1/3N_2 + 1/3NH_3$$

③ 碱性化合物（还原性物质）的生成：

$$-C \cdot \cdot O + NH_3 \longrightarrow -C \cdot \cdot + H_2O$$

④ 表面氧化物的生成和消失：

$$-C \cdot \cdot + O \longrightarrow -C \cdot \cdot O$$

$$-C \cdot \cdot O + 2/3NH_3 \longrightarrow -C \cdot \cdot + H_2O + 1/3N_2$$

活性炭脱硝过程包括了 SCR 反应和 SNCR 反应，反应的过程如下。

① SCR 反应：

$$NO + NH_3 + 1/2O^* \Longequal N_2 + 3/2H_2O$$

② SNCR 反应

$$NO+-C\cdot\cdot\longrightarrow N_2$$

以上各式中—C··表示活性炭表面的还原性物质。

除上述物质以外，烧结废气含有少量的 HCl、HF、SO_3 等酸性气体，以及一些挥发性重金属（如 Hg）也被高效率地吸附除去。

烟气中的尘态二噁英在吸附塔内被活性炭吸附。将吸附了二噁英的活性炭在解吸塔内加热到 400℃ 以上，并停留大于 3h 的时间，二噁英苯环间的氧基在催化剂的作用下被破坏，使二噁英发生结构转变，裂解为无害物质，二噁英加热时间与分解率之间的关系见图 8-25。

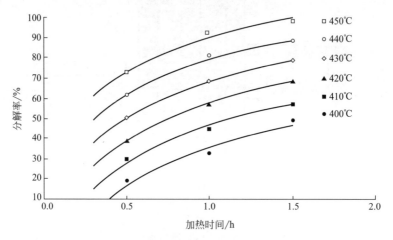

图 8-25　二噁英加热时间与分解率之间的关系

二、　主要设备

1. 烟气急冷塔

设置急冷塔的目的是脱除烟气中的强酸，同时降低脱硫脱硝塔的入口烟气温度。

活性炭的吸附是放热反应，当入口的烟气温度过高时，吸附塔的安全受到威胁；入口的烟气温度过低时，吸附效率又难以得到保证。因此，控制吸附塔入口温度在一定的温度范围内非常重要。为防止入口温度过高，设急冷塔对烟气喷水降温，这种方式反应速率快，可以保证系统安全可靠地运行。

在急冷塔前喷入少量 $Ca(OH)_2$，消除酸露点腐蚀。因为没有露点腐蚀的危险，急冷塔不需内防腐，布袋除尘器和吸附塔入口烟道不会发生露点腐蚀，投资省，安全性高。当烟气中 SO_2 浓度比较高时，正常生产烟温 130℃ 已经接近酸露点温度，极易对设备造成露点腐蚀。

由于活性炭没有脱 HCl 的作用，HCl 会穿过脱硫段进入脱硝段，与喷入的氨发生反应，生成 NH_4Cl，使氨消耗增加，并且会吸附在活性炭上，使系统阻力增大。此外，在活性炭使用一段时间后，NH_4Cl 会造成活性炭粉化，使活性炭消耗增加。当烟气中的 HCl 浓度（具体 HCl 量的多少与矿石有关）也较高时，必须设置极冷塔。

烧结主抽风机来的烟气进入急冷塔，为控制吸附塔入口烟气温度为 130℃，急冷塔中设置了雾化喷头，在压缩空气作用下，水雾化成小水滴，通过蒸发，烟气温度被冷却至

130℃。由于脱硝的效率随烟气中水含量的增大而降低，因此，在界区入口处烟气的温度不宜过高。烟气通过空冷也可以达到降温的效果，但是不推荐，原因是会增加烟气的体积，并且温度曲线不平缓。

某烟气急冷塔设计参数见表 8-17。

表 8-17 某烟气急冷塔设计参数

烟气急冷塔设计参数		
设备数量		1
体积流量(湿态)	m³/h	795000
入口含水(体积分数)	%	8～12
入口最大设计温度	℃	170
入口操作温度范围	℃	130～170
入口平均温度	℃	135
出口温度	℃	130
内径	mm	9980
有效高度	mm	29000
总高度	mm	44000
最大用水量	kg/h	21500
压缩空气量	m³/h	2400
保温层厚度	mm	150
立式设计	平底带支撑法兰	

2. 布袋除尘器

为了脱除烟气中的粉尘，使烟囱粉尘排放浓度达到 $10mg/m^3$，需设置布袋除尘器。烟气中的 SO_3 和 HCl 在布袋除尘器中还将与熟石灰进一步发生反应。

某布袋除尘器的规格参数见表 8-18。

表 8-18 某布袋除尘器的规格参数

除尘器套数	1	烟气入口 SO_3 浓度/(mg/m³)	50
单套烟气量/(m³/h)	795000	烟气入口 HCl 浓度/(mg/m³)	85
温度/℃	135	Ca(OH)₂ 理论用量/(kg/h)	89.455
工况烟气量/(m³/h)	1021150	Ca(OH)₂ 实际用量/(kg/h)	127.792
布袋风速/(m/min)	1	入口粉尘浓度/(mg/m³)	60
面积/m²	17019	出口含尘浓度/(mg/m³)	10
布袋耐温/℃	200	除尘量/(kg/h)	169

布袋除尘器下部排出的固体物仍含有未反应的熟石灰，可送回急冷塔中循环使用。

3. 吸附塔

吸附塔的结构形式主要有两种，即逆流塔和错流塔，见图 8-26。逆流塔与错流塔相比，有以下优点。

(1) 脱硫、脱硝效率高　活性炭与烟气逆流接触，活性炭自上而下流动，烟气自下而上流动；高 SO_2 浓度的烟气与排出之前的活性炭均匀接触，活性炭饱和度好，再生负荷小；新活性炭和再生活性炭与排出烟气接触，烟气脱硫、脱硝效果好。

(2) 系统阻力小　饱和活性炭和粉尘从反应器下部及时排出，系统阻力小，节约引风机用电。

(3) 脱硫、脱硝分段　脱硫、脱硝分段，脱硫效率可以达到 99.95%。烟气中 SO_2 入口浓度标准状况下为 $1000mg/m^3$ 时出口浓度可达到 $5mg/m^3$，即完全脱硫后加氨，氨不参与

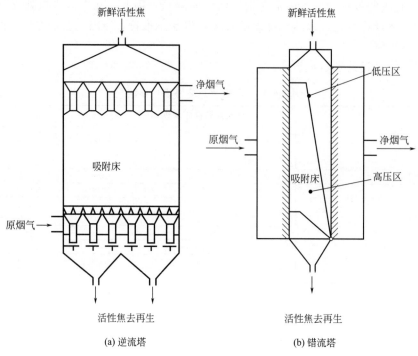

图 8-26　逆流塔和错流塔结构

脱硫反应，氨消耗量少并且生成硫酸氢铵的副反应少，活性炭在床层中能保持好的脱硫、脱硝性能，脱硝效率高。

一般的脱硝系统很容易达到 40％及以下的脱硝效率，而欲将脱硝效率从 40％提高到 80％，烟气反应停留时间需增大到约 10 倍。本技术吸附塔脱硝段的脱硝效率可以达到 80％～90％。

（4）模块高向多层布置，节省占地　每个模块由脱硫、脱硝单元高向叠加而成，两个模块再高向叠加布置，节省占地。

（5）在线检修　吸附塔为单元模块化设计，每个单元出入口均设有隔离措施，当其中一个单元需要检修时可以关闭，待冷却通气后，可从人孔进入检修。这种设计可以提高系统的作业率，保证系统长期稳定地运行。

设计时，在吸附塔进、出口处分别设置控制挡板，保证每个子系烟气的独立性。整个烟气净化系统共有 2 个吸附塔，每个吸附塔由若干个模块组成。每个模块由脱硫段和脱硝段叠加而成。

安装在吸附塔上的料仓将活性炭装入吸附塔模块上方的料斗，一个料仓有若干个密封阀，若干个模块连接到一个料仓。料仓上部设有 2 条斗式传送带，活性炭通过斗式传送带装入料仓。料仓中的活性炭流入每个模块上的料斗，然后装入上部的脱硝床层，再继续流过脱硫床层。排料装置安装在气体分配板下方，每一次的排料量为 4mm 的床层高度，允许活性炭在整个床层上交叉、平行、垂直流动。排料装置为气动活塞驱动，该装置每次启动会降低吸附塔活性炭床层的高度，不足的活性炭从料斗进入两个活性炭床层。排料装置是吸附塔内唯一的运动机构，因此整个系统非常可靠。

烧结烟气通过入口风门进入吸附塔。首先，烟气通过水平入口管道，然后向上进入逆流单元，到达脱硫活性炭床层。烟气离开脱硫床层后，沿水平方向经过气体分配器进入下一个逆流单元——脱硝活性炭床层。在气体分配器中注入氨和空气的混合气。分配器装有多个喷嘴，方便气体的注入。为方便维护，喷嘴可从外部取下。烟气在离开脱硝活性炭床层后，进入连接烟囱的气体主分配器送烟囱排放。

根据烟气中硫氧化物和氮氧化物的入口浓度，确定脱硫和脱硝所需的活性炭床层的高度。选择活性炭时，需对活性炭性能进行综合测试，在实际操作条件和气体成分下，验证活性炭的吸附性和还原效率。烟气水含量、空塔速度、反应停留时间和温度也是设计时需考虑的重要影响因素。

逆流吸附的活性炭床层高度可变，当烟气中 SO_2 浓度高时，可以通过改变活性炭床层高度以适应新的烟气条件。同时，也通过碰撞和扩散原理除去一部分粉尘，见图 8-27。

吸附塔用普通低碳钢制造，与外界环境或相邻板块都是气密的。安装完成后，将进行试压，以确保施工质量和安全性。每个隔间应有检查人孔。在吸附塔隔间没有烧结气流动的部位，如上部料斗、下部收集料斗等设备处，设有外部加热装置来防止酸的冷凝。在角落和渗透区域（人孔、结构补强处）要特别防止热量不足。吸附塔及烟道支架必须作为整体来考虑保温和保温支撑。

为了控制进，每个独立活性炭床层的烟气流量，每股分支流都要安装高灵敏度的压差测量仪表。活性炭床层装有温度检测仪表监测热点，反应入口和出口也需要温度检测。此外，还需要在线检测烟气中的 SO_2、NO_x 和 O_2。

某吸附塔外形尺寸和操作参数见表 8-19。

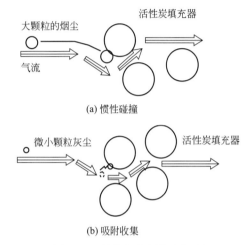

图 8-27 活性炭床层除尘机理

表 8-19 某吸附塔外形尺寸和操作参数

正常流量（标况下）	1350000m³/h	脱硝段床层高度调节范围	1.200～3.000m
吸附塔线数	4	入口和出口处翻板总计	52
每条线内的模块数量	12	活性炭排出装置总计	48
模块总数量	48	给料仓总计	6
每个模块内床层面积	6.600m×6.600m	活性炭装入速度	26t/h
脱硫段床层高度调节范围	1.700～2.000m		

4. 解吸塔

从吸附塔排出的饱和活性炭吸附了 SO_2、H_2O、O_2 和各种烃类化合物，经风筛除尘后，通过输送系统送入解吸系统。活性炭首先在解吸塔内被加热至 390～450℃，去除吸附的污染物及硫化物，活性炭吸附的 SO_2 被释放出来，富含 SO_2 的气体被送至制酸工段制取 H_2SO_4。解吸后的活性炭经冷却后，通过风筛除尘和振动筛筛分，将细小活性炭和粉尘去除，筛分后的活性炭送回到吸附塔循环使用。新的活性炭需要连续地加入到系统中补充筛分造成的损耗。系统分别设置了新鲜活性炭和饱和活性炭的缓冲仓，用于平衡检修期间的活性炭输送。

解吸塔主要包括加热段和冷却段，二者都是由多管换热器组成的。活性炭在加热器中加热到400℃以上，释放或者分解吸附的污染物，从而达到活性炭再生的目的。再生的活性炭在冷却段中冷却到120℃以下后，输送至活性炭振动筛。

解吸塔内温度较高，为了防止解吸塔内的活性炭自燃，在解吸塔内通入氮气隔绝氧气，防止活性炭自燃。

解吸塔的作用是脱除活性炭中的 SO_2 和吸附的其他杂质。SO_2 解吸失败会对吸附塔的操作产生严重影响，破坏系统的平衡，中断吸附过程。由于解吸塔的重要性，需要设 2 个解吸塔，每个解吸塔均可承担 100% 的负荷，以便在一座解吸塔维修时，仍能保证整个系统的正常运行。

活性炭通过给料仓加入解吸塔料仓中，这里的下料密封系统与吸附塔是相同的。活性炭通过单元系统进入一排换热管加热段，并被加热到 390～450℃。最终 SO_2 与活性炭一起进入排气段，然后进入下一道工序。为了使活性炭的温度降到燃点以下，活性炭再一次进入换热器冷却段。活性炭集料区域在冷却段下部，活性炭通过与吸附塔相同的排料装置排出解吸塔，只是这里的排出量比吸附塔更大。因此，该设备工作频率更高，应该被设计成可连续工作和耐磨损的设备。

惰性气体 N_2 自上而下通过活性炭流向解吸塔中部的脱气区，该位置的压力是系统中最小的，可以防止 SO_2 泄漏到冷却段，以免 SO_2 被解吸的活性炭再吸附。SO_2 富气含 N_2、CO、CO_2、H_2O、HCl、HF、尘和重金属等，靠流量可调的风机来调节脱气区出口处的压力。

流经加热段换热器的空气需调节到恒定的流量。如果设定点的流量比来自冷却段的空气量大，意味着额外的空气需通过鼓风机进口调节风门吸入；如果通过冷却段的空气比加热段需要的量大，多余的空气会在燃烧室之前、鼓风机之后吹出。加热段的调节通过改变进入换热器的加热空气入口温度实现。温度测量位于脱气区域，如果温度过低，可提高加热空气进口温度；如果过高，则降低加热空气进口温度。通过的空气对温度调节比较敏感，因活性炭在管中的流速低，调节活性炭的响应速度慢。此外，一旦活性炭达到燃点，吸附的氧气将与炭反应使温度升高。

冷却段换热器利用环境空气进行冷却，风机通过管道将空气从多个通道送入。冷却器的出口空气用于活性焦炭的加热。冷却和加热空气的风机合用。由于风机的位置在冷却段后，在换热器的出口即可调节活性炭温度。温度控制回路在换热器出口测量活性炭的温度，通过改变风门开度调节冷却风量。如果活性炭温度过高，则增加通过换热器的空气量；若温度过低，则减少空气通过量。

加热器为高炉煤气燃烧器系统。燃烧器设有单独的燃烧空气风机。温度设定点是由温度测量回路在加热区后出口的脱气区测量的活性焦炭温度决定的。

解吸塔必须具有气密性，并使用优质合金钢 1.4876 合金 600 制造。此外，每个部分内部也必须彼此气密。唯一的例外是卸料斗的下部管道。为了保证气密性和安全性，吸附塔必须试压。

每个部分应有专人进行检查。脱气区的气体不流动的部件，如料仓和下部集料锥斗，需要外部伴热。

解吸塔尺寸和操作参数见表 8-20。

表 8-20　解吸塔尺寸和操作参数

活性炭加热区	
加热功率	10000kW
换热器类型	列管式
活性炭装入量	60t/h(100％负荷)
入口活性炭 SO_2 吸附率	45gSO_2/kg 活性炭
脱气区	6.000m×4.500m
脱气区活性炭停留时间	60min
氮气用量	600m³/h
SO_2 富气产量	1750～9600kg/h
活性炭冷却区	
冷却功率	4600kW
换热器类型	列管式
活性炭停留时间	60min
氮气用量	600m³/h
材质	304 不锈钢和哈氏合金

5. 活性炭传输系统

通过活性炭传输系统，使吸附塔和解吸塔之间的循环活性炭保持恒定的流量。

吸附塔排出的活性炭进入吸附塔下面的链斗输送机，然后进入独立的筛分装置内，粉末、颗粒较小的活性炭和粉尘被筛出。活性炭经由解吸塔给料缓冲仓送入解吸塔。缓冲仓的容量由解吸塔允许停止装入的时间或输送系统的短时停车来确定，以便解吸塔能连续工作。解吸塔的出口同样设一个缓冲仓，此料仓具有缓冲作用，缓冲吸附塔的均匀进料，还能容纳解吸塔维修时的全部防空物料。然后活性炭被垂直输送到吸附塔上方的一条链斗传送带，再被分料皮带分配到入料仓中。

因为活性炭在输送、吸附、解吸过程中尺寸会变小，需要过筛。新活性炭加入到系统中参与吸附塔循环，新活性炭存储在容量充足的料仓内，以对应解吸塔停车。料仓所需容量可扣除每个吸附模块的存储容量。活性炭可旁通绕过解吸塔直接到吸附塔，而在解吸塔重新启动时，活性炭直接从吸附塔出口到解吸塔。在解吸塔暂停工作时，吸附塔用过的活性炭需立即储存到料仓中，使其存储量满足 24h 生产需要。

为便于解吸塔前后活性炭风筛、筛子抽风除尘，应设置脉冲袋式除尘器，除尘器收下的粉尘经卸灰阀后卸至粉尘仓，再通过输灰吸引装置用吸排车外运。

采用活性炭粉气力输送系统对活性炭转运环节中的活性炭粉集中点进行气力输送。粉尘集中点包括吸附、解吸区域内的解吸塔前后风筛、解吸塔后振动筛、活性炭输送机等处。

气力输送系统设置有检修吸灰支管，在吸附塔检修时，罗茨风机将吸附塔格栅处粉尘吸至粉尘仓，改善检修工作环境。

三、 活性炭的选择

活性炭的主要来源是富含碳的有机材料，如煤、动物骨头、椰壳、焦油等。通过 900℃以上高温的加热，挥发分被去除，氧原子和剩下的碳结构反应产生微小的孔隙。每克活性炭中孔隙的内表面积为 300～2200m²，大分子如 SO_2、HF、挥发性有机碳、重金属通过物理和化学键被吸附到活性炭内的孔隙中。活性炭可以制造成不同的形状，以满足不同的工艺要求。

为满足活性炭工艺所需要的反应性和吸附率，对活性炭的物理性质有一定要求，要求用特定的工艺来生产。促进反应的化学添加剂由于会降低活性炭的燃点，严禁填加入活性炭中。

活性炭的性质如下：颗粒直径约为$(5+2)$mm，长度约为10mm，网孔为3～6mm，堆密度约为$(580+20)$g/L，灰分约为12%，湿度约为5%，硬度约为98%。

第九章

烟羽清除技术

第一节 烟羽不透明度的影响因素

首次发现燃煤电厂出现"蓝烟/黄烟"烟羽现象,是 2000 年美国电力公司 Gavin 电厂在总容量为 2600MW 的多个机组上安装了 SCR 装置和无 GGH 的烟气脱硫装置后,烟囱排烟由原来不明显的烟羽改变为较浓厚的蓝色烟羽。当前,我国在燃煤电厂建设了满足环保要求的高效除尘器、SCR 脱硝装置和烟气脱硫装置后,除了烟羽中水蒸气凝结所造成的白色烟羽之外,烟囱排烟的烟羽还出现了明显的黄色或蓝色烟羽,特别是取消 GGH 后,这种现象更为严重,出现频次高,对周边环境产生了潜在危害,也给生活在周边的群众带来了很多顾虑。若要求肉眼观测不到蓝色烟羽,烟羽不透明度必须低于 8%。

烟羽的形成过程见图 9-1。

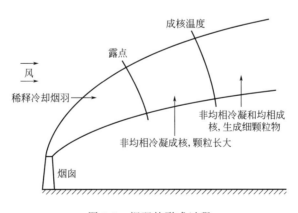

图 9-1 烟羽的形成过程

烟羽的不透明度主要取决于硫酸酸雾的浓度、露点和粉尘浓度,以及烟气温度、太阳光的照射角度和大气环境条件。太阳光的照射角度和大气环境条件是不可控的,但硫酸气溶胶浓度、粉尘浓度和烟气温度是可控的,下面主要介绍硫酸气溶胶浓度、粉尘浓度和烟气温度的影响。典型湿式脱硫系统中烟囱颗粒物浓度见图 9-2。

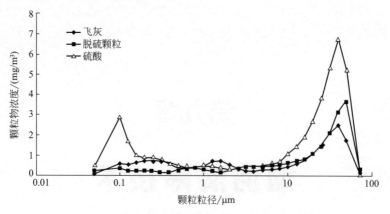

图 9-2　典型湿式脱硫系统中烟囱颗粒物浓度

一、　硫酸气溶胶对不透明度的影响

SO_3 与烟气中的水蒸气反应生成气态硫酸，部分在空预器中冷凝，在烟道温度较低的部分也可发生硫酸蒸气的冷凝，进而造成空预器黏附烟尘积灰和烟道腐蚀；剩下的则在遇到较低温度的大气时在脱硫塔内冷凝出来。一般常规脱硫塔脱除硫酸酸雾的效率为 40%～70%。图 9-3 为温度对三氧化硫转化率的影响。

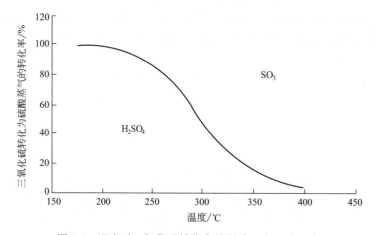

图 9-3　温度对三氧化硫转化率的影响（含湿量 8%）

一般 7×10^{-6} 的硫酸酸雾即可产生 5% 的烟羽不透明度，也就是说，如果脱硫塔入口硫酸酸雾的浓度为 50×10^{-6}，而脱硫塔的脱硫效率为 50%，则为 5% 以下的烟羽不透明度，需要增加额外的设备，其脱硫效率应大于 70%，这个效率是最低要求。

SO_3 在脱硫塔入口处的骤冷产生大量的微细硫酸酸雾，脱硫塔喷淋和除雾器对其捕捉率极低。

烟囱排出的烟气中含有硫酸的气溶胶，硫酸气溶胶的粒径非常小，对光线产生散射。由于颗粒的尺寸和可见光的波长接近，因此属于瑞利散射。瑞利散射的特点是：散射光的强度与波长的四次方成反比，因此短波的蓝色光线散射要比长波的红色光线强许多，最终使得烟囱在阳光照射的反射侧，排烟的烟羽呈现蓝色，而在烟羽的另一侧（透射侧）呈现黄褐色。

排出烟气中亚微米级颗粒粉尘的存在，使得 H_2SO_4 以亚微米级颗粒粉尘作为凝结中心，硫酸酸雾也会冷凝于粉尘表面，二者的协同效应导致烟羽不透明度增加。

SO_3 的排放成为影响烟羽颜色和不透明度最主要的因素。在大多数情况下，当烟气中硫酸气溶胶的浓度超过（$10\sim20$）$\times10^{-6}$ 时，会出现可见的蓝色烟羽，且硫酸气溶胶的浓度越高，烟羽的颜色越浓，烟羽的长度也越长，严重时甚至可以落地。实验表明，每 10^{-6} 的三氧化硫（在烟囱出口处以硫酸酸雾剂形式呈现）对烟羽不透明度的贡献度为 $1\%\sim3\%$，具体程度取决于酸雾成核条件和烟的直径，后者决定烟羽的飘移长度。

一般（$7\sim10$）$\times10^{-6}$（修正至 $3\%O_2$）的硫酸酸雾即可产生蓝色烟羽，与当地气象条件有关，见图 9-4。因此，要有效控制或解决蓝烟/黄烟现象，燃煤电厂应有效控制烟气 SO_3 的排放，将其排放量降低到不会引起烟羽可见和浊度问题。

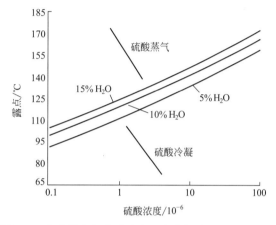

图 9-4　硫酸露点与硫酸浓度和水蒸气含量之间的关系

从图 9-4 中可以看出，硫酸露点是硫酸浓度和水蒸气的函数，并随二者浓度的增加而增高。图 9-4 示出了低于露点温度时，H_2SO_4 的气相和冷凝相分量。例如，在 $250\,^\circ\text{F}$ 和含 10% 水蒸气的烟气条件下，8×10^{-6} 的 H_2SO_4 中，2×10^{-6} 的 H_2SO_4 处于气相，6×10^{-6} 的 H_2SO_4 处于冷凝相。在大多数情况下，H_2SO_4、水蒸气和粉尘在烟气中同时存在，烟羽的不透明度主要受烟气中可冷凝物和粉尘的影响，粉尘可作为 H_2SO_4 蒸气的凝结核，在中低 H_2SO_4 浓度下，可对烟羽不透明度产生显著影响。

二、　微细颗粒物对不透明度的影响

烟羽的不透明度不仅仅与硫酸的浓度有关，而且与固体颗粒物（飞灰和从脱硫浆液中逃逸的固体物质）的浓度有关。肉眼可视的颗粒粒径下限为 $40\mu m$，白细胞 $25\mu m$，红细胞 $8\mu m$，一般细菌 $2\mu m$，硫酸气溶胶 $0.3\mu m$。

不透明度随颗粒粒径的减小而增大。例如，在质量一定的情况下，若颗粒粒径从 $10\mu m$ 减小到 $1\mu m$，不透明度将以 10 倍的因子增加。白色光的波长大约为 $0.8\mu m$，当颗粒粒径刚好为 $0.8\mu m$ 左右时，将对光产生强烈的折射，导致不透明度增加 3 倍左右。

图 9-5 为不透明度与粒径之间的关系。图 9-6 为粉尘粒径对光衰减的影响。图 9-7 为粉尘与酸雾对不透明度的影响。

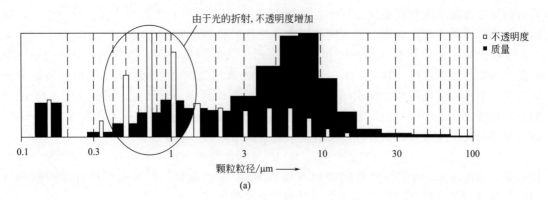

(a)

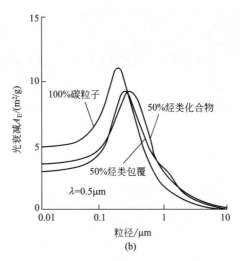

(b)

图 9-5　不透明度与粒径之间的关系

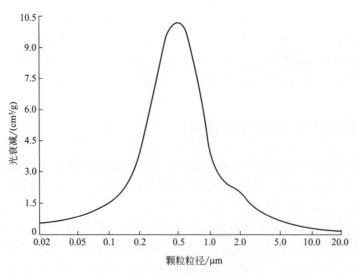

图 9-6　粉尘粒径对光衰减的影响

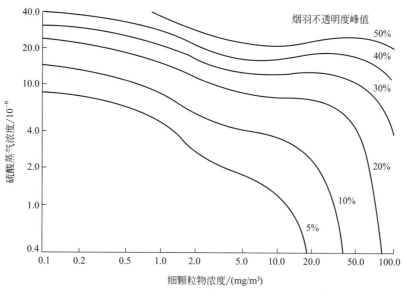

图 9-7　粉尘与酸雾对不透明度的影响

细颗粒模型粒径为 $0.1\mu m$

三、　烟气温度对不透明度的影响

从图 9-4 中也可以看出，当硫酸和水蒸气浓度增加时，露点温度就升高。如果烟囱的温度足够低，而水蒸气和 H_2SO_4 的浓度又足够高，那么 H_2SO_4 凝结后形成的气溶胶的浓度就可能达到在烟囱出口就形成可见烟羽的程度。一旦烟气离开烟囱，由于冷却使得 H_2SO_4 完全凝结，而周围的环境空气又被夹卷进入烟羽中，对烟羽进行稀释，蓝烟/黄烟在一段距离之后便会逐渐消失。

即便烟囱的工况能够使烟囱出口处仍有足够高的温度（例如湿法 FGD 系统安装了GGH），这时在烟囱的出口处，烟气中大部分 H_2SO_4 仍然保持蒸气状态，烟囱的出口可能看不到烟羽，但是在离烟囱出口不远的下风向上仍然会出现一个与烟囱出口分离的蓝烟/黄烟的可见烟羽，这是由于在 H_2SO_4 被稀释之前，烟温已经降低到了露点以下。

在大多数情况下，尤其是 H_2SO_4、水、亚微米级颗粒同时存在时，凝结是烟羽的主要生成机理。烟羽的浊度主要受烟气中可凝结物和亚微米级飞灰浓度的影响。当 H_2SO_4 浓度较低或中等时，亚微米级烟尘的粒径分布对烟羽的浊度有明显的影响，主要是由于这些颗粒起到了气相 H_2SO_4 凝结中心的作用。在烟气中亚微米级颗粒的直径为 $0.15\mu m$ 时，亚微米级颗粒浓度与 H_2SO_4 蒸气浓度对烟羽不透明度的影响见图 9-8。图中虚线之间的区域是ESP 下游烟气中亚微米级颗粒浓度的典型范围。从图中可以看出，电除尘对 $0.2\sim2\mu m$ 的粉尘捕集能力最差。

图 9-8 中的曲线表明：在现实的亚微米级颗粒的浓度范围内，H_2SO_4 蒸气的浓度对烟羽的不透明度影响很强。即使亚微米级颗粒的浓度非常低，如 $1mg/m^3$，凝结的酸粒子也还是可以作为形成新颗粒的凝结核，当 H_2SO_4 蒸气浓度从 5×10^{-6} 增加到 10×10^{-6} 时，烟羽的不透明度将从 5% 增加到 10%。因此，在无法进一步降低亚微米级颗粒物排放浓度的情况下，控制 SO_3 的排放（也就是降低 H_2SO_4 浓度）是可行的达到烟羽不透明度要求的措施。

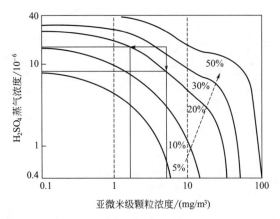

图 9-8　亚微米级颗粒浓度与 H_2SO_4 蒸气浓度对烟羽不透明度的影响

要控制烟羽不透明度，需要降低烟气中粉尘以及 H_2SO_4 蒸气的浓度。但降低粉尘浓度产生的效果远不如降低 SO_3 浓度和 H_2SO_4 浓度的效果显著。例如，当烟气中含有 16×10^{-6} 的 H_2SO_4 蒸气和 $5mg/m^3$ 的粉尘时，烟羽不透明度约为 35%。若需将烟羽不透明度降低至 20%，需要将粉尘浓度降低至 $1.6mg/m^3$ 或将 H_2SO_4 蒸气浓度降至 8×10^{-6}。对于现有的常规干式静电除尘器、布袋除尘器或电袋除尘器来说，进一步提高其除尘效率已很困难。因此，降低烟羽不透明度的主要精力应放在如何降低 SO_3 和 H_2SO_4 蒸气浓度之上。由图 9-8 还可看出，SO_3 浓度对烟羽不透明度的影响。例如，烟气的粉尘浓度为 $1mg/m^3$ 时，若烟气中的 H_2SO_4 蒸气浓度从 5×10^{-6} 增加到 10×10^{-6}，烟羽不透明度将从 5% 增加到 10%。

第二节　烟羽不透明度产生的原因及其控制措施

一、脱硫塔中硫酸气溶胶的生成

烟囱排放烟气中的颗粒物主要由 3 部分组成：未被电除尘器或布袋除尘器捕集的粉尘、从脱硫器中携带出来的固体颗粒和冷凝的硫酸酸雾（气凝胶）。

SO_3 经过空气预热器冷却到饱和露点或与水直接接触时，它将与水反应生成硫酸雾，当气态 SO_3 冷却烟气进入脱硫塔时即发生这样的反应。SO_3 与水反应生成硫酸酸雾的速度远大于 SO_3 与脱硫浆液中石灰石反应的速度，故生成大量的粒径为 $0.1 \sim 0.5 \mu m$ 的硫酸酸雾气溶胶。当达到一定浓度时，发生光的散射，一般产生蓝色的可见烟羽。烟羽的颜色和不透明度取决于气溶胶的浓度、气溶胶颗粒粒径、太阳照射的角度、烟气温度和大气环境。在大多数情况下，当硫酸气溶胶的浓度达到 $10 \times 10^{-6} \sim 20 \times 10^{-6}$ 时，即可见蓝色烟羽。硫酸气溶胶的浓度越高，烟羽颜色越重，在大气中消散时间越长。

SO_3 和硫酸蒸气在脱硫塔内迅速形成亚微米级的硫酸雾滴，这些雾滴与吸收液之间通过惯性碰撞、重力沉降、布朗运动而得以去除，布朗运动是传质的主要形式，布朗运动带来的传质效果有限，因此，大雾滴可以被吸收液捕集，而大部分的微米级雾滴则逃逸，这就是

湿式脱硫塔脱除 SO_3 和硫酸蒸气效率较低的原因。一般地，湿式脱硫塔对硫酸雾滴的捕集效率为 $30\% \sim 50\%$。当脱硫吸收剂采用氢氧化钠溶液时，这种现象能大大减轻，采用干法、半干法脱硫对烟气中 SO_3 的脱除效率要高于湿法。

采用 SCR 后，烟气中约有 1% 的 SO_2 被氧化为 SO_3，虽然此时烟气中的 SO_3 浓度仍然很低（ 10^{-6} 级），但很容易产生蓝烟问题。对于燃烧低硫煤的锅炉，因 SCR 而产生的 SO_3 可能不会产生蓝色烟羽问题，但对燃烧中高硫煤的锅炉，因 SCR 而产生的 SO_3 却可能带来严重的蓝色烟羽问题。SCR 对 SO_2 的转化率主要与烟气温度和催化剂类型有关。

但烟气的 SO_3 对粉尘具有调质作用，它可以吸附于粉尘颗粒表面，降低粉尘比电阻，从而可提高电除尘器的除尘效率。因此，降低烟气中 SO_3 的浓度，也可能引起烟羽不透明度的增加。烟气中 SO_3 浓度的影响是双向的，而且是矛盾的。

硫酸形成的机理主要有两种：一种是 SO_3 与水蒸气反应生成硫酸；另一种是当烟气温度低于硫酸露点时，硫酸蒸气冷凝而成。

硫酸露点由硫酸与水蒸气的分压比确定，典型的硫酸露点为 $150 \sim 175℃$，但由于烟气温度不均匀和边壁效应等因素的影响，硫酸露点可能高达 $220℃$。

一般地，硫酸蒸气只有达到过饱和时才会发生冷凝，但在某些情况下，热动力学上认为不可发生的也依然可以发生硫酸蒸气冷凝。例如，当烟气中含有飞灰时，飞灰可作为硫酸蒸气的凝结核，硫酸蒸气即可冷凝于飞灰的表面，甚至与飞灰发生化学反应。

当烟气缓慢冷却时（如间接冷却装置、低温换热器等），硫酸酸雾也可在气体边界层形成。当烟气缓慢冷却时，烟气中的粉尘提供了可供硫酸蒸气冷凝的庞大的凝结表面积，这种冷凝方式最大的优点是大多数的硫酸将冷凝于飞灰表面和冷却管壁。大多数的温式脱硫系统采用直接快速的水或浆液冷却，这种工艺由于均相成核而产生大量的硫酸酸雾。

硫酸均相成核的速度远大于化学吸收反应的速度，硫酸酸雾以"细颗粒物"的形式存在。

当 SO_3/硫酸蒸气发生相变时，将在现存颗粒物表面异相冷凝沉积。酸的冷凝沉积量与颗粒物直径和比表面积大小有关。当颗粒物直径大于气体分子的平均自由程时，酸的冷凝沉积量与颗粒直径的大小成正比；当颗粒物直径小于气体分子的平均自由程时，酸的冷凝沉积量与颗粒比表面积的大小成正比。当烟气冷却速度过快时（如脱硫吸收塔入口处的骤冷），所产生的过饱和度足以导致分子级水平的均相成核的发生，凝聚成大量的颗粒，此模式产生的颗粒物数量浓度远比异相成核时大得多。例如，10×10^{-6} 的硫酸蒸气，当其冷凝后的颗粒直径为 $0.05 \mu m$ 时，其颗粒物数量浓度约为 10^{16} 个/m^3，而异相成核凝聚时约为 5×10^{11} 个/m^3。

湿式脱硫系统中烟囱下风向的硫酸地表浓度见图 9-9。

硫酸露点是水和 H_2SO_4 蒸气浓度的函数，从 $300℃$ 开始降温，雾滴粒径保持 $0.05 \mu m$ 不变，直至硫酸开始冷凝。当达到水蒸气露点后，雾滴粒径开始迅速增大。当水蒸气和 H_2SO_4 蒸气浓度都很高时，结核形成的酸雾滴粒径较大。

不透明度与初始 H_2SO_4 浓度的关系见图 9-10。

从图 9-10 中可以看出，不透明度随初始 H_2SO_4 浓度的增大而增大，随初始水蒸气浓度的增大略有增大，随成核浓度的增大而减小。

不透明度与硫酸浓度之间的关系见图 9-11。其中，图（a）的成核数量浓度为 10^6 个/cm^3；（b）的成核数量浓度为 10^7 个/cm^3。

图 9-12 为不透明度与终端烟气温度之间的关系。其中，图（a）的成核数量浓度为 10^6 个/cm^3；图（b）的成核数量浓度为 10^7 个/cm^3；图（c）的成核数量浓度为 10^8 个/cm^3。

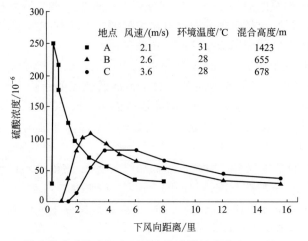

图 9-9　湿式脱硫系统中烟囱下风向的硫酸地表浓度（1 里＝500m）

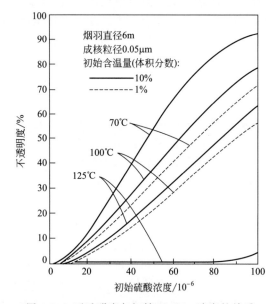

图 9-10　不透明度与初始 H_2SO_4 浓度的关系

　　烟气不透明度在烟气离开烟囱 1～2s 后迅速增大，这表明冷凝蒸气在烟囱内已经存在，而不是二次反应生成的。当烟气离开烟囱后，在初始动量和浮力的作用下开始上升，随着烟气的上升，它将卷吸周围的冷空气并被稀释，SO_3 产生的蓝色烟羽与主流水蒸气分开。卷吸的烟气量主要取决于其温度、烟囱出口速度、环境温度、风速等条件。在浮力不足和气象条件不佳时，烟羽迟迟不能散去。

二、　烟气冷凝与颗粒物

　　从湿式脱硫系统出来的烟气中，颗粒物主要由细固体颗粒（＜1μm）、冷凝产生的固态和液体气溶胶组成。这些细颗粒物即使在很低的浓度下也会对烟羽不透明度产生重大影响。这些细颗粒物往往包含了大量的重金属，且很难被捕集。

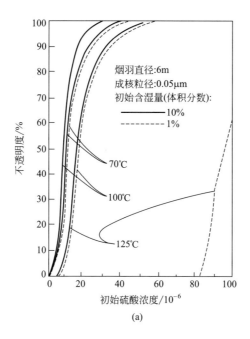

(a)

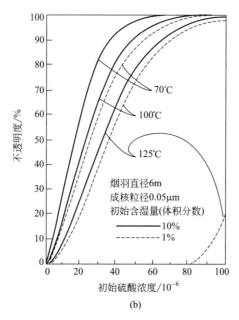

(b)

图 9-11 不透明度与硫酸浓度之间的关系

烟气从烟囱排出后，在初始动量和浮力的作用下上升。随着烟羽的上升，卷吸周围的冷空气并不断稀释。冷空气的卷吸量主要取决于烟气浮力及烟羽与风的速度差，起始阶段稀释速率是最大的，然后逐渐降低。主要影响稀释速率和冷却速率的是烟羽速度和温度。为了确定蒸气冷凝速率，需要跟踪烟气的蒸气浓度和温度随时间的变化情况。

通过确定烟羽断面质量、动能和组分平衡随时间变化的方程，烟羽随时间变化的特性即可确定。

随着烟羽的冷却，烟羽温度将降低到露点以下，然后开始冷凝。均相成核和非均相成核

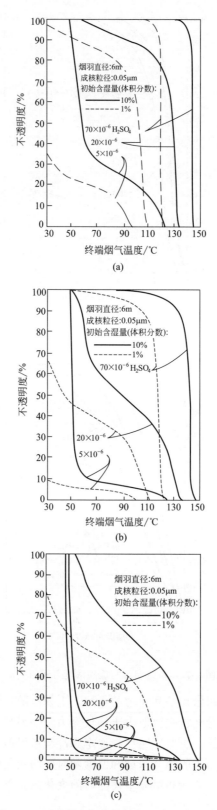

图 9-12　不透明度与终端烟气温度之间的关系

是两个重要的冷凝过程。在一定的时间内，这两个冷凝过程的作用大小取决于冷凝物的过饱和度。

当达到露点时，蒸气将在烟气中颗粒物的表面发生非均相冷凝。过饱和度较低（＜5％）时，非均相冷凝是主要的冷凝机制。颗粒物表面的非均相冷凝速率由蒸气在颗粒物表面的扩散速率确定，主要取决于蒸气浓度梯度和颗粒物直径。

随着非均相冷凝的继续进行，可冷凝组分的过饱和度可能增大也可能减小，这主要取决于非均相成核的速率和周边环境空气的连续冷却和稀释速率。若可用于非均相成核的表面不足，则需将过饱和度增加到蒸气均相成核的水平。此温度条件下，成核过程非常显著，每立方厘米的烟气在1s内至少生成1个水滴，此温度也定义为成核温度。均相成核产生大量的微细颗粒，反过来也为非均相成核提供了大量的冷凝表面，一般也向冷凝的蒸气不多，但却能产生大量的非均相成核所需的表面积。均相冷凝生成的颗粒临界粒径取决于过饱和度和冷凝物的物理性质。经典的成核理论可用于确定临界粒径大小及共生成速率。

烟气中发生的非均相成核和均相成核不断改变烟气中的颗粒粒径和浓度分布。此外，烟羽中细颗粒之间的相互碰撞也会改变颗粒物粒径分布。烟羽中颗粒物粒径大小和浓度的改变决定了烟羽不透明度的改变。

硫酸初始浓度对成核粒径的影响见图9-13～图9-15。

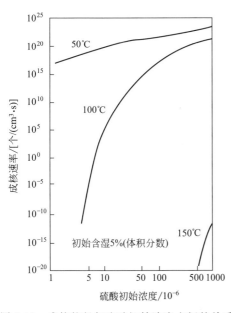

图9-13　成核粒径与硫酸初始浓度之间的关系

图9-14　计算均相成核速率

大气能见度由大气对太阳光的散射和吸收的消光效应决定。能见度降低一是由于物体和背景两者之间的对比度减弱；二是由于细粒子和气态污染物对光的吸收和散射，使来自物体的光信号减弱。通常光衰减的强弱可用消光系数（b_{ext}）表示（用530nm或550nm作为可见光区的基准波长）。

粒径为$0.2 \sim 1.0 \mu m$的颗粒对光的衰减较大，其中粒径为$0.5 \mu m$的颗粒物对光的衰减最大，超细颗粒物（粒径小于$0.19 \mu m$）比上述粒径的颗粒物影响要小一些，但存在通过冷凝达到上述粒径范围的可能。燃煤电厂典型飞灰的粒径为$0.1 \sim 0.15 \mu m$，对烟羽不透明度有重大影响，燃油电厂产生的细颗粒物影响更大。

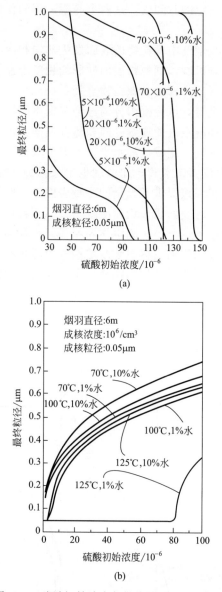

(a)

(b)

图 9-15　硫酸初始浓度与最终粒径之间的关系

图 9-16 为不同粒径的颗粒对光的散射光谱。粒径为 $0.4\mu m$ 的颗粒在天空中目视呈蓝色，粒径为 $0.5\mu m$ 的颗粒在天空中目视呈淡蓝色，粒径为 $0.6\mu m$ 的颗粒在天空中目视呈青色，粒径为 $0.7\mu m$ 的颗粒在天空中目视呈棕红色。其中粒径为 $0.5\mu m$ 左右的颗粒物对光的衰减最大。

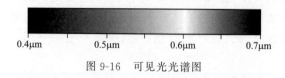

图 9-16　可见光光谱图

对于不含任何颗粒物的烟羽，均相成核产生大量超细颗粒物，并最终冷凝和聚集成对不透明度有影响的颗粒。此时，因烟羽稀释而产生的颗粒成长速率是决定烟羽不透明度的重要因素。当蒸气浓度很高时，颗粒物有足够快的生长速率，进而成为光衰减颗粒物，从而大大增加烟羽不透明度。冷凝过程的主要控制参数包括可凝结蒸气浓度、颗粒物浓度和粒径分布。那些影响烟羽卷吸和稀释速率的参数也很重要，它们决定烟羽速度、温度、蒸气和颗粒物浓度随时间的变化。降低烟气中的蒸气、颗粒物和酸雾浓度均可降低对烟羽不透明度的影响。在气相中添加干燥剂或在液相中冷凝分离均可降低烟气中蒸气浓度。液相的冷凝脱除也直接影响烟羽中固体颗粒物浓度，气相吸附可能增加烟气中的固体颗粒物。

降低烟气中的固体颗粒物浓度可能是最简单有效的方法，但该法的适应性不仅取决于固体颗粒物的浓度和现有除尘器的效率，而且取决于硫酸蒸气的浓度。

三、　不透明度的控制措施

1. SO_3 和 H_2SO_4 的控制

削减 SO_3 的技术主要有：往炉膛内添加碱；炉后喷射碱；在电除尘器前喷射氨；燃料更换成混合燃料；采用湿式电除尘器；改变空气预热器运行参数以及采用低低温省煤器等。

图 9-17 为采用低低温省煤器除 SO_3 的示意图。烟气由 160℃（露点温度）降至 90℃，SO_3 冷凝并吸收于粉尘表面，与粉尘一起在电除尘中被除去。

当没有低低温省煤器和湿式电除尘器时，脱硫吸收塔出口的 SO_3 浓度约为 11×10^{-6}。当采用低低温省煤器时，大部分 SO_3 在低低温省煤器和干式静电除尘器之间被除去，干式静电除尘器出口处的 SO_3 浓度仅为 1×10^{-6}，湿式电除尘器出口为 0.9×10^{-6}。低低温省煤器不仅对 SO_3 有很好的脱除效果，对汞的脱除也有很大的影响。在常规系统配置中，汞主要是在脱硫吸收塔中脱除的，当配置低低温省煤器时，主要在低低温省煤器中被粉尘所捕集，大大减轻了活性炭吸附汞时 SO_3 产生的干扰，提高了活性炭的除汞效率。

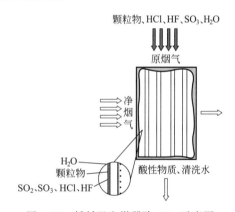

颗粒物、HCl、HF、SO_3、H_2O

原烟气

净烟气

H_2O
颗粒物
SO_2、SO_3、HCl、HF

酸性物质、清洗水

图 9-17　低低温省煤器除 SO_3 示意图

采用湿式电除尘器应为目前最有效的措施，其效率可达 90% 以上，烟羽不透明度可降低至 10% 以下。干式电除尘器一般控制在 3.5～17.5W/（$m^3 \cdot min$），而湿式电除尘器则可控制在 71W/（$m^3 \cdot min$）。因此，湿式电除尘器脱除微细颗粒物的效果更好。若能将进入湿式电除尘器的烟气降温 3℃ 左右，充分利用冷凝作用，可以大大提高湿式电除尘器的除尘、除 SO_3 和除汞性能。

2. 微细颗粒物控制

提高现有电除尘器、布袋除尘器、电袋除尘器、脱硫塔的除尘效率，增设湿式电除尘器及烟气冷凝降温设施，这些均有助于提高微细颗粒物的除尘效率，特别是微细粉尘的除尘效率。

3. 提升烟气温度

燃煤电厂排烟形成可见烟羽的主要原因是硫酸雾滴的存在。硫酸雾滴的形成取决于硫酸的浓度和其在烟气中的露点温度，以及烟气中未被除尘器脱除的亚微米级固体颗粒的浓度，这些粒子可以成为酸液的凝结中心。提高烟气温度至硫酸露点以上，可减小甚至消除烟气不透明度。

4. 提高湿式脱硫塔对 SO_3 的捕集率

湿式脱硫塔对 SO_3 的捕集率为 $30\%\sim40\%$，捕集率与脱硫塔的结构特别是其温度剖面有关。需要提出的是，在烟囱中检测时很难区分是 SO_3 还是 H_2SO_4，二者在数量上常进行互换。

5. 综合控制措施

一般空气预热器可捕集 20% 的硫酸蒸气，电除尘器或布袋除尘器可脱除 15% 的硫酸蒸气，湿式脱硫塔最高可捕集 50% 的硫酸酸雾。

当硫酸蒸气的浓度很低时，中等程度地降低固体颗粒物浓度可起到很好地改善不透明度的效果，但当硫酸蒸气浓度很高时，即使大量地降低固体颗粒物的浓度也不会有很好的效果。

图 9-18 为烟羽不透明度与粉尘和硫酸蒸气浓度之间的关系。从图 9-18 中可以看出，当硫酸蒸气浓度为 10×10^{-6} 时，固体颗粒物从 7mg/m^3 降低到 3.5mg/m^3，可将烟羽不透明度从 30% 降至 20%；当硫酸蒸气浓度为 20×10^{-6} 时，只能将烟羽不透明度从 50% 降至 35%，若要达到 20% 的烟羽不透明度，需将粉尘浓度从 3.5mg/m^3 降至 1mg/m^3。当烟气温度为 $120℃$ 时，快速冷凝 1×10^{-6} 的硫酸可产生 $3.5\sim4\text{mg/m}^3$ 的颗粒，由此可估算出一定硫酸蒸气浓度下产生的颗粒物浓度，为选择相应的去除设备提供参考。

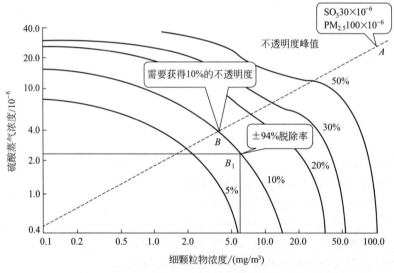

图 9-18　烟羽不透明度与粉尘和硫酸蒸气浓度之间的关系

第三节　白烟产生的原因及解决措施

大多数锅炉排放的烟气温度为 $130\sim180℃$，含有二氧化硫的烟气经除尘脱硫装置净化后，其温度将降到 $40\sim60℃$，且其中充满了饱和水蒸气，被冷却后，烟气中的水蒸气迅速冷凝，形成白色烟羽，这常常被公众误解为环境污染问题。

在某些条件下，需要减少或消除白烟，常用的方法主要有两个：烟气冷却和烟气再热。对于烟气再热的方法，为减少硫酸冷凝，需要将烟气温度提高到75℃左右，若需完全消除可见烟羽，需要将烟气温度加热到130℃左右。很显然，对于大量的烟气，要加热到上述温度是非常耗能的，何况加热烟气并未真正消除掉硫酸蒸气和固体粒物。烟气再热可以达到完全消除白烟的目的，但所付出的代价也是昂贵的。

采用烟气冷却法时，将55℃左右的饱和湿烟气冷却到35℃左右，可回收烟气中的水分，对缺水地区具有重要的意义。此外，还可降低烟气的含湿量，可以减小烟羽的浓度，从而避免了对高速公路、桥梁、电线等设施的干扰（如遮挡视线、结冰等）。由于烟气温度下降而产生的冷凝作用，可脱除部分颗粒物，减少污染物的排放，特别是对于高寒地区或有大量废水排放的场合有重要意义。

将烟气冷却和再热联合起来使用也是一种很好的消除白烟的方法。冷凝法将烟气中的水分减少后，只需将烟气加热到60℃左右即可，大大减少了加热烟气所需的热量，换热器体积也可以小一些。

一、 白烟产生的原因

凡是大气中因悬浮的水汽凝结，能见度小于1000m时，气象学中称这种天气现象为雾。雾形成的条件：一是冷却；二是加湿，即增加水汽含量。

压力为101325Pa时，不同温度下饱和湿空气含湿量（kg/kg 干空气）见表9-1。

表 9-1　不同温度下饱和湿空气含湿量（kg/kg 干空气）

温度/℃	20	21	22	23	24	25	26	27	28	29	30
含湿量/(g/kg)	14.758	15.721	16.741	17.821	18.963	20.963	21.448	22.798	24.226	25.735	27.329
温度/℃	31	32	33	34	35	36	37	38	39	40	
含湿量/(g/kg)	29.014	30.793	32.674	34.66	36.756	38.971	41.309	43.778	46.386	49.141	
温度/℃	41	42	43	44	45	46	47	48	49	50	
含湿量/(g/kg)	52.049	55.119	58.365	61.791	65.411	69.239	73.282	77.556	82.077	86.856	
温度/℃	51	52	53	54	55	56	57	58	59	60	
含湿量/(g/kg)	91.918	97.272	102.948	108.954	115.321	122.077	129.243	136.851	144.942	153.54	
温度/℃	61	62	63	64	65	66	67	68	69	70	
含湿量/(g/kg)	162.69	172.44	182.84	193.93	205.79	218.48	232.07	246.64	262.31	279.16	

从表9-1中可以看出，不同温度下空气的饱和含湿量不同，温度越低，空气的饱和含湿量也越低。

因此，对于某温度下的饱和湿空气，当温度下降时，即进入过饱和状态，空气中的水分子将以空气中的微小颗粒为凝结核，发生凝并长大现象。同时，水分子之间也会出现相互凝结，形成水滴或冰晶。利用这一特点，采用降温的方法脱除烟气中的微细颗粒物。图9-19为温度与析出水量之间的关系。

从图9-19中可以看出，烟气从52℃降温到51.5℃，析出水量约2g/m³，烟气量按1500000 m³/h计算，冷凝水的量为3000000m³/h（1500000×2）。对于1台600MW机组，将脱硫塔出口50～55℃的饱和湿烟气温度降低10℃，每小时可回收冷凝液90t，回收热量

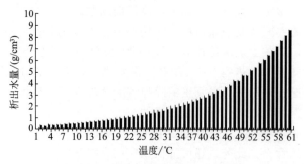

图 9-19　温度与析出水量之间的关系

200GJ 以上。冷凝水经过处理后可回收利用，节水及余热回收的潜力巨大，对于我国北方缺水地区新建机组尤其是燃用褐煤机组解决缺水问题具有重大意义。

当空气中存在灰尘、硫酸、硝酸、有机烃类化合物等粒子时，这些粒子将作为凝结核，由于各种原因长大而形成霾。在这种情况下，水汽进一步凝结可能使霾演变成轻雾、雾和云。当逆温、静风等不利扩散的天气出现时，相对湿度不一定达到 100％就可能出现饱和。

如图 9-20 所示，吸收塔入口烟气温度为 A 点，经湿式吸收塔后烟气达到湿球温度 B

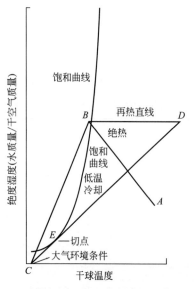

图 9-20　白烟形成焓湿图

点，（沿着绝热饱和曲线 A—B），温度降低，含湿量增加。如果周围气象条件在 C 点，烟气从烟囱排出与周围空气相混合，温度和湿度沿 B—C 移动，只要烟气处于饱和曲线的左边，烟气中的水分将发生冷凝，生成大量细小的小雾滴，经光散射，呈白色烟羽。

为解决白烟问题，第一种方法是加热烟气，使烟气状态从 B 点向 D 点移动，加热后的直线与饱和曲线相切于 E 点。

第二种方法是利用额外的气液装置对烟气进一步冷却，使烟气状态沿饱和曲线移至 C 点。相关数据可从相应的焓湿图查得，也可按下式进行编程计算。

露点温度 T_0 是水蒸气分压（$p_水$，atm）的函数。

令 $a = \ln(14.7 p_水)$，则

$$T_0 = 68.45 + 18.441a + 1.288a^2 + 0.09486a^3 + 0.6702(14.7 p_水)^{0.1984} \quad (9-1)$$

饱和水蒸气压力（$p_水$，atm）是水温度的函数（T，K）。

令 $b = -5800.221T^{-1} - 5.51626 - 0.04864024T_1 + 4.17928766 \times 10^{-5} T_1^2 - 1.44520926 \times 10^{-8} \times T_1^3 + 6.54596731 \times \ln T_1$，则

$$p_w = \frac{\exp(b)}{101.325} \quad (9-2)$$

饱和湿度(h_w, kg 水/kg 干空气)是饱和蒸气压的函数，即：

$$h_w = \frac{0.062198 p_w}{1 - p_w} \tag{9-3}$$

初始湿度 h_0 与温度 T_0、湿球温度 T_{wb} 和湿球湿度 h_{wd} 之间的关系为：

$$h_0 = \frac{h_{wb}(1093 - 0.556 T_{wb}) - 0.240(T_0 - T_{wb})}{1093 + 0.444 T_0 - T_{wb}} \tag{9-4}$$

二、 换热器/冷凝器的布置

换热器在烟气系统中可以有多种布置方式：换热器降温段布置于除尘器前或布置于除尘器与脱硫塔之间；换热器加热段布置于脱硫塔之后；在脱硫塔后设置冷凝器等。上述方式可以组合应用，也可单独应用。

1. 换热器布置于除尘器前

如图 9-21 所示，烟气温度可降低至 80～90℃甚至更低，节能潜力巨大。锅炉排烟温度每降低 20℃，锅炉效率将提高 1%，机组的年平均标煤耗将随之下降 3 g/（kW·h）以上。

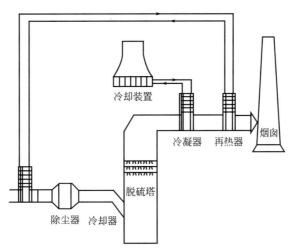

图 9-21　换热器布置于除尘器前的形式

吸收塔入口烟气温度降低，脱硫系统的降温水补水量减少，节水效益显著。例如，吸收塔入口烟气温度每降低 5℃，蒸发水量相应减少 2.62kg/1000m³ 干烟气。300MW 机组的烟气量为 1200000m³/h，烟气温度从 120℃降到 80℃，可节约 25t/h 工艺水。

2. 换热器布置于除尘器与脱硫塔之间

换热器布置于除尘器与脱硫塔之间的形式见图 9-22。该布置方式获得的结果与图 9-21 所示方式类似，唯一不同的是烟气中的含尘量不一样，该布置方式比图 9-21 所示方式低。

换热器降温段布置在电除尘器与脱硫塔之间与换热器布置在电除尘器之前相比，虽然可以降低相同的烟气温度，达到相同的节水效果，但未能充分利用低温提高除尘效率和脱除三氧化硫。因此，在空间布置允许的条件下，宜优先考虑将换热器布置在电除尘器之前。

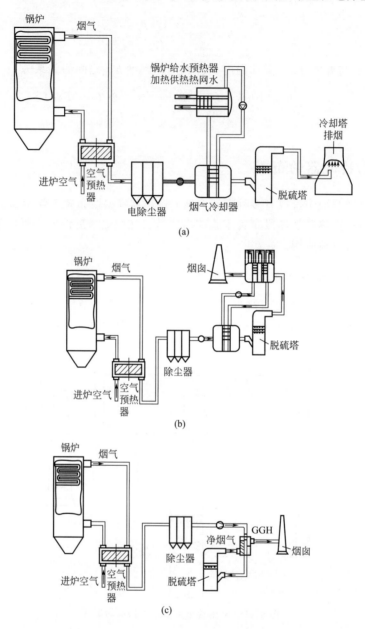

图 9-22　换热器布置于除尘器与脱硫塔之间的形式

3. 换热器布置于脱硫塔之后

如图 9-23 所示，该方式仅对脱硫后烟气加热。

4. 带冷凝器的换热方式

如图 9-24 所示，此布置方式可降低吸收塔入口烟气温度，可减少脱硫系统的降温水补水量，提高脱硫效率；利用吸收塔入口烟气热量加热净烟气，能够有效改善"白烟"问题，减轻对烟囱的腐蚀。

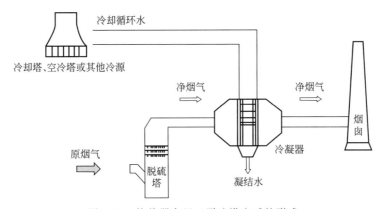

图 9-23 换热器布置于脱硫塔之后的形式

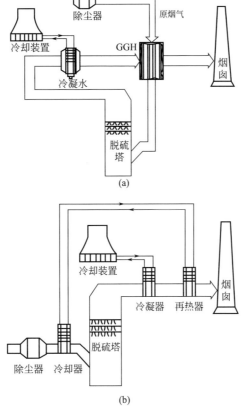

(a)

(b)

图 9-24 带冷凝器的换热方式

此外，随着烟气中水分的冷凝，吸收塔出口净烟气中的粉尘微细颗粒、重金属等也被捕集，是实现燃煤火力发电机组近零排放的重要途径。

第四节 回转式再热器

回转式烟气-烟气换热器属于再生式换热器（GGH），工作时，转子缓慢旋转，这样传热元件轮流通过热的未脱硫的原烟气和温度较低的脱硫后的烟气。当原烟气通过传热元件时，烟气中部分热量传递给了传热元件。当传热元件转到脱硫后的净气侧时，它所携带的热量又传递给了脱硫后的净气，使其温度升高，而传热元件本身则被冷却。

回转式再热器的布置形式有垂直轴和水平轴两种，其中垂直轴布置形式又可分为受热面旋转式和风罩旋转式两种。在烟气除尘脱硫系统中，应用最多的是垂直轴布置形式的回转式烟气-烟气换热器，本节仅介绍此种形式的烟气换热器。

回转式再热器一般采用垂直轴设计，其所采用的外保温设计、转子外壳和过滤管道的结构与转子分开，转子内部放置传热元件。其主要静态部件包括转子、转子外壳侧柱、过滤管道、底部支撑底梁、扇形板、顶部结构、检修平台、上轴承、端柱等，见图9-25。

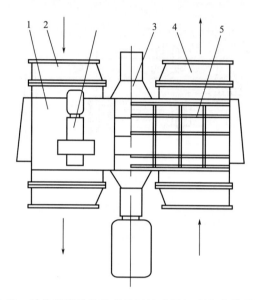

图 9-25　受热面旋转的垂直轴回转式烟气-烟气换热器结构
1—外壳；2，4—烟道接头；3—电动机及其传动机构；5—传热元件

一、传热元件与搪瓷技术

用于传热的元件有多种，如平直槽口型 FNC、双皱纹型 DU、波纹板型 CU、NP-槽板型。

传热元件采用特殊的零碳搪瓷钢镀搪瓷，并尽可能少地使用添加剂，使钢材和镀层的黏附力提高，并减少了在烤制过程中的气孔。搪瓷厚度的控制应能保证提供最大的防腐保护和最好的弹性。其中很重要的一点是保证传热元件表面镀层厚度的一致性，保证传热元件边角处覆盖有搪瓷镀层。

所谓搪瓷技术，是将各种天然无机原材料利用各种方法镀在金属基体上。瓷釉在大约830℃温度下在基体上熔化，形成一机械性和化学性均为惰性的玻璃状镀层，黏附在基体之上。高质量的搪瓷镀层有下列特性：极强的耐腐蚀性；对于钢基体优异的黏附性；出色的抗机械冲击和热冲击能力；抗磨损能力强；表面光滑，摩擦阻力小；无毒，安全，环保。

由低碳钢制成并静电喷涂的搪瓷 GGH 的 DU 传热元件如图 9-26 所示。

对换热器所使用的传热元件进行搪瓷处理，可使传热元件的耐腐蚀性和可清洗性得以改善，主要用于低温等环境条件较为恶劣的情况，如空气预热器的冷端或条件更为恶劣的烟气再热器。

多年的运行经验表明，腐蚀可由多种原因综合造成，如搪瓷的孔积率、搪瓷层的裂缝、边角处搪瓷层的不完整性、较差的耐腐蚀性等等。搪瓷镀层的质量和寿命取决于几个关键的因素，包括：基体材料、搪瓷组成要素、搪瓷厚度、搪瓷的孔积率、镀搪瓷的方法。

由于选择了更好的基体和搪瓷材料，孔积率的水平在过去十年中已大大下降。对于烟气再热器，一般采用双搪瓷技术镀两层搪瓷，第一层的烘烤工艺使搪瓷具有极好的黏附性，外层的搪瓷孔积率为 10 孔/m^2，具有超强的抗腐蚀性。

镀搪瓷有干、湿两种方法。湿式浸镀方法是较

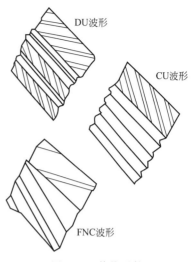

图 9-26　传热元件

为传统的方法，并被广泛使用。湿式喷镀的方法是对湿式浸镀的改良，克服了湿式浸镀方法中的一些局限。干式搪瓷技术是相对更为先进的技术，因为其改善了搪瓷的质量、一致性、孔积率、边角覆盖率，并且废料率低。

干式镀搪瓷是新近开发的镀搪瓷技术。这一工艺采用干燥的粉质瓷釉材料直接喷镀在传热元件表面进行镀搪瓷。在这一工艺中，喷枪中的原材料粉末被带上静电。带静电的粉末由喷枪中压缩空气喷向接地的基体。当粉末颗粒接近基体材料时，带静电的颗粒与接地的基体材料产生静电吸引，使颗粒黏附在基体上。在喷镀室内，利用程序化机器人来产生粉末"雾"来覆盖需喷镀的部件。瓷釉粉末被吸附在基体上并传送到烘烤炉内进行烘烤。干式镀搪瓷技术的优点主要是镀层厚度的一致性大大改善（或者说允许较薄的镀层，并且可以承受较大的传热元件盒的压力）。由于在瓷釉粉末中使用较少的添加剂，其孔积率很低，表面更光滑，在传热元件的边角处不会产生大量的搪瓷材料的堆积，边角处的镀搪瓷更为有效。

二、 超低漏风控制系统

再热器的超低漏风控制系统由一"隔离风"或"清洗风"组成，对漏风率的要求更高时，可将两者一并使用。系统由一台单一的风机和相关管道组成。低漏风风机向再热器脱硫后的烟气（净气）出口侧抽气，通过管道由设置在上部扇形板的喷嘴喷出，形成隔离风，并通过设在上部扇形板原烟气侧的喷嘴喷出，形成清洗风。隔离风的工作原理是通过在沿转子径向隔板上形成净气气流，并依靠其压力来降低原烟气向净气的泄漏。

清洗风的工作原理是用净气冲洗转子，清除转子径向隔板之间和传热元件盒内所携带的原烟气，使转子所携带的气体是净气，消除携带漏风。

烟气再热器的超低漏风控制系统如图 9-27 所示。

三、 清洗装置

为避免堵灰，通常采用三种清洗方式，即空气或蒸气吹灰、低压水冲洗和高压水冲洗。

全伸缩式吹灰器在系统中的布置及全伸缩式双介质清洗装置如图 9-28 所示。图 9-29 为

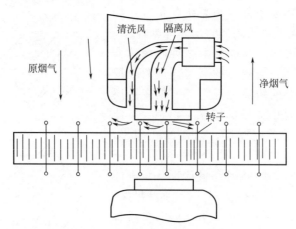

图 9-27　烟气再热器的超低漏风控制系统

正在清洗的吹灰器。它吸收了空气预热器中所使用的半伸缩式吹灰器及锅炉中所使用的全伸缩式吹灰器的优点。该装置的组成和功能为：组合高压水冲洗/冲灰装置；6 个喷嘴；10 10atm 压力蒸气冲灰；100～200atm 高压水冲洗；停机冲洗；运行中冲洗；运行中维护等。

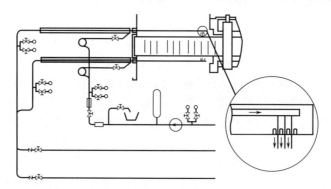

图 9-28　全伸缩式吹灰器在系统中的布置及全伸缩式双介质清洗装置

可根据需要配置一台或两台清洗装置。一台布置在原烟气的入口侧，一台布置在原烟气的出口侧。工作时，电动机驱动清洗装置沿转子的径向运行，并且清洗装置的运行使得在转子旋转时喷嘴可覆盖整个转子。吹灰和低压水冲洗使用同一喷嘴。如正常吹灰不能冲洗掉堵灰时，可通过布置在清洗装置上的另外的高压水冲洗喷嘴进行高压水冲洗。

虽然空气或蒸气吹灰是在转子正常运行时进行的，低压水冲洗应在再热器停运时以低转速进行，而高压水冲洗则通常是在再热器正常运行时进行。

喷嘴和高压水管安装在清洗管内，可以很方便地移动清洗管，并可将整个清洗装置移出进行维护清洗，甚至更换整个清洗装置。

清洗装置不工作时，清洗管完全置于再热器外部，喷嘴和水管并不与烟气接触，只有用不锈钢制成的端头始终与烟气接触，并可在清洗装置和再热器外壳上进行良好的密封，防止烟气的泄漏。

有效的吹扫和冲洗方法如下。

（1）采用 0.8MPa 压缩空气或 1.0MPa 蒸气至少每班吹扫一次，也可增加频率。

（2）当 GGH 的压损高达正常值的 1.5 倍时，用 10～15MPa 的高压水在线进行冲洗（正常频率 3 月/次），冲洗后再用压缩空气在枪步退时吹风以干燥管道和换热元件。注意应

图 9-29　正在清洗的吹灰器

保持喷嘴的通畅，不被管道中的杂质或铁锈堵住。

（3）若高压水冲洗效果不明显，建议用 300～400atm 的移式高压水泵及枪离线人工冲洗，这样才能彻底冲干净，但经常用高压水冲洗易使换热元件表面上所镀的搪瓷脱落。

采用换热器时，系统阻力比较小，缺点是漏风率的控制比较困难，影响超低排放指标。

第五节　热管式换热器

热管是一种具有高传热性能的传热元件，它通过密闭真空管壳内工作介质的相变潜热来传递热量，其传热性能类似于超导体导电性能，因此，它具有传热能力强、传热效率高的特点。密闭管内部为 $(1\sim2)\times10^{-4}Pa$ 的负压，在热管的下端加热，工质吸收热量汽化为蒸气，在微小的压差下，上升到热管上端，向外界放出热量，并凝结为液体。冷凝液在重力的作用下沿热管内壁返回到受热段，并再次受热汽化，如此循环往复地将热量由一端传向另一端。由于是相变传热，因此，热管内热阻很小，能以较小的温差获得较大的传热率，且结构简单，具有单向导热的特点，特别是由于热管的特有机理，使冷热流体间的热交换均在管外进行，这就可以方便地进行强化传热。此外，由于热管内部一般抽成 $(0.13\sim1.3)10^{-4}Pa$ 的真空，工质极易沸腾与蒸发，热管启动非常迅速，具有很高的导热能力，见图 9-30。

一、　热管烟气换热器的特点

热管式 GGH 主要由壳体和成百上千根热管元件组成。壳体是钢结构件，下部为原烟气通道，上部为净烟气通道，中间由热管管板分隔。

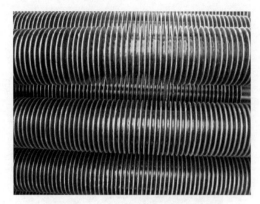

图 9-30　ND 钢镀搪瓷热管换热器

热管烟气换热器具有以下特点。

（1）传热效率高。与银、铜、铝等金属相比，单位质量的热管可多传递几个数量级的热量。

（2）可有效避免冷、热流体串流。每根热管都是相对独立的密闭单元，热管的蒸发段和冷凝段同处于一个整体的上、下两个空间，冷、热流体都在管外流动，中间密封板严密将冷、热流体隔开。

（3）可有效防止露点腐蚀。通过调整热管数量或热管冷热侧的传热面积比，使热管壁温提高到露点温度以上。

（4）运行及维护费用低。由于无任何转动部件，属静设备，没有附加动力消耗，运行费用低。另外，操作和维护简单，不需备品、备件，即使有部分元件损坏，也不影响正常生产。

（5）工厂化程度较高，现场安装工作量较小。回转式 GGH 虽然是模块式，结构紧凑，但现场安装工作量较大，时间较长。

（6）对小型机组来说，二者在占地和重量方面差不多。但对大型机组而言，回转式 GGH 比热管式 GGH 重量轻，占地也小。热管式 GGH 阻力损失大于回转式 GGH。

（7）相对于回转式 GGH 而言，热管式 GGH 一旦发生严重的冷端堵灰或腐蚀，则很难处理，除非进行拆除更换。

（8）对回转式 GGH 而言，吹灰器的布置简单有效。而对于热管式 GGH 来说，随着处理烟气量的增大，体积也会增加，加之热管式 GGH 又属于静设备，使得吹灰器的布置有一定难度。

（9）虽然采用了冲洗系统，但冲洗的效果往往都不是很好。换热器运行一段时间后，表面会积起水垢、石膏浆液、烟灰之类的垢层等等，所有这些垢层都表现为附加的热阻，使传热系数变小，换热器性能变差，有时会成为传热过程的主要热阻。

由于受总体布置和辅助循环设备等方面的限制，热管换热器也常采用分离式。分离式热管的原理如图 9-31 所示。其蒸发段和冷凝段分开，蒸气上升管和液体下降管连通，形成一个自然循环回路。工作时，在热管内加入一定量的工质，这些工质汇集在蒸发段，蒸发段受热后，工质蒸发，其内部压力升高，产生的蒸气通过蒸气上升管到达冷凝段释放出潜热而凝结成液体，在重力作用下，经液体下降管回到蒸发段，完成物质循环。凝结液回流驻动力是凝结段高位布置造成的液位差。

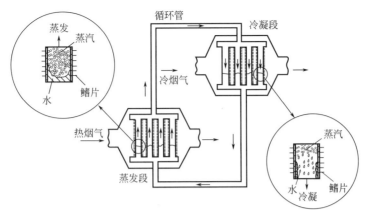

图 9-31　分离式热管的原理

由上述可知，分离式热管既有经典热管的共性——两相流动、相变传热、自然循环等。同时也具有鲜明的个性——管内气液两相同向流动，其管内流动传热特性与经典热管管内流动传热特性有着本质的区别。

二、 热管的防腐

普通热管的腐蚀见图 9-32。热管常用低碳钢或 ND 钢镀搪瓷的方法进行防腐。表面防腐层的涂装方法主要有喷涂、浸涂、静电喷涂、挤涂。

搪瓷能防止管子腐蚀，在温度高于 800℃时刷两层搪瓷，第二层搪瓷是化学搪瓷。应用静电干式搪瓷技术在搪瓷车间对管子连续刷搪瓷。

图 9-32　普通热管的腐蚀

在露点下，防腐搪瓷耐 30％的硫酸能力是常规搪瓷的 2.5 倍，在同样的条件下，它的寿命是镍合金的 5 倍。搪瓷质量由可编程程序控制器进行 100％的多孔性及层厚度检查。

由于搪瓷层很薄，一般厚度为 0.2mm，因此与碳钢结合紧密，对传热效果影响很小。搪瓷管的传热系数≥48.3W/（m²·℃），与碳钢管相比，传热系数相对降低率小于 7.14％；搪瓷表面光滑，不易结垢和积灰，又耐磨损、抗腐蚀；与选用耐酸不锈钢材料相比，可降低投资。

挤涂流程为：洁净的铜管或镍基不锈钢管由挤出机进给，熔融状态的特氟龙在高温高压下均匀地绕管子四周流动，调整挤出机的进给速度，可将管子的涂层均匀控制在 0.38mm 厚度内。挤涂好的钢管水浴冷却，然后采用一环形的正弦波火化检测器对涂层进行全面检测，若检测出有缺陷，管子将被回收再造。特氟龙涂层面可达 204℃，当管内有液体流动时，可达 260℃。特氟龙涂层对管子的导热速率降低约 10%。与金属管子不同，特氟龙抗腐蚀，也不会在表面形成连续的水膜，因此，特氟龙涂层对热传递总的影响可以忽略。

三、 热管换热器防堵

热管换热器在运行中的主要问题是烟气冷端结垢。与其他管式换热器一样，换热器管子结垢是由于硫酸冷凝于换热器表面（该表面温度低于酸露点），冷凝后的硫酸具有较强的黏附性，不断吸附飞灰，在管子表面及翅片表面形成坚硬的结垢，从而降低了导热效率，增加了烟气侧的压降，结垢最严重的位置为管子的背风面。

采取以下措施有利于防堵。

（1）选择合适的烟气流速、合适的管径。选择合适的烟气流动速度，使热管具有自清灰性能。一般说来，使热管具有自清灰性能的风速范围是 8～12m/s。

（2）合理的管排布置与灵活的清灰方式。为提高传热效率，热管采用错排形式，但考虑到清灰，设备内按一定间距布置若干组蒸气吹灰管束和冲洗水系统。同时，在换热器的冷、热流体通道中，各留出若干条人行通道，必要时可采取人工清灰的方式，也利于设备的内部维护。设备底部和中部均留有排污口和排液口，可方便清灰和及时排污。将换热器布置于垂直烟道内，从上往下清洗热管式换热器。

（3）将冷端错排改成冷端顺排，以便清灰和冲洗，但要增加换热管子的数量。

（4）将冷端翅片管改为光管，这样便于吹灰或水冲洗，但管子数量要增加。

（5）改变吹灰器的吹灰方向，由原来的与管子垂直方向改为与管子平行方向，可增加吹灰器的穿透力。

需要注意的是，采用激波吹灰器，产生的振动易对防腐内衬及烟道等设备造成振动破坏。图 9-33 为激波吹灰器造成的烟道壁破坏的例子。

（6）如 FGD 入口烟温、含尘量波动大，或由于布置困难，不设降温换热器，适当提高塔高，在塔的烟气入口处合理选用耐腐蚀合金板来过渡干湿区也是一种巧妙的设计。无论采用旋转换热器还是管式换热器，处理含尘量较高的烟气时都会遇到诸多麻烦。不设降温换热

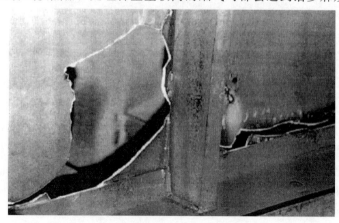

(a)

(b)

图 9-33 激波吹灰器造成的烟道壁破坏

器带来的问题是不能回收烟气热量,处理后的烟气需用其他热源加热,增加了运行费用。但是 FGD 的稳定性和可靠性较其高脱硫性、运行费用的提高等问题更为重要。

第六节 水媒式换热器

水媒式换热器可分为降温段和加热段,加热段布置在脱硫吸收塔后具有一定温度（45～80℃）的高湿度细微粉尘、含石膏浆液等复杂烟气环境中。换热器内部具有一定温度和压力的凝结水（除盐水）流动,使其承受较大的工作压力和各种温差应力,其工作环境较为恶劣。管壁厚度一旦磨损腐蚀超过最低受力厚度时,将出现泄漏情况。

携带有灰粒和未完全燃烧燃料颗粒的高速烟气通过受热面时,粒子对受热面的每次撞击都可能会剥离掉极微小的金属,从而逐渐使受热面管壁变薄。烟速越高,灰粒对管壁的撞击力就越大;烟气携带的飞灰浓度越大,撞击的次数就越多,其结果都将加速受热面的磨损。由此可见,影响飞灰对管子磨损的因素主要有烟气流速、飞灰浓度、灰的物理化学性质、受热面的布置与结构特性和运行工况。

一、 水媒式换热器的工艺流程与结构

1. 水媒式换热器的工艺流程

水媒式换热器的换热形式为烟气—水换热器—湿烟气,分两级布置,在 ESP（电除尘器）入口前烟道布置热回收器,利用锅炉空气预热器（空预器）出口高温烟气加热热媒介质。在脱硫吸收塔（湿电）后水平烟道中设置加热段,利用热媒介质加热脱硫塔出口低温烟气,通过热媒介质将锅炉空预器出口高温烟气的热量传递给脱硫吸收塔（湿电）出口低温烟气,实现气气换热。

烟气换热总体工艺流程见图 9-34。

该工艺是一个闭式循环系统,主要由热回收器、加热段、热媒辅助加热器、循环水泵、热媒体膨胀水箱、清灰装置、热媒体循环旁路、管式水水换热器系统及其他辅助系统组成。

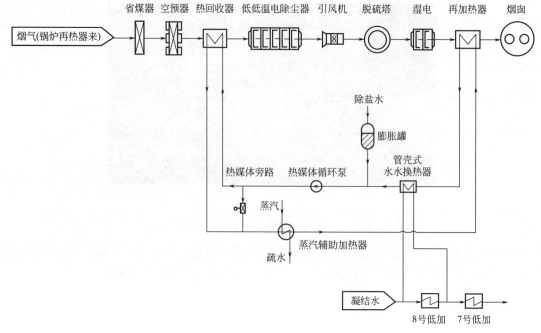

图 9-34　烟气换热总体工艺流程

热媒辅助加热器用于锅炉辅助蒸气加热，并提高热媒水温以维持 FGD 出口烟气达到要求温度；循环水泵用于对热媒水进行加压；热媒体膨胀水箱用于平衡热媒体由于温度变化而产生的压力变化；清灰装置用于除去换热器管束上的灰尘。热回收器和加热段间的中间传热媒介为除盐水，在循环水泵的作用下，热媒介流经布置于电除尘器入口处的热回收器，吸收烟气放出的热量，然后将热量带至布置于脱硫除雾器后的加热段中加热脱硫后的烟气。

2. 水媒式换热器换热结构形式的选择

由于烟气余热利用装置利用的都是低品位的烟气余热，换热器传热温差太小，使用光管换热面时现场场地要求空间非常大，造价成本非常高，为使受热面结构紧凑以减小体积，并减少材料耗量，传热管必须通过扩展受热面强化传热。目前常用的扩展受热面管型有两种：一种是高频焊螺旋翅片管（图 9-35）；另一种是 H 型翅片管（图 9-36）。

图 9-35　高频焊螺旋翅片管

图 9-36　H 型翅片管

螺旋翅片管是采用高频焊接的方法，将钢带沿螺旋轨迹焊接在光管上而形成的。螺旋翅片管通过翅片材料的绕制过程和高频焊接，可以使翅片与基管压熔为一体，其接触热阻较小，能承受交变热应力，焊接后不变形，从而不会减弱基管的承压能力，有利于热量从翅片向基管内壁传递。螺旋翅片管的螺距（节距）可做到5mm以内，大多为8～10mm。肋片呈密集布置，在电除尘前高粉尘工况下以及脱硫后较高浆液滴下极易发生换热管肋片间黏结粉尘或浆液的现象，而且较难彻底清洗，使螺旋肋片管发生大面积堵塞，使烟气阻力迅速上升，降低传热效率并使腐蚀加剧。在燃煤灰分含量较高及存在煤种波动的情况下，这种结构形式尤其不适用。

H型翅片管是通过高频电阻焊把两片中间有圆弧的长方形钢片对称地与光管焊接在一起形成翅片，正面形状类似字母"H"，故称为H型翅片管。H型翅片管的两个翅片焊接后呈现为矩形，近似正方形，属扩展受热面，两个翅片中间有中缝。H型翅片管还可以制造成双管的"双H"型翅片管，其结构的刚性好，可以应用于管排较长的场合。H型翅片管采用高频电阻焊接工艺，其焊接后焊缝熔合率高，焊缝抗拉强度大，具有良好的热传导性能。由于工艺及结构限制，H型翅片管的节距最小只能做到16mm。

H型鳍片换热管针对湿法脱硫出口烟气湿度较高并挟带逃逸的部分石膏浆液等特点，采取不同的节距设计，沿烟气方向换热管束从前到后的H型鳍片节距分别按从大到小的顺序排列布置，以适应湿烟气环境下液滴浓度的变化，实现高效换热而不易堵塞。

此外，在再热装置迎风面沿烟气方向设置6排错列布置的2205不锈钢光管，内通有高温水，通过该装置实现对冷烟气的预热处理，同时由于采用了错列布置的换热管束，通过该装置可有效拦截湿烟气中最后逃逸的石膏浆液及雾滴，避免石膏浆液在后级换热管上堆积，有利于达到长期稳定地使烟气换热升温效果。同时，通过该装置对烟气实现

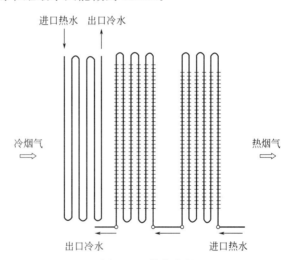

图9-37 换热流程

快速升温，有效减轻湿烟气中氯离子对后级换热器的腐蚀，有效提升加热段的整机寿命。换热流程见图9-37。

二、防磨损、防积灰技术措施

换热器积灰会诱发安全事故，降低热效率、浪费燃料，降低锅炉出力，减短锅炉的使用寿命，影响经济效益。对于大型电站锅炉，积灰造成的热效率下降直接表现在排烟温度的升高上，积灰造成的排烟温度升高幅度一般在15～30℃，所导致的热效率下降可达1%～2%。

1. 积灰形成的原因

飞灰主要积在背风面，迎风面很少，而且烟速越高积灰就越少，迎风面几乎没有。灰粒是依靠分子引力或静电引力吸附在管壁上的，而管子的背面由于有旋涡区，因此能使细灰沉

积下来。灰粒越小，其单位质量的表面积就越大，因此相对的分子引力就越大。烟气的灰粒可以被感应而带有静电荷，带电荷的灰粒与管壁接触时，有静电力的作用。当静电力大于灰粒本身重量时，灰粒便吸附在管壁上，时间一长，便形成积灰。

积灰包括熔渣、高温黏结灰、低温黏结灰、松散积灰等几种形态，在换热器换热管上形成的积灰为松散积灰。

2. 影响积灰的主要因素

（1）烟气的流速　烟速越高，灰粒的冲刷作用越大，因此换热管背风面的积灰就越少，迎风面的积灰更少。如果负荷小，且烟速过低时，迎风面就会有较多积灰；当烟速较大时，迎风面一般不沉积灰粒。

（2）飞灰颗粒度　如果粗灰多，则冲刷作用大而积灰轻；如果细灰多，则冲刷作用小而积灰多。

（3）管束的结构特性　错列布置的管束迎风面受到冲刷，背风面受到的冲刷也比较充分，故积灰比较少；顺列布置的管束背风面受冲刷小，从第二排起管子的迎风面不受冲刷，因而积灰比较严重。如果减少纵向管间节距，对错列管束来说，由于背风面冲刷更加强烈，积灰现象减轻；对顺列管束来说，相邻管子的积灰更容易堆积在一起，从而形成严重的堵灰现象。

3. 控制积灰的措施

（1）选择合理的烟气流速　提高烟气流速，可以减轻积灰现象，但会加重磨损。为了使积灰不过分严重，根据以往的经验，在额定负荷时，对于布置在除尘器之前的烟气余热换热器，烟气流速不小于 6m/s；有扩展受热面的换热器，保持在 8～11m/s；布置在除尘器之后的烟气换热器，烟气流速可选择在 11～13m/s 之间。

（2）采用吹灰装置　常见的吹灰器有蒸气吹灰、声波吹灰等，对于烟气换热器，由于烟气温度低，飞灰比较细，通常采用声波吹灰的方式。

（3）高压水进行冲洗　高压水清洗分为在线清洗和停机清洗两种，烟气换热器降温段烟温较低，为了避免低温腐蚀，通常采用停机清洗的方式。

（4）采用小管束且错列布置　错列布置的管束迎风面受冲刷，背风面受冲刷也较充分，故积灰较少；采用小管径，飞灰冲击均匀，因此积灰现象减轻。

（5）用 H 型翅片管作为换热管　螺旋翅片管由于翅片螺旋角引导气流改变方向，翅片管积灰较严重，在不能形成松散性积灰的情况下尽量不要采用。同时为了获得较为经济的扩展受热面，螺旋翅片管的螺距（节距）较小，常在 8mm 左右，而翅片高度达 20mm 左右，一旦出现积灰则无法有效清除，进一步扩大积灰面积，造成换热器堵塞，影响换热器换热效果，甚至影响机组安全运行。尤其是在加热段中，若脱硫出口的石膏浓度较高，螺旋翅片极小的节距使得石膏黏附后无法清除，影响机组的安全运行。

H 型翅片管具有不易积灰的特点，其主要机理在于基管背风面旋涡通过翅片间缝隙上下流动，存在明显的三维流动，而且顺排的三维流动明显于错排。H 型翅片的开缝使得基管迎风面上驻点处具有一定的速度，形成轴向冲刷管面，这与普通管有本质的区别。该轴向速度的存在使得此处不易产生颗粒沉积现象，可实现较好的自清灰功能。而背流区由于两个方向的回流叠加，在翅根附近的逆流速度很大，对基管背部起到很好的冲刷作用，此处同样不易积灰。同时，H 型翅片由于翅片焊在管子不易积灰的两侧，而气流笔直地流过，气流方向不改变，翅片不易积灰。此外，H型翅片管由于两边形成笔直的通道，采用吹灰器吹灰，可以取得最好的吹灰效果。

减轻换热管磨损，可有效延长换热管的使用寿命，主要有以下措施。

（1）采用CFD仿真及物模验证气流分布装置的设计，有效解决气流分布不均问题，优化结构设计，有效减小烟气阻力。

（2）选择合适的换热结构形式。螺旋翅片管在合理的翅片高度和翅片节距下，烟气流过螺旋翅片时会在黏性力的作用下在翅片表面形成附面层，出现较小的涡旋区，大颗粒飞灰不能接触到基管表面。此外，在螺旋翅片的作用下，烟气横向冲刷规律不像光管一样集中冲击45°范围，而是沿管子表面相对均匀地分布，减少了管子外表面的局部磨损。螺旋翅片管采用顺列布置时，局部不会形成高流速区及乱流，也具有较好的抗磨损能力，但当采用错列布置时，换热管间会形成高流速区及乱流，不可避免地发生由灰颗粒冲刷引起的螺旋翅片及管壁的磨损。

烟气流过H型翅片管的第一、二排管上部的H型翅片时被分成多层流束，可防止灰粒向后墙处移动，减小后墙处的灰浓度，还可使烟气流速沿烟道横截面的分布更加均匀，从而减少磨损最严重处灰粒撞击管壁的机会。此外，烟气每经过一根管子都发生小的绕流，在绕流过程中，灰粒在水平方向上发生位移，灰粒向流道中间集中，使管壁附近灰浓度降低。H型翅片把空间分成若干小的区域，对气流有均流作用，因此，H型翅片管具有优良的抗磨损能力。

错列布置由于气流方向改变，第二排管磨损最厉害。当$S_1/d=S_2/d=2$时，第二排是第一排磨损量的2倍，以后各排磨损量比第一排一般高30%～40%。顺列布置第一排与错列布置第一排相同，以后各排由于气流冲刷不到管子磨损较轻。在其他条件相同的条件下，顺列管束的最大磨损量比错列管束少3～4倍。因此，H型翅片管与错列的螺旋翅片管在相同的条件下，比顺列的螺旋翅片管的磨损寿命高3～4倍。

（3）合理选择烟气流速参数，使烟气流对换热面保持适度的冲刷，可实现一定的自清洁作用。

（4）采用划小区域多点布置方式，采用吹灰器，根据换热器所处的烟尘环境不同，科学合理地选择清灰装置。

三、 换热管防腐蚀

除了选择合适的材料以外，在锅炉的运行调整中，通过适当的方式也能防止烟气余热换热器的低温腐蚀，其主要措施如下。

1. 低氧燃烧

低氧燃烧作为一种经济、环保的燃烧方式一直被推广使用，但限于各种条件得不到应有的重视。烟气中的SO_3主要来自燃烧过程，低氧燃烧能大大地降低SO_3的转化率，降低烟气中SO_3的浓度，有效地防止低温腐蚀。

2. 控制炉内温度水平

通过控制炉内火焰温度也能有效地降低燃烧过程中SO_3的转化率。运行中经常采用分级配风的燃烧方式来降低燃烧温度，对于设计有烟气再循环的锅炉，烟气再循环不仅降低了燃烧温度，而且惰性气体也对 SO_3 的转化起到了抑制作用，能有效地防止低温腐蚀。

3. 加强吹灰和水冲洗

由于低温腐蚀往往与积灰相互作用，因此，加强吹灰、保持受热面的清洁对于防止低温腐蚀也相当重要。蒸气吹灰时，在吹灰过程中一定要确保疏水系统正常，并保证吹灰蒸气的热力参数，避免因吹灰蒸气在受热面的凝结而加剧腐蚀。另外，吹灰一般选择在锅炉的高负荷工况下进行。

对于吹灰无法除去的积灰，可以在停炉期间采用水冲洗的方式解决。水冲洗一般在换热器堵灰情况加剧、换热器阻力大大增加时才进行，过多的水冲洗也将对受热面造成损害。在水冲洗结束后，应将换热器受热面烘干。

采取以上措施，可以在一定程度上减少低温腐蚀对设备的损害，若金属壁温控制在第一区间内（大于水露点温度 20℃以上），则 ND 钢的腐蚀速率为≤0.2mm/a，这是可以接受的腐蚀速率。

解决烟气余热换热器低温腐蚀问题是一个需要综合考虑的课题，采用适当的材料，把壁温控制在适当范围，再配合蒸气吹灰，我们完全可以把腐蚀问题控制在可接受范围内。

四、 防泄漏的技术保障措施

防泄漏的技术保障措施主要有以下几个。

（1）做好换热管的防腐蚀、防磨损是预防换热管泄漏的首要措施。

（2）尽量减少对接接头，进行接头 100％X 线检测、换热管排 100％通球检验及规范的水压试验。

（3）考虑把换热管排两端的弯头设置在烟气外侧，烟气侧的换热管束为定长整根制作，无对接焊缝，大大减少因制作原因造成管排泄漏的质量隐患。

（4）考虑产品模块化设计，换热管排、集水箱、框架等均在厂内做成一体化产品后整体出厂，这样可方便现场安装，保证安装质量，更为重要的是可减少换热管排在吊装过程中的变形受损，减少现场焊接量，避免换热管排变形受损、焊接缺陷等人为因素造成的设备泄漏。

（5）分组、分小区设计，减少万一泄漏后退出运行的换热损失。换热器分组设计，当出现泄漏时可实现在线隔离，不影响其他小区正常换热。

（6）配置检漏装置，布置于换热器底板处，检漏电缆一极接探针固定杆，另一极接底板。系统正常运行时，换热装置无漏水情况，检漏电缆未接触到水，漏水报警仪无信号，不报警；当换热装置出现漏水时，水流经壁板，越过绝缘平板接触到探针，检漏电缆两极同时接触到水，漏水报警仪报警。

五、 换热器循环水防止汽化措施

换热器采用循环水（除盐水）作为换热介质，循环水在热回收器中吸收热量，在一定的压力下，水温超过饱和温度后会汽化为水蒸气。循环水汽化会对换热器造成水冲击（水锤）、振动、破坏水循环系统以及引起换热管爆管等危害。

综上分析，循环水的汽化将带来较为严重的危害，故在设计、运行时应严防出现循环水汽化的现象。针对循环水汽化产生的原因及带来的危害，可采取以下措施解决。

（1）针对加热段大机组、大流量的换热特点，在管路系统高位特别设置一套大容量循环水膨胀罐，同时，膨胀罐上设有安全阀，当压力较大时可通过安全阀进行泄压，足以保证换热器管路保持相对稳定的工作压力。

（2）对应每个热回收器的出口联箱上均设置有安全阀及排空门，可有效解决局部汽化问题。

（3）设置备用热媒体循环泵。当其中一台泵出现故障时，可及时切换另一台泵运行，确保换热器管路水循环正常。

（4）开发应用换热器循环水汽化报警专用系统。

六、 材料的选择

由于烟气冷却器和烟气再热器所处的工作环境差异很大，材料选择也有所不同。烟气冷却器的工作环境温度相对比较高，入口温度一般在 140℃ 左右，出口温度在 90℃ 左右，设计时考虑温度在酸露点以上的区域采用 20G，在接近酸露点温度的区域采用 ND 钢或低碳钢搪瓷管，露点以下区域采用 316L。烟气再热器的工作环境比较恶劣，一般入口温度为 50℃，出口在 80℃ 左右，所以在设计时温度最低的区域采用 2205 不锈钢，温度升高到一定程度的区域采用 316L 不锈钢，最后采用 ND 钢或低碳钢搪瓷管。

几种典型的换热器用材介绍如下。

1. 2205 双相不锈钢

由 21％ 铬、2.5％ 钼及 4.5％ 镍氮合金构成的双相不锈钢，它具有高强度、良好的冲击韧性以及良好的整体和局部抗应力腐蚀能力。2205 双相不锈钢的屈服强度是奥氏体不锈钢的 2 倍，可以减轻设备的重量，适用于 −50～+600℉ 温度范围内。

（1）抗腐蚀能力。2205 不锈钢含铬、钼和氮的量分别为 22％、3％ 及 0.18％，抗均匀腐蚀特性在大多数环境下优于 316L 和 317L，在氧化性及酸性的溶液中，对点腐蚀及隙腐蚀具有很强的抵抗能力，双相微观结构有助于提高其抗应力腐蚀龟裂能力。304L、316L 和 317L 不锈钢在一定的温度、氧气及氯化物存在的情况下，会发生氯化物应力腐蚀，由于这些条件不易控制，它们在这方面的使用受到限制。

（2）抗腐蚀疲劳强度。2205 双相钢的高强度及抗腐蚀能力使其具有很高的抗腐蚀疲劳强度。在加工设备易受腐蚀的环境中，2205 非常适用。

（3）焊接性能。2205 双相不锈钢的焊接性很好，焊接金属和热变质部分仍然保持与基底金属同样的抗腐蚀能力、强度及韧性。2205 的焊接难度不大，但需设计其焊接程序，以便焊接后可保持良好的相位平衡状态，避免有害金属相位或非金属相位的析出。

（4）2205 双相不锈钢与奥氏体相比，它的热膨胀系数更低，导热性更高。它的耐磨损腐蚀和疲劳腐蚀性能都优于奥氏体不锈钢。

（5）2205 双相不锈钢比奥氏体不锈钢的线胀系数小，与碳钢接近，适合与碳钢连接，具有重要的工程意义，如生产复合板或衬里等。

（6）不论在动载还是在静载条件下，比奥氏体不锈钢具有更高的能量吸收能力。对于结构件应付突发事故如冲撞、爆炸等，双相不锈钢优势明显，有实际应用价值。

2. 不锈钢 316L

316（UNS S31600）、316L（S31603）、317L（S31703）是以钼为基础的奥氏体不锈钢，与常规的铬-镍奥氏体如 304 不锈钢相比，具有更好的抗一般腐蚀及点腐蚀、裂隙腐蚀性。这些合金具有更高的延展性、抗应力腐蚀性能、耐压强度及耐高温性能。在要求更佳抗一般腐蚀和点腐蚀性能的应用中，317L 比 316 或 316L 更受欢迎，因为 317L 含钼量达 3%～4%，316 和 316L 的含钼量只有 2%～3%。316 合金、316L 和 317L 铜-镍-钼合金还具有奥氏体不锈钢的典型特征，即良好的加工性及成型性。

316、316L 和 317L 在大气环境下和其他温和环境下具有更佳的耐腐蚀性。在硫酸溶液中，316 和 317L 比其他铬-镍类型的不锈钢具有更良好的耐腐蚀性。在温度高达 120℉（38℃）的条件下，这两个等级对高浓度溶液都有良好的耐腐蚀性。当然，使用期间的测试是必不可少的，因为作业条件和酸性污染物可能严重影响腐蚀速率。浓缩含硫气体时，这两种等级比其他类型的不锈钢具有更好的耐腐蚀性。然而，在这样的应用中，酸浓度对腐蚀速率的影响相当大，这一因素要慎重考虑。含钼不锈钢 316 和 317L 对其他各种环境都有一定的耐腐蚀性。

通常采用含钼的不锈钢，因为要尽量减少金属污染。一般来说，在相同的环境条件下，可以认为 316、316L 与 317L 的性能相当。但是在可以引起焊接、热影响区晶间腐蚀的环境下例外。316L 和 317L 含碳量低，可以提高耐晶间腐蚀性。

增加铬、钼、氮含量可以提高奥氏体不锈钢在氯化物或其他卤素离子环境下的耐点腐蚀/隙腐蚀性。

316、317L 不锈钢暴露在 800～1500℉（427～816℃）温度下，可能引起碳化铬在晶界沉淀。这类不锈钢暴露在苛刻环境下时容易形成粒间腐蚀。但是短暂暴露的时候，如焊接时，317L 由于较高的铬、钼含量，比 316 更能抵抗粒间腐蚀。当焊接厚度超过 11.1mm 时，即使是 317L 合金，也需要做退火处理才行。如果焊接后不能做退火处理或需要做低温应力消除处理时，采用 316L 和 317L 可以有效避免粒间腐蚀。在焊态和暴露在 800～1500℉（427～826℃）温度范围内时，这两种合金有耐腐蚀性，需要做应力消除处理的容器在此温度范围内做短时间处理，不会影响金属正常的耐腐蚀性能。L 等级的大型钢材经过退火后，无须做高温加速冷却处理。316L、317L 和对应的高碳含量合金相比，具有同等的耐腐蚀性和力学性能，在容易产生粒间腐蚀的应用中，这两种合金更是具有明显的优势。

3. ND 钢

为了抵抗低温腐蚀，提高烟气余热换热器的寿命，我们需要一种可以长期在酸腐蚀条件下工作的钢材。经过投标方的长期研究和实践表明，ND 钢是目前国内外最理想的"耐硫酸低温露点腐蚀"用钢材。这种材料广泛用于制造在高含硫烟气中服役的省煤器、空气预热器、热交换器和蒸发器等装置设备，用于抵抗含硫烟气结露点腐蚀，它还具有耐氯离子腐蚀的能力。ND 钢主要的参考指标与碳钢、日本进口同类钢、不锈钢耐腐蚀性能相比，要高于这些钢种。产品经国内各大炼油厂和制造单位使用后受到广泛好评，并获得良好的使用效果。以下是 ND 钢与其他钢材的对比情况。

采用有限腐蚀法，在低腐蚀速率区域选材，实现防腐及经济性俱佳的设计目的。

一般来说，只要保证低温受热面金属壁温高出烟气酸露点温度 10℃左右，就能避免发生低温腐蚀，堵灰也将得到改善。根据这个原理，在热力系统上选择一个比烟气酸露点温度高 10℃左右的地点作为热回收器进水的水源引出点。由于热回收器水侧换热系数远较烟气侧大，因此其冷端金属壁温与进水温度接近。所以，选择换热器的最低壁温超过烟气露点温度 10℃左右，从而可达到防止换热器腐蚀和堵灰的目的。这种热力防腐方法的优点是防腐效果较佳，缺点是要求进水温度比较高，烟气的酸露点一般为 100℃，这就要求换热器的进水温度在 110℃左右，方可实现换热器安全运行。由于热回收器是回收锅炉排烟余热的节能装置，锅炉排烟温度通常为 115～130℃，若换热器的进水温度要求在 100℃以上，换热器与烟气之间的平均换热温差将很小，这将导致所需换热面积要足够大才能满足回收设计换热量的要求，设备耗钢量大，投资巨大。

采用有限腐蚀速率的热回收器系统进行设计，允许部分烟气余热装置的金属壁温处在酸露点以下，选取适当的壁温并通过采用耐腐蚀的金属材料可有效延长换热装置的使用寿命。当受热面壁温降低到酸露点以下时，硫酸开始凝结，引起腐蚀，主要可分为以下 3 种情况：①当烟温比较高时，由于硫酸浓度很高，且凝结酸量不多，腐蚀速率较低；②随着壁温降低，凝结酸量增加，腐蚀速率增大，腐蚀速率达到最大值后，随壁温进一步降低，酸浓度也降低，腐蚀速率也下降，直到腐蚀最轻点；③当金属壁温再继续下降时，由于酸浓度接近50%，同时凝结的更多，因此腐蚀速率又上升。

通过低低温电除尘器实现对烟气中 SO_3 的有效去除，可极大地减轻其对换热管等烟气下游设备的腐蚀。粉尘量多的情况下，到达导热表面的 SO_3 量会大幅减少，从而减小导热管腐蚀速率。

烟气冷却器采用 40%20G＋60%ND 钢来抵抗磨损和低温腐蚀。考虑到实际运行时锅炉的启停、低负荷及燃烧煤质成分变化等因素的影响，烟气冷却器各部分换热管的腐蚀速率均可实现＜0.2mm/a，换热管腐蚀量按 3mm 考虑，则换热元件的寿命将达 15 年以上。

由于再加热器所处的工作环境较为恶劣，除了在迎风面采用 6 排 2205 不锈钢错列管外，中温段采用 316L，高温段采用 ND 钢。

4. 搪瓷专用钢（低碳钢）镀搪瓷

与 ND 钢相比，搪瓷专用钢（低碳钢）镀搪瓷显示出更为优越的防腐蚀性能，造价不高，是一种性价比很高的防腐材料。由于锅炉运行工况和燃料变化较大，采用 ND 钢材质的一些电厂已经面临腐蚀问题，因此，为安全起见，宜采用搪瓷专用钢（低碳钢）镀搪瓷。

5. 氟塑料

对于烟气-水换热器，一般采用小管径氟塑料管制作，主要管径有 $\phi10$、$\phi12$、$\phi14$；对于烟气-烟气/空气换热器，一般采用大管径氟塑料管制作，主要管径有 $\phi50$、$\phi65$，管壁厚度为 1mm，主要规格见表 9-2。

表 9-2 氟塑料主要规格

管径/mm	壁厚/mm	连续长度/m	径向强度/MPa	纬向强度/MPa	使用温度/℃
51	1	≥60	≥37	≥26.5	−50～220

氟塑料的物化特点如下。

（1）化学性能稳定 几乎对所有的化学品和溶剂呈惰性，且几乎没有一种溶剂或化合物可在 300℃以下溶解它。

（2）耐高温和低温 氟塑料在−190～220℃范围内，低温不脆化，高温不软化，可正常使用。

（3）优越的防结垢性能 有固体材料中最小的表面张力，不黏附任何物质；管壁表面光滑且有适度的柔性，运行时有轻微的振动，不易结垢。

（4）低阻力　氟塑料换热管表面光滑，摩擦系数极低（0.04），烟气阻力小。

（5）使用寿命长　氟塑料具有极强的热稳定性和热膨胀性，极耐老化，正常情况下可使用15～20年。

（6）高效自动清洗系统　由于换热管表面光滑，各种粉尘颗粒均可清洗干净；线胀系数高，膨胀后能使灰垢脱落。

氟塑料换热器实物照片见图9-38。氟塑料类别及其特性对比见表9-3。

(a)

(b)

图9-38　氟塑料换热器实物图片

表9-3 氟塑料类别及其特性对比

类别	耐腐蚀性	使用温度/℃	加工性
PTFE(聚四氟乙烯)	极佳	<290	一般
PFA(可熔性聚四氟乙烯)	极佳	<260	较好
FEP(氟化乙烯丙烯共聚物)	较好	<200	较好

PTFE 在所有氟塑料中具有最好的耐腐蚀、耐高温性能，应用最为广泛。PFA 是新开发的氟塑料品种，在具备良好的耐腐蚀、耐高温性能的基础上，还有较好的热加工性能，可用于制造氟塑料焊条及毛细换热管。FEP 的耐腐蚀、耐高温性能不如前两者，但热加工性能很好，一般用于防腐要求不高的领域。

氟塑料省煤器与金属低温省煤器的比较见表9-4。

表9-4 氟塑料省煤器与金属低温省煤器的比较

主要技术指标	氟塑料省煤器	金属低温省煤器
换热原理	气-水换热	气-水换热
适用烟气温度/℃	<230	>120
换热器后烟温	无限制,可低于70℃	>120℃
烟气侧阻力/Pa	<300	300~500
材质	氟塑料	碳钢或高耐腐合金钢
防腐性能	不腐蚀	易腐蚀
使用寿命/年	15~20	2~3
积灰情况	柔性振动光滑管束,不易积灰	积灰严重
粉尘清除方式	水冲洗	声波吹灰
设备本体造价	较高	较低
安装空间要求	小	较大
设备重量	轻	重
土建载荷要求	较小	较大
耐磨	一般(高温区稍差)	较好

某电厂水媒式换热器技术数据见表9-5。某电厂热媒辅助加热器技术数据见表9-6。

表9-5 某电厂水媒式换热器技术数据

序号	项目	单位	数值		备注
			余热回收器	烟气再热器	
1	制造商		龙净环保	龙净环保	
2	型号		LGH	LGH	
3	总换热面积	m²			
4	换热效率	%	99	99	
5	并联管组数		5	8	
6	换热管				
7	形式		H 型	H 型	
8	材质(高温段/低温段)		20G/ND	2205/316L/ND	
9	规格	mm	38×5	38×5	
10	换热管腐蚀裕量	mm	3	3	
11	每排受热面管距	mm	105	115	
12	年腐蚀速率	mm	<0.2	<0.2	
13	允许运行最低壁温(高温段/低温段)	℃	77	77	
14	翅片材质/形式		20G+ND/H 型	2205+316L+ND/H 型	
15	翅片高度/厚度	mm	45/2	45/2	
16	使用寿命	年	15	15	

续表

序号	项目	单位	数值		备注
			余热回收器	烟气再热器	
17	换热管质量	t			
18	设备总质量	t			
19	烟道进出口尺寸	mm	7000×5300	10000×11200	
20	厚度尺寸(沿烟气流向方向)	mm	5400	5100	
21	吹灰器台数		8	—	

表 9-6　某电厂热媒辅助加热器技术数据

序号	项目		单位	数值	备注
1	制造商			龙净配套	
2	形式			管壳式	
3	总传热面积		m²	约100	
4	流程数(管程/壳侧)			2/1	
5	给水端差(上端差)		℃	—	
6	疏水端差(下端差)		℃	—	
7	传热管外径×壁厚		mm	25×1	
8	传热管材质			20G	
9	供热管数		根	约360	
10	管内流速		m/s	约1.2	
11	壳侧压力降		MPa	0.06	
12	管侧压力降		MPa	0.06	
13	加热器净重		kg		
14	检修方式			抽壳	
15	设计压力	管侧	MPa	1.6	
		壳侧		2.5	
16	设计温度	管侧	℃	150	
		壳侧		400	

第十章

痕量有害物质治理技术

第一节　痕量元素的来源与危害

痕量有害物质是指该元素在物质中的含量（质量分数）小于 0.1%，少量元素是指该元素在物质中的含量为（质量分数）0.1%～1%，主要元素是指该元素在物质中的含量大于（质量分数）1%。对于化石燃料来说，Si、Fe、Al、Ca、Mg 为少量元素。元素周期表中，原子量大于 20 的均为痕量元素，还包括 Be、BF、Br、Cl。

在美国，有 189 种元素或化合物统称为有害空气污染物（HAPs），其中 Hg、As、Se 和二噁英排在前四位。对于燃煤锅炉，美国最优先考虑的是发展处理 Hg、Se、As 的技术，其次为 Cd、Sb、Ni，再次为 Er、Co、Pb、Be、Mn。

我国是世界产煤大国，煤炭产量占世界的 37%，同时也是一个燃煤大国，能源消耗主要以煤炭为主，能源结构中煤的比例高达 75%，燃煤产生的污染物 SO_x 和 NO_x 早已引起人们的广泛关注。现在燃煤造成的痕量元素（如 Hg、Pb、As、Se 等）污染问题也正在引起人们的重视，特别是燃煤造成的汞污染。在世界范围内，由于人类活动造成的汞排放占汞排放总量的 10%～30%，燃煤电厂汞的排放占主要地位。据美国环境保护机构估计，1994～1995 年，美国由于人类活动排出的汞达 150t，其中约 87% 是由燃烧源排出的。

一、痕量元素的来源

重金属化合物来源可分为自然污染及人为污染两种。自然界中的重要污染来源有火山爆发等，火山活动是 As 和 Cd 的自然来源，也是 Pb、Se、Zn、Hg 的重要来源。人为活动所造成的森林火灾及植物代谢的排出物亦是污染源，森林火灾可能是 Hg 的主要来源，植物代谢则明确证实为 Cd、As 及 Zn 的重要自然来源。在人为污染源方面，大气中 Be、Co、Mo、Sb、Se 的主要来源为燃煤，而 As、Cd、Cu、Zn 及大量的 Cr、Mn 主要来源于非铁金属制造业及钢铁工业。

在所有的煤中，痕量元素普遍存在，煤燃烧时烟气中必然含有痕量元素。

燃煤电厂痕量元素的排放是继 SO_2、NO_x 排放后又一个值得关注的环境污染问题。燃烧过程中，这些痕量金属将转变为气态、液态或固态，转化的程度取决于金属特性及其存在的形式，并受燃烧条件（如还原或氧化气氛、气相组分、压力、温度）的影响。

在化石燃料中，痕量元素以有机盐、羧基团和无机矿物质（如硫化铁矿及其他硫化物、硅酸盐和碳酸盐）的形式存在。对于煤类燃料，Pb、B、Cr、Ni 和 V 含量较石油类高。在燃油中，主要是以乳化态形式存在的 Ni、V。在燃料的废弃物中，痕量元素的分布不那么广，但有些元素的含量（质量分数）可达 1% 以上，如 En、Mn、Cu、Pb 等，其中汞是处理起来很困难的元素之一。Hg 主要存在于煤、市政固体废弃物（MSW）、燃料灰渣（RDF）以及污泥中。

煤中的痕量金属存在的形式多种多样，包括无机物和有机物。痕量金属的含量及其结合物随煤的等级、产地、洗涤方式、储存方式的不同而不同。煤中各种金属的分布情况简述如下。

1. 锑（Sb）

锑在煤中究竟是以有机物的形式存在还是以无机物的形式存在，仍存在很大争议。据报道，煤中的锑矿是以锑硫镍矿的形式存在，但电子扫描发现锑是以黄铁矿和有机物的固溶体形式存在的。烟气中的锑以 SbO 形式存在。

2. 砷（As）

20 世纪早期即已发现砷与黄铁矿密切相关，并与黏土、碳酸钙等有机结合起来，以含砷黄铁矿的形式存在。煤中大多数的砷也与黄铁矿密切相关。大多数煤中，砷主要存在于大块或细粒状的黄铁矿及其他硫化物中，只有少量的存在于有机物中。当煤暴露于空气中时，黄铁矿中的砷将转变为 ASO_4^{3-}。

砷经过燃烧过程后在底渣中亏损，在飞灰中富集，在与飞灰粒径呈明显的负相关性，即具有富集于细粒飞灰的特征。对某电厂的研究表明，大约 0.53% 的砷进入了炉渣，84.6% 的砷进入了除尘器飞灰中，2.16% 的砷呈气态进入烟气烟囱中。

在大多数的地表水中，砷以可溶性的三价砷、五价砷形式存在。

3. 硼（Be）

由于 Be 的原子量很小，X 射线无法检测到，但有证据表明 Be 存在于有机物中。

4. 镉（Cd）

镉定量存在于 ZnS 矿中，镉也可存在于其他硫化物矿中，但含量很小，根据煤中含 ZnS 的多少可以大致估出镉含量。镉在烟气中以单质 Cd 和 CdO 的形式存在。镉可以被黏土矿物质、碳酸盐以及铁锰氢氧化物所吸收，增加土壤中锌的浓度可以降低植物对土壤中镉的吸收，因为锌可以抑制镉在植物根、茎中的传输。因此，在同等镉浓度下，生长于温室或盆栽中的植物比生长在自然界中的镉含量要高。图 10-1 为镉和锌的蒸气压与温度的关系。图 10-2 为镉溶解度与 pH 值之间的关系。

5. 铬（Cr）

煤中的 Cr 主要以 Cr_2O_3 的形式存在，为难熔固体，其沸点为 4000℃，熔点为 2435℃。铬的氧化态从二价到六价，其中三价铬和六价铬在自然界中很常见，三价铬是人体必需

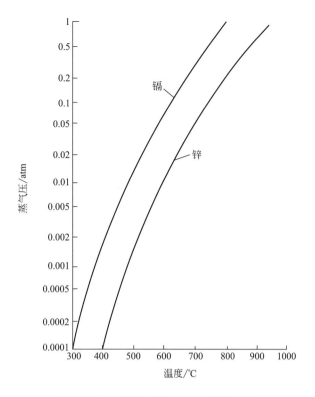

图 10-1 镉和锌的蒸气压与温度的关系

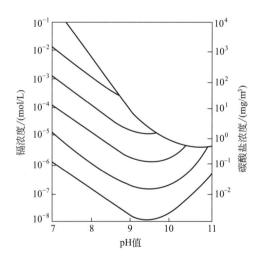

图 10-2 镉溶解度与 pH 值之间的关系

的痕量元素，而六价铬（Cr^{6+}）则有剧毒且为致癌物质，六价铬可以被三价铬、二价铁、钒和二氧化硫还原成三价铬。而三价铬（Cr^{3+}）相对温和，可以被锰氧化为六价铬。

烟气中的 Cr 以 $CrOOH$、CrO_2OH、$CrO_2(OH)_2$ 的形式存在。

6. 钴（Co）

煤中的 Co 与硫矿密切相关，特别是黄铁矿。Co 在烟气中主要以固相的形式存在。

7. HCl 或 Cl

煤中的氯含量一般在 0.5% 以下，被 NaCl 包裹，很容易挥发。

8. HF 或 F

煤中 F 的浓度一般为 20~500mg/kg，比 Cl 低一个数量级。大多数的氟存在于矿物中，矿物的形态将影响燃烧时氟的排放量。

9. 铅 (Pb)

煤中的铅主要存在于黄铁矿及其他硫化物中，通常以 PbS 的形式存在，也有以硒化铅的形式存在的。含 Cd 和 Zn 浓度高的煤，其 Pb 含量一般也较高。Pb 在烟气中以单质 Pb 和 PbO 的形式存在。

10. 锰 (Mn)

煤中 Mn 的浓度一般比其他痕量金属的浓度均高，但含量也很小，一般存在于碳酸钙矿中，以固溶体的形式存在，少量与有机物相结合。

11. 汞 (Hg)

煤中的汞主要以固溶体（HgS）的形式存在于黄铁矿中，煤中汞的含量一般为 0.01~8mg/kg，大多数的煤中汞含量小于 1mg/kg。汞可存在于煤的有机物或灰分中。一般含砷量少的煤，其含汞量也较少。

汞在燃烧过程中完全挥发，主要以气相形式排放，只有少量可以被飞灰颗粒吸附。汞的吸附量与飞灰颗粒的粒度无关，而与飞灰含碳量有很大的相关关系。

烧结炉烟气中的含汞量要比燃煤锅炉烟气中的含汞量高 1~2 个数量级。

燃煤中汞的反应机理如下。

$$2HgCl + 2HCl \Longrightarrow 2HgCl_2 + H_2$$

$$2HgCl + Cl_2 \Longrightarrow 2HgCl_2$$

$$Hg + N_2O \Longrightarrow HgO + N_2$$

$$Hg + O_3 \Longrightarrow HgO + O_2$$

汞在烟气中以单质汞、HgO、$HgCl_2$ 的形式存在。

12. 镍 (Ni)

煤中的镍可以存在于有机物或无机物中。有证据表明，在许多煤中，镍被有机物包裹，无机镍主要存在于硫矿中。

13. 硒 (se)

煤中块状的硒存在于有机物中，有少量但很重要的一部分存在于黄铁矿中。烟气中的硒以无定形存在，它很容易与烟气中的汞结合生成 HgSe。HgSe 很容易被湿式脱硫塔和温室电除尘器捕集。在较低的温度下（低于 100℃），Se 主要以 H_2Se 和 $SeCl_2$ 的形式存在；在较高的温度下，则以 Se 和 SeO_2 的形式存在；在 125~250℃ 的温度区间内，Se 可被活性炭吸附除去（Se 是以 H_2SeO_3 形式与吸附剂发生反应的），脱除效率随烟气含湿量的增加而增大。

14. 钒（V）

烟气中的 V 以 VO_2 的形式存在。

15. 锌（Zn）

烟气中的 Zn 以单质 Zn 的形式存在。

X 射线吸收光谱可分析浓度低至 10~100mg/kg 的痕量金属，这种方法最初用于分析煤中的 As 和 Cr。分析表明，煤中的砷主要以两种形式存在：黄铁矿中的单质 As 和砷酸盐（AsO_4^{3-} 中的五价砷）。煤和飞灰中的铬主要以 Cr^{3+} 的形式存在，约占 95%。采用波长散射和能量散射 X 射线可以定量 Cr、Ni、As、Se、Cd、Hg 和 Pb。黄铁矿中的砷暴露于空气中会氧化为砷酸盐。

几种痕量元素存在的形式及置信度见表 10-1。

表 10-1　几种痕量元素存在的形式及置信度

元素	Sb	As	Be	Cd	Co	Cr	Hg	Mn	Pb	Se
存在的形式	黄铁矿/硫化物	黄铁矿	有机物	闪锌矿	黄铁矿/硫化物	有机物/黏土	黄铁矿	碳酸钙	PbS	有机物/黄铁矿
置信度	4	8	4	8	4	2	6	8	8	8

注：置信度最高为 10，最低为 1。

痕量金属的挥发性能按 Ti、Sb、Pb、Cd、As、Se、Hg 的顺序依次增强。

部分化石燃料和废渣中痕量元素的含量（mg/kg，干基）见表 10-2。

表 10-2　部分化石燃料和废渣中痕量元素的含量　　单位：mg/kg

元素	煤	泥煤	重油	劣炭	MSW	RDF	木材	废木料	废纸	轮胎	污泥
Hg	0.02~3	~0.07	<0.01		<15	1~10	0.01~0.2		约 0.08		0.5~10
As	0.5~10	1~3	1~2	0.5~500	约 3	约 0.2					0.1~100
B	5~100			<0.5				约 0.5			
Be	0.1~10	约 0.1	约 0.01		1~40	约 1			约 0.8		
Cd	0.05~10			0.1~0.3	<100	1~10		约 0.5	0.7	5~10	1~10
Co	0.5~20	1~2	约 0.5		<20		约 0.1				约 5
Cr	0.5~60	约 10	约 0.5	5~104	<1500	50~250	约 1	1~4	约 6	约 100	约 100
Cu	5~60	约 10	<0.1		<2500	<1000	0.5~3	约 15	约 18		200~700
Mn	5~300	30~100	0.5~1		<1000	约 250	10~1000	<20	约 27		约 200
Ni	0.5~100	5~10	20~50	200~300	<5000	10~1000	约 0.5	<50	约 8	60~760	约 50
Pd	1~300	1~5	1~5	6~100	<2500	100~500	1~20		约 8	60~760	100~300
Sb	<1				<80	<5			约 5		100~500
Se	0.2~3	约 1	约 0.1		<10	3~6	约 0.2		约 0.08		
Sn	<10				3~100	<500			约 8		
Ti	约 1			0.04~3					约 0.25		
V	1~100	5~50	100~200	400~900							
Zn	1~1000	约 20	约 10		约 290	300~800	5~150	<30	约 150	1~200	约 1000

典型的煤中重金属含量见表 10-3。

表 10-3　典型的煤中重金属含量　　　　　　　　　单位：mg/kg

元素	重金属含量			
Hg	0.01～1	0.02～1	0.18～0.2	0.02～1
Cd	—	0.6～2.5	1.3～2.5	0.3～1
Pb	15～100	22～44	16～35	2～370
Zn	70～170	43～308	39～272	2～3560
Cr	35～115	11～59	14～15	0～60
Sb	1.5～19.5	3～66	1.1～1.3	—
As	36～112	7～40	14～15	0～170

生物质燃料中主要的元素是碳、氢、氧，含有少量的 K、Mg、Ca 和 P，痕量元素主要为大多数金属和砷。光谱分析表明，无论是微米级还是亚微米级颗粒，其表面均富含痕量元素，大多数的有毒元素又主要富集于亚微米级颗粒表面，如 As、Cd、Cr、Pb、Hg、Ni、Se、Sb 等。氯元素的存在增强了大多数金属的挥发性，从而使生成的颗粒物粒径趋向于亚微米级。

木材是相对较洁净的燃料，采用焚烧炉处理防腐处理后的木材时，烟气中往往含有重金属。例如，铬铜砷酸盐处理过的木材含有约 15mg/kg 的 Cr、5mg/kg 的 Cu 和 10mg/kg 的 As。废旧轮胎含有大量的各种各样的金属，主要有 Zn、Pb、Cr、Cd。污泥是更脏的燃料，其痕量元素的含量比废料炼取的油中还要高。

Ag、Cd、Cr、Mn、Pb、Sn 及 Zn 等在焚化炉中主要来自不可燃物，而 Al、Ba、Co、Fe、Li、Na、Ni 及 Sb 则被分类为不可燃物中具可燃性的化合物，其他如 Ca、Cu、Hg、K 及 Mg 等则来自可燃物。

二、　影响痕量元素最终形态的因素

影响痕量元素最终形态的因素很多，主要因素包括：①痕量元素特性及其在燃料中的存在形式；②温度和压力；③氧化和还原条件；④卤素元素特别是氯的存在与否；⑤是否存在可作为吸收剂的化合物。

（1）痕量元素特性及其在燃料中的存在形式　煤燃烧过程中氯主要以 HCl 形式存在，一般燃煤烟道气中 HCl 的浓度约为 25～150mg/m³。

在单一金属成分及含氧的系统中，大多数金属会形成氧化物，但 Hg 和 Cd 则会以元素态存在，主要是因为 Hg 的氧化物在 500K 时不稳定，而 Cd 则是在 900K 时不稳定。因此，在较高温时金属氧化物会趋向以气态氧化物的形式存在，而 Hg 和 Cd 则会以气相的元素态存在。当温度高于 1000K 时，Pb 以 $PbCl_2$ 的形式为主，并且有少量的 Pb 以 $(PbO)_n$ 的聚合形式存在。故燃烧温度提高时，金属成分挥发的量会相对提高，重金属在底灰中的含量则随温度增加有下降的趋势。

Na_2CrO_4 是热力学上很稳定的化合物。氯和硫对很多金属都有很好的亲和力，当温度低于 500℃或高于 1200℃时，氯将与钠反应生成 NaCl，影响钠基吸收剂在 500～1200℃温度之间时对 Cr 的吸收，因此，钠将与 Cr 反应生成 $NaCrO_4$，但钠基仅在此温度区间内有效。当温度低于 550℃时，硫酸铬是主要的络合物；当温度高于此温度时，Cr_2O_3 是主要的络合物。以硫酸钠形式存在的钠仅当温度高于 1000℃时才有效。

在很宽的范围内，镁和铬可以形成稳定的化合物，其中 $MgCrO_4$ 占主导地位。即使大量的氯存在，$MgCrO_4$ 仍是最稳定的镉化合物。镁对铬的亲和力要强于氯，但当有大量的硫存在时，镁被硫大量消耗生成硫酸镁，直至温度高于 700℃。当温度高于 700℃ 时，硫酸镁变得不稳定，镁开始与铬反应生成 MgCrO$_4$。砷也可被碱金属或碱土金属吸收，氯和硫的存在会降低这种吸收性能。

颗粒的大小对痕量元素的挥发性无影响，起主要作用的是温度。实践中发现，结净煤技术 PFBC 和 IGCC 产生的痕量元素比煤粉炉低（汞除外），这是由于燃烧湿度较低，并且 PFBC 已有高效旋风除尘系统，IGCC 设有烟气冷却和脱硫阶段。因此，除尘时，温度越高，飞灰中的重金属含量越低。

（2）空气过剩系数　许多痕量元素在还原气氛中的挥发性大于氧化气氛中，导致烟气降温冷凝后在飞灰中的含量增加。

（3）是否有卤素的存在（特别是氯）　例如，在废物焚烧炉中，氯的含量往往足以与大部分痕量元素反应生成氯化物，此氯化物比痕量元素单质或氧化物更具挥发性，见表 10-4，表中列出的氯含量分别为 0 和 10% 时的工况。很明显，Pb、Ag 和 Ni 的氯化物更具挥发性，这将影响二噁英和呋喃的生成。

表 10-4　氯对重金属挥发性的影响

种类	不含 Cl$_2$		含 10%Cl$_2$	
	挥发温度/℃	基本物质	挥发温度/℃	基本物质
Cr	1613	CrO$_2$/CrO$_3$	1610	CrO$_2$/CrO$_3$
Ni	1210	Ni(OH)$_2$	693	NiCl$_2$
Pb	627	PbO$_2$	−15	PbCl$_4$
Se	318	SeO$_2$	318	SeO$_2$
Cd	214	Cd	214	Cd
As	32	As$_2$O$_3$	32	As$_2$O$_3$
Hg	14	Hg	14	Hg
Os	41	OsO$_4$	41	OsO$_4$
Ag	904	Ag	627	AgCl
Ba	849	Ba(OH)$_2$	904	BaCl$_2$
Tl	721	Ti$_2$O$_3$	138	TiOH
Sb	660	Sb$_2$O$_3$	660	Sb$_2$O$_3$

（4）系统压力　比较常压煤粉炉和加压煤粉炉（如 PFBC 和 IGCC），可以得出：压力越高，除尘系统对痕量元素的去除率越高。在一个配置了电除尘器和脱硫设备的煤粉炉烟气系统中，痕量元素的分配如图 10-3 所示。从图 10-3 中可以看出，约 90% 的 Ⅰ 类元素和 Ⅱ 类元素收集在飞灰中，约 17% 的 Ⅲ 类元素被脱硫设备所捕集。

Hg、Pb 和 Cd 主要在气相中存在，脱硫对 Hg、B 和 Se 的去除率很高。As、Cr 和 Ni 类似，主要被收集于飞灰中。基于以上讨论，可以优化焚化炉（其热效率并非首要考虑因素时）的温度，燃尽有机物，同时又不挥发过多的痕量元素。对于配有电除尘器和脱硫系统的常规煤粉燃烧系统，需要关心的组分为 HgO、HgCl$_2$、SeO$_2$、B$_2$O$_3$ 和 As$_2$O$_3$，其余痕量元素（主要为 Ⅱ 类元素）的去除率达 90%～99%。

痕量元素主要集中于两种直径的粉尘颗粒中，即大约 0.15μm 和 2～8μm 直径的粉尘颗粒中。

几种金属的溶解度见图 10-4。

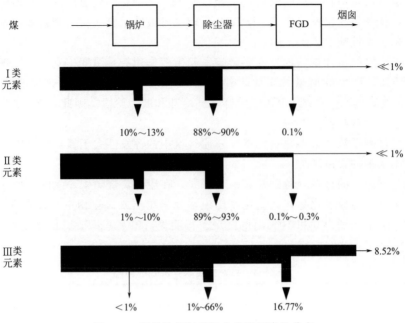

图 10-3　煤粉炉烟气系统中痕量元素的分布

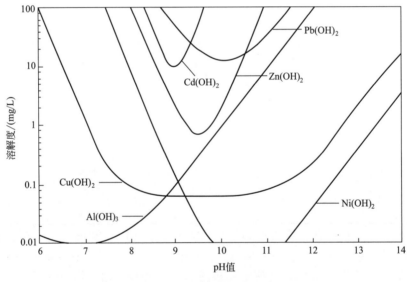

图 10-4　几种金属的溶解度

三、痕量元素的基本性质

痕量元素的基本性质包括挥发性和毒性等。

1. 挥发性

大多数痕量金属将在燃烧过程中挥发出来，有些以蒸气的形式挥发出来，有些随烟气的降温而冷凝出来，有些则是以飞灰的形式进入烟气中。根据元素在燃烧和气化过程中的变化，痕量元素可分为三类（图 10-5）。Ⅰ类元素主要富集在残渣和飞灰中。Ⅱ类元素在燃烧中气化，但在下游烟道中冷凝，主要富集于微细粉尘中。Ⅲ类元素主要是挥发性元素，基本上不在粉尘中富集，挥发性最强的元素（如汞和卤素元素）在整个烟气流程中呈气态。由于操作条件的不同，特别是操作设计的不同，有些元素处于三类之间的过渡状态。

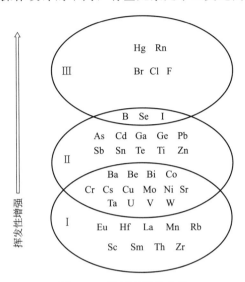

图 10-5　痕量元素的分类

典型的Ⅰ类元素有 Eu、Hf、La、Mn、Rb、Sc、Sm、Th、Zr。

典型的Ⅱ类元素有 As、Cd、Ga、Ge、Pb、Sb、Sn、Te、Ti、Zn。

典型的Ⅲ类元素有 Hg、Br、Cl、F 等。

B、Se、I 介于Ⅱ类元素和Ⅲ类元素之间，Ba、Be、Bi、Co、Cr、Cs、Cu、Mo、Ni、Sr 介于Ⅰ类元素和Ⅱ类元素之间。

水泥生产中重金属的挥发性见图 10-6。

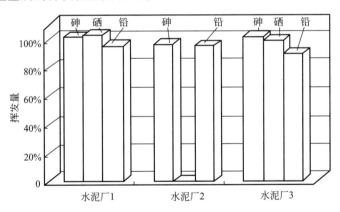

图 10-6　水泥生产中重金属的挥发性

Ⅰ类痕量金属元素在高温下（1200～1650℃）的挥发性很低，并且不会浓缩在飞灰中。这类金属在燃烧过程中不会挥发，随同锅炉渣或飞灰排出。Ⅰ类元素在飞灰和炉渣中的分布基本相同，在炉渣和飞灰中的具体含量与蒸气流量有关。

Ⅱ类痕量元素会在燃烧过程中挥发出来，也会随烟气冷凝出来。一旦冷凝发生，Ⅱ类元素可被除尘装置捕集。Ⅱ类元素连同 Hg、Ni 一起，以氧化物和氯化物的形式凝聚；Cd、Cu 和 Pb 以硫酸盐的形式凝聚；Cr 以硫酸盐或氯化物的形式凝聚。除 As 以外，Ⅱ类元素进一步冷凝可转化为硫酸盐。Ⅱ类元素在飞灰中富集，而在炉渣中很少。Sb 是典型的Ⅱ类金属元素，在燃烧过程中挥发出来，并随烟气的冷却冷凝于飞灰表面，几乎可以被除尘系统全部捕集。

Ⅲ类元素以气相形式挥发出来，不在飞灰中富集。Hg 和卤素元素是典型的Ⅲ类元素。

在燃烧工况下，无论何种形式的 As 都将迅速蒸发并氧化成 AS_4O_6，氧化砷蒸气可冷凝出来并在细小飞灰表面凝聚。对电除尘的飞灰分析表明，As 会在 PM_{10} 飞灰中富集。锅炉燃烧时煤中的砷几乎全部挥发出来，主要与炉渣相结合，其余大部分被飞灰捕集，只有少部分（0.03%～0.04%）以气溶胶或气体形式存在，从电除尘器中逃逸，因此，砷被分在Ⅱ类元素中。

镉与砷一样，也分在Ⅱ类元素中，主要与炉渣相结合，其余大部分被飞灰捕集，只有少部分（大约 0.5%）形成气溶胶逃逸。

铅也是典型的Ⅱ元素，大约 4% 的铅留在炉渣中，0.3% 左右的铅以气溶胶形式逃逸，其余则被飞灰捕集。

硒介于Ⅱ类元素与Ⅲ类元素之间，大约 0.01% 的硒存在于炉渣中，73% 左右的硒存在于飞灰中，1% 左右的硒以气溶胶形式存在，26% 左右的硒以气溶胶形式存在。

钒在炉渣和飞灰中大约各占 10% 和 90%，0.2% 左右的钒以气溶胶形式存在。

锌在炉渣和飞灰中大约各占 6% 和 93%，0.3% 左右的钒以气溶胶形式存在。

Si、Al 等在超微米级颗粒上富集，Na、Pb 等在亚微米级颗粒上富集。由此可以推断，若除尘系统对 PM_{10} 的去除效率很低，则烟气中 Si、Al、Na、Pb 含量可能显著增加。

硼在燃烧过程中生成氧化硼，氧化硼及硼矿均属难溶性物质，蒸发温度很高。若燃烧温度很高，停留时间长，硼将蒸发出来。硼一旦蒸发出来，就会形成硼的氧化物或硼的氯化物，进一步冷凝，硼的氧化物将转化为硼的硫酸盐。

Cd 的挥发性仅次于汞，但由于 Cd 比其他重金属的浓度低，其排放浓度可以忽略。Cr 在燃烧过程中的挥发性不大，大多平均分散于锅炉炉渣中，它可被除尘系统有效除去。

Co 介于Ⅰ类元素与Ⅱ类元素之间，只有很少量的 Co 会挥发出来，绝大多数的 Co 都将留在锅炉炉渣中，即使少量进入烟气中，也会被除尘器捕集。

煤中的氯在燃烧过程中主要以 HCl 的形式进入烟气中，只有当温度低于 60℃（即 HCl 的露点温度）时，HCl 才会沉积于飞灰表面，与飞灰的 pH 值无关。

当煤中的氟以单质形式存在时，大约有 90% 转化为 HF；当煤中的氟以氟酸盐的形式存在时，其转化率将降低 10 倍以上。与 HCl 一样，只有当温度低于其酸露点时氟才会在飞灰表面沉积。

PbS 在炉膛内氧化为 PbO，PbO 的沸点达 1535℃。在煤粉锅炉中，仅有少量的 PbO 挥发出来，而在循环流化床锅炉中则基本不会挥发出来。煤中的氯含量大大增加了 PbO 的挥发，由于其中等程度的挥发性，从锅炉中挥发出来的铅化合物将凝聚在飞灰表面。

煤中的 Hg 挥发出来后，主要有单质 Hg^0、氯化汞（$HgCl_2$）、氯化亚汞（Hg_2Cl_2）、和 HgO 的形式。$HgCl_2$ 易溶于水，而其他几种则难溶于水。在烟气温度下，这些化合物的汞蒸气压很高，不会发生冷凝现象。

镍及其化合物在锅炉燃烧温度和压力下不会挥发出来，主要存在于锅炉炉渣和飞灰中，其中前者又占了绝大部分。

硒是典型的介于Ⅱ类和Ⅲ类之间的元素，硒在锅炉燃烧温度下具有高度的挥发性，它在飞灰表面沉积的可能性小，除尘装置对其只有中等脱除率，相当一部分进入烟囱中。

Zn是典型的Ⅱ类金属元素，在燃烧条件下，将凝聚于飞灰表面。

除考虑挥发性外，还应考虑化合物的沸点、痕量元素的毒性及对流程设备的影响，从而确定哪种元素需要特别注意。

这种痕量元素的分类方法取自于"富集"的概念，某种元素在飞灰中的相对富集因子（RE）定义如下：

$$RE = \frac{飞灰中该元素的含量}{燃料中该元素的含量} \times \frac{燃料中的飞灰百分含量}{100} \qquad (10\text{-}1)$$

对于Ⅰ类元素，炉渣和飞灰的RE值约为1；对于Ⅱ类元素，炉渣的$RE<0.7$，飞灰的RE值约为1.3～4；对于Ⅲ类元素，炉渣中RE值远小于1，飞灰中的RE值远大于10。

通过测定和热动力计算可知痕量元素在烟气中存在的形式。对于典型的燃煤来说，最主要的气相组分为As，以AsO、As_4O_6和As_4O_5的形式存在；Cd，以单质Cd和CdO的形式存在；Cr，以CrOOH、CrO_2OH、CrO_2OH和$CrO_2(OH)_2$的形式存在；Hg，以单质Hg^0和Hg^{2+}的形式存在；Se，以SeO_2的形式存在；V，以VO_2的形式存在；Zn，以单质Zn的形式存在；Co、Cu、Ni和部分Cr为非挥发性物质，存在于$PM_{2.5}$飞灰中，以铁酸盐类晶石AB_2O_4（其中A^{2+}＝Fe、Mg、Ni、Co、Cu，B^{3+}＝Al、Fe、Cr）的形式存在。对于气化工艺，上述情况不明朗，最具挥发性的元素Hg、Sb和Se将主要以Hg^0、SbS和H_2Se的形式存在。

2. 毒性

不同的痕量元素所造成的影响不同，例如，Hg、Cd、Pb、As、Cr、Ti既对环境有影响，也会对人体健康产生影响；Na、K、V、Zn、Pb等产生腐蚀问题；Ca导致涡轮机叶片结垢；As使催化剂中毒等。欧共体最关注的14种痕量元素为As、Cd、Co、Cr、Cu、Hg、Mg、Mn、Ni、P_3、Sb、Sn、Ti和V。Cu、Se、Cr、Ni是人类需要量很小的痕量元素，Hg、Pb、Se、As会影响中枢神经系统，Hg、Pb、Se、Cd、Cu影响肾、肝功能，Ni、Sb、Cd、Se、Cu、Cr对皮肤、骨骼和牙齿有影响，V相对无害。Zn是人体中含量占第二位的元素（约2g），然后是铁（约4g），排在铜（约0.2g）前。

燃料中的钒氧化为V_2O_5，经过一系列复杂化学反应（包括Na和SO_2的氧化）后，会对金属产生腐蚀：

$$Na_2O \cdot 6V_2O_5 + Fe \Longrightarrow Na_2O \cdot V_2O_4 \cdot 5V_2O_5 + FeO$$

$$Na_2O \cdot V_2O_4 \cdot 5V_2O_5 + \frac{1}{2}O_2 \Longrightarrow Na_2O \cdot 6V_2O_5$$

$$Na_2SO_4 + yV_2O_5 \Longrightarrow Na_2O \cdot yV_2O_5 + SO_3 \quad (y=1.3 \text{ 或 } 6)$$

可添加MgO抑制腐蚀的发生：

$$3MgO + V_2O_5 \Longrightarrow 3MgO \cdot V_2O_5$$

相对密度在4.5以上的金属称为重金属。原子序数从23（V）至92（U）的天然金属元素有60种，除其中的6种外，其余54种的相对密度都大于4.5，因此，从相对密度的角度上来说，这 54 种金属都是重金属。但是，在进行元素分类时，其中有的属于稀土金属，有的划归了难熔金属，最终在工业上真正划入重金属的为 10 种金属元素：铜、铅、锌、锡、镍、钴、锑、汞、镉和铋。这 10 种重金属除了具有金属共性及相对密度大于 5 以外，并无其他特别的重金属共性，各有各的性质。

从环境污染方面所说的重金属是指汞、镉、铅、铬以及类金属砷等生物毒性显著的金属。

无论是空气、泥土还是食、水，都含有重金属，如引起衰老的自由基、对肌肤有伤害的微粒、空气中的尘埃、汽车排气等，甚至自来水都给肌肤带来重金属，甚至有些护肤品如润肤乳等的一些重金属原料如镉，也是其中之一。对人体有危害的砷（As）来自农药的制造及喷洒、砷的制造及生产、电子半导体的制造等相关行业，氢化砷（AsH_3）则易发生在电脑工业及金属工业、中药的砒霜等中。

对人体毒害最大的重金属有 5 种：铅、汞、铬、砷、镉。这些重金属在水中不能被分解，人饮用后毒性放大，与水中的其他毒素结合生成毒性更大的有机物或无机物。

几种重金属的毒性介绍如下。

重金属汞（Hg）对人主要危害神经系统，使脑部受损，造成汞中毒脑症，引起四肢麻、运动失调、视野变窄、听力困难等症状，重者心力衰竭而死亡。中毒较重者可出现口腔病变、恶心、呕吐、腹痛、腹泻等症状，也可对皮肤、黏膜及泌尿、生殖等系统造成损害。在微生物作用下，汞甲基化后毒性更大。

镉（Cd）可在人体中积累，引起急、慢性中毒，急性中毒可使人呕血、腹痛、最后导致死亡，慢性中毒能使肾功能损伤，破坏骨骼，致使骨痛、骨质软化、瘫痪。

铬（Cr）对皮肤、黏膜、消化道有刺激和腐蚀性，致使皮肤充血、糜烂、溃疡、鼻穿孔，甚至患皮肤癌。铬可在肝、肾、肺中积聚。

砷（As）慢性中毒可引起皮肤病变，神经、消化和心血管系统障碍，有积累性毒性作用，破坏人体细胞的代谢系统。

铅（Pb）主要对神经、造血系统和肾脏有危害，损害骨骼造血系统，引起贫血、脑缺氧、脑水肿，出现运动和感觉异常。

某种金属与其他金属结合或在某种环境下毒性增强，例如，镉在 Cu/Zn 一定的 pH 值、CO_2 和固体物质存在的条件下毒性增强，铅在溶解性氧缺乏的条件下毒性也会增强。当某些金属与有机化合物结合后，可改变基因结构而致畸变。

重金属还可影响食品的味道、色泽和腐蚀特性。例如 Cu 大于 1mg/L，Fe 大于 9mg/L，Zn 大于 5mg/L，人即可感觉到味道的改变，在食品工业中可使颜色发生递向变化。若灌溉水中含有重金属，将影响农作物的生长和粮食品质。生物系统若连续暴露于重金属污染中，生物系统将产生累积毒性。

当然，有些金属在低浓度下不但对人体无害，而且是人类不可缺少的微量元素之一，例如 Co、Cu、Fe、Se 和 Zn。

痕量元素在环境中的迁移能力主要受痕量元素本身的物化条件（氧化还原性、溶解度）及环境参数（pH 值、吸附、脱附和吸收条件等）的影响，而痕量元素在环境中的迁移又可分为化学性迁移、物理性迁移和生物性迁移。

化学性迁移是指存在于土壤或颗粒中的部分金属会与一些物质键结，从而从土壤或颗粒上脱附，从而提高金属元素在介质中的迁移能力。

物理性迁移是指不可溶金属元素在水域中以颗粒形式迁移。

生物性迁移是指微生物会进行甲基化或脱甲基化作用，从而改变金属元素的氧化还原形态，影响其稳定性。

第二节 痕量元素的控制

烟气中的有害金属通常以单质或氧化物（呈固态、气态、气溶胶）的形式存在，这些有害金属依据蒸发、成核、冷凝的机理在微细粉尘上富集。尽管电除尘器和布袋除尘器可以除去大多数金属，但对于蒸气压很高的金属来说，生成的亚微米级气溶胶很难被去除掉。这些气溶胶虽然占的比例不大，但是属于可吸入物质，对人体健康最为有害。例如单质汞及其化合物具有很高的蒸气压，对人体极为有害。

1. 痕量元素的控制概述

Ⅰ类和Ⅱ类金属可用除尘装置有效控制。Ⅰ类金属在燃烧过程中不会挥发出来，而是留在飞灰中，因此，它们可以从炉渣和飞灰中除去。普通的除尘装置对Ⅱ类元素的去除能力有限，需更新除尘装置，以提高对亚微米级粉尘的捕集率。

湿法脱硫系统对Ⅲ类金属和某些挥发性有机化合物具有捕集作用。脱硫装置对这些污染物的捕集机理与脱硫不一样，它没有化学或传质问题，只是通过冷凝、碰撞机理去除污染物。Sb 的排放量与进入除尘系统的粉尘分布以及除尘系统对细小粒径粉尘的去除率有关。在电除尘器加湿法脱硫系统中，据保守估计，燃料中 $10\% \sim 20\%$ 的 Sb 将进入烟囱中。

As 的排放控制一般要求提高电除尘器的性能或使用布袋除尘器（或电袋除尘器），也可在除尘器的上游烟道中喷入活性炭，以增大收集率。与 Hg 一样，As 也能在活性炭表面富集。在电除尘器加湿法脱硫系统中，据保守估计，燃料中 $10\% \sim 20\%$ 的 As 将进入烟囱中。

烟气中的 As 主要以 AsO、As_4O_6 和 As_2O_5 的形式存在，一般烟气中的砷浓度为 $2.5\mu g/m^3$。

在 $350 \sim 600$℃ 的温度区间内，Se 和 As 可与钙基吸收反应生成 $CaSeO_3$ 和 $Ca_3(AsO_4)_2$。若 SO_2 温度过高，则容易产生竞争性吸收。

常规的处理砷污染的方法是采用三价铁盐与砷发生共沉淀，生成唯一的砷酸铁，但仅采用这种方法无法达到饮用水标准（砷浓度 $< 5 \times 10^{-9}$）。其中一种增强方法是添加过量的三价铁（Fe 与 As 的质量比大于 5：1），同时提高 pH 值，从而产生结合和静电吸附作用，促进共沉淀的发生。

当水中存在 Cl^- 和 SO_4^{2-} 时，将抑制砷酸盐和亚砷酸盐的吸附。

采用电化学方法产生的铁离子，可避免带入其他阴离子。

H_2O_2 可将 As^{3+} 氧化为 As^{5+}，将 Fe^{2+} 氧化为 Fe^{3+}。

H_2O_2 的存在可以迅速打破平衡，发生氧化反应生成难溶性的三氧化二铁，更有效地吸附砷酸盐。采用 H_2O_2 预先将 As^{3+} 氧化为 As^{5+} 有利于砷酸盐与铁共沉淀的发生。

Be 的排放与进入除尘系统的飞灰百分比及其捕集率有关，提高除尘系统的效率可以减少 Be 的排放量。

Cd 的排放也要通过提高除尘装置的性能来获得，在电除尘器加湿法脱硫系统中，据保守估计，燃料中 $10\% \sim 20\%$ 的 Cd 将进入烟囱中。

Cr 排放与进入除尘系统的飞灰百分比和除尘效率有关。

煤中的 Co 将留在炉渣中，不会产生烟气排放问题。在设有石灰石或其他脱硫剂的条件下，氯化氢和氯不可能被除尘系统去除，因此，去除 HCl 最有效的系统为湿法脱硫系统。湿法脱硫系统对 HCl 的去除率为 87%～98%。低氮燃烧器、SCR、SNCR 对氯排放的影响可以忽略。

氟化氢与氯化氢一样，最有效的去除设备为湿法脱硫装置，脱除效率为 43%～97%。低氮燃烧器、SCR、SNCR 对氟排放的影响可以忽略。

燃烧产生的铅经过电除尘器加湿法脱硫系统后，煤中 10%～20% 的 Sb 将进入烟囱中。

将不溶于水的汞及其化合物转化为可溶于水的化合物（如采用催化剂）可以提高除汞效率。

除了汞、铊和硒以外，采用电除尘器＋湿法脱硫系统时，其他大多数重金属的去除率可达 97%～99%。采用半干法脱硫系统＋布袋除尘器的场合，其除重金属的效率与电除尘器＋湿法脱硫系统相当。

对电除尘器下游的粉尘分析表明，铊、汞、镉的含量仅占粉尘总量的 0.005%。若除尘设备性能良好，可确保粉尘浓度低于 20mg/m³，相应的痕量金属仅有 0.6mg/m³。

资料显示，布袋除尘器和电除尘器可除去 10%～50% 的汞及其化合物，湿法脱硫系统可除去 20%～95% 的汞及其化合物。对某电厂的测试表明，电除尘器除去 33% 的汞及其化合物，湿法脱硫系统约除去 36% 的汞及其化合物。又有试验表明，热端电除尘对汞及其化合物没有任何去除率，冷端电除尘可获得 40% 的去除效率。

从文献的分析来看，常规湿法脱硫系统和冷端 ESP 可除去 60%～80% 的汞及其化合物。有关布袋除尘器对汞及其化合物的去除情况的资料较少，但一般认为其去除率应比电除尘器好一些。在除尘器的上游烟道喷射添加剂、冷却烟气或采用酸性预洗涤塔可以提高除汞效率。研究表明，除汞效率与烟气温度有关，烟气温度越低，除汞效率越高。此外，除汞效率还与飞灰特性（包括吸附表面积和碳含量）有关。

镍的排放量与进入除尘系统的飞灰百分比及其除尘效率有关。

在大气中，硒以甲基衍生物的形式存在。

Se 的控制难度仅次于汞，烟气冷却是控制 Se 排放的有效方法之一。湿法脱硫系统的除尘能力，特别是对 PM₁₀ 的去除效率间接决定了 Se 的去除效率，因此，提高除尘效率有利于除去 Se。Se 的化学固化性能很好，填埋时不必担心其渗透问题。据保守估计，煤中 30%～50% 的 Se 将从烟囱中排放。

在燃烧过程中，煤中的硒大部分被除尘器捕集，部分硒被湿式吸收塔所捕集并进入废水中。湿法脱硫系统的废水中的一些化合物很难处理，例如硒酸盐、硫氧酸化合物及 N-S 化合物，后二者主要产生化学需氧量。硒在废水中主要以硒酸（SeO_4^{2-}）和亚硒酸（SeO_3^{2-}）两种形式存在，SeO_3^{2-} 可以比较容易地采用共沉淀和吸附的方法进行处理，而 SeO_4^{2-} 的溶解度很大，很难沉淀、吸收或过滤出来，不能采用这种方法处理，需采用一些专门的处理系统（如生物法）才能达到较好的效果。

硒的氧化还原电位与 pH 值之间的关系见图 10-7。

当脱硫塔中鼓入过多的氧化空气时，将生成连二硫酸根 $S_2O_6^{2-}$ 和过连二硫酸根 $S_2O_8^{2-}$。$S_2O_6^{2-}$ 是废水化学需氧量（COD）的来源之一，并且很难处理。$S_2O_8^{2-}$ 将对一些树脂产生降解作用。进入脱硫塔中的硒以单质硒和二氧化硒的形式被捕集，捕集的硒可以被过剩的空气氧化为硒酸盐。

氧化还原电位（ORP）是脱硫塔浆液氧化状态的指示器，可用于控制所需加的氧化空气量，减少硒酸盐的生成。氧化还原电位与硒的价态和 SO_3^{2-} 浓度有关，提高氧化空气量和氧化还原电位，SO_3^{2-} 浓度将降低，硒酸盐浓度将增加；降低氧化空气量和氧化还原电位，SO_3^{2-} 和亚硒酸盐浓度将增加。因此，应通过脱硫浆液的氧化还原电位信号来控制氧化空气量，将氧化还原电位控制在一个合适的范围，以防止亚硫酸盐、硒酸盐、连二硫酸盐和过连二硫酸盐的形成，然后再与常规的废水相结合，达到去除硒和降低化学需氧量的目的。

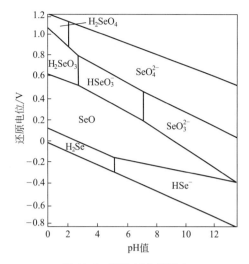

图 10-7　硒的氧化还原电位与 pH 值之间的关系

负载硒的活性炭对各种类型的硒化物均具有良好的脱除作用。

脱硫浆液中添加 $2\sim12mg/L$ 的 Mn 或 Ti 可有效地抑制 SeO_3^{2-} 氧化成 SeO_4^{2-}。

Zn 的排放量与烟气系统对粉尘的除尘效率（特别是 PM_{10} 的除尘效率）有关。在除尘器上游烟道喷入碘或硫浸渍过的活性炭，将增强对汞的吸收率。含氯化合物可将单质汞转化为氯化汞，当采用 NaCl 作为添加剂时，可将 NaCl 直接添加到煤粉中。煤的含氯量对汞的脱除效率有重大影响，当煤中含氯量很高时，可以不必添加氯化物。需要注意的是，汞被捕集后进入飞灰或脱硫副产品中，需采取措施防止汞再次挥发或渗透出来。例如在湿法脱硫系统中，采用有机硫将汞以汞的硫化物的形式固定下来，最后生成的滤饼填埋时，应设可靠的防渗措施并远离生活农作物用水，较典型的方法是混凝后内衬聚四氟乙烯薄膜，外敷黏土，并绿化。

气态汞可与二氧化氯和氧气反应生成固态 $HgSO_4$：

$$Hg(g) + SO_2(g) + O_2(g) \Longrightarrow HgSO_4(s)$$

$HgSO_4$ 也可被湿式脱硫塔和湿式电除尘器捕集。

在硫酸行业，烟气中的汞可被硫酸吸收，生成 $HgSO_4$，反应如下：

$$Hg + H_2SO_4 + \frac{1}{2}O_2 \Longrightarrow HgSO_4 + H_2O$$

在 $150\sim180℃$ 的温度下，采用浓度为 $80\%\sim90\%$ 的硫酸洗涤烟气，洗涤液不断循环，直至 $HgSO_4$ 达到饱和并开始结晶。$HgSO_4$ 浆液在浓缩器中分离出来，除了脱汞，其他一些污染物也将被捕集，浓缩器中分离的固体也包括铁、锌、铜、硒等污染物。

$HgSO_4$ 可与 CaO 混合后，通过加热的方法回收汞，硒则以亚硒酸钙的形式留在残渣中。

在多孔惰性介质表面浸泡硒酸后干燥，制成硒过滤器，用于沉淀红色无定形的硒：

$$H_2SeO_3 + H_2O + 2SO_2 \Longrightarrow Se + 2H_2SO_4$$

红色无定形的硒与汞反应生成 HgSe。二者在过滤器中的接触时间为 $1\sim2s$。过滤器可以一直运行到汞的浓度达到 $10\%\sim15\%$，然后进行再生，同时回收汞，该类过滤器可以除去约 90% 的汞。

硒洗涤塔与硒过滤器类似，依赖于无定形的硒与单质汞的反应。含硒的硫酸在填料塔中反复循环，硫酸浓度控制在 $20\%\sim40\%$。当硫酸浓度较低时，硒将生成高价可溶的硫化硒混合物，严重影响硒与汞的反应。当硫酸浓度较高时，将生成二氧化硒或硫酸盐。如果烟气中含有少量的硒，则可以不必往洗涤液中添加硒。

硒洗涤工艺适合于烟气中汞含量较高的场合，其脱汞效率大约为 90%。脱硫塔中吸收的 Hg^{2+} 二次逃逸（以 Hg^0 的形式）是造成除汞效率不高的主要原因。往脱硫浆液中添加 NaHS 以沉淀固化汞，可有效避免 Hg^{2+} 二次逃逸，从而提高除汞效率。

卤化活性炭与痕量元素的结合较为稳定，除高温（大于 $600℃$）下有 As 大量释出外，其他痕量元素释出很少。Se 在高温（大于 $600℃$）下几乎 100% 释出来，在 $200℃$ 左右时，大约有 20% 释出（1h）。Cd 在高温（大于 $600℃$，5min）下有 $20\%\sim30\%$ 释出，Pd 几乎不释出。在 $400℃$，30 天以上 Hg 基本稳定，Se（飞灰）最易挥发；$190℃$ 时，大部分重金属变得不稳定。$1200℃$，5min，Se 100% 释出，80% 的汞释出，50% 左右的 As 释出，40% 左右的 Cd 释出，30% 左右的 Pd 释出。很低的表面张力导致生成大量的 $1\sim10\mu m$ 的微细颗粒。

湿式脱硫系统对汞的去除率为 $5\%\sim95\%$，大多数为 50% 左右。脱硫系统对汞的吸收取决于其氧化态及其运行条件，大部分的 Hg^{2+} 可被脱硫塔除去，而单质汞（Hg^0）则几乎不能被脱硫塔除去。因此，正如广泛报道的那样，汞的脱除率可通过增大 Hg^{2+} 与 Hg^0 的浓度比来提高。无论从经济还是从其他方面考虑，汞的氧化应与 NO 的氧化综合起来考虑，以达到同时脱硫、脱汞、脱硝的效果。

目前，常用的氧化剂有 O_3、二氧化氯等。其中一个很有前途的控制汞排放的方法是往粉尘收集器前喷入低级抛弃的活性炭，喷射装置很容易改造，常用的炭汞质量比为 9500：（$1\sim100000$）：1。低剂量的活性炭对锅炉系统产生的影响及粉尘的综合利用均可以忽略，而高剂量的活性炭则可检测其影响。所需的炭汞比受多种因素的影响，包括汞和酸性气体（如 SO_2、NO_x、和 HCl 等）的浓度、汞的具体组分（如 Hg^0、Hg^{2+}、烟气温度、飞灰性质、粉尘粒径、组成活性和吸附剂的容量）。

从上述分析可知以下几点。

① 对于燃煤电厂来说，砷、镉、汞、硒、钒等有毒空气污染物在烟气中以单质或固体颗粒存在，大多吸附于粉尘颗粒上。因此，提高除尘效率可以提高痕量元素的去除率。电除尘器和布袋除尘器对Ⅰ类元素的去除率达 $99\%\sim99.9\%$，对Ⅱ类元素的去除率为 $90\%\sim99\%$，对Ⅲ类元素的去除率则很小。

② 对电除尘器下游的粉尘分析表明，铊、汞、镉的含量仅占粉尘总量的 0.005%。若除尘设备性能良好，可确保粉尘浓度低于 $20mg/m^3$，相应的痕量金属仅有 $0.6mg/m^3$。

③ 除了汞、铊、硒以外，采用电除尘器＋湿法脱硫系统时，其他大多数重金属的去除率可达 $97\%\sim99\%$。采用半干法脱硫系统＋布袋除尘器的场合，其除重金属的效率与电除尘器＋湿法脱硫系统相当。

2. 洗煤

一个广泛应用的除痕量元素的方法是燃料的预清洗（如洗煤）。在磨煤过程中除去

FeS_x，同时也能除去 As、Se 和大量的 Hg，特别是那些与硫铁矿关系密切的元素（如 As、Cd、Co、Cu、Hg、Mo、Ni、Pb、Se 和 Zn）可大部分被除去。

3. 湿式脱硫改造

低温（40～60℃）和低 pH 值有利于湿式脱硫塔对痕量元素的去除。

ESP 和布袋除尘器对Ⅰ类元素的去除率达 99%～99.9%，对Ⅱ类元素的去除率为 90%～99%，对Ⅲ类元素的去除率则很小。没有被 ESP 和布袋除尘器去除的痕量元素可以被下游的脱硫塔去除，湿式脱硫塔由于运行温度较低（40～60℃），有利于痕量元素的去除。湿式脱硫系统对部分痕量元素的去除率的典型数据见表 10-5。

表 10-5　湿式脱硫系统对部分痕量元素的去除率

元素	去除率/%	出口浓度/($\mu g/m^3$)	元素	去除率/%	出口浓度/($\mu g/m^3$)
Hg	约 50	约 1.5	Be	约 80	约 250
Se	约 60	约 10	飞灰	90～99	1000～10000

4. 采用专用设备、吸收剂

对于废物焚烧烟气，一般需要安装专用设备来控制 Pb、As、Se、Cd 和 Hg，可采用如活性炭、硅酸铝、黏土等吸收剂。

以硅石、氧化铝、高岭石、石灰石、酸性白土、矾土、二氧化钛作为痕量元素的吸收剂，目前已做了大量的实验。在 400～1400℃下，氧化铝对 As、Be、Cd、Ni 有很好的吸收作用，硅石对 Cd、Pb 和 Hg 有良好的吸收作用，而二氧化钛则对 Cd、Pd 有良好的吸收作用，高岭石对 Pb 有良好的吸收作用，但当氯存在时吸收作用下降。石灰石也可用来捕集 Pb、Cd、Sb、Hg、Se、As 等。温度对钠基吸收镉的影响见图 10-8。

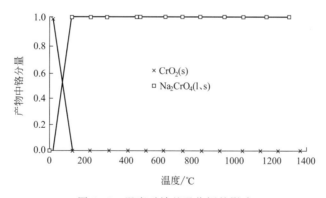

图 10-8　温度对钠基吸收镉的影响

痕量元素吸收剂如表 10-6 所列。大量应用吸收剂时面临运行费用高、操作温度低及其他一些负面效应。

表 10-6　痕量元素吸收剂

吸收剂	元素	温度范围
基于沸石;浸硫;浸碘化物;Ag 和 Hg 离子交换	Hg	低温至 400℃
基于活性炭;活性炭;活性炭浸硫、氯、碘;氧化活性炭	Hg、Cd、Pb,高温时	低温至 300℃
硅酸盐原料;砖酸盐混合物;飞灰和硅土混合	V、Pb、Ni、Zn、Hg、Cd,低温时	高温 600～1000℃,低温<100℃
基材为矾土的活性氧化铝胶;氧化铝浸钠碳	Pb	低温至 700℃

吸收剂	元素	温度范围
钙化合物:生石灰＋飞灰;石灰石＋飞灰;石灰石＋硅; Ca(OH)₂＋Sn,CaCl₂.CaCO₃	Hg、Zn、V、Ni(低温时), As(高温时)	Hg300～400℃,V、Ni、As (高温时)
其他:MgO,Mg(OH)2;Cr、Ni 化合物;Fe 化合物(吹炉灰)	Mg、V、Ni、Pb、As	V、Ni550℃,As(高温时)

As 和 Se 可被钙去除, 当燃料中含有 0.1% 以上的 Ca (气相中有 O_2) 时, As 几乎完全生成 $Ca_3(AsO_4)_2$:

$$3CaO + As_2O_3 + O_2 \Longrightarrow Ca_3(AsO_4)_2$$

Se 和 As 也可在 $350 \sim 600℃$ 的烟气中被钙基吸收剂除去, 生成 $CaSeO_3$ 和 $Ca_3(AsO_4)_2$, 但要求在上游时 SO_2 已处于较低浓度的状态。

热力学计算和实验表明:低温时, 烟气中的 Se 主要以 H_2Se 和 $SeCl_2$ 的形式存在;在较高温度时, 以 S、Se、SeO_2 的形式存在。Se 可在 $125\sim250℃$ 的条件下被活性炭除去, 去除率随烟气湿度、吸收剂内表面积的增加、温度的降低而增大(Se 与吸收剂反应生成 H_2SeO_3)。这表明, Se 的吸收是物理吸附机理。

第三节 油烟控制技术

一、 油烟的来源

近年来, 随着社会经济的快速发展及人民生活水平的提高, 在许多地区油烟污染已经成为仅次于工业污染和交通污染的第三大空气污染, 有些地区甚至超过汽车尾气数倍之多。由于城市餐饮业的飞跃发展, 餐饮业排放的油烟烟雾严重地影响城市的大气质量。

油烟是指食物食品加工时, 包括煎、炒、煮、炸、烧烤等工序的操作过程中挥发的油脂、有机质及其加热分解或裂解物, 烹调油烟中含有气溶胶、挥发性有机化合物、半挥发性有机化合物以及无机挥发性组分, 含有对人体器官有强刺激性的物质丙烯醛及致癌物苯并芘。气溶胶表现为可见烟羽, 其挥发性化学性质与烹调设备和所烹调的食物有关。

烹调时, 油脂受热, 当温度达到食用油的发烟点 170℃时, 出现初期分解的蓝烟雾, 随着温度继续升高, 分解速度加快;当温度达 250℃时, 产生大量的"热氧化分解产物", 其中分解产物以烟雾形式散到空气中, 形成油烟气, 主要有醛、酮、醇等, 其中包括苯并芘、挥发性亚硝铵、杂环胺类化合物等已知高致癌物, 不同种类的食用油在高温下的热解产物有200 多种。从形态上来看, 油烟烟雾包括颗粒物及气态物两类, 颗粒物又分固体、液体两种, 粒径一般小于 $10\mu m$, 且液、固相颗粒黏着性强、极性小, 不易溶于水, 所以, 餐饮业油烟烟雾实际上包括气、液、固三相, 其中小于 $1\mu m$ 的油烟粒子(约占油烟的 20%)会通过肺进入血液, 严重影响工作人员的身体健康。

根据来源的不同, 油烟污染主要分为两大类, 一类是家庭厨房油烟污染, 另一类是餐饮业油烟污染。

1. 家庭厨房油烟污染现状

中餐一直以美味著称, 但烹饪过程多为煎、炒、溜、炸, 其带来的大量油烟不容忽视。

厨房是家庭中空气污染最严重的空间。据初步估计，我国家庭每天产生的厨房油烟（浪费的食用油）达 300 万吨，每天因清洗油烟产生的污垢浪费的淡水更是高达 2000 万吨。目前，家庭油烟基本上都是无组织或无净化排放，有的是自然排放，有的安装排气扇、抽油烟机排放，存在不同程度的污染现象。

2. 餐饮业油烟污染现状

酒楼、餐馆及单位食堂产生的餐饮业油烟污染问题较为严重。随着社会经济的快速发展，第三产业也蓬勃兴起。由于餐饮业规划建设与管理严重滞后，其产生的油烟污染严重影响了周围居民的正常生活，因此，餐饮业的油烟污染扰民问题成为近年来环境信访群众投诉最多的环境问题之一。还有大量有证、无证占道经营的餐饮和烧烤摊点，其油烟无组织排放，污染四周大气环境。

二、 油烟的危害

油烟、工业废气和机动车尾气被视为造成大气污染的三大"杀手"。

油烟的遗传毒性与食物成分、食用油种类、烹调温度有关，并随温度的升高，其致突变性增强。烹调油烟气中的一些致突变物同时也具有致癌性，其中苯并芘、挥发性亚硝酸胺、杂环胺类化合物等是已知的致突变、致癌物。油烟是鼻咽癌、肺癌发生的可疑因子。高温油烟产生有毒烟雾，使局部环境恶化，有毒烟雾长期刺激眼和咽喉，损伤呼吸系统的细胞组织。美国一家癌症研究中心最近指出，在对肺癌发病情况的调查中发现，长期从事烹调的家庭主妇和长期在厨房油烟浓度高的环境下工作的厨师，肺癌的发病率较高。此外，油烟对肠道、大脑神经的危害也较为明显。

油烟不仅可以引起体内脂质过氧化，而且可降低抗氧化物质和酶的活性。大量研究表明，烹调油烟中存在着能引起基因突变、染色体损伤、DNA 损伤等不同生物学效应的细胞遗传毒性物质，具有肯定的致突变性。

油烟会伤害人体器官。研究表明，当食用油烧到 150℃ 时，其中的甘油就会生成油烟的主要成分丙烯醛，它具有强烈的辛辣味，对鼻、眼、咽喉黏膜有较强的刺激，如眼睛遭受油烟刺激后干涩发痒、视力模糊、结膜充血，易患慢性结膜炎；鼻子受到刺激后黏膜充血水肿，嗅觉减退，可引起慢性鼻炎；咽喉受刺激后出现咽干、喉痒现象，易形成慢性咽喉炎等。

油烟还会引起食欲减退、心烦、精神不振、嗜睡、疲乏无力等症状，医学上称为油烟综合症。

此外，油烟污染居住环境，影响室内外美观，油烟对景观、道路、设备造成破坏，诱发火灾危险、滋生细菌污染及繁衍、破坏植物生长，还能导致大气二氧化碳增多，地球环境变暖，人类生存环境恶化。

三、 油烟的控制措施

油烟净化处理技术方法有机械分离法、催化剂燃烧法、活性炭吸附法、织物过滤法、湿式处理法及静电处理法。

1. 机械分离法

利用惯性碰撞原理或旋风分离原理对油烟进行分离。缺点是挡板滤网容易破裂，废弃物直接排放；需要定期保养和维护；安装的垂直角度要小于15°；净化效率不高，只适用于预处理或净化效率要求较低的场合。

2. 湿式处理法

采用烟罩收集送入喷淋、筛板、填料、鼓泡等形式的吸收塔中，此法的油烟去除率可以达到90%，符合GB 18483—2001的要求。采用专用净化剂提高气液两相之间的双膜传质动力，能快速捕捉气相中的油烟等微粒，同时，利用自身排风风机的负压产生约600mm厚的液沫层（液沫大小直径1.5mm）对油烟气体进行洗涤式净化，约等效于600m的自然降雨层的净化效果。油烟中油的去除率为90%，黑烟颗粒物的去除率为90%，空气中灰尘等杂质的去除率为90%，各类气味的去除率为70%，蓝色烟羽（化学凝胶）的去除率为60%。产品需要每使用2～3天做一次排污、添加专业净化剂的工作。产品运行稳定、使用寿命长、特级防火。该法的油烟去除率约为80%～90%。该法的缺点是阻力大，对亚微米级颗粒物的净化率很低，产生油污水的二次污染，设备安装空间大，系统复杂。

油烟处理装置示意图见图10-9。

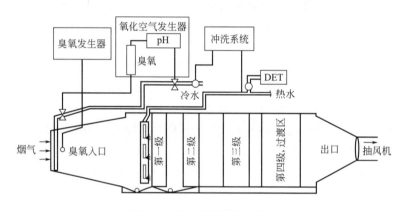

图10-9　油烟处理装置示意图

3. 湿式静电法

湿式静电法即利用高压下的气体电离和电场作用力使尘粒荷电后从气体中分离。该法的技术优点是处理风量大，压损小；可以在高湿情况下运行；一次通过去除率可以满足净化要求；有效去除的粒子直径范围大。

该法的油烟去除率（标称）为95%，连续使用后效率逐渐下降，约2个月后去除率呈直线下降直到为零。如果需要保证油烟净化效果以及油烟去除率达标，必须每两周清洗一次。如果不按规范清洗，排烟管道内积油严重，失火风险很大。

4. 光催化氧化法

油烟等有机污染物在紫外线光束、臭氧的协同作用下被完全光解氧化，油烟排出风管前全部转变为二氧化碳和水，同时去除了油烟中98%的刺激性气味。该法不添加任何物质的化学分解反应过程，不涉及任何机械运作，所以绝不产生任何噪声，运行非常稳定可靠，且安装后无须进行日常清洗维护。该油烟的去除率可以达到90%，符合GB 18483—2001的要求，前提是最少需要约30m长的管道，便于安装紫外光管。

5. 活性炭吸附法

活性炭吸附法即用粒状活性炭或活性炭纤维毡吸附油烟中的污染物粒子。这种设备的特点与过滤净化设备相似，但去除油烟异味分子的效果较好。主要缺点是活性炭成本较高。

6. 织物过滤法

采用织物过滤法时，油烟废气首先经过一定数目的金属格栅，大颗粒污染物被阻截；然后经过纤维垫等滤料后，颗粒物由于被扩散、截留而被脱除。通常选用的滤料材料为吸油性能高的高分子复合材料。这种设备投资少、运行费用低、无二次污染、维修管理方便，净化效率一般在80％～92％。缺点是由于滤料阻力很大，如玻璃纤维滤料的净化器压降可达1500Pa，且滤料需经常更换，使过滤法净化设备的应用受到局限。

7. 复合净化法

复合净化是将两种或两种以上油烟净化技术有机组合起来使用，这种方法能有效提高净化效率。如有机械过滤、静电及机械吸附相结合，过滤与等离子相结合和静电与湿式法相结合等方式，均得到了较好的效果。例如，雾化湿法与过滤吸附相结合的油烟净化新工艺，油烟经过了水幕、水雾、水膜一体化的三重作用，未被吸收的油烟粒子随水雾扩散至吸附过滤器，这时吸附过滤器对剩余油烟及SO_2，NO_x 等可以进一步吸附，该净化工艺对油烟的去除效率达92％以上，净化后的油烟排放浓度符合国家标准，适合中、小型餐馆使用。又例如，将惯性碰撞、湿式洗涤和筛网过滤优化组合在一起，通过物理化学的方法对油烟烟气进行净化，该法可以非常有效地净化直径大于$5\mu m$ 的油烟液滴，而且通过筛网的主导作用可以过滤直径为$1\mu m$ 的油烟微粒，当油烟粒子小于$0.1\mu m$ 时，其除烟效率接近100％。结合离心分离、冷凝凝并、液体吸碱性除油等作用，提高了复合油烟净化设备对烟气的净化效率，减少了油烟烟雾中的含水量，其最佳油烟烟气净化效率可达到96％以上。

四、 香烟

人类35％的癌症和85％的肺癌与吸烟有关，除癌症外，吸烟还导致多种严重疾病。

烟草的主要化学成分有糖类、蛋白质、氨基酸、有机酸、萜类化合物、蜡质、脂质、色素及烟草生物碱等。卷烟焦油是烟草有机物在高温缺氧条件下发生蒸馏、干馏、热解、合成等一系列复杂反应形成的，焦油中的有害物质主要有致癌性稠环芳烃和亚硝胺，具有促癌活性的酚类和有机酸。卷烟在不完全燃烧的情况下产生的焦油含有4000～5000种化学成分，比烟叶中还多1000多种，其中40余种有明确的诱变/致癌性。主要的致癌物有烟草特有亚硝胺（TSNA）、苯并［a］芘、多环芳烃（PAH）、芳香胺、苯、二噁英、儿茶酚及致癌的醌、肼类等。TSNA 是尼古丁被亚硝化的产物，4-（甲基亚硝氨基）-3-吡啶-1-丁酮（NNK）是已知7种TSNA中最强的致癌源。NNK在主流、侧流烟气及不燃烧的烟草中均大量存在。NNK是卷烟致癌的主要标志物，尼古丁是吸烟成瘾的主要原因。

香烟的燃烧过程见图10-10。

1. 香烟烟气的主要有害成分

（1）稠环芳烃类 卷烟的抽吸方式决定了烟支燃烧是一种高温缺氧的不完全燃烧的过

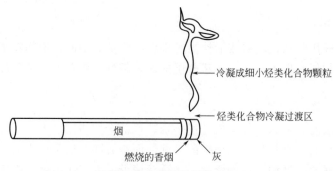

冷凝成细小烃类化合物颗粒

烃类化合物冷凝过渡区

烟

燃烧的香烟　　灰

图 10-10　香烟的燃烧过程

程，最高温度可达 900℃左右，这是稠环芳烃生成的重要条件。烟草焦油中的稠环芳烃，种类在 150 种以上。其中已证实有致癌作用的约 10 种，重要的有苯并芘、二苯并蒽、茚并芘及氮杂环类化合物等。它们主要存在于烟草焦油的中性成分中，仅占焦油量的 0.6% 左右，其中 0.2% 是致癌物质，0.4% 是促癌物质。

（2）酚类　烟草焦油中的酚类化合物主要为简单酚，如苯酚，邻-甲酚、间-甲酚、对-甲酚，间-乙烯雌酚及对-乙烯雌酚等。酚类化合物本身无致癌性，但具有明显的促癌作用。

（3）有机酸　烟草焦油中能检出的有机酸主要是挥发性酸，如乙酸、丙酸及甲酸等，至于原先存在于烟草中的非挥发性酸，则含量极微。有机酸在致癌过程中也起着促癌剂的作用。

（4）烟碱　烟碱又称尼古丁，化学式为 $C_{10}H_{14}N_2$，是一种吡啶化合物，系统命名为 N-甲基-2$[\alpha(\beta,\gamma)]$-吡啶基四氢吡咯，是吸烟成瘾的主要原因。γ-烟碱是烟草中存在的一种植物碱，为无色油状或淡黄色油状液体，味辛辣，具有特殊的烟臭味，沸点为 248℃，溶于水和有机溶剂，有挥发性。烟碱属于弱碱，可与酸反应生成盐，也可与植物碱试剂发生显色反应。烟碱对人体的中枢神经有强烈的刺激和麻醉作用，少量使人兴奋，大量则会引起晕眩、呕吐甚至中毒死亡。一支烟所含的尼古丁足以杀死一只小白鼠。吸一支烟通常可吸入 0.2~0.5mg 尼古丁，成年人一次吸入 40~60mg 尼古丁就可能致命。

烟碱通过吸烟而摄入体内，96% 吸入肺部，进入血液 6s 后可到达大脑，对大脑皮层产生兴奋作用。烟碱是通过脉络膜丛的被动扩散和主动转移而进入大脑的，并结合在乙酰胆碱受体上。烟碱主要对中枢神经和自主神经系统的神经细胞和运动神经末梢具有双重作用。

（5）CO　烟气中的 CO 一部分由热解产生，一部分由烟草不完全燃烧产生，还有一部分由 CO_2 还原而成。主流烟气中碳氧化物还受烟气含水量、卷烟纸孔度、烟草配方等因素的影响。

（6）苯　烟气中的苯可能来自烟草中含有芳香环的成分，如木质素、多酚类以及某些氨基酸，也可能来自非挥发性有机化合物产生的烃类基团。

（7）醛和酮　烟气中的一部分醛和酮是从烟草中直接转移的结果，大部分挥发性化合物是吸烟时由那些前体（如糖、果胶、蛋白质）以及烟草中的甘油三酯形成的。

（8）氯代烷烃　烟叶内氯的含量决定烟气中氯代烷烃的生成量。在气相中，已鉴定的有氯化甲烷和氯乙烯。氯化甲烷是一种可疑的动物致癌物。

（9）NO_x　烟气中的氧化氮类的生成量主要取决于烟草的硝酸盐含量，其中烟梗是硝酸盐的最丰富的来源。

（10）氰化氢　氰化氢（HCN）是卷烟烟气中最具纤毛毒性的物质，它是几种呼吸酶的非常活跃的抑制剂。硝酸盐是烟气中氰化氢的主要前体。烟草中蛋白质和氨基酸对烟气中氰化氢的形成也起重要作用。氨基酸发生分子间的反应而环化并形成吡咯酮或吡咯烷,热解产生 HCN。

(11) 氨和酰胺类　烟气中的硝酸盐和蛋白质都是烟气中氨和酰胺类的前体。硝酸盐及其形成的氧化氮类在燃烧堆内因还原反应而生成氨,或者与适当的中间物质反应产生酰胺类化合物。

(12) 自由基　吸烟过程中产生的自由基经过剑桥滤片过滤后,一部分可富集在焦油中,称之为吸烟粒相自由基。吸烟气相中也含有大量的自由基,与粒相自由基不同,它们体积小、重量轻、稳定性差。烟气中高浓度的自由基会消耗生物体内的抗氧化剂,产生氯化应激(oxidative stress),导致自由基攻击不饱和脂肪酸。自由基为带有不成对电子的原子、分子或离子,具有顺磁性。大多数自由基的性质极为活泼,具有很高的反应活性,参与大量的化学反应。自由基也有某些病理生物学作用(如 DNA 损伤、生物膜氧化损伤和神经损伤等),还与衰老、动脉粥样硬化、心肌损伤,高血压、肺部瘓病、胃溃疡、阿尔茨海默病、帕金森病和肿瘤等很多疾病有关。

(13) 烟灰　香烟烟灰主要由不燃物质组成,如氧化硅、钙、铝及其他痕量物质。烟灰粒径在 $0.02\mu m$ 和 $10\mu m$ 两个粒径呈双峰状态。冷凝生成的颗粒含有更多的挥发性物质(如 P、Mg、Na、K、Cl、Zn、Cr、As、Co、Sb 等),微细颗粒容易通过范德华力和静电力黏附在一起。

2. 处理措施

用于卷烟烟气处理的方法较多,如吸附法、等离子体法、光催化氧化法等,其中吸附法性价比比较高。

用于吸附的元素和物质有 Zn、Se、Mo、蒙脱石、麦饭石等,5 种不同颗粒吸附材料对卷烟烟气中某些成分的过滤效果表明,不同吸附材料对卷烟烟气中总粒相物的过滤效果表现为麦饭石>麦饭石+提纯膨润土+膨化蛭石>提纯膨润土>活性炭,麦饭石与活性炭之间的差异达到了显著水平;对烟气中烟碱的过滤效果是提纯膨润土>膨化珍珠岩>麦饭石>提纯膨润土+膨化蛭石,与活性炭相比差异极显著;焦油的过滤效果以麦饭石最好,且差异显著。

第十一章

三氧化硫脱除技术

第一节　三氧化硫的来源与危害

在湿式排烟中，当烟气中的硫酸酸雾浓度超过（5～10）$\times 10^{-6}$时即可产生蓝色烟羽问题。测试数据显示，5×10^{-6}的硫酸酸雾即可产生烟羽 20% 的不透明度。$10 mg/m^3$ 的 SO_3 就可见蓝色烟羽，$20 mg/m^3$ 的 SO_3 就使蓝色烟羽非常明显，$30 mg/m^3$ 的 SO_3 会使蓝色烟羽非常严重。

一定的 SO_3 浓度是否成为环境问题取决于诸多因素：烟气排放温度、太阳照射角度、污染物处理系统布置及性能、周围的气候条件等。在干法排烟中，只有在冬季可见蓝色烟羽，而其他季节基本不可见。目前，美国等发达国家对烟囱排放 SO_x 严格控制，也就是说同时对烟气排放的 SO_2 和 SO_3 进行控制。我国还没有对烟气中 SO_3 排放提出强制要求，但是随着燃煤机组大量采用 SCR 装置后，SO_3 排放增加，必将成为下一步污染物控制的主要目标。

一、SO₃ 的生成途径

燃煤电厂从燃料制备、燃烧直到最终排放，SO_3 主要在两个地方形成：一是在锅炉内产生；二是在 SCR 中生成。

1. 锅炉炉膛燃烧产生 SO₃

燃煤时，在锅炉炉膛的燃烧过程中，几乎所有的可燃性硫都被氧化成气态 SO_2 和 SO_3，其中绝大部分是 SO_2，仅有 1%～5% 的 SO_2 会进一步氧化成 SO_3。在火焰区的一些化学反应也可以形成或消耗部分 SO_3，但是这些反应的影响较小。

锅炉燃料中的钒和金属氧化物将促使燃烧生成的 SO_2 转化为 SO_3。此外，烟气中氧浓度高也将增大 SO_2 的转化率。SO_2 在锅炉中的转化率一般为 0.5%～1.5%，例如我国的亚烟煤，其转化率一般小于 0.5%，而石油焦和燃料油等，由于钒、碳含量较高，二者的催化作用使 SO_2 的转化率急剧升高，一般大于 2%。

锅炉燃烧时，煤中所有的 S 均生成 SO_2，部分 SO_2 被进一步氧化为三氧化硫，其主要途径有三：炉膛内被原子氧氧化；被 O_2 均相氧化；在 $400\sim700\,℃$ 区间，在飞灰催化作用下被 O_2 氧化。三氧化硫和硫酸之间的转化见图 11-1。

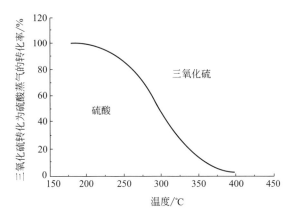

图 11-1 三氧化硫和硫酸之间的转化

2. 锅炉省煤器温度范围内产生 SO_3

在锅炉省煤器 $420\sim600\,℃$ 的温度范围内，部分 SO_2 在烟尘和管壁中氧化铁的催化作用下生成 SO_3。SO_3 生成的多少取决于 SO_2 的浓度、烟尘成分和流量、对流段的表面积、烟气和管道表面的温度分布以及过剩空气量等。不同温度下 SO_3 转化为 H_2SO_4 的转化率（8％含湿量）见表 11-1。

表 11-1 不同温度下 SO_3 转化为 H_2SO_4 的转化率 （8％含湿量）

温度/℃	SO_3 转化为 H_2SO_4 的转化率/％	温度/℃	SO_3 转化为 H_2SO_4 的转化率/％
450	3.85	250	87.50
400	14.30	200	98.86
350	47.54	150	99.74
300	70.45		

3. 在 SCR 反应器中产生 SO_3

随着环保要求的日趋严格，燃煤电厂已越来越多地使用 SCR 技术来控制 NO_x 的排放。SCR 催化剂的主要成分为 TiO_2、V_2O_5、WO_3 或 MoO_3，烟气经过催化剂层时，烟气中的 SO_2 在 V_2O_5 的催化作用下转化为 SO_3，既具有较高的脱硝效率，同时也促进了 SO_2 向 SO_3 的转化，其转化程度取决于催化剂的配方（主要是催化剂中钒的浓度）和 SCR 的运行工况。一般来说，对于烟煤，每层催化剂的 SO_2 转化率约为 0.25％～0.5％；对于低硫次烟煤，每层的 SO_2 转化率约为 0.75％～1.25％。因此，在有 2～3 层催化剂的 SCR 系统中，SCR 出口烟气中 SO_3 的浓度会比入口增加约 50％。二氧化硫转化率与氨氮摩尔比之间的关系见图 11-2，SCR 催化剂入口温度对二氧化硫转化率的影响见图 11-3。

在喷氨的条件下，多层 SCR 催化剂的 SO_2 转化率为 0.5％～2％。当锅炉对流受热面结垢时，经过 SCR 的烟气温度将升高，使 SO_2 的转化率提高。当锅炉负荷低时，烟气流速也较低，烟气经过 SCR 催化剂时停留时间也变长，使 SO_2 的转化率提高。因此，SO_2 在 SCR 中的转化率与烟温和烟气流速有关。SCR 中二氧化硫转化率与温度之间的关系见图 11-4。

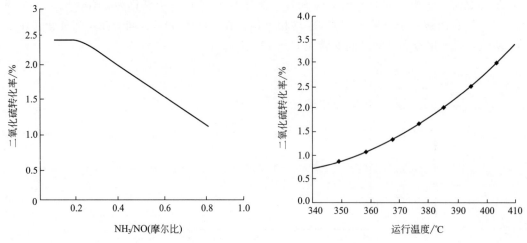

图 11-2 二氧化硫转化率与氨氮摩尔比之间的关系 图 11-3 SCR 催化剂入口温度对二氧化硫转化率的影响

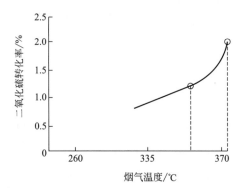

图 11-4 SCR 中二氧化硫转化率与温度之间的关系

总的来说，燃料含硫量高是烟气中 SO_3 含量高的主要原因。

SCR 催化剂的运行温度直接影响到 SO_2 的转化，运行温度越低，转化率越低。

燃烧高硫煤，在石油焦含矾量较多且安装了 SCR 装置的场合，烟气中 SO_3 的含量可超过 50×10^{-6}（$3\%O_2$）。

二、 SO_3 对电厂运行的影响

SO_3 对电厂运行的影响主要有以下几点。

1. 对烟羽不透明度的影响

SO_3 与环境中的 H_2O 反应生成硫酸雾滴，呈气溶胶态，增加了微细颗粒物 $PM_{2.5}$ 的排放。烟气中 SO_3 浓度的升高将增大烟羽不透明度，并将产生蓝烟。

2. 对空气预热器的影响

含硫燃料燃烧时产生二氧化硫，其中小部分二氧化硫将转化为三氧化硫，电厂安装 SCR 后，又将在烟气中生成部分三氧化硫。对于燃烧中高硫煤的电厂，烟气中典型的三氧化硫含量为 $(20\sim80) \times 10^{-6}$。当烟气流经空气预热器后，烟气温度降低，烟气中的三氧

化硫和水蒸气反应生成硫酸，硫酸的露点温度与烟气温度、三氧化硫浓度和湿度有关，大多数电厂的硫酸露点温度为 $150\sim160℃$。例如，典型的燃烧高硫煤并配置了 SCR 装置的电厂，其烟气中的三氧化硫浓度约为 50×10^{-6}，相应的硫酸露点温度为 $310℉$，当烟气中的三氧化硫浓度降低至 $(1\sim5)\times10^{-6}$ 时，硫酸的露点温度分别降至 $130\sim150℃$。酸露点温度提高，限制了空气预热器的热回收，并导致了空预器及下游烟道的腐蚀。

SO_3 和从 SCR/SNCR 逃逸出来的氨反应生成 NH_4HSO_4 类黏稠性物质，吸附烟气中的飞灰，形成黏性沉积物，使空预器换热面结垢，影响热效果，同时增加阻力，最终可能导致停机。

为了防止露点腐蚀和结垢，空气预热器一般的运行温度要高于露点温度 $30\sim40℃$。因此，大量的热能就被白白地消耗掉了，进而影响了锅炉的热效率。空气预热器的出口温度每降低 $35℉$，即可提高锅炉的热效率 1% 左右，同时二氧化碳的排放量也大大降低，因此，在空气预热器前脱除三氧化硫有利于提高电厂锅炉的热效率，减少二氧化碳的排放。

对于回转式空气换热器，由于换热面是周期性地与热烟气和温度相对较低的燃烧空气接触，换热面将周期性地经历硫酸的冷凝和蒸发过程。硫酸蒸发的速度取决于空气含湿量及换热面的表面温度。实践表明，大约 40% 的冷凝硫酸可被蒸发掉。由 H_2SO_4 冷凝造成的积灰堵塞和腐蚀问题要比回转式空气预热器严重得多。而管式空气预热器则周期性地无冷凝、蒸发的过程。当然，管式空气预热器不存在烟气的泄露和烟气与空气的掺混问题。

3. 对脱汞的影响

SO_3 能与汞竞争活性炭。在采用活性炭吸附汞的场合，SO_3 将会影响活性炭对汞的吸收率。

4. 对除尘效率的影响

在燃烧低硫煤时，SO_3 可黏在飞灰表面，调节飞灰特性、降低比电阻可使飞灰易被电除尘器捕集，但必须仔细地调节 SO_3 的喷入量，飞灰比电阻太低也将降低电除尘器的除尘效率。当然，干式电除尘器也能部分脱除 SO_3。

第二节 三氧化硫控制技术

布袋除尘器滤袋上的灰饼能有效地过滤 H_2SO_4 气溶胶，因此，布袋除尘器能较多地脱除烟气中的 SO_3。

干法脱硫＋布袋除尘器可脱除大部分的 SO_3。干法脱硫采用生石灰作为脱硫剂，烟气温度被降至饱和温度以上 $15℃$ 左右，石灰浆与 SO_2 和 SO_3 反应生成 $CaCO_3$ 和 $CaSO_4$，对捕集烟气中 H_2SO_4 非常有效。当燃烧低硫煤时，烟囱排放的 H_2SO_4 浓度小于 1×10^{-6}。

湿法 FGD 系统对于像 H_2SO_4 气溶胶这样微小的颗粒物的脱除效率，大约为 30%。

湿式脱硫塔提供了 H_2SO_4 气溶胶形成的理想场所，当烟气进塔后，温度骤降至露点以下，SO_3/H_2SO_4 快速冷凝产生超细颗粒物（$0.4\sim0.7\mu m$）。颗粒物粒径取决于冷凝的速度。在湿式脱硫塔中，虽然脱除了部分 H_2SO_4，但剩余的 H_2SO_4 气溶胶 $[>(4\sim5)\times10^{-6}]$ 还将呈现蓝色烟羽。对于高硫煤和煤灰碱低的情况，蓝色烟羽会更严重。在一定的条件下，如大气温度高时，湿的烟羽抬升力小，微粒将降落到地面。

空气预热器、干式电除尘器、布袋除尘器、干法脱硫、半干法脱硫和湿法脱硫均可或多或少地脱除烟气中的 SO_3。其中，采用石灰石干法/半干法＋布袋除尘器方式时脱除效果最好。

除尘器温度对三氧化硫脱除的影响见图 11-5。

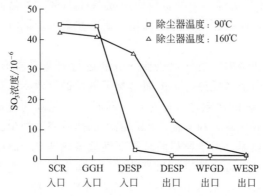

图 11-5　除尘器温度对三氧化硫脱除的影响

削减烟气中 SO_3 的方法很多，如燃煤混合、往炉内喷射 $Mg(OH)_2$ 浆液，在除尘器前喷射 $Ca(OH)_2$、$NaHCO_3$、$NaHSO_4$ 等。但这些方法均有其局限性，反应活性不足，投资费用高，运行费用较高，存在降低电除尘器效率以及对下游设备造成结垢等问题的可能性。

一、 炉内喷碱性物质

（1）往炉膛内添加的碱主要有 MgO 和 $CaCO_3$，它们可以吸收或抑制 SO_3 的产生，在某些条件下有利于减轻 SCR 砷中毒，对控制炉膛内的 SO_3 也有很好的效果，其脱除效率可达 50%。

（2）炉膛内喷射碱性浆液（钙基和镁基浆液）可获得 40%～80% 的 SO_3 脱除效率，但需慎重选择喷射点位置。到目前为止，并未发现钙基和镁基浆液对 SCR 催化剂有任何的负面影响。这种方法的局限性在于需要固体处置系统，可能会影响锅炉的运行（如造渣）。

二、 控制较低的空气预热器出口温度

锅炉中二氧化硫向三氧化硫的转化率为 0.02%～1%，具体转化率与过剩空气系数、灰硫比、飞灰的碱性和催化特性以及空气预热器的运行条件有关。过剩空气系数大，产生的三氧化硫较多；灰硫比高，可吸附或吸收更多的三氧化硫；飞灰的碱度大，可吸收更多的三氧化硫。若空气预热器的出口温度控制在 300 °F以下，也可大大促进飞灰对三氧化硫的吸收。增强空气预热器的传热效果（即降低排烟温度）可脱除部分 SO_3/硫酸，提高锅炉效率，但也面临空气预热器腐蚀和堵塞的风险增大的问题。实践表明，当空气预热器的排烟温度降低约 22℃ 时，可增加 25% 左右的 SO_3/硫酸脱除效率。

降低空气预热器出口温度有利于 SO_3 的捕集，但可能增大结垢和腐蚀的可能性，仅在

少量降低 SO_3 浓度时使用。

空气预热器对 SO_3 的削减率一般为 $10\%\sim50\%$，取决于烟气温度和空气预热器的形式，烟气温降越快，空气放热器出口温度越低，SO_3 的削减率越高。但空气放热器的出口温度不能太低，否则会增大 H_2SO_4 腐蚀及硫酸氢铵沉积结垢的风险。

三、 在空气预热器和电除尘器之间喷射 NH_3

在空气预热器和电除尘器之间喷射 NH_3 可获得 90% 左右的 SO_3 脱除率，此法将生成硫酸铵和硫酸氢铵两种物质，具体生成哪种物质取决于 NH_3 和 SO_3 的摩尔比。当 NH_3 和 SO_3 的摩尔比小于 1 时，生成硫酸氢铵，硫酸氢铵对飞灰具有一定的化学团聚作用，可降低电除尘器的飞灰颗粒负荷；当 NH_3 和 SO_3 的摩尔比为 $1\sim2$ 时，硫酸铵的生成量增加，过量的 NH_3 将被飞灰吸收，可能影响到飞灰的可销售性，如脱除的 SO_3 浓度超过 30×10^{-6}，则飞灰必须做进一步的处理才能再利用。利用亚煤烟产生的 SO_3 浓度低且产生的飞灰碱性含量高的特点，将亚烟煤和烟煤按一定比例掺混燃烧，也可能有效降低烟气中的 SO_3 浓度。

需要注意的是，NH_3 和烟气中的 SO_3 发生气相反应，效率很高，但产生的 NH_4HSO_4 气溶胶会产生电晕闭塞现象，降低除尘效率，而由此增大的粉尘黏性也会产生问题，如造成输灰系统故障。NH_3 和钠碱可能影响到飞灰的利用价值。

四、 对湿式脱硫后烟气进行冷凝或喷射蒸气

当烟气进入脱硫塔后，温度骤降，SO_3/H_2SO_4 快速冷凝产生超细微粒（$0.4\sim0.7\mu m$），微粒粒径的大小取决于冷凝速度。当硫酸蒸气浓度高时宜采用快速冷凝法，当硫酸蒸气浓度较低时宜采用慢速冷凝法。当硫酸蒸气浓度较低时，降低固体颗粒物的浓度比慢速冷凝更简单有效。湿式脱硫塔对 SO_3 的吸收率为 $35\%\sim55\%$，由于 SO_3 生成的硫酸雾滴为亚微米级，对烟气进行冷凝可以有效增大细颗粒物的去除效率。采用蒸气也可使烟气进一步过饱和，同样可有效地增大细颗粒物的去除效率，但会增加烟气的温度，其效果比冷凝要差一些。

五、 脱硝催化剂配比的调整

典型的 SCR 催化剂主要由 WO_3、TiO_2 和 V_2O_5 组成，V_2O_5 是活性组分，也是 SO_2 转化为 SO_3 的活性组分。其中的 TiO_2 具有较强的抗 SO_2 性能，WO_3 有助于抑制 SO_3 的生成，但 V_2O_5 或 V_2O_5-WO_3、V_2O_5-MoO_3 能促进 SO_2 向 SO_3 的转化。此外，SO_2/SO_3 的转换率还与 SCR 的面积速度（即烟气流速与催化剂的表面积之比）有关，面积速度越大，SO_2/SO_3 的转换率越小。因此，在选择 SCR 以 TiO_2 为载体的催化剂时，可合理调整 V 和 W 的配比，适度减小催化剂的壁厚，在不影响脱硝效果的条件下，可有效控制脱硝阶段 SO_3 的生成。在炉膛中喷入碱性物质已被证明是有效地减少 SO_3 排放的措施。如炉内喷钙技术，既可脱除部分 SO_2、防止 SCR 的砷中毒，又对 SO_3 的控制十分有效，SO_3 的脱除率最高可达 50%。此外，有研究表明，炉内喷射某些碱性吸收剂，如钙基和镁基的浆液，可将炉膛内 SO_3 的转换率降低 $40\%\sim80\%$。

烟气中的 SO_2 经过 SCR 催化剂时受转化的程度取决于催化剂的组成和 SCR 的运行条件。一般地，燃烧烟煤时，SO_2 的氧化率为 $0.25\%\sim0.5\%$；燃烧低硫无烟煤时，SO_2 的转化率为 $0.75\%\sim1.25\%$。一般地，SO_2 的氧化率与空速成反比，也即意味着，SO_2 的转化率与催化剂的体积和烟气在催化剂内的停留时间成正比。

SO_2 的转化率随催化剂层数的增加而增大，一般每层催化剂的转化率为 $0.214\%\sim0.8\%$。因此，三层催化剂的转化率为 $0.6\%\sim2.4\%$。催化剂的运行温度也影响 SO_2 的转化率，一般温度越高，SO_2 转化率也越大。因此，要想增大 SO_2 转化率，可以考虑增加催化剂层和降低运行温度之间的最佳平衡点。

对蜂窝式催化剂的研究表明了以下几点。

（1）SO_2 的转化率主要与催化剂中钒的含量有关，因此，宜调整降低催化剂中钒含量。

（2）SO_2 的氧化反应要比 SO_2 在空穴中的扩散速度低得多，因此，催化剂的总体积对 SO_2 的氧化反应影响很大。而 NO_x 催化还原成 N_2 的反应主要受扩散控制，发生在催化剂表面。SO_2 的氧化率与催化剂壁厚呈线性比例增加，因此，减小催化剂的壁厚应不会影响 NO_x 的催化还原反应，但可以降低 SO_2 的氧化率。

（3）SO_2 的氧化反应速率随 SO_2 浓度和温度的增加而增大；NO_x（主要是 NO_2）具有轻微的促进 SO_2 氧化的作用；SO_2 的氧化反应受 NH_3 的强烈抑制，与烟气中 O_2 浓度和水蒸气浓度相关。

催化剂的组分应根据电厂的具体运行条件进行选择，如烟气中 SO_2 浓度、允许的氨逃逸量和硫酸氢铵量。选择低转化率的催化剂或降低运行温度可以显著减小 SO_2 的转化率。

六、 燃料切换和混煤掺烧

燃烧烟煤、亚烟煤和褐煤时，SO_2 转化为 SO_3 的转化率分别为 1%、0.055%、0.1%。

采用产生 SO_3 较少的亚烟煤和烟煤混烧时，降低了燃煤硫分，降低了烟气中 SO_2 浓度，也降低了炉膛和 SCR 中 SO_2 向 SO_3 的转化。亚烟煤的高含量碱性灰分也有助于空预器和除尘器中 SO_3 的捕集。采用烟煤和亚烟煤混合料，可协同降低 SO_2 和 SO_3 的产生，但很少用于仅需要控制 SO_3 的场合。

七、 湿式静电除尘器

国外研究表明，SO_3 在高于露点温度而在 205℃（400 ℉）以下时，还是以 H_2SO_4 的微液滴形式存在，颗粒的平均直径在 $0.4\mu m$ 以下，属于亚微米级颗粒范畴，这也是干式电除尘器和 FGD 对 SO_3 的去除率较低的主要原因。在湿式电除尘器中，因放电极被水浸润后，电子容易激发，使电场中存在大量带电雾滴，大大增加了亚微米级粒子碰撞带电的概率，而带电粒子在电场中运动的速度是布朗运动的数十倍，这样就大幅度提高了亚微米级粒子向收尘极板运行的速度，提高了收尘效率。因此，湿式电除尘器能够在一定程度上去除亚微米级粒子。WESP 可以设计成立式或卧式的，收尘表面可以是管式或是平板式。管式 WESP 的占地面积较小，效率一般比平板式要高。WESP 可与湿式洗涤塔集成在一起，收集从洗涤塔逃逸出来的细小硫酸雾滴，其对 SO_3 的脱除率可达 95%，烟羽的浊度几乎为零。

对于湿式电除尘器，一般电场对 SO_3 的去除效率为 50% 左右，二级电场为 80% 左右，三级电场为 90% 左右。

八、 干式电除尘器

电除尘器也可以降低烟气中的 SO_3 浓度,具体效率取决于烟气温度和飞灰组分,一般可降低 $10\%\sim50\%$。烟气中 SO_3 浓度被降至太低,有可能影响电除尘器的除尘效率。

九、 炉后喷射碱性物质

炉后喷射碱主要有 $Ca(OH)_2$、$CaCO_3$、MgO、Na_2SO_3、Na_2CO_3,其在降低烟气中 SO_3 浓度的同时,可防止空气预热器 APH 的腐蚀。但由于烟气中粉尘负电荷的增加,可能影响到电除尘器的运行和飞灰的特性。此外,这些碱性物质对 SCR 也可能造成影响(如碱金属中毒等)。

炉后喷射碱性吸收剂(如碳酸钙、氢氧化钙、氧化镁、碳酸钠、碳酸氢钠等)时,根据不同的吸收剂和喷射量的不同,SO_3 脱除效率可达 $40\%\sim90\%$。该法吸收剂和三氧化硫的摩尔比要达到 $3\sim10$,运行费用较高。喷射脱硫工艺流程见图 11-6。

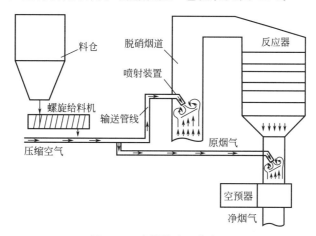

图 11-6 喷射脱硫工艺流程

1. 吸收剂的选择

SO_3 的吸收剂有多种,有些是直接添加到燃煤中的,有些是喷射到炉膛内的,有些是喷射到锅炉后的烟气中。当吸收剂直接喷射到烟气中时,其脱除 SO_3 的效率往往更高,化学反应生成的固体颗粒在后续的除尘器中除去。常用吸收剂包括氢氧化镁、氢氧化钠、氢氧化钙、硫酸氢钠、碳酸钠,为实现最大限度地脱除 SO_3,吸收剂必须与锅炉特性、燃料及其污染物排放控制设备相匹配。

选择吸收剂时,应考虑吸收剂的摩尔比、粒径、活性。喷入碱性物质以及 SO_3 的浓度下降,都会影响到飞灰比电阻。在碱性吸收剂的选取中,应综合考虑其对电除尘可能产生的影响。采用钙基或镁基吸收剂将会增大粉尘的比电阻,而采用钠基或钾基吸收剂则会降低粉尘的比电阻。因此,具体采用何种吸收剂来吸收 SO_3,粉尘的比电阻是一个重要的考虑因素,因为粉尘的比电阻直接影响电除尘器的除尘效率。

吸收剂可以干式或湿式形式喷入烟道内,大多数干式吸收剂采用气力输送。相对于干法喷射而言，喷射溶液或浆液的方式有一些缺点，例如，湿式喷射需要更长的停留时间，湿式喷射一旦雾化效果欠佳时，容易出现粉尘的黏附、积聚现象。

碳酸氢钠（俗称小苏打）的平均粒径为 $100\mu m$，运输便利，但必须磨细才有较高的活性，与天然碱一样，它也能在烟道中呈"爆米花"现象，迅速增加反应表面积和活性。消石灰 $[Ca(OH)_2]$ 的平均粒径为 $2\sim3\mu m$，其反应活性低于钠基吸收剂，会增大粉尘的比电阻，降低电除尘器的除尘性能。

天然碱大多以干粉形式喷入，也有将粉调制成浆液从而雾化喷入的情况。而消石灰则以浆液形式喷入或预先对烟气进行增湿，且在接近饱和温度下反应较好。

一般地，含钾、钠的吸收剂，如 KOH、$KHCO_3$、K_2CO_3、$NaOH$、SBS 等不会降低电除尘器的使用性能。选择时宜考虑到其削减 SO_3 的性能、原料处置的难易程度以及费用等问题。

当氢氧化钙单点喷入空气预热器与除尘器之间时，Ca/S 约为 3∶1；当氢氧化钙单点喷入除尘器与脱硫塔之间时，Ca/S 约为 2.5∶1；当氢氧化钙在空气预热器和除尘器之间以及除尘器与脱硫塔之间双点喷入时，Ca/S 约为 2∶1。生石灰和钠碱脱除三氧化硫的效率比较见图 11-7。

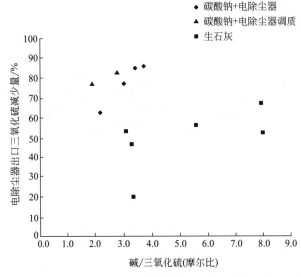

图 11-7　生石灰和钠碱脱除三氧化硫的效率比较

几种吸收剂的性价比见表 11-2。

表 11-2　几种吸收剂的性价比

吸收剂	效果	相对运行费用	相对投资费用	相对维修费用
天然碱	好	低	低	低
氨(NH_3)	适用于低浓度的 SO_3	低	低,可借助 SCR 氨系统	低
$Mg(OH)_2$	好,仅针对炉膛产生的 SO_3	高	中等,喷浆液	中等
$Ca(OH)_2$	好,但影响电除尘器性能	低	低	中等偏低
$NaHSO_4$	好	高	中等,喷浆液	高
大比表面积 CaO	好至优良	低	低	对除尘器性能稍有影响

选择吸收剂时，还应该考虑到烟气组分和温度。例如，采用 $274\mu m$ 的碳酸钙吸收 HCl，当温度大于 $750\,℉$ 时，碳酸钙的煅烧分解和吸收反应同时进行；当温度为 $390\,℉$ 和 $590\,℉$ 时，几乎没有吸收反应发生，但随着温度的增加，吸收反应速率加快；当温度为 $930\,℉$ 时，

吸收反应速率与 HCl 的浓度[$(510\sim1030)\times10^{-6}$]成正比。一般垃圾焚烧烟气中的 HCl 浓度范围为（$300\sim1000$）$\times10^{-6}$，而危险废弃物焚烧烟气中的 HCl 浓度范围为（$200\sim3000$）$\times10^{-6}$，医疗垃圾焚烧烟气中的 HCl 浓度为（$200\sim1500$）$\times10^{-6}$。因此可以判断出，碳酸钙对 SO_3 的脱除效率很低。

2. 喷射点的选择

喷点位置的选择应综合考虑合适的温度、速度以及布置方式，确保吸收剂与烟气的均匀混合。

吸收剂可以粉末状或浆液状喷射，喷射的位置根据具体的需求而变化。例如，若同时还要控制空气预热器的冷端腐蚀，则将吸收剂的喷射点设置于空气预热器前，此时，空气预热器的吹扫清洗应加强，以防止堵塞问题的发生。大多数吸收剂的喷射点设置于空气预热器和除尘器之间。当吸收剂喷射点设置在电除尘器前面时，应考虑吸收剂对电除尘器除尘性能的影响，此时，电除尘器的粉尘负荷更高，也可能改变飞灰的比电阻。研究表明，氢氧化钙吸收剂会导致较强的火花放电和较低的运行电流。

$Ca(OH)_2$、NH_3 和 $NaHCO_3$ 一般在电除尘器和空气预热器之间喷入。空气预热器堵塞严重时（往往在有 SCR 的场合），也可将 $Ca(OH)_2$ 和 $NaHCO_3$ 喷入空气预热器之前，此时往往以浆液形式喷入，而 $Mg(OH)_2$ 则喷入锅炉炉膛之中。若喷入 $Ca(OH)_2$、$Mg(OH)_2$ 粉尘，会增大除尘器入口粉尘浓度和粉尘比电阻，导致电除尘器的除尘效率下降。

在炉膛或 SCR 上游喷入吸收剂，一般仅能除去炉膛产生的 SO_3。将过量的吸收剂喷入炉膛时，除非该吸收剂能够进入烟气中并保持活性，否则仅能脱除炉膛产生的 SO_3。例如，大多数镁基吸收剂在到达 SCR 反应器时已失去了活性，也就失去了脱除 SO_3 的能力。

如果将吸收剂喷射到 SCR 反应器前，该吸收剂必须保证不会使催化剂中毒。将吸收剂喷射到 SCR 反应器下游时，可避免上述缺点，并且可以吸收炉腔和 SCR 反应器产生的 SO_3，进而减小进入空气预热器的 SO_3 浓度，对防止或减轻空气预热器的堵塞、结垢和腐蚀大有裨益。此外，还可以降低空气预热器冷端温度，提高锅炉效率，将吸收剂喷入除尘器的上游烟道。但当湿式喷射时，可能导致除尘器的腐蚀和粉尘板结垢等问题。

将吸收剂喷入除尘器的下游时，对下游设备（脱硫塔和湿式电除尘器）是一个考验。

无论是干式喷射还是湿式喷射，正确地设计喷射管网及喷嘴非常重要，它直接影响到运行的可靠性和吸收剂的利用率。

3. 对粉尘浓度和性质的影响

选用不同的碱基时，飞灰的特性稍有变化。以消石灰吸收剂为例，飞灰中的 Ca 元素含量增加，同时生成部分 $CaSO_4$、$CaSO_3$。按照常规飞灰中的 CaO 含量的 5% 进行折算，按照摩尔比 1:10 的设计工况进行喷钙，折合最终飞灰中的 CaO 含量仅为 6.6% 左右，因此，飞灰中的特性没有较大的变化，不会对 SCR 催化剂造成较大的负面影响，不会出现催化剂严重中毒的现象。

采用钠基吸收烟气中的 SO_3 时，将增加飞灰中钠和硫的含量，飞灰的热损失量增加，飞灰的含湿量增加，钠、硫酸根离子、亚硫酸根离子的渗出量增加，钒、砷和硒的渗出量增加。当这些飞灰用作水泥生产原料时，大多能满足相关要求。

4. 对脱硝装置的影响

经过碱基喷吹装置处理后，烟气中的 SO_3 浓度降低，可以大幅降低催化剂连续喷氨气的运行温度，有助于实现脱硝装置的全负荷或低负荷运行。

5. 对空气预热器的影响

SO_3 的降低还可以减小空气预热器中硫酸氢铵结晶的风险，也可以减缓低温腐蚀。

湿式脱硫塔（硫酸酸雾）的脱硫效率一般低于 50%，半干法脱硫效率可达 80%，至于选择湿式电除尘器还是采用吸收剂喷射，一般可参考表 11-3 进行选择。

表 11-3 湿式电除尘器与吸收剂喷射的比较

湿式电除尘器	吸收剂喷射
当 SO_3/H_2SO_4 的脱除效率要求大于 90% 时	当 SO_3/H_2SO_4 的脱除效率要求小于 70% 时
需要较高的脱汞效率时	对脱汞的效率没有要求或要求较低时
具有足够的空间安装湿式电除尘器时	空间不足以安装湿式电除尘器时
没有空气预热器堵塞和烟道腐蚀问题时	有空气预热器堵塞和烟道腐蚀问题时
对飞灰的质量要求较高时	对飞灰的质量要求不高时

石油焦中钒含量较高，会有更多的 SO_2 被催化氧化成 SO_3，因此，烟气中的 SO_3 浓度一般也会比燃煤锅炉烟气高一些，烟气中的 SO_3 浓度为 $(30\sim100)\times10^{-6}$。

氢氧化镁脱除三氧化硫见图 11-8。

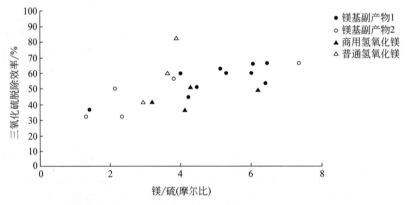

图 11-8 氢氧化镁脱除三氧化硫

不同脱硫剂的费用比较见图 11-9。

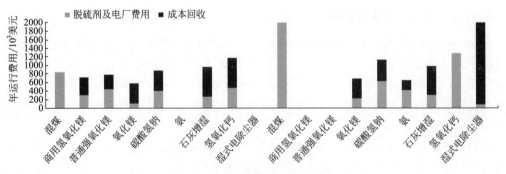

图 11-9 不同脱硫剂的费用比较

第三节 碳酸氢钠脱除三氧化硫技术

采用碳酸氢钠脱除三氧化硫时，主要有碳酸氢钠干粉喷射和碳酸钠溶液喷射两种方式。

一、碳酸氢钠干粉喷射

烟气中 SO_3 浓度的降低会影响 SO_3 对粉尘的调质作用，降低后续电除尘器的除尘效率。钙基、镁基和钠基吸收剂可作为 SO_3 的吸收剂喷射到烟道中，吸收烟气中的 SO_3，其中钙基和镁基吸收剂趋向于增大烟气粉尘的比电阻，从而降低后续电除尘器的效率，而钠基吸收剂趋向于减小粉尘的比电阻，在既降低烟气中 SO_3 浓度的同时，又能提高电除尘器的除尘效率。因此，目前使用的 SO_3 吸附剂大多为钠基吸收剂。

DSI（drg sorbont inSection）技术比湿式电除尘器（WESP）结构简单且投资低，20 世纪 80 年代后曾用于脱除 SO_2、HCl 和 Hg 等污染物，配合布袋除尘器或干式电除尘器，其脱除 SO_3 的效率也可达到 90% 以上。

干式吸收剂在常态下温和、几乎无活性，可以安全存放和输送，系统投资不高；可用轨道车或卡车密封运输和差压式卸料，与 WFGD 脱 SO_2 和 WESP 脱 SO 相比，简易且投资低。

1. 碳酸氢钠的物化性质

天然碱是一种既能削减烟气中的 SO_3 又能对烟气粉尘进行调质的钠基吸收剂，其具有相对较低的投资和运行费用，较高的溶性，运行温度宜低于 340 ℉，原有下游设备会发生结垢问题。

天然碱的主要组分为 Na_2CO_3 和 $NaHCO_3$ 的混合物，化学式为 $Na_2CO_3 \cdot NaHCO_3 \cdot 2H_2O$。天然碱矿破碎筛选后送入流化床进行干燥，除去游离水，并将粗颗粒分离出来，最终生产的产品粒度为 $250 \sim 300 \mu m$ 和 $23 \mu m$。

在电除尘器中喷入 $38 \mu m$ 的 $NaHCO_3$ 粉末，试验表明，喷入 $NaHCO_3$ 粉末对电除尘器的性能产生影响，SO_3 的脱除率较试验的其他吸收剂低，分析认为，这是由于 $NaHCO_3$ 粉末粒径较大。需要说明的是，电除尘器性能未受影响并不表明 $NaHCO_3$ 对粉尘具有调质作用，也可能是由于烟气中残存的 SO_3 足以保证粉尘的低电阻。由于 $NaHCO_3$ 费用较高，美国电力环境保护研究院并不推荐采用 $NaHCO_3$，而是主张用 $NaHCO_3$ 和较便宜的 $Ca(OH)_2$ 的混合物。氢氧化钙法中酸性气体之间的竞争关系见图 11-10。

当温度超过 130℃ 时，天然碱将迅速煅

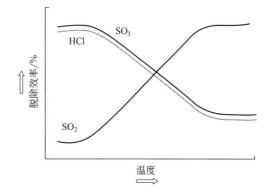

图 11-10 氢氧化钙法中酸性
气体之间的竞争关系

烧成 Na_2CO_3。天然碱在分解过程中可增加 $5\sim20$ 倍的比表面积。

SO_3 吸收剂可以干粉喷射，也可以浆流状喷射（喷射平均索特粒径为 $20\sim50\mu m$）。干粉喷射比浆流喷射有以下优点：处理简单容易，避免下游烟道或设备结垢的风险，系统安全性高（包括较低的输送压力），喷枪和喷嘴的设计是可靠运行和保证吸收剂利用率的关键。

为保证原料处理的可靠性，要求天然碱的含湿量小于 0.03%，最大粒径为 $25\sim35\mu m$，尽可能高的纯度和碳酸氢盐的比例。H_2O_2 在 $500℃$ 左右裂解产生 $\cdot OH$ 和 $HO_2\cdot$ 两种自由基，促进 NO 氧化为 NO_2、N_2O_5 等，$OH\cdot$ 的选择性较差，它也会氧化烟气中的 SO_2。实验表明，$500℃$ 是 H_2O_2 的最佳裂解温度，在 H_2O_2/NO（摩尔比）为 $1:1$ 时，NO 的转化率可达 90%，并有少量的 NO_2 转化为 HNO_3，烟气中存在的 SO_2 对 NO 的氧化具有一定的促进作用。

许多物料运输问题是由高温或高水分引起的，所以天然碱的水分应控制在 0.04% 以内。如果天然碱在运输中发生煅烧（摩擦自燃）从而形成高温环境，将会大大降低其活性。

如同其他的钠基吸收剂，天然碱的活性强，有利于吸收 SO_3，但必须考虑推荐的烟气温度范围：$135\sim177℃$ 和 $216\sim371℃$。当温度在 $177\sim216℃$ 之间时，可考虑使用液态硫酸氢钠（$NaHSO_3$-sodium bisulfate）。如果烟温高于 $177℃$，也可以喷入空气快速冷却烟气。

碳酸氢钠必须磨细才有高活性，平均粒径 $15\sim20\mu m$，水分小于 0.04%。

2. 脱硫反应机理

与大多数碱吸收剂一样，天然碱也是首先与强酸性气体反应（如 HCl、SO_3 等），然后才与酸性较弱的气体反应。烟气中的 HCl 和 SO_3 均为强酸，天然碱与它们的反应要比与较弱酸性的 SO_2 快得多，天然碱首先与酸性更强的气体发生快速反应，然后再与较弱的酸性气体（如 SO_2）反应。

碳酸氢钠在 $50℃$ 时开始分解，$100℃$ 时可全部分解为碳酸钠、二氧化碳和水，当碳酸氢钠粉末喷入热烟气中时，碳酸氢钠迅速分解，反应式如下：

$$2NaHCO_3 \xrightarrow{\triangle} Na_2CO_3 + H_2O + CO_2$$

$$Na_2CO_3 + SO_3 = Na_2SO_4 + CO_2$$

在某些条件下，Na_2CO_3 也会与 SO_3 反应生成 $NaHSO_4$：

$$Na_2CO_3 + 2SO_3 + H_2O = 2NaHSO_4 + CO_2$$

$NaHCO_3$ 分解时，呈爆米花状，产生大量的空穴，比原来的碳酸氢钠和碳酸钠晶体具有更大的比表面积，大大提高了反应活性。一般要求温度应大于 $100℃$，才能达到理想的比表面积，此时烟气中的 HCl 和 SO_3 均可与碳酸钠反应生成 NaCl 和 Na_2SO_3。当温度低于 $180℃$ 时，碳酸氢钠的分解缓慢一些，气相 HCl 可与碳酸氢钠直接反应，产物依然是 NaCl、H_2O 和 CO_2，反应生成的 NaCl 和碳酸钠可被后续的电除尘器或布袋除尘器除去，并在除尘器内进一步发生化学反应。一般地，某种吸收剂对烟气中的 HCl、HF、SO_3 和 SO_2 等污染物的吸收速度是不同的，与活化能、气体分子与吸收剂空穴的相对大小、反应产物可能造成的闭塞有关。SO_x 与碳酸钠反应生成的硫酸钠的膨胀系数为 1.26，HCl 与碳酸钠反应产生的 NaCl 的膨胀系数为 1.29，二者从闭塞角度来说是相当的。天然碱中的 Na_2CO_3 喷入烟道中加热时会引起"爆浆"现象，快速增加了反应表面积和活性。

NaHSO$_4$ 是酸性盐，熔点较低，在高温下不稳定。Na$_2$CO$_3$ 和 SO$_3$ 之间的反应产物取决于 SO$_3$ 的浓度和烟气温度。当 SO$_3$ 达到一定浓度时，反应产物可以是固态的 NaHSO$_4$、液态的 NaHSO$_2$、Na$_2$SO$_4$ 或 Na$_2$S$_2$O$_7$，液态 NaHSO$_4$ 黏稠，很容易吸附烟气中的粉尘发生堵塞、结垢问题，因此，应尽可能地避免生成液态 NaHSO$_4$。实验表明，比较适宜的操作温度区间为小于 180℃，或大于 275℃。在选取喷射点时，应充分考虑到烟气波动、温度波动和 SO$_3$ 浓度的波动，并采取相应的措施（如调节锅炉辅助设备的运行参数），避免液态 NaHSO$_4$ 的生成。

碱粉首先与烟气中的强酸反应（如 HCl 和 SO$_3$），然后才会与弱酸反应，具有选择性。设计时，喷射剂的 Na/S 宜小于 2，最好小于 1.5，以避免多余的喷射剂与 SO$_2$ 反应。

碳酸钠粒径对三氧化硫脱除效率的影响见图 11-11。

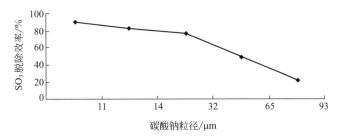

图 11-11　碳酸钠粒径对三氧化硫脱除效率的影响

当天然碱/SO$_3$（摩尔比）接近 2.0 时，SO$_3$ 的脱除效率可达 78%。

当烟气温度大于 180℃、SO$_3$ 浓度大于 10×10^{-6} 时，天然碱与 SO$_3$ 发生反应，生成液态 NaHCO$_3$。液态 NaHCO$_3$ 吸收烟气中的粉尘，进而产生粉尘堆积问题，同时堆积的飞灰 pH 值也很低，大致为 2～3，因此，也会产生烟道腐蚀问题，这一点在使用天然碱脱除烟气中的 SO$_3$ 时应特别注意。

Na 和 SO$_3$ 的摩尔比为 2～3，此值越高，SO$_3$ 的脱除率越高，见图 11-12。

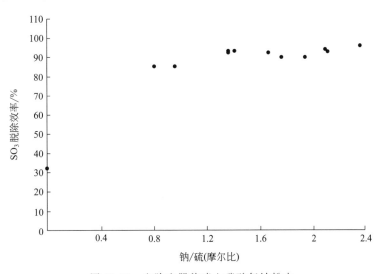

图 11-12　电除尘器前喷入碳酸氢钠粉末

天然碱的使用温度范围为 135～177℃和 216～371℃。在 177～216℃之间，还可考虑采用亚硫酸氢钠。

天然碱喷射脱除 SO_3 的关键参数如下：烟气温度范围为 $130\sim170℃$，烟气流速宜大于 $20m/s$，在电除尘器前后多级布置。

当烟气温度在 $120\sim175℃$ 范围内时，碳酸氢钠同时发生分解和 SO_2 的吸收反应。

3. 喷射位置的选择

三氧化硫的脱除效率与烟气温度密切相关，当喷射雾滴蒸发后的烟气温度仍能保持在 $145℃$ 左右时，三氧化硫的脱除效率最高，低于此温度，脱除效率则迅速下降。上述反应是在气固或气液相中进行的，一旦生成 SO_3/硫酸气溶胶，再将其吸收就很困难了。

如将钠基 SO_3 吸收剂喷入炉膛中，此法可以降低进入 SCR 烟气中的 SO_3 浓度，但若 SCR 催化剂的 SO_2 转化率高，仍然会出现烟羽问题。

将吸收剂喷射到炉膛或 SCR 的上游烟道中仅能去除锅炉中生成的 SO_3。炉膛内喷入镁基吸收剂时，即使喷入的镁基吸收剂过量，也不会在后续烟道中连续脱除 SO_3，因为镁基吸收剂离开炉膛后即失去了反应活性。

如果在 SCR 前烟道中喷入 SO_3 吸收剂，必须确保该吸收剂不会在 SCR 催化剂上沉积。在 SCR 后的烟道中喷入 SO_3 吸收剂，可以去除炉膛和 SCR 中产生的 SO_3，降低进入空气放热器的 SO_3 浓度。SO_3 浓度的降低，既最大限度地减少了空气放热器因硫酸氢铵发生堵塞的风险，又降低了潜在的空气放热器的露点腐蚀问题。因此，可降低空气放热器冷凝的平均温度，提高锅炉效率。

另一种 SO_3 吸收剂的喷射地点为除尘器前或后烟道，但这种方法既不能降低空气预热器硫酸氢铵堵塞的风险，也不允许降低冷端的平均温度。在除尘器前喷入 SO_3 吸收剂，可以降低 SO_3 浓度，还可以减少酸露点腐蚀的风险，但可能降低电除尘器的除尘效率。布袋除尘器的除尘效率与粉尘比电阻无关，故不会影响布袋除尘器的除尘效率。若将 SO_3 吸收剂的喷射点布置在除尘器后，这时湿式脱硫塔去除 SO_3 吸收剂是一个严峻的挑战，对 FGD 方位的后续固体物收集设备也是一个考验。

SO_3 吸收剂的喷射点宜尽可能靠近电除尘器，并防止输送系统的搭桥，确保硫化风的干燥。

4. 干式喷射系统的主要设备

如图 11-13 所示，天然碱粉末供给系统包括料仓、旋转给料阀、储气罐、气锁门和输送管线，喷射系统主要由喷枪、喷嘴和气力传送风机组成。干式喷射系统基于稀相气力输送技术，主要部件包括物料运输用的可卸料货车、料仓、称重式料斗、螺旋输送机、锁气阀、气力输送用风机以及相关的仪器仪表等。

烟道内安装数支喷枪，每支喷枪上装有若干个喷嘴，喷嘴喷射方向与烟气流动方向垂直，通过鼓风机将天然碱粉末输送至烟道处。

一般地，当天然碱刚喷入烟道时，天然碱对电除尘器的性能是有一定影响的，会使烟羽不透明度增加 $1\%\sim3\%$。主要原因是烟气中的 SO_3 浓度迅速降低，天然碱的调质作用尚未发挥，且天然碱对集尘极面还具有一定的限制作用。一般 $15\sim20min$ 后，烟羽不透明度即可恢复正常。

试验也表明，喷射天然碱不会对后续的 FGD 系统造成影响。在喷枪未喷射吸收剂时，喷枪仍然应喷空气，以避免烟气飞灰漏入，出现腐蚀和堵塞问题。

为防止生成黏性的 $NaHSO_4$，进而导致结垢堆积的发生，也可在烟道壁处喷入空气快

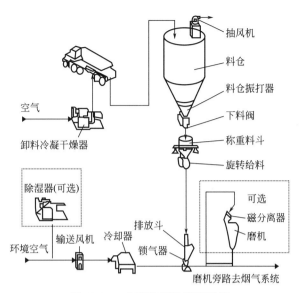

图 11-13 典型的喷射脱硫系统

速冷却烟气。

由于天然碱粉粒度小，且具有黏结特性，容易发生搭桥或拱和结块问题，因此，输送系统的设计非常重要，如需保证气容性，同时保证天然碱粉的最大游离水含量不大于 0.01%（质量比）。所用的气化风应预先进行除湿，当天然碱粉中游离水含量超过 0.05% 时，天然碱粉的流动即发生改变。

5. 干式喷射系统设计要点

（1）从化学角度看，天然碱不具有吸潮性，但当干燥至 0.01% 的含湿量时，都表现吸潮性而出现搭桥现象，因此必须确保流化风的干燥。流化风的影响见图 11-14。

（2）因用量不大，可数台锅炉共用一套干式喷射系统，从一个共用的大粉仓中将吸收剂气力输送到喷射点附近的日用粉仓。

（3）采用流化风或仓壁振打器使粉体流出日用仓，进入称量式给料机，采用正压输送的方式将碱粉送至烟道的喷枪中。

（4）为了连续喷入足够的吸收剂粉，设备配置应有一定的冗余度。根据吸收剂的品种，选择设备时应考虑到与水分有关的潜在问题。

（5）为保证喷入的吸收剂与烟气中的 SO_3 充分反应，烟道内喷枪的布置应考虑烟气流场，每个喷枪应在线监测其流通情况，确保定量给料精确。宜对喷射点进行流场模拟，并进行实测。

二、 碳酸钠溶液喷射

当天然碱喷入点位于空气预热器和除尘器之间时，一般以粉末形式喷入；当天然碱喷入点位于 SCR 催化剂与空气预热器之间时，一般以溶液形式喷入。

向 SCR 催化剂或空气预热器前喷入 Na_2CO_3 溶液，当 Na_2CO_3 与 SO_3 的摩尔比足量时，Na_2CO_3 将与 SO_3 反应生成 Na_2SO_4；当 Na_2CO_3 不足时，生成的 Na_2SO_4 将继续与

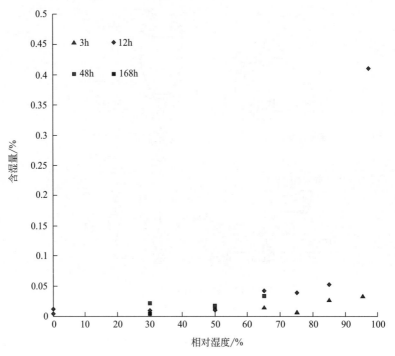

图 11-14　流化风的影响

SO_3 反应生成 $NaHSO_4$，反应式如下：

$$Na_2CO_3 + SO_3 = Na_2SO_4 + CO_2$$

$$Na_2SO_4 + SO_3 + H_2O = 2NaHSO_4$$

Na_2CO_3 溶液采用双流体喷嘴喷入烟道，极细的雾滴在很短的时间内蒸发掉。有些反应在极短的液相阶段进行，主要的 SO_3 吸收反应在气固相阶段进行。干燥的 Na_2CO_3 因爆米花效应比表面积迅速增大，大大加快了反应速率，反应产物由后续除尘器除去。

Na_2CO_3 喷射点可选择在空气预热器前或 SCR 催化剂之前，考虑最大限度地减少 SO_3。喷射点布置于空气预热器之前较合适，此处温度较高，反应速率比较快，雾滴蒸发时间约 0.1s，一般要求保证喷射点到空气预热器入口端烟气停留的时间至少为 1s，以保持 SO_3 的脱除效率，以及避免空气预热器内不必要的化学反应及其他负面影响。若 SCR 反应器与空气预热器之间的距离不够时，可将喷射点设在 SCR 催化剂之前，此处喷射可增强 SCR 的运行灵活性，特别是在低负荷时（温度也较低）运行的安全性。

图 11-15 为 Na_2CO_3 溶液喷射（SBS 喷射）工艺流程。干燥的 Na_2CO_3 粉末由罐车运送至现场后溶解于溶解槽中，溶解槽内的 Na_2CO_3 浓度一般控制在 25％左右，在喷枪前采用软化水对溶液进行稀释，防止管线和喷枪处出现 $CaCO_3$ 结垢。另外，管线和喷枪要注意采取伴热、保温、冷却等方式，以防止冷冻和结晶的发生。喷枪的布置需经 CFD 模拟后确实，以确保气液接触的均匀性。喷枪应采取完全冷却措施，在喷枪出口采用静态混合装置，可进一步提高 SO_3 脱除效率。

脱硫效率与溶液蒸发后烟气温度之间的关系见图 11-16。

采用 Na_2CO_3 溶液在化学摩尔比附近即可获得 95％以上的 SO_3 脱除效率，如此高的 SO_3 脱除效率得益于过程中细小的具有高度反应活性的固体颗粒，并在烟气中均匀分布，

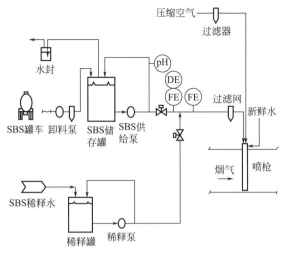

图 11-15 SBS 简要工艺流程

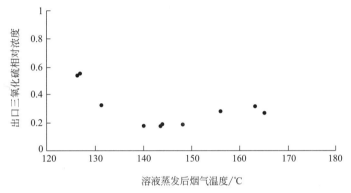

图 11-16 脱硫效率与溶液蒸发后烟气温度之间的关系

例如,"爆米花"效应后的固体颗粒粒径为 $1\sim10\mu m$,而典型的 $Ca(OH)_2$ 干粉脱 SO_3 时,$Ca(OH)_2$ 的粒径为 $10\sim50\mu m$,并且很难避免凝聚。

钠碱在不同三氧化硫浓度和温度下的生成物见图 11-17。

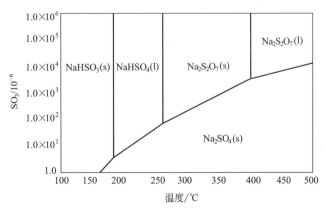

图 11-17 钠碱在不同三氧化硫浓度和温度下的生成物

采用 Na_2CO_3 溶液脱除 SO_3 的优点有以下几点。

① 减轻甚至防止空气预热器温度不均匀带来的腐蚀问题。

② 减轻硫酸氢铵带来的结垢问题。

③ 提高锅炉的热效率，空气预热器的出口温度每降低 1.8℃，锅炉的热效率就提高 1% 左右，相应的煤耗节约 1% 左右。

④ 提高脱硝效率。当烟气中存在 SO_3 时，为防止硫酸氢铵的生成，一般要求氨的逃逸量控制在 $(1\sim2)\times10^{-6}$，由此也限制了脱硝效率的进一步提高（脱硝效率≤90%）。例如，若 SO_3 在空气预热器前被有效地去除，氨的二次逃逸由 3×10^{-6} 提高到了 6×10^{-6}，脱硝效率可以从 84% 提高到 96%。当然，也应考虑氨的二次逃逸可能对飞灰再利用带来的影响。

⑤ 提高脱汞效率。烟气中的 SO_3 脱除后，可以减轻 SO_3 在飞灰及活性炭表面的竞争性吸附，从而提高脱汞效率。

当 SO_3 的脱除效率达到 95% 时，Na_2CO_3 溶液喷射能耗约为电厂出力的 0.05%，而三电场的湿式电除尘器能耗为电厂出力的 0.2%~0.3%。

在工程应用中，至少应保证内部无任何内置构件的烟道长度为 3~6m，以确保液滴在碰到烟道壁之前能彻底干燥。喷射点的位置最好选在 SCR 出口，当未设置 SCR 时，宜选在省煤器出口，在这个位置，较高的烟气温度可减少液滴干燥的时间，加快反应速率，防止腐蚀问题。当然，SBS 喷射点也可选在空气预热器的下游。

SBS 通过双流体喷嘴喷入烟道，液滴在几米之内蒸发，一些重要的反应就在液相内发生，主要的 SO_3 吸收反应在固相中发生，亚硫酸氢钠"爆米花"效应产生很高的比表面积，反应活性也很高。

SBS 的原料也可采用钠法脱硫的副产物；SBS 的溶液浓度为 20% 左右较合适；SBS 溶液的储罐和运输管线应加热和保温，防止钠盐结晶或冷冻，一般控制在 20~28℃。

SBS 溶液在喷射入烟道之前应采用软化水进行稀释，防止喷嘴及其管线结垢，并在管线上设置 pH 计、流量计等控制仪表。

SBS 系统的核心是喷枪的设计，应根据烟道流场计算和物理模型进行优化布置，一般烟道内设置若干喷枪，每个喷枪上设置若干双流喷嘴。喷枪自身没有内部气幕冷却，冷却气体根据喷射点的压力（正压或负压）情况可选择环境空气或压缩空气。

SBS 可以很低的喷射量获得很高的 SO_3 脱除率。图 11-18 为摩尔比与 SO_3 脱除效率之间的关系，SO_3 的脱除效率在离 SBS 喷射点 2~6s 反应时间内测得。从图中可以看出，当 Na/S 大于 1 时，SO_3 的脱除效率可以达到 90% 以上。当 SBS 喷射点选择在空气预热器之前时，由于反应时间短，为获得较高的 SO_3 脱除效率，Na/S 应大于 2。

图 11-18 中，电厂的 SBS 喷射点选在空气预热器之后，其他几个电厂的 SBS 喷射点均选在空气预热器之前。

表 11-4 为某 6 个电厂 SO_3 脱除效果的数据，所用的化学摩尔比为 1.0~1.5。

表 11-4 某 6 个电厂 SO_3 脱除效果

入口 SO_3 浓度/10^{-6}	32	65	36	66	45	15
出口 SO_3 浓度/10^{-6}	1.3	1.6	1.3	1.2	0.2	0.6
SO_3 脱除效率/%	95.9	97.5	96.4	98.2	99.6	96

SBS 喷射工艺的一些特点如下。

① SBS 的喷嘴自由畅通孔径宜尽可能大些，以防止喷嘴的堵塞；SBS 溶液的输送管应

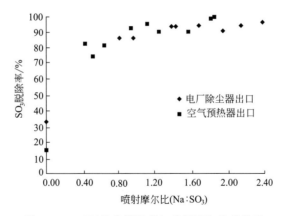

图 11-18　三氧化硫脱除率与喷射摩尔比的关系

加设过滤网，防止杂物堵塞喷嘴。

② 防止喷嘴泄露，喷嘴的泄露会导致喷嘴周边固体的堆积，影响喷嘴的雾化，造成 SO_3 脱除效率低及烟道固体颗粒的堆积。

③ 加强空气预热器的吹扫，防止空气预热器的堵塞。

④ SBS 工艺对飞灰的影响很小，不会影响到飞灰的销售，对电除尘器的除尘效率还有一定的提高，所喷入的雾化空气约为烟气总量的 $1\%\sim2\%$，烟气的含氧有所增加，对脱硫副产物的氧化具有一定的促进作用。

第十二章

汞的脱除技术

第一节　汞的基本性质与测量

近年来，备受公众关注的是燃煤电厂、烧结机、燃机焚烧厂等汞的排放问题，这些厂所需处理的烟气量大，烟气温度较高，而烟气中汞含量却极低（微克级），并以多种形式存在，使得捕集和分离电厂排放到大气中的汞具有相当大的技术难度。随着人们对汞排放问题的日益关注，一些发达国家也制定了汞的排放标准，美国环保署已将汞列为电厂潜在的最值得关注的有害污染物，排在砷和二噁英之前。

一般，空气中汞的浓度很低，空气中汞的吸入并不是公众健康关注的主要问题。然而，环境中的汞最终会重新沉积于地表，或直接进入河流、湖泊或海洋，从地表流入或从空气直接沉积于水体中的汞最终将由生物转化为剧毒的甲基汞（MeHg），富集于鱼类和其他水生有机物中。研究表明，人类食用甲基汞污染的鱼类或海产品将对中枢神经系统造成持续的伤害，其伤害程度取决于汞的浓度。一个极端的例子是 20 世纪 50 年代日本发生的水俣病事件，即是由于食用甲基汞污染的鱼类导致的严重的中枢神经损害。

汞作为煤中的一种痕量元素，在燃煤过程中，大部分随烟气排入大气。由于汞在大气中的停留时间很长，毒性也大，进入生态环境中的汞会对环境、人体产生长期危害。

目前，大气中最大的汞排放来自燃煤锅炉、钢铁行业、化工和建材行业，烧结机烟气中的含汞量要比燃煤锅炉烟气中的含汞量高 $1\sim2$ 个数量级。对任何电厂，汞的排放量取决于燃料中的含汞量、锅炉的燃烧和物理特征以及所采用的控制技术。

根据对已发掘煤矿的分析，虽然全球原煤中汞的含量仅为 $0.012\sim33mg/kg$，但是由于煤的大量燃烧，全世界每年燃煤产生的汞总量达到 3000t 以上。世界范围内煤的平均汞含量约 $0.13mg/kg$，我国汞的平均含量为 $0.22mg/kg$，可见我国燃煤中汞含量普遍偏高，汞在煤中处于富集状态。

褐煤因含氯量低，含钙量高，燃烧后产生较多的单质汞，比较难清除。

一、　汞的基本性质

汞也称为水银，是一种银白色金属。在非密闭容器中，室温条件下即可蒸发形成汞蒸气，汞蒸气是无色无味的气体，温度越高，蒸发的汞蒸气就越多，可挥发至大气环境中。

汞分为气态汞和颗粒汞，气态汞又可分为元素汞（单质汞 Hg^0）和氧化态汞（二价汞 Hg^{2+}，以 $HgCl_2$ 为代表）。这些化合物在水中的溶解度差别很大。例如，$HgCl_2$ 易溶解，$HgCl_2$ 在水中的溶解度可达 74000mg/L，而单质 Hg 则极难溶解，溶解度仅有 2.1mg/L（25℃）；单质汞在 70℃时的溶解度为 2.7×10^{-4}g/L，$HgCl_2$ 为 6.9g/L。这意味着单质 Hg 很难被洗涤液吸收。颗粒汞是吸附在固体颗粒物上的汞。

汞的化合物可分为有机汞和无机汞。有机汞是汞与碳结合形成的化合物，如甲基汞和苯基汞。与无机化合物类似，甲基汞和无机汞也以"汞盐"的形式存在，大多数的有机汞化合物呈白色晶体状，只有二甲基汞呈无色液态。无机汞包括 HgS、HgO 和 $HgCl_2$，这些汞化合物亦称为汞盐。大多数的汞化合物呈白色粉末或结晶状，而 HgS 呈红色，暴露于光照下后呈黑色，有些汞盐（如 $HgCl_2$）很容易挥发呈气态而进入大气中。由于这些汞化合物的水溶性和化学反应活性，单质汞更易进入水体和土壤中。土壤自身的条件有利于无机汞或有机汞化合物的形成。土壤中大多数的汞均与土壤颗粒形成腐殖质结合在一起，很难被淋溶掉，这使得汞在土壤中存在的时间可达到数百年。

汞的熔点为 -38.87℃，在常温下具有很强的挥发性，这使它在燃煤过程中与其他微量元素有着不同的化学行为。在燃煤电厂中，原煤首先进入制粉系统。煤在破碎的过程中产生热量，一部分汞从煤中挥发出来。煤粉进入炉膛燃烧，高温将煤中的汞气化成气态汞（即单质汞，Hg^0），随着燃烧气体的冷却，气态汞与其他燃烧产物相互作用产生氧化态汞（Hg^{2+}）和颗粒态汞（Hgp），这三种形态总称为总汞（HgT）。

汞组分与温度之间的热平衡见图 12-1。汞的氧化还原电位与 pH 值之间的关系见图 12-2。部分汞化合物的溶解度和反应自由能见图 12-3 和图 12-4。

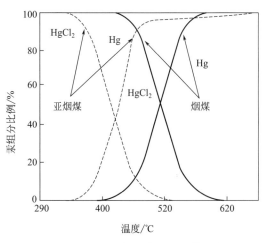

图 12-1　汞组分与温度之间的热平衡

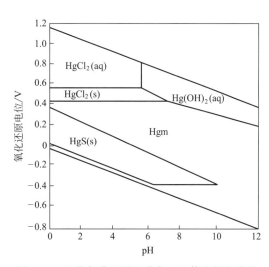

图 12-2　汞的氧化还原电位与 pH 值之间的关系

汞化合物的热分解温度见表 12-1。汞化合物的分解温度见图 12-5。

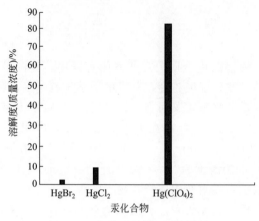

图 12-3　部分汞化合物的溶解度

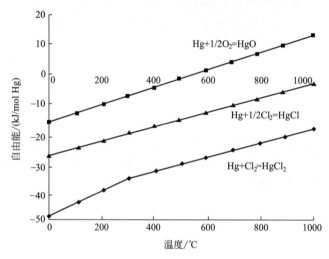

图 12-4　汞反应自由能

表 12-1　汞化合物的热分解温度

汞化合物	峰值温度 T/℃	峰值范围/℃	汞化合物	峰值温度 T/℃	峰值范围/℃
Hg_2Cl_2	210	120～300	HgO	325	260～370
$HgCl_2$	212	170～300	Hg_2SO_4	145	120～370
HgS(黑色)	250	200～300	$HgSO_4$	400	350～450
HgS(红色)	350	330～370			

汞是烟气中的挥发成分之一，一般仅有 10％以下的来汞进入飞灰或其他净化设备残渣中，90％以上的来汞均以气态形式排放。对烟气的进一步分析表明，有三种汞的组分需要考虑：气态单质 Hg、气态氧化态 Hg^{2+}（$HgCl_2$、HgS、HgO 和 $HgSO_4$ 等）以及与粉尘结合的颗粒汞（Hgp）。燃煤烟气中的汞组分，大约有 40％～60％的燃料汞以 Hg^0 蒸气的形式排放。大气中的颗粒汞（Hgp）在远离排放点几千米处逐渐沉降下来。氧化态、气态汞（主要是 $HgCl_2$）在水中的溶解度很大，溶解后迅速生成剧毒的甲基汞，在离排放点很近的地方通过水生动植物（如鱼）进入食物链中。单质气态汞非常稳定，可进入大气环流，造成全球性跨地域污染。

汞盐及其蒸气压见图 12-6。

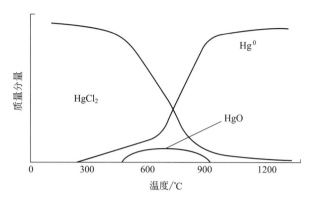

图 12-5 汞化合物的分解温度

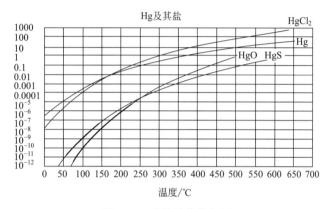

图 12-6 汞盐及其蒸气压

对烟气的进一步分析表明，有三种汞的组分需要考虑：气态单质 Hg，气态氧化态 Hg^{2+}（$HgCl_2$、HgS、HgO 和 $HgSO_4$ 等），与粉尘结合的颗粒汞（Hgp）。Hg^0 和 $HgCl_2$ 物化性质相差很大，Hg^0 几乎不溶于水，但 $HgCl_2$ 极易溶于水。当汞的氧化物在溶液中溶解并呈离子态时，Hg^{2+} 易于与吸收塔浆液里已溶解的成分反应，所以 $HgCl_2$ 在浆液中被吸收，但单质 Hg 则不行。

二、 汞的存在形态

自然界中的汞以 HgS 矿的形式存在，将 HgS 矿加热至 540℃ 以上，矿石中的汞即挥发出来。

汞在燃煤中以微量元素的形式存在。汞在煤中存在的形式有多种，大多数的 Hg 与硫矿石结合在一起，特别是硫铁矿，存在于汞-黄铁矿中的汞占煤中总汞的 65%～70%。汞也存在于煤中的灰分和有机物中，煤中大约有 25%～35% 的汞存在于有机物中。煤燃烧时生成 Hg^0，在燃烧高温区生成更为稳定的单质 Hg。由于 Hg^0 具有高度挥发性，大多数煤中的汞以气态单质汞（Hg^0）的形式挥发出来，随着烟气温度的下降及 Hg^0 与其他燃烧产物相互作用，导致部分汞转化为气态氧化态汞（Hg^{2+}）和与颗粒结合的 Hg（Hgp）。煤中汞浓度变化很大，但我们不能认为燃煤含汞浓度高，该燃煤的排汞浓度就高。

三、 影响汞形态的几个因素

汞可通过均质的（气-气）和非均质的（气-固）反应机理来进行氧化，但目前对它的了解还不够，因此，还不能可靠地预测在电站锅炉系统中汞物质的形成。但研究已表明，锅炉对流烟道和空气预热器温度分布、烟气飞灰特性、未燃尽炭量、SCR 催化剂、烟气中 HCl 浓度、氨（NH_3）浓度以及 SCR 中的空间速度对汞的氧化有重要影响。影响汞形态的因素主要有以下几个。

1. 温度的影响

燃料中的汞大约在 150℃时即开始挥发，主要以 Hg^0、$HgCl_2$、Hg_2Cl_2 和 HgS 的形式挥发，当温度达到 500～600℃时几乎完全挥发。高温时，单质汞（Hg^0）是汞的热力稳定形态，大部分汞的化合物在温度高于 800℃时处于热不稳定状态，它们将会受热分解成单质汞，因此，在炉内高温下（大约 1200～1500℃）煤中的汞几乎都转变成单质汞并以气态形式停留于烟气中。

在氧化条件下，存在 HCl 和 Cl_2 时，Hg^0 在 300～400℃氧化成 $HgCl_2$：

$$2Hg^0 + 4HCl + O_2 \Longleftrightarrow 2HgCl_2 + 2H_2O$$

$$Hg^0 + Cl_2 \Longleftrightarrow HgCl_2$$

单质汞同样可以被 NO_2 氧化为 HgO：

$$NO_2 + Hg^0 \Longleftrightarrow HgO + NO$$

当温度低于 450℃时，将生成 $HgCl_2$：

$$HgO + 2HCl \Longleftrightarrow HgCl_2 + H_2O$$

Hg^0 的氯化温度区间为 150～430℃，经过空气预热器时的温度梯度将影响 Hg^0 的氧化。

平衡热力学模型是较早运用于预测汞形态分布的一种理论分析方法。在给定的压力、温度和系统组成的条件下，当系统的总吉布斯自由能最小时，系统处于热力平衡状态，此时系统由热力稳定的化学组分和相组成。当这些模型与包含有焓、熵等物质热力特性数据库相结合时，就可以进行化学热力平衡分析计算。化学热力模型可以预测汞在一个温度范围内，其形态分布随温度的变化情况，可以得到比实验结果更多的信息。计算结果表明：烟气温度高于 750℃时，气态 Hg^0 是最主要的热力学稳定形式；烟气温度小于 430℃且 HCl 含量较高时，汞主要以 $HgCl_2$ 形式存在；两个温度之间，气态 Hg^0 和少量 HgO 共存。Hg^{2+} 化合物的形成与 O_2、NO_x 的存在以及 Hg^0 与飞灰颗粒中氯化物之间的反应等有关。热力学计算结果揭示了汞各种形态形成的基本反应途径，但它仅能粗略估计系统在某一平衡态下的主要产物分布，而在许多情况下系统中组分浓度都会偏离平衡值。

当烟气离开燃烧区被冷却到 121～177℃时，正好是有利于氧化汞形成的热平衡温度，但一般在电站锅炉系统中并非总能达到热平衡温度。汞物种平衡反应见表 12-2。汞组分与温度之间的关系见图 12-7。

表 12-2 汞物种平衡反应

反应温度/℃	反应方程式	反应温度/℃	反应方程式
680	$2HgO(g)+3O_2\Longrightarrow 2HgO(g)+2O_2(g)$	170	$HgO(s)\Longrightarrow HgO(g)$
430	$HgCl_2(g)+H_2O\Longrightarrow HgO(g)+2HCl(g)$	110	$HgSO_4(s)+Cl_2(g)\Longrightarrow HgCl_2(g)+SO_2(g)+O_2(g)$
320	$HgSO_4(s)\Longrightarrow HgO(g)+SO_2(g)+\frac{1}{2}O_2(g)$		

在温度高于 235℃ 且有水蒸气存在时，烟气中的 NH_3 会直接与 SO_3 反应，反应非常快且几乎会在 0.1s 内就完全反应掉。

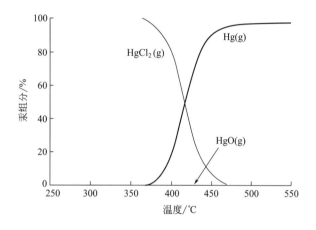

图 12-7 汞组分与温度之间的关系

图 12-8 为单质汞脱除效率与电除尘器入口温度的关系。从图 12-8 中可以看出，汞脱除效率随烟气温度的降低而升高。

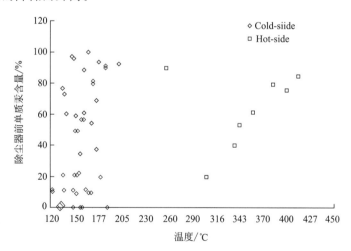

图 12-8 单质汞脱除效率与电除尘器入口温度之间的关系

无论是布袋除尘器、干式静电除尘器还是湿式静电除尘器，低温均有利于汞的脱除。温度过高会降低汞氧化率；当温度超过 400℃ 时，氯的氯化效果会受到抑制。

2. 煤种

燃煤过程中产生的单质汞蒸气通过均相（气-气）和非均相（气-固表面催化）反应可氧

化为 Hg^{2+}，从锅炉出来的烟气温度逐渐下降，热力平衡开始有利于 $HgCl_2$ 的生成，此温度高达 $620 \sim 1250℃$。由于均相反应与烟气中的氯浓度密切相关，单质汞的气相氯化反应逐渐减慢，也即汞的氯化不可能完全。非均相反应更为复杂，大多数发生在飞灰表面或锅炉表面，尤其是当飞灰中含高浓度的未燃尽炭时。

由于单质汞与 Cl_2 会迅速发生反应，在 $500℃$ 条件下约 70% 的反应在 $1.1s$ 内完成。因此，烟气中 Cl_2 的存在有利于单质汞氧化，从而有利于提高湿式脱硫系统的除汞效率。氯在烟道气中对于汞的转换是个重要因子，如 Hg^0 会与 HCl、Cl_2 反应生成 $HgCl_2$。煤燃烧过程中氯主要以 HCl 的形式存在。烟气中的 SO_2 会与 Cl_2 反应，从而抑制氯化物的形成，反应如下：

$$Cl_2 + SO_2 + H_2O \rightleftharpoons 2HCl + SO_3$$

高 S/Cl 值会抑制 Cl_2 的形成及其后 $HgCl_2$ 的生成。热化学平衡反应不影响 Cl_2 的形成，在燃烧烟煤的烟气中只有 1% 的总氯会形成 Cl_2，因此燃煤烟气中 Cl_2 浓度非常低。

在 $500 \sim 900℃$ 范围内，烟气中的 Hg^0 与 HCl 快速发生反应。当有 O_2 存在时，Hg^0 与 HCl 和 O_2 还能发生反应，被氧化为 Hg^{2+}，从而被湿式脱硫塔捕获脱除。烟气中 HCl 含量越多，越有利于汞在烟气中的氧化，使氧化态汞在总汞中占主要部分，从而提高湿式脱硫塔对汞的脱除效率。另外，HCl 含量越多，Hg^0 向 Hg^{2+} 转化的起始温度和截止温度越高，Hg^0 向 Hg^{2+} 的转化越容易，越有利于其在湿式脱硫塔中被捕获。

烟气经过换热器降温后，由于 Hg 再次被氧化，与烟气中的 HCl 反应，生成 $HgCl_2$。当烟气中 HCl 的含量超过 100×10^{-6} 时，几乎所有汞均以 $HgCl_2$ 的形式存在；当烟气中 HCl 的含量为 $(10 \sim 50) \times 10^{-6}$ 时，汞以单质汞和 $HgCl_2$ 两种形式存在，大约 $5\% \sim 15\%$ 的 Hg 与飞灰结合形成所谓的 Hgp。

从烟煤中产生的 Hg 含氧化态汞（Hg^{2+}）多于无烟煤和褐煤。研究表明，煤中的 Cl 含量是烟气汞的存在形式及除汞率的重要标志。飞灰中较高的碱含量会抑制氯的氧化作用，铁会增加氧化作用。

大多数情况下，燃烧时，若煤中氯含量大于 1000×10^{-6}（几乎所有烟煤都是这样的）时，进入烟囱的烟气 Hg 以 Hg^0 的形式出现的低于 20%。而当燃烧低氯[$(100 \sim 1000) \times 10^{-6}$]煤或次烟煤时，烟气中 Hg^0 含量较高且分布较宽（$20\% \sim 70\%$）。一般烟煤比典型的次烟煤和褐煤的氯含量高，从烟煤中产生的汞含氧化态汞（Hg^{2+}）多于无烟煤和褐煤。

当煤中的氯含量（质量比）大于 500×10^{-6} 时，烟气中的 Hg^{2+} 约占总汞的 80%。

图 12-9 为燃烧烟煤的几个电厂汞组分分布。

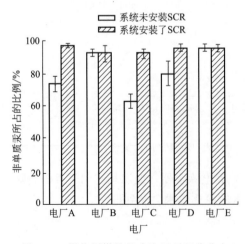

图 12-9 燃烧烟煤的几个电厂汞组分分布

3. SCR 催化剂的影响

SCR 催化剂中的组分 V_2O_5 和 TiO_2 会促进单质汞转化成氧化态汞，并能将 SO_2 催化形成 SO_3，将 HCl 催化形成 Cl_2，而单质汞则与 SO_3 及 Cl_2 反应形成氧化态汞。例如，在某锅炉中的实验表明，在没有 SCR 催化剂时，燃煤烟气中元素汞 Hg^0 的自然氧化率（均相或非均相）约为 68%。若有 SCR 催化剂，烟气通过 SCR 反应器后，Hg^0 所占份额从其入口处的 40%～60% 降低到 2%～12%，总的汞氧化率大于 80%。

在汞的化学反应过程中，烟气中 HCl、氨含量、SCR 运行温度以及催化剂空速对汞的氧化有重大影响。一般地，氨的存在抑制汞的氧化，增加烟气中 HCl 浓度和降低烟气在 SCR 催化剂中的空间速度（相当于延长烟气停留时间）可促进汞的氧化。燃用高氯烟煤通过 SCR 催化剂后颗粒态汞有显著增加，而燃用低氯亚烟煤则无明显变化。经过常规的 SCR 催化剂使 Hg^0 非均相氧化，烟气中 HCl 是 Hg^0 在 SCR 系统中催化非均相氧化的必要组分。更进一步的研究表明，HCl 的浓度只要有 8×10^{-6} 就足以使烟气中 Hg^0 的氧化率达 90% 以上。

在 SCR 催化剂中喷入卤素后可显著地提高 Hg 的氧化率，考虑到卤素的毒性和成本等因素，常选用 HCl 作为脱汞的添加剂。在 SCR 系统中、HCl 存在时，Hg 被氧化得到 $HgCl_2$，而同时进行的脱硝反应不受影响。生成的 $HgCl_2$ 是可溶性的，一部分可吸附在飞灰上被除去，大部分可在脱硫系统中被除去。该技术的副反应是生成的 $HgCl_2$ 会在 NH_3 或 SO_2 的作用下被还原为单质 Hg，该技术的关键在于在提高对 Hg 的氧化率的同时，如何不提高对 SO_2 的氧化率。

一般地，催化剂使用时间越长，汞的氧化率越低。

目前，脱硝技术用于汞氧化所面临的挑战包括以下几方面。

（1）我国燃煤煤种中大部分 Cl 含量不高，需要在烟气后续处理中增加对 Hg^0 的氧化。在较低氯浓度条件下，现有 SCR 催化剂对 Hg^0 的氧化率不高。

（2）向烟气中补充 HCl 可能会增加空气预热器和脱硫系统的腐蚀。

针对上述挑战，对策是开发适于低 HCl 浓度烟气条件下的新型 SCR 催化剂，通过调整催化剂配方，在保证高脱硝效率的同时使催化剂具有较高的 Hg^0 氧化能力。

4. 飞灰

飞灰特性（特别是未燃尽碳含量）和煤中的氯含量是影响汞组分和脱除的重要因素。烟气中未燃烧的炭可以脱汞，在较低的温度下，除汞效率较高。烟煤产生的飞灰比无烟煤和褐煤产生的飞灰对单质汞的氧化效果要好，其他烟气组分（如 SO_3 和 H_2O）由于竞争吸附对单质汞的氧化有抑制作用。飞灰中较高的碱含量也会抑制氯的氧化作用，从而降低 Hg 氧化率，而铁会促进氧化作用。

一般来说，富含硫的飞灰微粒在燃煤烟道气中可能会吸附 Hg^0，在燃烧期间硫从煤中被释放出来，一部分硫（通常是 1%～3%）会被氧化成 SO_3，而 SO_3 会与烟道气中的 H_2O 反应生成 H_2SO_4。当温度低于硫酸的露点时，H_2SO_4 会在微粒表面冷凝，此时汞物种可能吸附在 H_2SO_4 上。除了 H_2SO_4 在微粒表面上冷凝之外，微粒表面上硫化物的化学吸附可能会产生活性汞的吸附位置。下式为 SO_2 及 CO 与 HgO（s，g）的氧化还原反应：

$$HgO(g) + SO_2(g) \Longrightarrow Hg^0(g) + SO_3(g)$$

$$HgO(s,g) + CO(g) \Longrightarrow Hg^0(g) + CO_2(g)$$

亚硫酸盐的氧化作用导致氧化态汞还原为单质汞。

5. NH₃

氨会占据催化剂的活性部位，降低汞的氧化率。

6. 低氮燃烧

低氮燃烧技术（如低氮燃烧器、火上风、分级燃烧、浓淡燃烧和烟气循环等）的使用，使飞灰中的未燃尽碳含量大大增加。烟气中未燃烧的炭可以脱汞，在较低的温度下，除汞效率较高。未燃尽炭吸附汞形成颗粒汞，当烟气中有足够的氯存在时，未燃尽炭可作为 Hg⁰ 的催化剂。低氮燃烧不会直接影响到汞的存在形式，但由此增加的未燃尽炭可以增大下游的除汞率。

将烟气温度降至 220 ℉以下，有利于汞在未燃尽炭表面的吸附。

7. O₂ 的影响

烟气中 SO₂ 在湿式吸收塔中被吸收，生成的亚硫酸盐和亚硫酸氢盐具有还原性，能将被脱硫液吸收的 Hg^{2+} 还原成 HgO 而造成单质汞的重新排放，而烟气中的 O₂ 可使亚硫酸盐和亚硫酸氢盐氧化成硫酸盐，进而与 Hg^{2+} 反应生成硫酸汞，有利于提高脱汞效率。另外，在锅炉燃烧区域或烟气输送时，温度较低区域的单质汞可以与 O₂ 迅速发生氧化反应而转化为二价汞，并且 O₂ 体积分数越大，发生单质汞向二价汞转化的温度范围越宽；O₂ 体积分数较低时，汞开始转化的温度也相对较低，其转化率也较低；在高温燃烧的条件下，O₂ 体积分数的变化对汞的转化率几乎没有影响。

8. 二氧化硫的影响

烟气中的二氧化硫会消耗烟气中的氯，但对溴的消耗小。

9. 三氧化硫

三氧化硫和汞会产生竞争性吸附，因此，低硫煤的汞脱除效率比高硫煤要高。

10. 水蒸气的影响

烟气中水蒸气的存在会减少单质汞的氧化，因此，烟气湿度的增加不利于湿式脱硫系统的脱汞。

四、 汞的测量技术

煤中汞的分析可采用酸萃取和湿式氧化/冷原子吸收法，这两种方法的测量低限为 0.02×10^{-6} 和 0.03×10^{-6}。第三种方法为氧气爆燃/原子吸收法，测量低限为 0.06×10^{-6}。三种测量方法均有其局限性，特别当用于测量含汞量较低的煤或飞灰时，但这种不确定性并不影响所测数据的应用。

烟气中汞的测定可采用 O-H 法（ontario hyaro method）等动力抽取，并收集于石英布袋过滤器、KCl 溶液、酸性过氧化氢或酸性高锰酸钾溶液中，氧化态汞收集于 KCl 撞击器中，而单质汞则收集于过氧化氢和高锰酸钾撞击器中，在分析过程中，将收集到的汞还原成单质汞，并向溶液中鼓入空气，采用冷蒸汽原子吸收光谱法测定。

手工测量可以测量不同燃烧源的总汞排放，EPA 方法 101 和方法 29 可用于测量燃烧源的总汞含量，而 O-H 法可用于汞各组分的测量。一般地，取样分析系统均包括等压取样探头、一个收尘过滤器和吸收气态 Hg 的溶液或溶剂。取样后，将过滤器和吸收后的溶液送实验室分析。图 12-10 为 O-H 方法取样流程图。

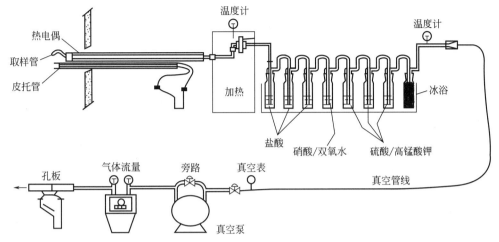

图 12-10　O-H 方法取样流程图

总汞的测量中，认为各种形式的气态汞均可被强氧化溶液（如高锰酸钾溶液）捕集，可采用多种形式的溶液或吸收剂将气态汞变成 Hg^{2+} 和 Hg^0。

Hg^{2+} 易溶于溶液中，而 Hg^0 基本不溶。当吸收溶液直接布置于过滤器后时，Hg^{2+} 被捕集，而 Hg^0 则逃逸至强氧化溶液中被捕集。分别分析这些溶液可知所取试样中 Hg^{2+} 和 Hg^0 的分布情况。表 12-3 为不同测汞方法设备布置及其所使用的吸收溶液。

表 12-3　几种测汞方法

测量方法	取样布置		捕集器布置（数目＋溶剂）			分析方法
	前半部收集（PM 和 Hg）	后半部收集（气态 Hg）	第一套装置	第二套装置	第三套装置	
EPA 方法 29	玻璃纤维过滤器	捕集溶液	$2HNO_3-H_2O_2$	1 干式	$2H_2SO_4-KMnO_4$	冷原子吸收法
EPA 方法 101A	玻璃纤维过滤器	捕集溶液	$3H_2SO_4-KMnO_4$	无	无	冷原子吸收法
EPA 方法 101B	玻璃纤维过滤器	捕集溶液	2 去离子水	$1HNO_3-H_2O_2$	$2H_2SO_4-KMnO_4$	冷原子吸收法
O-H 方法	玻璃纤维过滤器	捕集溶液	3KCl	$1HWO_3-H_2O_2$	$2H_2SO_4-KMnO_4$	冷原子吸收法
三氨基甲烷溶液法	玻璃纤维	捕集溶液	乙三氨基甲烷溶液	$2H_2SO_4-KMNO_4$	无	冷原子吸收法
MESA 方法	玻璃绒	吸收剂床层	2KCl-苏打石灰	2 浸碘炭	无	冷原子荧光光谱测定法

PM 对 Hg 组分的影响很大，取样点设在除尘器上游（粉尘浓度较高）和下游（粉尘浓度低），测得的 Hg 组分可能相差很大。过滤器中收集的粉尘可以吸收气态汞，有活性的飞灰也能氧化 Hg^0，当过滤器中发生汞的吸收和氧化时，将改变 Hg^{2+}/Hg^0 的值。例如，若过滤器中的粉尘吸收了气态汞，那么过滤器中将含有比实际多的 Hgp，此时，测量结果将高估烟气中 Hgp 的含量，低估气态汞的含量，总 Hg 的分布将发生变化。同样，若过滤器中的粉尘将 Hg^0 氧化为 Hg^{2+}，将会高估烟气中 Hg^{2+} 的含量。这些转化率取决于煤和飞灰的性质、飞灰量、烟气温度、烟气组分和取样周期，这种测量会导致结果偏差很大，无法做准确的评价。

汞连续监测仪（CEMS）更优于手工测量，它可以提供实时或接近实时的数据，并提供长期的排放数据。汞连续监测仪与其他监测气体的仪器类似，只是由于汞的组分较多（Hg^0、Hgp 和 Hg^{2+}），浓度极低，定量传输比其他仪器困难得多。

汞连续监测仪可根据其测量原理分类：冷原子吸收光谱测量（CVAAS）和冷原子荧光光谱高明量（CVAFS），在线紫外线微分光学吸收光谱测量（VVDOAS）和原子发射光谱测量（AES）。大多数汞连续监测仪以 CVAAS 和 CVAFS 为原理制造，这些测量技术易受烟气中常见组分的影响，如 NO_x、SO_x、HCl 和 Cl_2 对测量有干扰，也会降低浓缩设备的性能，因此需对所测烟气进行处理。对于大多数 CVAAS 检测系统，SO_2 是主要干扰物。O_2 和 N_2 对光谱具有稀释作用，会降低测量精度。HCl 和 NO_x 组合在一起可使收集器表面中毒，阻止汞的浓缩。

典型的汞连续监测仪仅测 Hg^0，测量时将烟气中的 Hg^{2+} 还原成 Hg^0，然后测量总汞。近来的研究表明，$HgCl_2$ 是烟气中主要的汞的氧化物组分。尽管 Hgp 也可还原成气态 Hg^0，但颗粒物样品的现场分析问题使 Hgp 的测量变得不现实。因此，对于大多数 CEMS 来说，所测的总汞实际上为总气态 Hg（TGM）。

气态非 Hg^0 向 Hg^0 的转化一般采用液态还原剂（如氯化锡），这种技术虽然可信度高，但由于这些药剂一般具有腐蚀性，并需要经常补充，废吸收剂有毒，处理困难，因此其在汞连续监测仪中的应用受到限制。此外，还原剂（如氯化锡）的还原能力容易受高浓度 SO_2 的影响。除湿式转化方法外，还有干式转化法。这些技术采用高温催化剂或热还原装置，不但能转化非 Hg^0，还能有选择地排除干扰。这些方法大大减小了装置尺寸，也降低了维护费，但这些系统还未在燃煤烟气汞测量中得到很好的验证。

由于 Hgp 的转化较困难，而且经常对测量造成干扰，因此，一般将 Hgp 过滤掉而不测量，这将造成测量值比实际值低。当某些粉尘捕集气态 SO_2 时，偏差将会更大。同样，$HgCl_2$ 的定量转换也不容易。$HgCl_2$ 易溶于水且在许多物质表面具有反应活性，由于吸收而造成的损失值得关注。因此，近来强调非 Hg^0 转化系统应尽可能靠近取样点，以将 Hg^{2+} 的传输距离缩短到最小。

半连续汞监测仪包括以下 4 个主要部件。

① 取样头，包括过滤器和泵。

② 带伴热的特氟龙取样管，一般其温度维持在 199℃，以防汞在取样管中损失并保持汞的物态形成与在烟囱中的一致，同时减少酸雾凝结。

③ 汞的转换系统。

④ 数据分析系统。

该监测仪还有一个汞蒸气发生器，它每分钟可产生 14L 汞蒸气。该汞蒸气经过阀门控制站直接进入探头以标定系统。

第二节　活性炭脱汞

吸附法主要是利用多孔性固态物质的吸附作用来处理污染物的一种常用方法，包括物理吸附和化学吸附两种方式。物理吸附是由于分子间相互作用产生的吸附，没有选择性，吸附强度好，具有可逆性，是放热过程；化学吸附是靠化学键力相互作用产生的吸附，这种吸附选择性好、吸附力强、具有不可逆性，是吸热过程。一般吸附都兼有物理吸附、化学吸附功能，两种吸附过程可以同时进行。

吸附适用于气体中汞含量处于低水平的情况，如通常小于 $10\mu g/m^3$ 数量级。汞的捕集效率与温度有关，一般随温度的降低而升高。

汞的吸附剂包括活性炭、飞灰和金属吸收剂。硫化物、碱性硅酸盐和氧化物颗粒只对氧化态的汞有效，而金属氧化物吸附剂比活性炭颗粒表现出更慢的捕捉速率。为提高这些吸附剂的吸附效率，需要添加次级组分（如氢卤化物、V 族卤化物、VI 族卤化物等）和碱，以进一步提高活性及汞容量。同时加入 S、Se、H_2S、SO_2、H_2Se、SeO_2、CS_2、P_2S_5 及其组合的汞溶液稳定剂，接触时间仅为若干秒，且可以再生及重新利用。

分子态元素形式的卤素，包括 F_2、Cl_2、Br_2 和 I_2，其与热烟道气组分反应后，几乎没有剩余可与元素汞反应。原子态元素的卤素形式包括氟、氯、溴和碘原子，其对汞的反应活性要比分子态的大出约一百万倍。但原子态形式的浓度通常是极低的，在大部分燃煤电厂中，其浓度通常不足以使汞被氧化。一般地，卤化物比起分子态卤素来说活性要低很多，具有较低的化学势。卤化物被认为是不能单独氧化其他化合物的还原态形式，因此，在传统观点中，卤化物处理的活性炭不能有效地将元素态的汞氧化，也无法将其捕集。

X 射线光电子能谱法已经确定，溴、氯、HBr 或 HCl 的加入在碳结构中形成了新的化合物。因此，由卤素和活性炭生成的吸附剂不再是分子态卤素的形式，而是一种新的化学改性的碳（或卤化碳）结构。除卤化物离子外，在低活性的碘中可能不会出现这种现象，其中 I_2 分子络合物可能存在于碳基面上。而对于溴改性的阳离子炭具有使汞氧化的高化学势，卤化物阴离子通过在汞上逐渐发展的正电荷稳定化而有效地促进氧化。

一、 活性炭

目前，最有吸引力的除汞技术为活性炭喷射技术。活性炭具有良好的吸附性，当用于吸附汞时，活性炭一般可吸附自身质量 10%～12% 的汞。其操作温度不高于 50℃，该工艺适用于低浓度的汞烟气，其吸附效率一般为 90% 左右。

活性炭喷射系统示意图见图 12-11。

活性炭对汞的吸附是一个多元化的过程，它包括吸附、凝结、扩散以及化学反应等，与吸附剂本身的物理性质、温度、烟气成分、停留时间、烟气中汞浓度、炭汞比例等因素有关。

图 12-12 为燃煤电厂脱硫装置与布袋除尘器和电除尘器组合后的除汞效率。从图中可以看出，布袋除尘器的除尘效率为 23%～54%。同时也可看出，电除尘器与脱硫装置组合时，排放的 Hg^0 蒸气浓度较高。在除尘器中，氧化态汞被还原成 Hg^0，Hg^0 不能被下游的脱硫装置吸收。

活性炭吸收单质汞和氧化态汞的机理有很大的不同，假定所有的单质汞吸收后最终均被氧化，除汞效率随温度的降低而升高，这表明活性炭的除汞机理为物理吸附。例如，在 180℃、150℃ 和 130℃ 下，

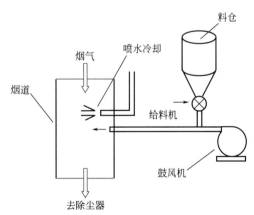

图 12-11 活性炭喷射系统示意图

要脱除 $50\%\sim80\%$ 的汞，典型的炭与汞的质量比约为 50000、10000 和 4000。

大多数活性炭对氧化态汞具有良好的吸附作用，但对单质汞的吸附效果较差，若烟气中 Hg^0 含量较多，则需要的 C/Hg 值越大。

实践也证明，无论是湿式电除尘器还是活性炭，它们对 Hg^{2+} 的脱除效率远高于 Hg^0。

对于电厂烟气，其他组分也会被吸收，如 H_2O、NO_2、SO_2、HCl、二噁英/呋喃、$PAHs$ 及其他痕量元素。同时，吸收的 HCl 会促进物理吸收的单质汞向结合更强的化学吸收的汞转换。

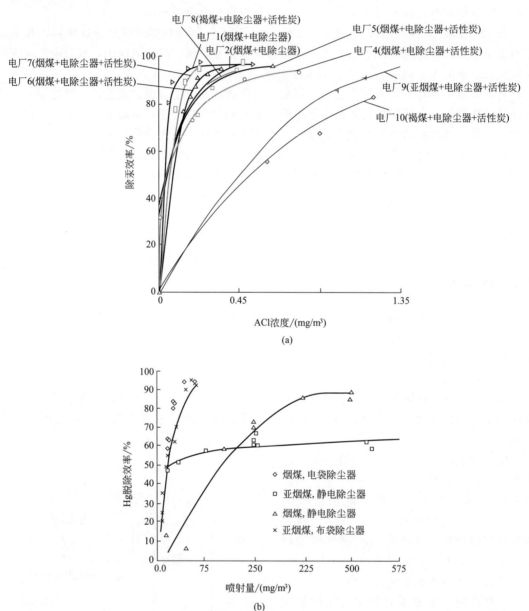

图 12-12　燃煤电厂脱硫装置与布袋除尘器组合后的除汞效率

现在应用较多的方法是向烟气中喷入粉末状活性炭（PAC），粉末活性炭吸附汞后由其下游的除尘（如静电除尘器、布袋除尘器）除去，但是活性炭与飞灰混合在一起，不能够再生。由于存在低容量、混合性差、低热力学稳定性的问题，而且活性炭的利用率低、耗量大，使直接采用活性炭吸附法成本过高。美国能源部估计，要达到 90% 的脱汞率，脱除 0.45kg 汞的成本为（2.5～7.0）×10⁴ 美元。对于典型的 50MW 燃煤机组，其年运行费用为 500 万美元左右，具体投资与煤种含硫量和现有污染控制设备有关，燃煤电厂很难承受，见图 12-13。

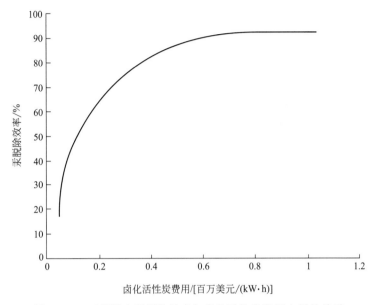

图 12-13　亚烟煤中汞脱除效率与卤化活性炭费用之间的关系

1. 影响活性炭吸附性能的一些因素

由于活性炭喷射法相对简单，根据污泥焚化装置的经验，活性炭喷射的除汞率达 90% 以上，在焚化炉中应用很成功。然而，需要指出的是焚化炉烟气中含有的氯和汞浓度要比燃煤烟气中高得多，这些因素有利于活性炭喷射法除汞。电厂烟气除汞的炭与汞的质量比为 5000～100000，具体比值与温度、活性炭力度等有关。此外，烟气中 SO_2 和 NO_2 的存在也会带来一些问题。影响汞吸附效率的因素很多，包括：烟气温度、烟气组分（如酸性气体的浓度）、烟气中汞的浓度以及活性炭本身的物理化学性质（吸附剂的比表面积、空穴尺寸分布、颗粒粒径分布、吸附组分，吸附剂中水、硫、碘、氯和溴等的含量，以及某些化学官能团）。

（1）活性炭粒径的影响　对于含汞浓度较低的电厂烟气，活性炭对汞的吸收传质受活性炭吸收容量和活性炭活性限制。在 140℃ 左右的温度下，由于扩散和强制对流的综合影响，200μm 左右的活性炭的传质最小。粒径为 1～100μm 的活性炭，温度为 140℃ 时的除汞效率见图 12-14 和图 12-15。粒径大于 20μm 时，颗粒太大，传质面积很小，典型的接触时间为 1～2s。

理论模型的计算表明，活性炭的颗粒尺寸对汞的捕获率有较大影响。例如，当烟气中 Hg 浓度为 10μg/m³，活性炭停留时间为 2s，需要获得 90% 的汞脱除率时，若采用粒径为 4μm 的活性炭，则需要 C/Hg 约为 3000∶1；若采用粒径为 10μm 的活性炭，C/Hg 则需要 18000∶1。

（2）温度的影响　如图 12-16 所示，活性炭吸附汞的容量随温度的升高而降低。当温度

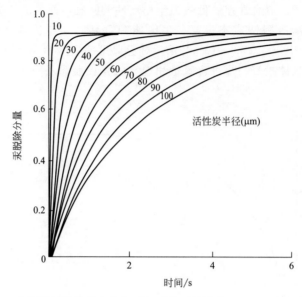

图 12-14　140℃下活性炭粒径和停留时间对脱汞的影响（入口汞浓度为 $20\mu g/m^3$）

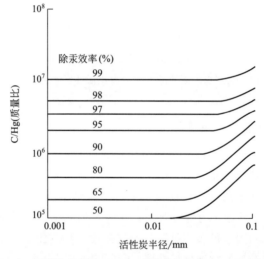

图 12-15　140℃下，活性炭粒径和 C/Hg 对脱汞的影响（入口汞浓度为 $20\mu g/m^3$）

大于 180℃时，活性炭的吸附容量和反应活性开始下降。活性炭对单质汞的吸附首先是物理吸附，然后是氧化，吸附效率随温度的降低而增大。例如，当温度为 150℃和 180℃时，要达到 $50\%\sim80\%$ 的吸附效率，所需 C/Hg（质量比）约为 10000 和 50000；而当温度降低至 130℃时，同样的效率所需的 C/Hg（质量比）为 1300。采用活性炭吸附汞时，烟气温度宜低于 160℃。

（3）硫氧化物的影响　采用活性炭吸附汞时，烟气中高浓度的 SO_2 会抑制活性炭对汞的吸附。

烟气中的硫氧化物主要为 SO_2 和 SO_3。SO_3 主要来自烟气中 SO_2 的氧化（为 $0.1\%\sim1\%$）、电除尘器前采用 SO_3 调质以及烟气经过 SCR 反应器时部分 SO_2 的氧化。在几个电厂的实验表明，当烟气中的 SO_3 达到 30×10^{-6} 时，汞的吸附效率最高为 31%，6×10^{-6} 的

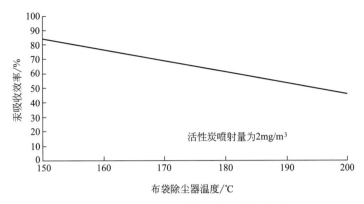

图 12-16 汞吸收效率与温度之间的关系

SO_3 可使汞的吸附效率降低 40%，并将活性炭的吸附性降低 $25\%\sim35\%$。

当存在 NO_2 时，1600×10^{-6} 的 SO_2 可将原来吸附的汞从活性炭中解吸出来，SO_2 和 SO_3 会在活性炭表面发生竞争性吸附。SO_2 和 SO_3 在化学反应动力学和热力学上具有优势。SO_2 和活性炭具有很强的结合能。SO_2 和 SO_3 的浓度也远高于汞的浓度。

活性炭可催化氧化 SO_2 为 H_2SO_4，反应式如下：

$$SO_2+H_2O+\frac{1}{2}O_2 \!=\!=\! H_2SO_4$$

反应生成的 H_2SO_4 挥发性很差，吸附于活性炭表面后影响汞的吸收。从上述反应也可看出，烟气中的水蒸气将降低汞的吸附概率。同样，SO_3 也可被催化氧化生成 H_2SO_4。

活性炭同样也会促进卤化物的生成，例如：

$$SO_2+Cl_2 \!=\!=\! SO_2Cl_2$$

$$NO+Cl_2 \!=\!=\! NOCl_2$$

$$CO+Cl_2 \!=\!=\! COCl_2$$

上述反应可转移活性炭表面固定的卤素元素。

SO_3 对汞吸附的影响远大于 SO_2，物理吸附的 SO_2 对汞吸附的影响很小。当 SO_2 的浓度低于 1870×10^{-6} 时，对汞吸附的影响微乎其微。当 SO_3 的浓度大于 20×10^{-6} 时，对汞的吸附产生抑制（竞争性吸附）。

鉴于烟气中高浓度的 SO_3 对活性炭的脱汞性能有重大影响，解决的方法之一是同时喷入碱性吸附剂（如天然碱），将烟气中的 SO_3 浓度降下来。在炉膛上部入口喷入氢氧化镁浆液，SO_3 的脱除率可达 90% 以上，对装有 SCR 反应器的锅炉来说，可以防止硫酸氢铵在催化剂微孔中的毛细冷凝，但实践证明，炉膛喷射氢氧化镁脱除 SO_3 是不太经济的。在空气预热器前喷入 SO_3 吸收剂，可降低空气预热器的出口温度，提高锅炉热效率，同时减轻后续设备的腐蚀和空气预热器的堵塞问题。空气预热器前喷入的 SO_3 吸收剂有 MgO 粉、碳酸氢钠溶液、亚硫酸钠/亚硫酸氢钠溶液等。采用烟气中喷入亚硫酸钠/亚硫酸氢钠溶液作为 SO_3 吸收剂的方法，当 Na∶SO_3（摩尔比）为 $(1.5\sim2)∶1$ 时，SO_3 的脱除效率可达 90% 以上。当 $NH_3∶SO_3$（摩尔比）达到 $(1.5\sim2)∶1$ 时，SO_3 的脱除效率可达 95% 以上，但存在电除尘电晕闭塞和飞灰再利用问题。此外，生成的铵盐呈气溶胶状态，难以捕集。若同时喷入 $NaHCO_3$ 以脱除烟气中的 SO_x，$NaHCO_3$ 对活性炭吸附汞有抑制作用，需要喷入更多的活性炭，以维持除汞效率。

（4）喷射点与除尘器的影响　停留时间和烟气温度是选择喷射点时需要考虑的两个主要因素。一般地，低温有利于活性炭对汞的吸附，但温度必须要控制在露点以上，以防止硫酸雾滴的产生。吸附剂要求纯悬浮于烟气流中且保持足够长的反应时间，使尽可能多的汞和汞化物被吸附。

当往电除尘器上游喷射活性炭时，除汞率要比往布袋除尘器上游喷射活性炭低得多，其原因为：一是接触时间短，布袋除尘器在除尘过程中，会在布袋表面先集一层吸附剂，可进一步吸附烟气中的汞；二是活性炭颗粒由于比电阻太低，不能被电除尘器去除；三是对于电除尘器，由于不能形成如布袋除尘器那样的吸附剂滤饼，烟气不是强制与吸附剂、飞灰混合物接触，脱汞条件比布袋除尘器差。图 12-17～图 12-19 为活性炭喷入量和除尘器对汞脱除效率的影响。

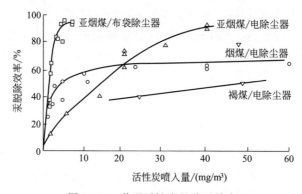

图 12-17　普通活性炭的除汞效率

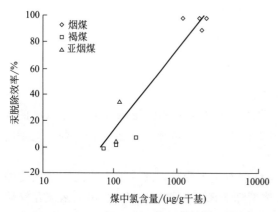

图 12-18　半干法和布袋除尘器的除汞效率

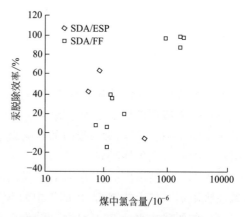

图 12-19　半干法/电除尘器和半干法/
布袋除尘器的除汞效率

活性炭喷射管尽可能安装在气流转向、旋涡、烟道源头处，必要时设置静态混合器。这样不仅可延长吸附剂与烟气混合、吸附汞的停留时间，而且增大了质量传递面积，进一步提高质量传递速度和脱汞效果。

活性炭被布袋除尘器捕集后，对烟气中的二氧化硫具有一定的催化作用，会将少部分的二氧化硫氧化为三氧化硫。

由于布袋除尘的灰斗中含有大量的活性炭，堆积疏松，可自由穿透，若灰斗保温良好，很容易发生自燃现象。因此，灰斗的温度应控制在 150℃ 以下。

烟道喷射需要大量的吸附剂，最终这些吸附剂与飞灰一起被电除尘器或布袋除尘器捕集下来，影响到飞灰的再利用和可售性。解决方法是设置两级除尘器，前级为电除尘器，后级为高速布袋除尘器，将吸附剂在电除尘器和布袋除尘器之间注入。这样就保证了既能回收利用绝大部分飞灰，又能充分利用布袋除尘器脱汞效果好的特点，回收的吸附剂还可以多次重复使用以降低成本，同时还可进一步降低烟气排放的粉尘量。

（5）C/Hg（质量比）的影响　活性炭对汞的脱除效率随 C/Hg、吸附剂浓度和停留时间的增加而增大。

活性炭在垃圾/污泥焚烧中，在中等 C/Hg 的条件下，可获得大于 90% 的除汞效率。但电厂烟气与垃圾/污泥焚烧的烟气有不同之处，电厂锅炉烟气中 Hg 的浓度较低，酸性气体的浓度更高，停留时间（汞与活性炭接触时间）较短。

C/Hg（质量比）一般为 5000～10000，增加停留时间和气固掺混强度可以降低吸收剂的喷射速率。当 C/Hg 为 12000～14000 时，在布袋除尘器前喷入活性炭，烟气中汞的去除率可达 90% 以上。

2. 活性炭添加剂

对活性炭吸附能力起支配作用的是微孔的比例。实验结果表明，向活性炭中加入添加剂后，这种经过改性的活性炭对单质汞的吸附能力大幅增强。

采用金属卤化物（如碘化钾、溴化钠、氯化铜等）和卤化氢酸（如盐酸）作为活性炭浸渍剂，可以有效地增强活性炭材料的脱汞性能。但用溶解的金属卤化物或卤化氢酸浸渍碳质材料的工艺很复杂，需要高质量的碳质材料。首先，溶于溶剂中的浸渍剂需均匀地浸渍于极细粒的炭载体上；然后，被浸渍湿润的炭还需要经过分离、清洗、干燥等过程，并将结块的炭重新粉化，有些还需要在惰性环境中进行热处理。采用该工艺吸附成本较高，是未处理炭的 20 倍。

（1）活性炭浸渍硫　经过热沉淀单质硫活化改性后的活性炭比表面积增加，在表面以及内部沉积硫颗粒，对汞的吸附能力大为增强，而且硫与汞化学结合后能防止汞的再逸出。通过观察扫描电子显微镜观察热沉淀单质硫活化改性活性炭前后对比照片（1000、2000 倍）可知，改性后的活性炭微孔比例显著增加，因此活性炭的比表面积也增大，从而吸附能力大幅增强；在改性后的活性炭微孔结构中，大量沉积的硫与活性炭化合，形成亲单质汞的化合物，因此极大地提高活性炭对单质汞的脱除能力。由 Nucon 公司生产的经过热沉淀单质硫活化改性的活性炭的脱汞效率可提高 70% 以上。

实验表明，在浸硫后的活性炭中，化学吸收后的 Hg 以 HgS 形式存在，比纯活性炭的吸收容量大 2～3 个数量级，特别是当浸渍的硫在高温下被渗出时，吸收容量更大。

（2）活性炭浸渍碘　经过碘化改性的活性炭生成稳定的 HgI 化合物，在同样的条件下，其吸附脱汞能力是未经改性活性炭的 160 倍，可以极大地减少活性炭用量。

浸碘和碘化物可以增强粒状活性炭在常温下脱除元素汞的能力。碘不像氯和溴那样，可以在炭质表面形成有力结合的化合物，碘化物吸附于碳质材料表面基本上属于物理吸附。在适中的升温条件下，不仅被捕获的汞-碘化物被释出，而且其他碘化物也可能挥发释放，并腐蚀下游设备，这就大大限制了浸渍碘和碘化物的吸附剂的应用范围（仅能适用于较低的温度下）。

（3）活性炭浸渍硫酸　活性炭浸满硫酸时，氧化态 Hg^{2+} 也将被捕集，它溶解于硫酸中。

（4）活性炭浸渍溴　图 12-20 为三种商用活性炭固定床吸附穿透曲线，图中比较了这三种材料在溴化前后吸附元素汞的能力。实验室固定床容量测试大致反映了布袋除尘器含吸附剂滤饼的条件。这种测试并不能反映电除尘器入口烟道汞吸附剂注射的动力学和质量传递情况，但这种测试可以获得吸附剂最高汞容量，吸附曲线斜率可提供一些有用的动力学信息。

从图 12-20 中可以看出，溴化活性炭吸汞容量高出未处理粉状活性炭 500％～1000％。为了在不同条件下对比，X 轴没有用时间而是用相对时间的汞吸附量相对于吸附剂的质量分数。

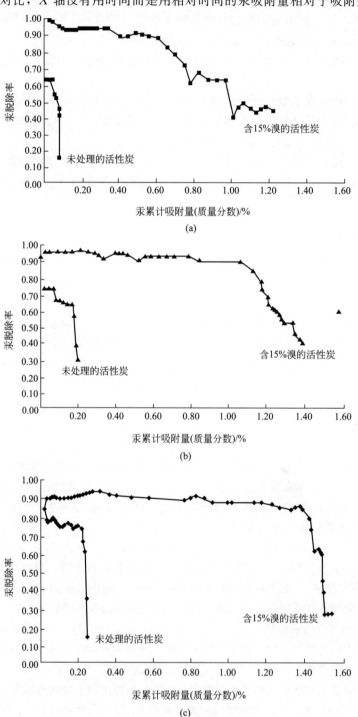

图 12-20　活性炭固定床吸附穿透曲线

溴化活性炭的除汞效率见图 12-21。

用磷酸处理活性炭对吸汞并无益处。

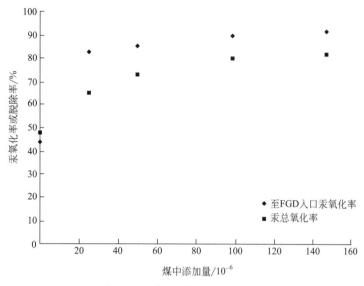

图 12-21　溴化活性炭的除汞效率

图 12-22 为活性炭在模拟烟气中起始穿透点的汞容量。从图 12-22 中可以看出,含溴 8% 的活性炭具有最高累积容量,约为未处理炭的 5 倍。

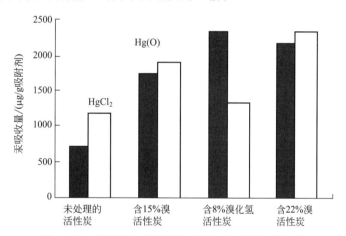

图 12-22　活性炭在模拟烟气中起始穿透点的汞容量

图 12-22 显示,溴化活性炭的平均汞吸附率是未处理的 200% 以上。溴化活性炭不但提高了活性炭吸附单质汞的能力,而且吸附与元素汞等量的氧化态汞——氯化汞。由此表明,溴化吸附剂可以提高燃气中两种最常见的汞物质的吸附效率。

图 12-23 为 150℃ 条件下活性炭固定床的实验结果。烟气中汞浓度为 $14\mu g/m^3$,几乎均为单质汞,在所有的测试条件下,溴化活性炭脱汞能力最强,效果最好,其吸汞容量比未处理的活性炭高出 300%。

很明显,溴化活性炭的脱汞性能大大优于未处理的活性炭。含溴量不同的吸附剂脱汞效果几乎没有差别,这可能与烟道中只需极小的汞吸附容量有关。

表 12-4 为不同卤素或卤化物与活性炭的反应速率。从表中可以看出,溴气最快,为溴

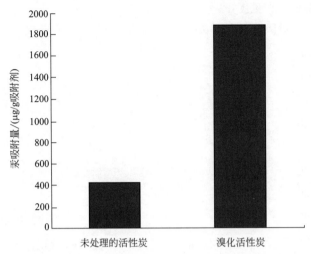

图 12-23　150℃条件下活性炭固定床的实验结果

化氢的 10 倍、氯气的 100 倍。

表 12-4　不同卤素或卤化物与活性炭的反应速率

气相卤素或卤化氢	最终反应量/%	吸附速度/[g/(kg·min)]	储存几天后的浓度/10⁻⁶
溴气	5	10	0
溴气	15	10	0.5
溴化氢	9	1	1
氯气	13	0.1	>40

对于任何数量的卤素添加剂，溴化物远比氯化物更有效，要获得同等汞氧化率，氯化物的用量要比溴化物多一个数量级。

对于未经任何处理的活性炭，三氧化硫可能与汞竞争吸附位置，导致脱汞无效，见图 12-24。溴化活性炭吸附的汞不易被脱附或淋滤掉。

当烟气温度在 300℃ 以上时，普通活性炭完全失去脱汞能力，浸硫和浸碘的活性炭也将丧失脱汞能力，而含溴活性炭在 300℃ 左右时仍具有捕捉烟气中汞的能力。

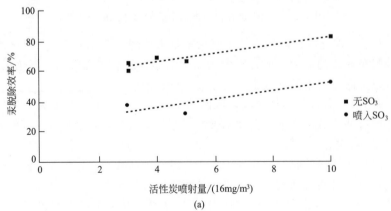

(a)

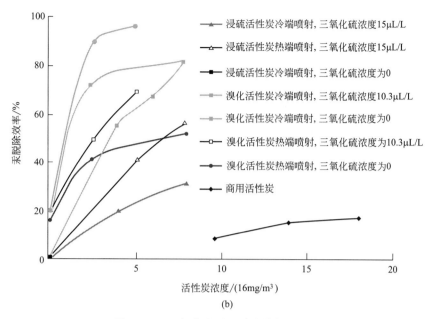

图 12-24 三氧化硫对汞脱除效率的影响

图 12-25 为活性炭脱汞中试结果，图 12-26 为电厂实际运行结果。烟气中汞浓度约为 $10\mu g/m^3$，80%～90%为氧化态汞。从图 12-25 中可以看出，未被处理的活性炭，即使在每 100 万立方英尺（1ft＝0.3048m）的烟气中注入 18lb（1lb＝0.45kg），其脱汞效率只有 22%。含 13%氯的活性炭脱汞效果稍好些，在每 100 万立方英尺烟气中注入 8 磅，其脱汞率为 22%。溴化活性炭脱汞效果明显高于上述二者，在每 30 万立方米烟气中注入 0.8kg 即可脱去 50%的汞，注入 1.8kg 时脱汞率可达 70%。含 5%、10% 和 15%质量的溴化活性炭和含 9%溴化氢的活性炭在该场合脱汞能力相似。

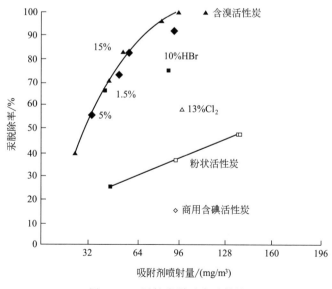

图 12-25 活性炭脱汞中试结果

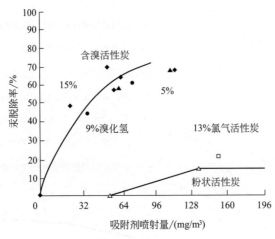

图 12-26　电厂实际运行结果

溴化活性炭注入量的控制可以利用汞排放的连续测量作为反馈，协助控制吸附剂注入速率，保证脱汞所需的最小量，从而使相关成本最小化。

溴化处理后的溴化活性炭无溴，不会对皮肤产生刺激，因为溴已经完全与炭反应而生成了溴化活性炭。

如图 12-27 所示，制作溴化活性炭的基体材料选自粉状活性炭、粒状活性炭、炭黑、碳纤维、气凝胶炭和热碎炭，平均粒径大于 $40\mu m$，优选大于 $60\mu m$ 的，以便可采用物理方法将它们从飞灰中分离出来。该吸附剂不需要在气流原位活化，以达到较高的活性（没有诱导期）。溴化氢与活性炭的不饱和结构发生反应，例如位于炭的石墨烯片尾结构边缘上的碳烯物质。溴分子或溴化物的反应可以形成类似结构，带有对汞的氧化具有活性的正碳，随后被吸附剂所捕集。

溴化活性炭对促进汞氧化器除汞具有独特的适用性。氧化的有效性显然是源于卤化物对氧化期间在汞上逐渐发展的正电荷产生的促进效果，这在化学领域中被认为是特定催化效应。因此，当汞的电子被推向正碳时，卤化物阴离子的电子则从另一侧推进，使在汞上逐渐发展的正电荷稳定化，降低氧化过程所需的能量。溴化活性炭的高度活性是由于其离子的外层 $4p$ 轨道上的可致极化的电子，正碳在溴离子的协助下将汞氧化。

溴化活性炭浸渍硫、碘和 Fe_2O_3 等，在一定温度下可浸渍物固化在活性炭晶格中，吸收完汞的吸附剂采用水力旋流器或磁性分离等方法剂分离出来。

含溴活性炭汞吸附剂的原料主要为活性炭和单质溴或溴化氢中的一种或两种，制备工艺大致如下。吸附剂的制备温度大于 $60℃$，有时大于 $150℃$。在喷射之前，需将碳质材料破碎到一定尺寸以使其能悬浮于烟气中。这种方法制备的吸附

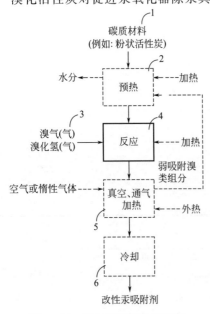

图 12-27　溴化活性炭生产流程

剂可用于高温烟气中。烟气中的元素汞和氧化态汞化合物与存在于表面的至少一种炭-溴化合物进行络合反应。由于汞是被化学吸附而不是物理吸附，所以捕捉的汞非常稳定，不易挥发或淋滤。生产这类型的汞吸附剂的技术非常简单经济。碳质材料和溴气仅相互接触即可快速生成有利于与汞反应的表面化合物。单质溴在室温下是悬浮液体，略为升温即转化为气体。溴化氢通常情况下是以气态形式存在的，利用气体与炭反应可大大简化吸附剂的生产过程，生产成本低。

任何普通的混合方法和设备均可用于混合气相溴或溴化物与碳质材料。但由于溴具备极强的腐蚀性，应注意制作设备的防腐问题。同时，最好在一定温度下混合含溴气体与碳质材料，以保证溴始终处于气态，并可减少碳质材料孔隙中物理吸附的溴。由于物理吸附的溴与炭不是以化学键的形式结合的，在处理和储存过程中，特别是喷入热烟气中时，物理吸附的溴很容易再次挥发出来。

如果碳质材料处于常温，宜将其预热至100℃以上，预热的目的之一是脱除碳质材料中的水汽。这些水汽会闭塞碳质材料的孔隙并影响以后的溴化过程。

含溴气体最好含有单质溴。室温下，单质溴是高密度液体，这有利于运输和储存。用加热的导管汽化液态溴是一种比较好的方法。在某些应用过程中，用载气稀释单质溴和溴化氢有利于其均布于碳质材料颗粒中。批量生产时，用纯单质溴或溴化氢效果更好。当单质溴或溴化氢气体进入到气密闭的反应釜中时，反应釜内的压力暂时略有升高，待单质溴和溴化氢与碳质材料充分反应后，反应釜内的压力恢复正常。

较高的温度有利于单质溴和溴化氢与碳质材料的反应。碳质材料的温度至少应与含溴气体的温度一样高，碳质材料的温度高于150℃或高于喷入含汞烟气的温度时更有利。含溴气体与碳质材料可以在包括常压等任何压力下进行反应。

仅含1%（质量比）的活性炭吸附剂与常规活性炭相比，其吸附汞的能力有很大的提高。一般地，活性炭的溴化程度越高，其相应的汞吸附容量就越大。

但在吸附剂的喷射过程当中，吸附剂的吸汞容量只有部分得到了利用。因此，活性炭的最佳溴化程度因情况而异。含15%（质量比）溴的吸附剂的吸汞能力已经非常高了，但吸附的部分低能态的溴在某些条件下会变得不稳定而挥发。另外，与含溴的吸附剂相比，生产时间更长，成本较高。

溴化过程可在多种反应釜中进行，例如固定式搅拌罐、回转炉、竖式移动床、流化床等。

溴化后的吸附剂可采用抽真空、空气或惰性气体吹扫、加热等方法，以消除溴化过程中生成的极弱地吸附于炭表面的溴类化合物。最后一步是在干燥的环境下冷却吸附剂，以便包装、储存和运输。

影响溴化活性炭推广应用的主要因素有运行成本较高、降低电除尘器效率（飞灰比电阻降低）和飞灰的再利用，见图12-28。

活性炭吸附汞技术由于多用于处理垃圾燃烧废气，技术已经成熟。但是，与垃圾焚烧相比，由于燃煤电厂烟气中汞浓度约低1～3个数量级、烟气流速高、烟气组成不同以及汞的存在形式不同等原因，活性炭吸附汞技术用于燃煤烟气处理仍需慎重。此外，吸附剂往往相对昂贵，不易从灰分中分离出来以再生及重复利用。灰分中碳的收集也造成了固体废物处理问题，用过的吸附剂可能污染收集的灰分，妨碍再利用。

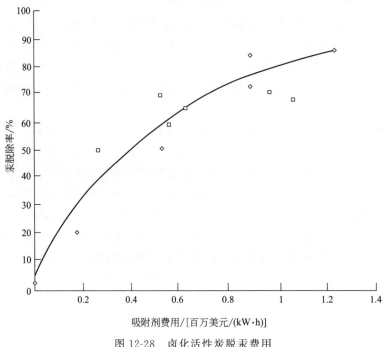

图 12-28　卤化活性炭脱汞费用

二、　其他吸附剂

由于活性炭脱汞中存在种种弊端，近年来，基于金属氧化物、硅酸盐、飞灰等的 Hg^0 吸收剂不断得到发展，金属氧化物如 Cr_2O_3 和 MOS_2 除汞容量中等，可以考虑用来取代活性炭。

1. 飞灰

燃煤过程中产生的飞灰可吸附一部分气态汞，硅酸铝可有效地吸附汞、钠、钾等碱金属。飞灰对汞的吸附主要通过物理吸附、化学吸附、化学反应以及三者结合的方式。飞灰吸附主要受到温度、飞灰粒径、碳含量、烟气气体成分以及飞灰中无机成分对汞的催化等因素的影响，并且飞灰中的多种金属氧化物对 Hg^0 有不同程度的催化氧化作用，如 CuO 和 Fe_2O_3 等。

试验表明，将飞灰再注入后通过 FF 除尘，在 135～160℃附近，汞脱除率随含碳量增加而升高，在 13％～80％范围内变化。根据飞灰表面性质的分析，发现飞灰表面汞富集区域与该处的碳含量有直接关系。在低汞浓度条件下，飞灰中的残炭对汞的吸附能力与商业活性炭差距并不显著，但在高汞浓度条件下，商业活性炭对汞的吸附能力则比较有优势。从技术、经济角度综合考虑，未燃尽残炭作为廉价的吸附剂，对于低汞浓度的燃煤烟气的汞污染控制具有独特的优势。

利用飞灰吸附方法脱除汞可减少 80％的活性炭使用量，但是碳含量过高（大于 1％）会限制飞灰作为混凝土添加剂的商业应用。

图 12-29 为飞灰中碱/SO_3（摩尔比）对除汞的影响。

从图 12-29 中可以看出，当飞灰中含有 5％左右的未燃尽炭时，电除尘器可以获得 20％～

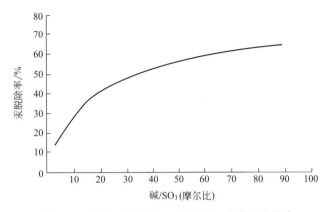

图 12-29　飞灰中碱/SO₃（摩尔比）对除汞的影响

40％的除汞效率。

2. 金属吸收剂

一般地，硫化物和碱性硅酸盐及氧化物粒子仅对氧化态的汞是有效的，且与碳粒子相比，金属氧化物吸附剂的捕集动力学性能较差。金属吸收剂是利用特定的金属与汞形成合金来除去烟气中的汞，这种新形成的合金能够在升高温度的情况下进行可逆反应，实现汞的回收以及金属的循环利用，并且金属吸收率与汞的化学形态无关，这样采用金属吸收剂就可很好地去除单质汞。

硒过滤器使用了惰性多孔过滤材料，含有二氧化硒（SeO_2）的溶液吸附在该材料上并被干燥，二氧化硒被烟气中的 SO_2 还原，生成单质硒，该单质硒进一步与汞反应生成硒化物 $HgSe$。

采用含 Se 吸附剂，以固定床形式置于湿式洗涤塔后。

第三节　氧化法脱汞

常规的脱硫系统对汞的去除率取决于烟气中汞的存在形态。除汞效率受气膜传质控制，当汞以 Hg^{2+} 的形式存在时，汞溶解度很高，湿式脱硫塔可除去大约 90％的氧化态汞。单质汞在水中的溶解度很小，湿式脱硫塔系统对单质汞的去除率几乎为 0。因此，若能将烟气中的汞全部转化为氧化态的汞，即能够利用现有的 WFGD 装置，经过少许改造，达到除汞的目的，而且对其运行和脱硫的性能影响不大，这无疑将大大减少投资和运行费用，并且有在近期即能控制汞排放的可能性。

提高单质汞的氧化率有多种方法，如改善燃烧条件、改变烟气组成（提高烟气中 HCl、Cl_2、O_2 的含量）、在烟气中注入活性炭或催化剂、在煤中加入添加剂、在吸收液中加入氧化剂等，见图 12-30。

常用的汞氧化剂有臭氧、亚氯酸盐、金类、钯类等。这些氧化剂将 Hg^0 氧化成 Hg^{2+} 化合物，被氧化后的二价汞进入湿式脱硫系统，并与二价汞稳定剂相结合，减少二价汞的二次挥发。最后采用絮凝剂、有机硫集中处理富含二价汞的脱硫废水，去除汞及其他痕量元素。

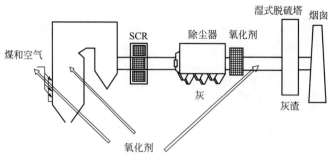

图 12-30　现有烟气装置氧化除汞方式

一、臭氧

　　往烟气中先喷入臭氧，臭氧将单质汞氧化成 Hg^{2+} 后可用湿式脱硫装置除去，而且喷入的臭氧还能同时用于烟气脱硝。采用臭氧低温氧化法可除去 90％以上的 NO_x 和 80％以上的单质汞，从而实现脱硫、脱硝、除汞一体化。

　　实验表明，煤质对 NO_x 氧化效果的影响很小。对于无烟煤，在停留时间较短时，提高反应温度可以增加单质汞氧化率，但是对于烟煤则影响很小。当停留时间较长时，温度的高低对单质汞的氧化率影响不大。烟气温度从 60℃到 80℃对 NO_x 氧化效果的影响依然很小。O_3/NO_x（摩擦比）为 2 左右时，在大多数情况下，温度低一些更合适，高温会加速臭氧的分解。但是在较高的温度下，NO_x 和单质汞所需的反应时间更短，较低的温度、较长的反应时间、较高的 O_3/NO_x（摩擦比），有利于获得最佳的单质汞和 NO_x 氧化效率。

　　单用臭氧氧化单质汞时，单质汞的氧化率随入口单位汞浓度的升高而升高。

　　臭氧在潮湿的烟气中也会生成部分羟基自由基，单质汞的氧化速率受臭氧、水蒸气和硝酸的综合影响。烟气中水蒸气气压越大，越有利于 NO_x 和 Hg 与 O_3 的氧化反应。

　　烟气进入预洗涤塔后，烟气骤冷增加了烟气中的水汽分压，废气预洗涤可产生除去臭氧所必需的亚硫酸盐溶液。增加进入氧化器废气中的水含量和降低进入氧化器废气中的 SO_2 和 HCl 含量均可改进氧化条件。在氧化器中产生的氧化条件促进了单质汞的氧化，同时避免了因 NO 在亚硫酸盐溶液中被吸附而形成有可能还原成 NO 的络合物。

　　预洗涤气体进入氧化器之前，必须进行除雾，以除去烟气中携带的雾滴。在氧化器中，烟气与注入该氧化器中的臭氧混合，并与 NO_x 发生快速选择性反应，产生易溶解的高价氮氧化物，同时将烟气中的单质汞氧化为二价汞。为提高脱硝效率和汞氧化效率，需要添加过量的臭氧。尽可能地消除或降低烟气中的雾滴含量，对减少臭氧消耗及提高后续的吸附性能至关重要。

　　从氧化器出来的烟气进入一级洗涤器，脱除高价态的氮氧化物、剩余的 SO_2、二价汞和其他污染物，反应产生含氧酸（硫酸和硝酸），这些含氧酸有利于汞的进一步氧化和其他污染物的脱除。

　　设置二级洗涤塔的目的是有效地去除烟气中的部分臭氧和汞，最后使用就地形成的亚硫酸盐溶液或添加亚硫酸盐溶液来洗涤清除烟气中过剩的臭氧。

　　烟气预洗涤的主要目的在于选择性地洗涤大部分的 SO_2，生成亚硫酸盐、亚硫酸氢盐等还原物质，不仅可降低臭氧的消耗量，降低处理烟气中残余的臭氧浓度，还可阻止 NO 在亚硫酸盐中的吸附（吸附 NO 是不稳定的，该溶液进一步处理时，NO 有可能从溶液中解吸出来）。预洗涤也可增加气相中的水汽分压，NO_x、SO_x 和其他污染物将开始吸附在雾滴中，NO_x 形成亚硝酸和硝酸，而 SO_x 生成亚硫酸，这些含氧酸可促进汞的进一步氧化，减少 NO_x 氧化所需的 O_3 量。此外，预洗涤去除部分 SO_2 有助于减少所需的臭氧量，同时阻止元素汞的二次逃逸。

在水溶液中，SO_2 的溶解性比 O_2 的大几个数量级。当液相介质中包含强碱或碱性碳酸盐、氢氧化物时 SO_2 的吸收被增强，在亚硫酸盐存在时 O_2 的吸附同样被增强。这些携带的亚硫酸盐、亚硫酸氢盐和亚硫酸雾滴对清除臭氧非常有利，但不宜进入氧化部件中。为尽可能减小雾滴浓度和减少氧气的吸收，设计时宜选用可产生较大雾滴的喷嘴，减少气液接触面积，同时减少气液接触的时间。臭氧与烟气的均匀混合程度非常重要，它直接关系到 NO_x 的氧化效果及臭氧消耗量。一般采用隔栅或隔栅与静态混合器方式促进二者的混合，并采用 CFD 进行流场模拟，有条件时，可搭建缩比物理模型进行试验。

气相中的硝酸促进单质汞的氧化，SO_2 则抑制汞的氧化反应。因此，在预洗涤器中去除部分或大量的 SO_2 是有利的。在较高的含水量条件下，臭氧也形成一些已知的可氧化汞和其他污染物的羟基自由基（·OH）。汞氧化速率的提高是臭氧、水汽、硝酸和亚硝酸共同作用的结果。

单质汞的氧化率与 O_3/NO_x 的关系见图 12-31。

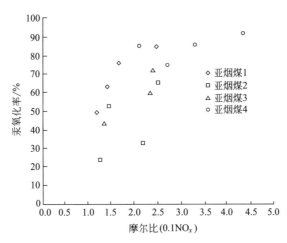

图 12-31 臭氧与氮氧化物摩尔比与单质汞氧化率之间的关系

由于在液相中亚硝酸不稳定，少量亚硝酸将会发生分解，可添加碱、碱土金属或碱性化合物，使其形成稳定的硝酸盐或亚硫酸盐。

在液相中氧气和臭氧的溶解性都非常小。由于液相中发生的化学反应，氧气和臭氧从气相到液相的传质增大，特别是形成的亚硫酸和硫酸使得臭氧在这些液滴中的吸收急剧增强，这大大增加了臭氧的消耗。

亚硫酸盐对去除臭氧和 NO_2 效果很好，液体中存在的亚硫酸盐可将残余的臭氧降至 0.38×10^{-6} 以下，将 NO_2 降至 0.382×10^{-6} 以下。

某电厂燃煤烟气臭氧氧化实验结果见表 12-5～表 12-7。

表 12-5　燃烧烟煤烟气臭氧氧化实验结果

编号	反应温度/℃	反应时间/s	O_3/NO_x	出口残余臭氧/10^{-6}	NO_x入口浓度/10^{-6}	NO_x出口浓度/10^{-6}	单质汞入口浓度/($\mu g/m^3$)	单质汞出口浓度/($\mu g/m^3$)	NO_x氧化率/%	单质汞氧化率/%
实验1	70	5.62	1.42	68	368	60	18.5	6.8	83.7	63
实验2	70	5.99	2.44	317	394	18	18.3	2.8	95.4	84.7
实验3	70	0.54	1.46	62	436	215	19	8.9	50.6	53
实验4	70	0.52	2.50	288	400	83	19.8	6.8	79.3	65.4
实验5	135	0.43	1.45	43	391	183	16.6	7.4	53.2	55.6
实验6	135	0.44	2.39	285	385	69	17.8	5	82.1	72.1
实验7	135	5.52	2.1	50	360	53	18	2.6	85.3	85.4
实验8	135	5.96	4.35	288	343	7	17	1.4	98	92

表 12-6　燃烧亚烟煤烟气臭氧氧化实验结果

编号	反应温度/℃	反应时间/s	O_3/NO_x	出口残余臭氧/10^{-6}	单质汞入口浓度/($\mu g/m^3$)	单质汞出口浓度/($\mu g/m^3$)	单质汞氧化率/%
实验1	70	5.25	1.64	296	16.6	4.0	75.9
实验2	70	6.57	1.19	79	16.6	8.4	49.4
实验3	70	0.62	2.16	259	17.7	11.9	33
实验4	70	0.58	1.26	76	18.3	13.9	24

表 12-7　燃烧亚烟煤烟气在较高温度下臭氧氧化实验结果

编号	反应温度/℃	反应时间/s	O_3/NO_x	出口残余臭氧/10^{-6}	NO_x入口浓度/10^{-6}	NO_x出口浓度/10^{-6}	单质汞入口浓度/($\mu g/m^3$)	单质汞出口浓度/($\mu g/m^3$)	NO_x氧化率/%	单质汞氧化率/%
实验1	135	6.20	2.7	71	311	28	16	4.0	90.9	74.9
实验2	135	5.73	3.3	264	285	3	15.8	2.3	98.9	85.7
实验3	135	0.45	1.36	67	303	139	16.2	9.1	54.2	43.6
实验4	135	0.47	2.31	294	341	46	17.2	6.9	86.6	59.5

由于 SO_2 和 O_3 吸收的紫外线相当，当烟气中含有残留的 O_3 时，会干扰 SO_2 的测量准确度，造成 SO_2 的测量值偏高。因此，在测量 SO_2 浓度前应该先将残余的 O_3 破坏掉。例如，当烟气升高至 300℃ 时，O_3 可瞬时自行分解。

从理论上来说，烟气中脱汞率能达到很高，但燃煤电厂的烟气中汞质量浓度很低，为 $10\sim30\mu g/m^3$，并且烟气量很大，气流速度快，因此需要消耗大量的臭氧，实际应用成本很高，而且应注意残余臭氧的脱除，避免造成二次污染。

二、 HCl 和 Cl_2

选择催化还原装置（SCR）可将氮氧化物还原为氮气，也可有效促进 Hg^0 氧化。德国电站的试验测试发现，烟气通过 SCR 反应器后，Hg^0 所占份额由入口的 40%～60% 降到 2%～12%，这充分说明了催化还原装置（SCR）对 Hg^0 也有氧化作用。

单质 Hg 在 300～400℃ 温度区间内，当有足够的 HCl 和 Cl_2 存在时，单质汞可被氧化为 $HgCl_2$；当温度低于 450℃ 时，Hg^0 能与 HCl 反应，生成 $HgCl_2$。气体研究表明，只有当温度大于 700℃、HCl 的浓度大于 200×10^{-6} 时，单质汞的氧化速率才较快。而 Cl_2 与单质汞的反应很快，当烟气温度为 40℃、Cl_2 的浓度为 50×10^{-6} 时，单质汞的氧化率在 2s 内可达 100%。

烟气中氯的浓度影响脱硫塔中 Hg^{2+} 的还原反应，高浓度的氯可以有效抑制 Hg^{2+} 的还原反应。

SCR 对汞脱除的影响见图 12-32～图 12-37。

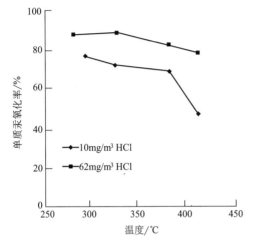

图 12-32　SCR 对单质汞氧化效率与
温度和氯离子浓度之间的关系

（烟气中含水 2%，含氧 2%，含汞 $20mg/m^3$）

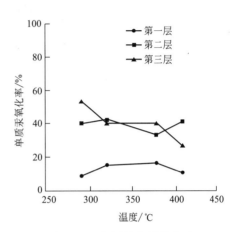

图 12-33　每层催化剂单质汞
氧化率与温度的关系

（烟气中含水 2%，含氧 2%～10%，含一
氧化氮 $500mg/m^3$，含二氧化硫 $400mg/m^3$，
含氯 $10mg/m^3$，含汞 $20mg/m^3$，
催化剂空速 4800～5600h^{-1}）

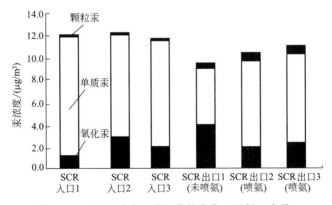

图 12-34　SCR 进出口汞组分的变化（运行 1 个月）

在煤燃烧的温度下，煤中的汞挥发出来，以单质汞（Hg^0）的形式存在，煤中的氯和溴以 HCl 和 HBr 的形式存在。随着温度的降低，HCl 和 HBr 通过下述反应生成 Cl_2 和 Br_2：

$$4HCl+O_2 \Longrightarrow 2H_2O+2Cl_2$$

$$4HBr+O_2 \Longrightarrow 2H_2O+2Br_2$$

Br_2 的生成温度比 Cl_2 要高一些，部分 Cl_2 也会被 SO_2 消耗掉：

$$SO_2+Cl_2+H_2O \Longrightarrow SO_3+2HCl$$

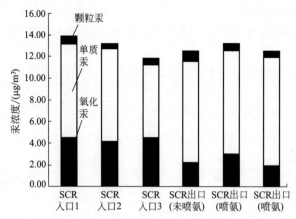

图 12-35　SCR 进出口汞组分的变化（运行 4 个月）

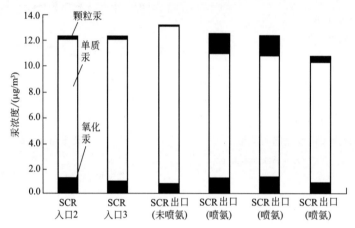

图 12-36　SCR 进出口汞组分的变化（运行 6 个月）

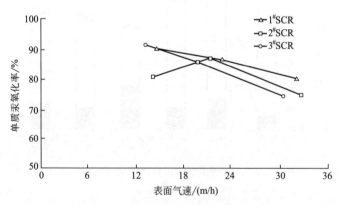

图 12-37　SCR 催化剂对单质汞的氧化效率

$HgCl_2$ 是单质汞与气相原子氯反应生成的，烟气中的 NO、SO_2、SO_3 和水蒸气会抑制单质汞的氯化反应。

褐煤中 HCl 浓度与汞氧化率之间的关系见图 12-38。

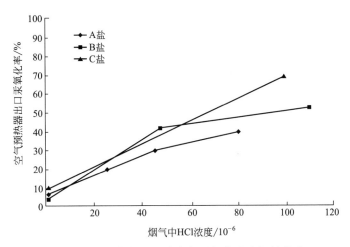

图 12-38 褐煤中 HCl 浓度与汞氧化率之间的关系

当烟气温度降低到 760℃ 以下时，单质汞开始发生氧化反应，生成 $HgCl_2$ 和 $HgBr_2$。煤中 Br 含量为 $(0\sim100)\times10^{-6}$，大多在 $(10\sim20)\times10^{-6}$ 之间。

在采用了 SCR 的场合，喷射 $CaBr_2$ 的成本约为化学处理（活性炭）的 1/3。湿式脱硫塔中汞脱除效率与煤中氯含量的关系见图 12-39。

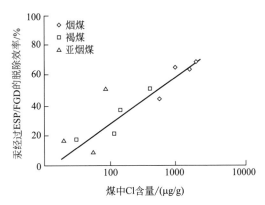

图 12-39 湿式脱硫塔中汞脱除效率与煤中氯含量的关系

当 Hg∶Cl 大于 1∶2000 或 Hg∶Br 大于 1∶2000，烟气中的二氧化硫浓度小于 $300mg/m^3$ 时，锅炉中的汞氧化率可大于 80%。当存在 SCR 催化剂时，所需 Cl 和 Br 浓度可小一个数量级。若采用专用的汞氧化催化剂，所需氯和溴浓度可以更低。单质汞的氧化发生在催化剂的末端，此处烟气中注入的 NH_3 基本消耗殆尽。

HBr 的喷射浓度与脱汞效率之间的关系见图 12-40。

溴的氧化效果优于氯，在同等氧化条件下，大约可以少一个数量级，见图 12-41。

煤中溴的添加量为 $(25\sim250)\times10^{-6}$（干基），当系统中安装了 SCR 时，添加量可以适当减少。

在某个安装了电除尘器、SCR 脱硝装置和湿式脱硫装置的电厂中，F、Cl 和 Br 的去向见表 12-8。

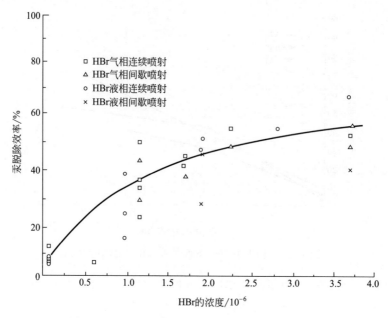

图 12-40　HBr 的喷射浓度与脱汞效率之间的关系

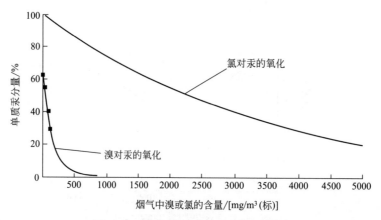

图 12-41　氯和溴对汞的氧化效果比较

表 12-8　F、Cl 和 Br 的去向

去向	F	Cl	Br
煤/10^{-6}	20	470	10
烟气/(mg/m³)	2	47	1
飞灰(质量分数)/%	15	1	13
石膏(质量分数)/%	35	1	0.2
废水(质量分数)/%	0.4	88	82
脱硫废水污泥(质量分数)/%	24	1	0.7
烟囱(质量分数)/%	25	9	4

　　在湿法脱硫过程中，烟气中残存的 HBr 和 Br_2（Br_2 比 Cl_2 水溶性要好）都将以 $CaBr_2$ 的形式进入废水中。

三、 煤中添加溴盐

对于含氯量较低的煤，可采取往煤中添加 HCl 的方法提高汞的脱除率，但应注意也可能增加锅炉的腐蚀问题。

溴的氧化效果是氯的 10 倍以上。往煤中喷洒 $CaBr_2$ 溶液，相当于增加了煤中 Br 浓度，可促进单质汞的氧化，为后续活性炭的吸附或湿法脱硫系统中汞的脱除创造良好的条件。

往煤中添加 52% 浓度的 $CaBr_2$ 溶液均可获得大于 62% 的汞氧化效果。采用化学处理的活性炭（如溴化活性炭）和 $CaBr_2$ 来脱除汞，比采用金或钯催化氧化汞要经济一些。采用 $CaBr_2$ 和催化剂一般不会影响飞灰的销售应用，但这两种方法将影响到石膏中汞的含量，有可能影响到石膏的应用。

将溴盐或氯盐溶液喷入煤粉或炉膛高温区，可有效促进单质汞的氧化，煤中 $CaBr_2$ 的添加量为 $(25\sim300)\times10^{-6}$（质量比），单质汞的氧化率可达 90%（图 12-42）。$CaCl_2$ 的效果差些，添加 1000×10^{-6} 的 $CaCl_2$，单质汞的氧化率还不到 60%。

溴和氯一样，在湿式脱硫系统的防腐中也应考虑溴化物所带来的腐蚀问题。溴化物的腐蚀主要发生在空气预热器的冷端，甚至在锅炉、电除尘器、磨煤机中。HBr 的露点低于三氧化硫，若出现硫酸冷凝现象，HBr 将溶解于液相中，从而加剧腐蚀，烟气中的 HBr 浓度达到 50×10^{-6} 左右时将会发生气相腐蚀。

尽管煤中添加 $CaBr_2$ 的量很少，但也应注意，添加 $CaBr_2$ 后可能带来一些负面影响，如炉膛壁腐蚀、飞灰的再利用、脱硫塔的腐蚀、汞的二次逃逸以及烟囱中的活性炭和 Br 的排放问题。

烟气中碘化氢浓度对汞氧化效率的影响见图 12-43。碘化钾和氟化氢对汞脱除效率的影响分别见图 12-44 和图 12-45。

四、 亚氯酸钠和次氯酸钠

将 ClO_2、$NaClO_2$ 等喷入烟气中时，可 100% 地将单质汞氧化为二价汞，$NaClO_2$ 对 Hg^0 的氧化方程式如下：

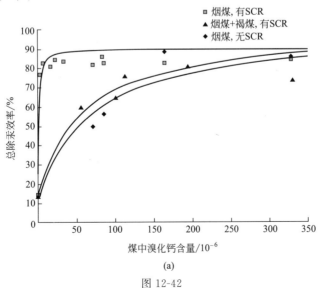

图 12-42

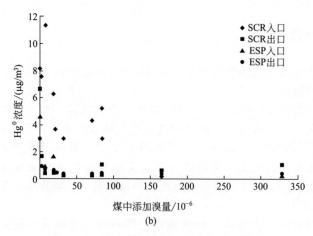

图 12-42 煤中添加溴盐对汞氧化率的影响

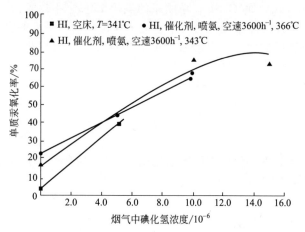

图 12-43 烟气中碘化氢对汞氧化效率的影响

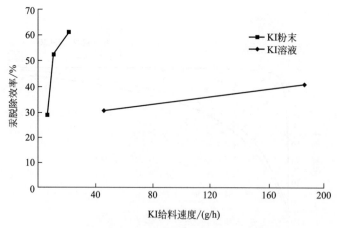

图 12-44 碘化钾给料速率对汞脱除效率的影响

$$2Hg^0 + ClO_2^- + 2H_2O \Longrightarrow 2Hg^{2+} + 4OH^- + Cl^-$$

在 HCl 洗涤塔中：

$$4HCl + 5NaClO_2 \Longrightarrow 4ClO_2 + 5NaCl + 2H_2O$$

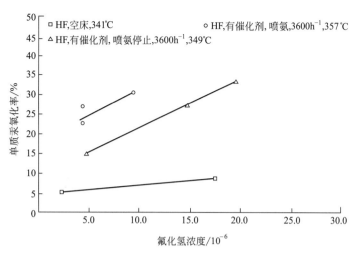

图 12-45 氟化氢对除汞效率的影响

$$2ClO_2 + 5Hg + 8HCl =\!=\!= 5HgCl_2 + 4H_2O$$

在 SO_2 洗涤条件下添加有机硫 TMT:

$$3Hg^{2+} + 2TMT^{3-} =\!=\!= Hg_3 （TMT）_2$$

在 HCl 洗涤塔下添加 Na_2S_4:

$$HgCl_2 + Na_2S_4 =\!=\!= HgS + 3S + 2NaCl$$

$$Hg + Na_2S_4 =\!=\!= HgS + Na_2S_3$$

$$Na_2S_4 + 2HCl =\!=\!= H_2S + 3S + 2NaCl$$

$$HgCl_2 + H_2S =\!=\!= HgS + 2HCl$$

$$Hg + S =\!=\!= HgS$$

当烟气中含有 NO 时,单质汞与亚氯酸钠和氯气均可发生快速反应。

亚氯酸钠浓度对污染物脱除效率的影响见图 12-46。接触时间对污染物脱除效率的影响见图 12-47。

pH 值对汞的氧化有重要影响（图 12-48 和图 12-49）。将洗涤液中的 OH^- 移走或维持

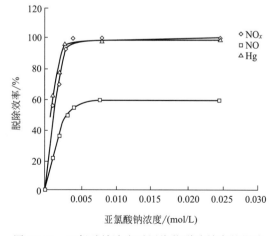

图 12-46 亚氯酸钠浓度对污染物脱除效率的影响

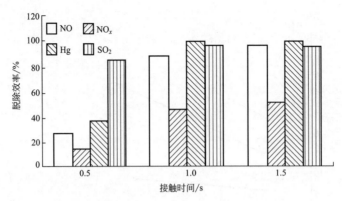

图 12-47 接触时间对污染物脱除效率的影响

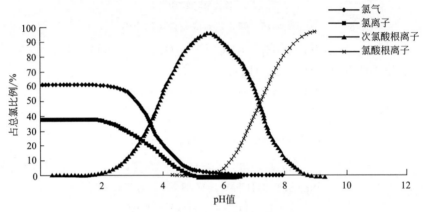

图 12-48 溶液中氯平衡

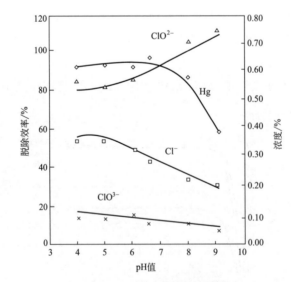

图 12-49 pH 值对脱除效率的影响

相对较低的 pH 值（pH<7.0），可以有效地促进汞的氧化。在石灰石法脱硫工艺中，添加 NaClO₂ 对除汞效果的影响明显，但对 NO 的脱除效果较差。例如，某喷淋塔实验表明，当添加 0.18mol/L 的 NaClO₂ 时，除汞效率可达 40%；当 NaClO₂ 的浓度增加到 1.6mol/L

时，除汞效率可达 70％，而 NO 的脱除效率仅有 15％～30％。从实验也可看出，在 25～70℃ 的温度范围内，温度对 NO 和 Hg 的脱除效率影响很小，见图 12-50。NO 浓度对除汞效率的影响见图 12-51。

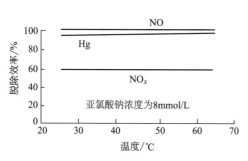

图 12-50 温度对脱除效率的影响

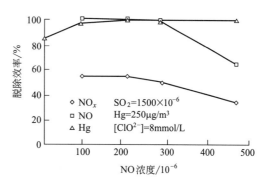

图 12-51 NO 浓度对脱除效率的影响

五、 金基、 钯基类氧化剂

在烟气进入脱硫塔前，加入某种催化剂如金基、钯基类和碳基类物质，它们可促使 Hg^0 氧化形成 Hg^{2+} 化合物，从而提高汞的脱除率。

汞氧化催化剂主要由金、钯、铂、活性铝、铑、铜、镍、钴、钛或它们的复合组分组成，有些还可附加活性炭、沸石、聚合物、硅藻土等物质，催化剂载体可以为针刺毛毡、TiO_2、SiO_2、Al_2O_3、WO_3 和沸石等物质。对于上述类型的催化剂，较低的温度有利于降低 SO_2 的转化率，催化剂的空穴尺寸为 4～5μm 时，有利于烟气中的氯与 Hg 反应生成 $HgCl_2$，烟气中的铜、铁可将烟气中残氨氧化成 NO 或还原成 N_2。干法脱 HCl 的工艺中，氢氧化钙的比表面积应大于 $20m^2/g$，孔容应大于 $0.08m^3/g$，才具有较好的活性和竞争力，这两个值越高，反应活性越好，但运行费用也越高。

金、钯是有效的单质汞催化剂。含金催化剂的汞氧化效率见图 12-52。

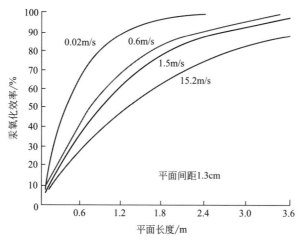

图 12-52 含金催化剂的汞氧化效率

采用金和钯制作的汞氧化催化剂，经电厂实际检验，在各种煤种的烟气中都获得很好的汞氧化效果，例如长 230mm、孔数为 9.9 孔/cm² 的氧化剂，在表面气速为 1.7m/s 时，对单质汞的氧化效率可达到 90％以上。不同催化剂对汞氧化率和吸收率的影响见图 12-53。

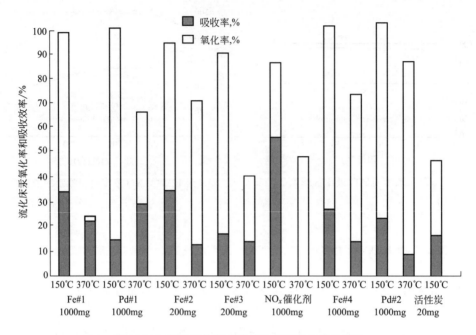

图 12-53　不同催化剂对汞氧化率和吸收率的影响

钯在 260℃以上时可除去汞和砷。

金和钯的汞氧化催化剂一般安装于静电除尘器或布袋除尘器后，此处可以减少飞灰在汞氧化催化剂表面的沉积，减少飞灰对汞氧化催化剂的磨损，温度较低，烟气体积也较小，这样可以降低催化剂的空速，减少所需汞氧化催化剂的长度。在布袋除尘器后设置低温汞氧化催化剂床，将单质汞氧化为二价汞，然后在后续的吸收塔中吸附，此法脱汞效率可达70％～90％。对于含金的汞氧化催化剂，放置于湿式吸收塔后要比设置于湿式吸收塔前的汞脱除效率高，见图 12-54～图 12-56。

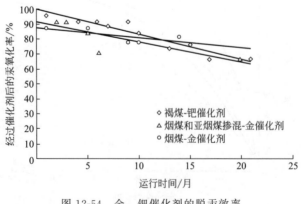

图 12-54　金、钯催化剂的脱汞效率

金基、钯基汞氧化催化剂可采用热空气进行再生，再生空气参数包括空气温度、空气流量和再生时间。金基汞氧化催化剂的再生温度为 $288 \sim 427℃$，再生时间为 $3 \sim 12h$，而钯基汞氧化催化剂的再生时间长一些，约为 4h。

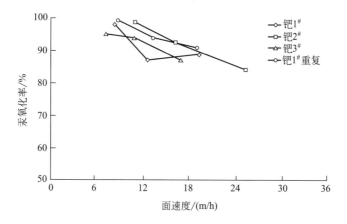

图 12-55　金和钯不同面速度下的汞氧化率

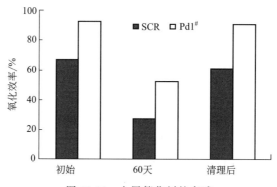

图 12-56　金属催化剂的衰减

在金属板上涂附金、银或钯，可以吸附烟气中的汞，一般将其放置在 SO_2 吸收塔之后，其效率一般为 $30\% \sim 35\%$。当吸附效率降低到一定程度时，进行再生。

此外，以金、银、锌等材料作为吸附滤网可吸附大量金属汞和含汞化合物，且用高温气流能够脱附，脱附后吸附剂可以重新再利用，汞及其化合物可以回收。如果在织物中植入一些有催化效应的纤维可氧化一部分 Hg^0，目前已有在布袋除尘器中加入碳纤维或是其他的催化材料方面的研究，其中碳纤维布袋除尘器已经进入商业应用阶段。

六、　SCR 催化剂

单质汞、$HgCl_2$、HCl 和 NH_3 会在 SCR 催化剂活性组分 V_2O_5 表面产生竞争性吸附，SCR 催化剂第一层中，NH_3 浓度较高，单质汞的氧化率较低。

烟气中的 HCl 浓度越高，烟气温度越低，越有利于单质汞的氧化。

在电除尘器前注入蒸气和氧气，荷电后的蒸气和氧气将单质汞氧化为二价汞。

在 SCR 催化剂前的烟道中喷入 HCl，可以将烟气中的单质汞氧化为二价汞，反应式如下：

$$Hg^0 + 2HCl + \frac{1}{2}O_2 \xrightarrow{\hspace{1.5cm}} HgCl_2 + H_2O$$

SCR 催化剂在 150℃ 左右时的脱汞效率高一些。再生后的氧化剂同样可获得很好的汞氧化效果。

影响 SCR 氧化汞的因素主要有以下几个：烟气中的氯含量、催化剂量及其寿命周期、反应温度、喷氨量。当喷入氨后，单质汞的氧化效率有所下降。往煤中添加氯盐和烟气中添加氯化氢均可增加烟气中的氯浓度，有利于提高单质汞的氧化率。

低浓度的 HCl 和高浓度的氨会降低 SCR 催化剂对汞的氧化率，见图 12-57。

在 SCR 催化剂表面，单质汞首先在 NO 的参与下发生氧化反应，氧化后的汞与 HCl 反应生成 $HgCl_2$，SO_3 和汞会发生竞争性吸附。

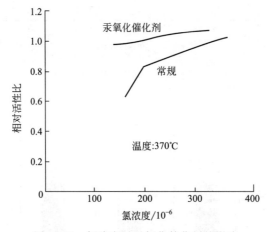

图 12-57　氯浓度对汞氧化催化剂的影响

褐煤中含有大量的碱土金属，容易造成 SCR 催化剂的堵塞，SCR 对汞的氧化率也较低，这主要是由于褐煤中氯含量很低，碱金属和碱土金属又将吸收烟气中的氯化物，从而影响汞的氧化效率。SCR 催化剂在不同面速度下的汞氧化效率见图 12-58。温度对汞氧化催化剂的影响见图 12-59。不同催化剂在不同面速度下的汞氧化率见图 12-60。图 12-61 为一种理想的 SCR 催化剂的性能。

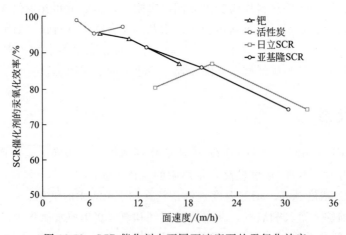

图 12-58　SCR 催化剂在不同面速度下的汞氧化效率

烟气中的 As_2O_3 很容易在 V_2O_5 的表面与 O_2 反应生成 As_2O_5，以代替吸附的形式占据 V_2O_5 的活性表面。

烟气中的 CaO 可与 As_2O_3 发生反应生成稳定的 $Ca_3(AsO_4)_2$，从而减轻了催化剂的砷中毒问题。

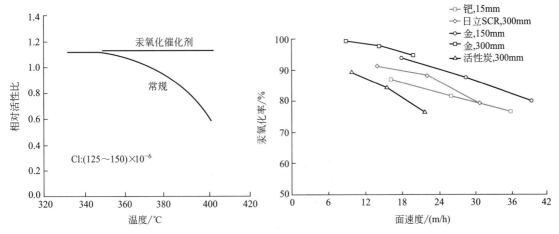

图 12-59　温度对汞氧化催化剂的影响　　图 12-60　不同催化剂在不同面速度下的汞氧化率

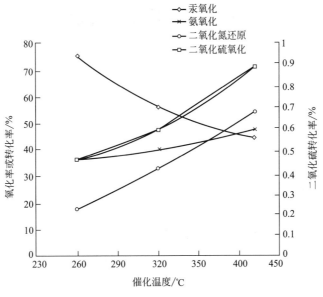

图 12-61　理想的 SCR 催化剂的性能

中性的 NH_4Cl 可代替液氯作为 NO_x 的还原剂（图 12-62～图 12-64）。在 SCR 催化剂前喷入 NH_4Cl，NH_4Cl 溶液喷入烟道后，分解为 HCl 和 NH_3，当烟气通过 SCR 催化剂时，NH_3 与 NO_x 反应生成 N_2，而 HCl 则氧化单质汞生成 $HgCl_2$。采用 NH_4Cl 作为还原剂时，粉末状的 NH_4Cl 溶解后配成 20％～25％ 的溶液，通过双流体喷嘴喷入烟道中，NH_4Cl 溶液的喷射量由脱硝效率和脱汞效率反馈控制。NH_4Cl 溶液喷入后，烟气温度将会降低几摄氏度，由此而给湿式脱硫系统带来的氯离子腐蚀问题也应当慎重考虑。

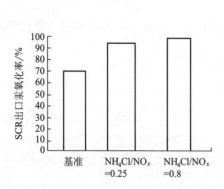

图 12-62　SCR 中氯化铵对汞氧化效率的影响

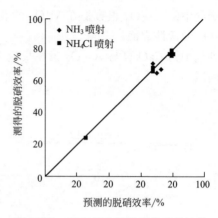

图 12-63　氨和氯化铵脱硝效率的比较

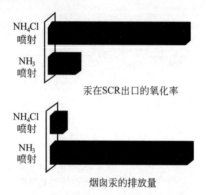

图 12-64　氨与氯化铵对脱汞效率的影响

七、　添加硫化物

由于烟气中含有的痕量 H_2S 进入湿式脱硫系统后可在气-液表面与 Hg^{2+} 发生反应生成 HgS 沉淀，从而抑制 Hg^{2+} 的还原，因此，可以通过增加烟气中 H_2S 含量来固定被吸收的二价汞离子，控制单质汞的重新排放。而增加烟气中 H_2S 含量可以通过向烟气中喷射 H_2S 来实现，这一假设已被 B&W 公司通过在湿式脱硫系统前向烟气中喷射 H_2S 的试验所证实，在试验期间，喷射 H_2S 完全可以消除汞再排放的现象。主要反应如下：

$$H_2S（g）\Longrightarrow H^+ + HS^-$$
$$HS^- + Hg^{2+}\Longrightarrow HgS\downarrow + H^+$$

但向烟气中喷射 H_2S 需要 H_2S 的发生系统及输送系统，还需要配气格栅，成本较高。简化起见，将硫氢化钠喷入湿式脱硫系统浆液中，也可以达到同样的效果。

另外，Na_2S、Na_2S_4 在合适的温度（约 121℃）下会分解产生 S^0、S^{2-}，可以与 Hg^0、$HgCl_2$ 反应生成 HgS，固定被吸收的二价汞离子，因此，加入硫化物（Na_2S、Na_2S_4）也可以促进 Hg^0 的氧化。

八、　Fenton 试剂

试验发现，脱硫液中加入 Fenton 试剂时，在 H_2O_2 质量分数为 0.02％左右、Fe^{3+} 质量分数约为 0.01％ 以及 pH 值为 1.0～3.0 的条件下，烟气中单质汞的氧化率可达到 75％。Fenton 试剂（Fe^{3+}/H_2O_2）催化氧化 Hg^0 的效果比 Cu^{2+}/H_2O_2 好，因为 Cu^{2+} 与 H_2O_2 反应不能有效地生成羟基自由基（·OH），这一结果说明了羟基自由基（·OH）对 Hg^0 的氧化起关键作用。SO_2 的存在及浓度大小对 Hg^0 的氧化无明显影响。

九、　添加 $KMnO_4$

$KMnO_4$ 具有强氧化性，对单质汞的氧化能起促进作用。其主要机理是：$KMnO_4$ 在酸性条件下生成 Mn^{2+}，具有自催化作用；而在中性及碱性条件下生成 MnO_2，MnO_2 对 Hg^{2+} 有吸附作用，并且强碱性条件下羟基自由基（·OH）参与氧化反应。

十、　飞灰

在布袋除尘器中，烟气通过飞灰层时，单质汞可以部分被氧化为 Hg^{2+}，单质汞的氧化与飞灰组分、烟气组分（如 HCl 含量）和布袋除尘器的操作条件有关。研究表明，飞灰中的铁含量对单质汞的氧化有重要影响，从中也可得出结论，冶金行业的飞灰比燃煤电厂产生的飞灰对单质汞的氧化效果要好。

十一、　铜或铁的氧化物

Fe 和 Fe/Cr 催化剂对 Hg 的氧化效果不佳。α-Fe_2O_3 对 Hg 的氧化效果也不好，γ-Fe_2O_3 对 Hg 的氧化效果较好，金属钯对单质汞具有很好的氧化效果。与活性炭相比，当单质汞的氧化率为 80％ 时，可节约 62％ 左右的成本。

当烟气温度为 150～250℃、HCl 浓度为 $50×10^{-6}$ 时，含量为 0.1％ 的 CuO 催化剂对单质汞的氧化率可达到 95％。要获得同样的氧化率，所需的 Fe_2O_3 的含量达到 14％。

如图 12-65～图 12-67 所示，双氧水和 NO_2 也可有效地氧化单质汞。

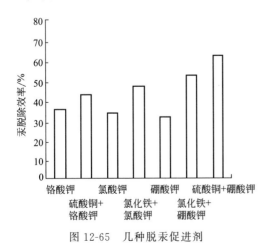

图 12-65　几种脱汞促进剂

图 12-66　脱汞复合剂

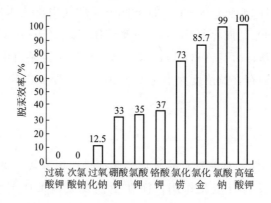

图 12-67　几种脱汞氧化剂

几种除汞方法的简要技术比较见表 12-9。

表 12-9　几种除汞方法的简要技术比较

控制技术	投资费用	运行费用
活性炭喷射系统	5～15 美元	中等
布袋和活性炭喷射	120～150 美元	中等
催化剂氧化＋ESP＋FGD	2～4 美元	低
溴添加剂＋ESP＋FGD 或 SCR＋FGD	1～2 美元	低到中等

从表 12-9 中可以看出，添加溴化物的脱汞方法费用最低，但需要脱硫塔配合完成。

第四节　沉淀法除汞

化学沉淀法是通过化学试剂与汞发生化学反应生成沉淀，从而将汞除去。目前，应用比较多的沉淀方法主要有以下几种。

1. 碘化钾溶液洗涤法

含汞烟气进入脱汞塔，与塔内碘化钾溶液接触，汞被氧化，且与循环溶液中的碘发生反应生成碘汞络合物，从而将烟气中的汞除掉。此方法可达到 97% 的脱汞率。

2. 氯化法除汞

烟气进入脱汞塔，在塔内与喷淋的 $HgCl_2$ 溶液逆流洗涤，烟气中的汞蒸气被 $HgCl_2$ 溶液氧化（温度为 30～40℃）生成 Hg_2Cl_2 沉淀，从而将 Hg^0 去除。反应式如下：

$$HgCl_2 + Hg \Longrightarrow Hg_2Cl_2 \downarrow$$

通常，将生成的一部分 Hg_2Cl_2 沉淀用 Cl_2 氧化，使 Hg_2Cl_2 再生为 $HgCl_2$ 溶液以便循环使用。由于 Hg_2Cl_2 为剧毒物，生产过程中需加强管理和操作。

3. 硫化钠法

烟气进入喷淋塔，在洗涤塔内喷入硫化钠溶液，此时，烟气中 $95\%\sim98\%$ 的汞与硫化钠溶液生成硫化汞沉淀而得以分离。

在半干法中用 Na_2S、$NaHS$ 或次氯酸钠，可以获得 $40\%\sim50\%$ 的除汞效率。在湿法钠基脱硫系统中，添加 $CuCl_2$ 和次氯酸钠的螯合物可以脱去 $70\%\sim80\%$ 的汞。在脱硫塔的冷却区添加 Na_2S 或 $NaHS$ 可获得 90% 以上的脱汞效率。

烟道气中采用硫化钠注入技术具有较佳的汞去除效率（约 $73\%\sim99\%$），并产生稳定反应物 HgS。

烟煤 SCR＋ESP＋FGD 的脱汞情况见图 12-68。

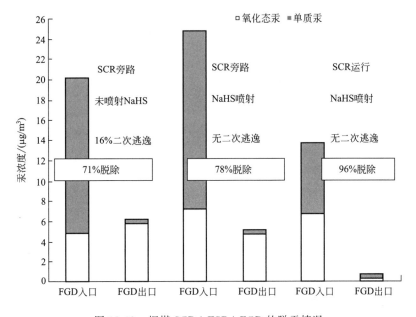

图 12-68　烟煤 SCR＋ESP＋FGD 的脱汞情况

Na_2S 不能吸收各种价态的汞，此外，还会在飞灰中逸出强烈刺激性气体 H_2S。

4. H_2S 法除汞

往烟气中喷入适量的 H_2S，进入脱硫塔后会发生以下反应，生成 HgS，反应式如下：

$$2H_2S+SO_2 \Longrightarrow 3S+2H_2O$$

$$S+Hg \Longrightarrow HgS$$

$$H_2S+Hg \Longrightarrow HgS+H_2$$

反应生成的 H_2S 可以被洗涤下来，H_2S 的消耗量大约为理论值的 $1.5\sim2.0$ 倍，除汞效率大约为 90%。

在湿式脱硫塔前喷入硫化氢，需要配置导流格栅，系统较复杂，安全性较差。可在循环泵入口注入 NaHS 溶液，可获得与喷入 H_2S 同样的效果，且系统简单，安全性更好。烟气中喷入（0.01~100）$\times 10^{-6}$（体积浓度）的 H_2S 和浆液中注入（0.01~100）$\times 10^{-6}$（质量浓度）的 NaHS，在脱硫浆液中产生的 S^{2-} 和 HS^- 浓度基本相同。

采用 H_2S、Na_2S 或 NaHS 对 Hg^{2+} 进行固定，生成 HgS。由于 Na_2S 或 NaHS 的量难以精确控制，Na_2S 或 NaHS 往往处于过量的状态，Na_2S 会在灰中残留臭味（H_2S）。当废液处于碱性环境时，过量的 Na_2S 或 NaHS 又会以 H_2S 的形式逸出，造成环境的二次污染。为使净烟气中的 H_2S 浓度小于 2×10^{-6}，每立方米烟气硫化物的添加量不得大于 8×10^{-5} mol。烟气中喷入硫化氢的脱汞效果见图 12-69。

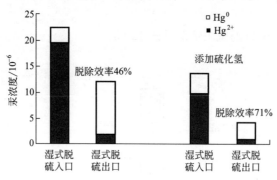

图 12-69　烟气中喷入硫化氢的脱汞效果

5. 四硫化钠法

四硫化钠在烟道气中可分解成单质硫及硫离子，单质硫会与元素态汞反应生成硫化汞（HgS），而二价氧化汞亦会与二价的硫离子反应生成硫化汞。另外，四硫化钠的臭味问题并不像硫化钠那样强烈，与 Na_2S 不同，Na_2S_4 可以脱除单质汞。注入四硫化钠（Na_2S_4）对于汞排放的抑制效果更优于硫化钠（Na_2S）。烟气中的强酸性气体如 HCl 或 SO_3 和 Na_2S_4 溶液雾滴具有很强的亲和力，可将雾滴中的 Na_2S_4 分解。当雾滴蒸发后，在 220℃ 左右的烟气中，以 H_2S 的气态形式与烟气混合。单质硫（熔点 119℃，沸点 445℃）以粒径小于 $1\mu m$ 的气溶胶形式出现。由于 Na_2S_4 的熔点为 75℃，HCl 不可能将所有的 Na_2S_4 分解。

分解反应：
$$Na_2S_4 + 2HCl === H_2S + 3S + 2NaCl$$
$$Na_2S_4 + H_2O + O_2 === H_2S + 3S + Na_2O_3$$

Hg 捕集反应：
$$S + Hg === HgS$$
$$Na_2S_4 + HgCl_2 === HgS + 2NaCl + 3S$$
$$H_2S + HgCl_2 === HgS + 2HCl$$

Na_2S_4 在脱汞过程中也会发生一些竞争性的副反应，如 Na_2S_4、H_2S 和 S 氧化为 Na_2SO_3、$Na_2S_2O_3$、SO_2 及其他一些物质。

Na_2S_4 不但可以吸收氧化态汞，而且可以吸收单质汞，在烟气中分解后不会产生 H_2S。此外，Na_2S_4 是液态，易储存和运输。

四硫化钠的喷射量及温度对除汞效率的影响见图 12-70~图 12-72。

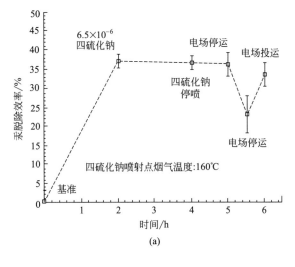

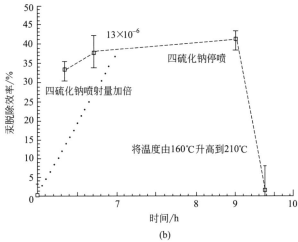

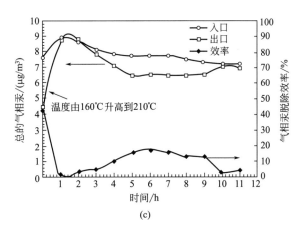

图 12-70　四硫化钠喷射量及温度对除汞效率的影响

以四硫化钠来控制汞排放的优点有以下几个方面。

① 其为惰性反应物。

② 从维修成本来看，活性炭注入法较高于四硫化钠注入。

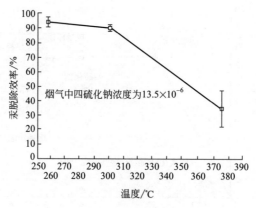

图 12-71 烟气温度对四硫化钠脱汞效率的影响

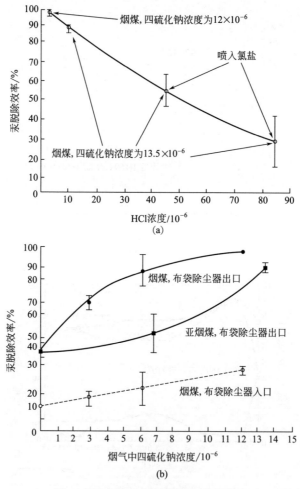

图 12-72 四硫化钠对脱汞效率的影响

③ 污泥焚化炉及燃煤电厂有较高的概率形成元素汞，四硫化钠比粉状活性炭控制佳。

④ 因四硫化钠为液态，相较于活性炭注入技术（ACI）危险性降低且方便控制；活性炭须有研磨步骤，亦需输送管线及旋转设备，若从经济方面来看，活性炭注入法的成本较四硫化钠注入法高。

6. 脱硫塔对汞的脱除

采用湿法脱硫塔吸收二价汞，需要注意两个问题：一是部分 Hg^{2+} 还原成 Hg^0 造成汞的二次挥发；二是部分吸收的汞将进入石膏中，在石膏再利用工艺过程中若经历高温条件，容易造成汞的二次逸出。

脱硫塔的结构、液气比、浆液化学性质影响除汞效率。托盘塔和空塔的除汞效率试验表明，托盘塔提高了 Hg^{2+} 的去除率，但对 Hg^0 的去除率基本无影响。除汞率随液气比（L/G）的增大而增大，例如，L/G 由 $12L/m^3$ 增至 $36L/m^3$，托盘塔的除汞效率由 80% 增到 91%，而空塔则由 67% 增至 83%。

对于抑制氧化或镁增强石灰（强化镁石灰）和非就地氧化，由于系统中亚硫酸根浓度太高，即使添加汞稳定剂，对抑制汞的排放效果不佳。

湿式脱硫塔脱除烟气中的汞主要是通过吸收去除二价氧化态汞实现的，因此，提高WFGD 的脱汞效率主要从提高总汞中二价汞的比例着手，即提高单质汞在烟气中的氧化率。

在半干法中用 Na_2S、$NaHS$ 或次氯酸钠，可以获得 $40\%\sim50\%$ 的脱汞效率。在湿法钠基 FGD 系统中，添加 $CuCl_2$ 和次氯酸钠的螯合物可以脱去 $70\%\sim80\%$ 的汞，在脱硫塔的冷却区添加 Na_2S 或 $NaHS$ 可获得 90% 以上的脱汞效率。

德国的一些电厂常在脱硫塔前设置预洗涤塔，可除去 HCl 和氧化态汞。由于其运行 $pH\approx1$，Hg^{2+} 的还原反应被抑制。实际上，当 $pH<3$ 时，Hg^{2+} 的还原即被抑制。

脱硫系统采用预洗涤塔的好处：汞在预洗涤塔中被吸收，不与石膏混合，可获得很高的除汞率；HCl 也在预洗涤塔中被吸收，与 $CaCO_3$ 中和后，生成可用于道路抑尘的 $CaCl_2$；脱硫塔及其附属系统的腐蚀大大减轻；石膏过滤也不再需要冲洗即可保证石膏中的氯离子含量。在某焚化炉脱硫除尘中，大约 80% 的汞在预洗涤塔中被脱除，另在脱硫塔中脱除 12% 左右的汞。在某电厂采用了高效电除尘器和含预洗涤塔的石灰石-石膏法脱硫系统后，一项研究表明，脱硫系统入口烟气中的汞浓度为 $3.4\mu g/m^3$，在脱离新系统的出口汞浓度为 $1.0\mu g/m^3$，大约 10% 的汞吸附于微细粉尘表面，90% 的汞以气态形式存在。煤中 87% 的汞存在于烟气中，脱硫系统的除汞率大约为 70%，其中 60% 的汞在预洗涤塔中被脱除，40% 的汞在脱硫塔中被脱除，由此可见，预洗涤塔在脱汞中起主要作用。

在湿式脱硫塔前增加一级低阻文丘里洗涤器，可将绝大部分的汞吸收下来，由于吸收液呈强酸性，SO_2 几乎不被吸收，这就将 SO_2 和 Hg 的吸收分开，避免了汞的二次逸逸。

污泥焚化装置中烟气除汞工艺的基本原理见表 12-10。

表 12-10 污泥焚化装置中烟气除汞工艺的基本原理

Hg/Hg^{2+}	除汞剂	设备	化学反应
Hg^{2+}	水/HCl	酸式除 HCl 塔	$HgCl_2$ 溶于 HCl 溶液中
Hg^{2+}	TMT	脱硫塔	$3Hg^{2+}+2TMT^{3-}\Longrightarrow Hg_3(TMT)_2(s)$
Hg	次氯酸钠	酸式除 HCl 塔	$4HCl+5NaClO_2\Longrightarrow 4ClO_2+5NaCl+2H_2O$ $2ClO_2+5Hg+8HCl\Longrightarrow 5HgCl_2+4H_2O$
Hg 和 Hg^{2+}	Na_2S_4	酸式除 HCl 塔	$HgCl_2+Na_2S_4\Longrightarrow HgS+3S+2NaCl$ $Hg+Na_2S_4\Longrightarrow HgS+Na_2S_3$ $Na_2S_4+2HCl\Longrightarrow H_2S+3S+2NaCl$ $HgCl_2+H_2S\Longrightarrow HgS+2HCl$ $Hg+S\Longrightarrow HgS$

续表

Hg/Hg²⁺	除汞剂	设备	化学反应
Hg 和 Hg²⁺	SO₂＋活性炭（对 Hg⁰），TMT（对 Hg²⁺）	活性炭喷射、TMT 喷雾干燥、二级电除尘、湿式洗涤塔	在活性炭表面和内部： $SO_2 + \frac{1}{2}O_2 + H_2O \Longrightarrow H_2SO_4(ads)$ $2H_2SO_4(ads) + 2Hg \Longrightarrow Hg_2SO_4(ads) + 2H_2O + SO_2$ $Hg_2SO_4(ads) + 2H_2SO_4(ads) \Longrightarrow 2HgSO_4(ads) + 2H_2O + SO_2$
Hg	浸硫炭	活性炭喷射（酸式除 HCl 后），布袋除尘器	$Hg + S \Longrightarrow HgS$
Hg 和 Hg²⁺	浸 Se 矿石	固定床吸收塔（酸式洗涤塔后）	$Hg + Se \Longrightarrow HgSe$

从表 12-10 中可以看出，三种最常用于焚化装置除汞的方法为：酸式除 HCl 塔；添加氧化剂和湿式脱硫塔；添加氧化剂，并用浸硫、Se 活性炭吸收。

因此，若规定汞排放浓度为 $0.05\text{mg/m}^3_\text{STP}$（$11\%\ O_2$，干基），迫使脱汞效率要达到 90%，当考虑汞有三种组分（Hg^0、$HgCl_2$ 和 Hgp）时，任务更为艰难。

电站锅炉烟气除汞与废物焚烧烟气除汞有以下不同之处。

（1）焚化炉烟气中的汞浓度至少要比电站锅炉烟气高一个数量级，达 $1\text{mg/m}^3_\text{STP}$。电站锅炉烟气比废物焚烧烟气要大得多，汞浓度要低得多，一般估计为 $5\sim50\mu\text{g/m}^3_\text{STP}$。

（2）研究表明，当燃料或废物中的 Cl 含量小于 0.1%（质量分数）时，烟气中的单质汞含量大于 50%；当燃料或废物中的 Cl 含量大于 0.2%（质量分数）时，烟气中单质汞的含量小于 20%。电站锅炉由于 Cl/Hg 的值低，烟气中的 Hg^{2+} 含量低。在燃烧废弃物的电厂（如垃圾焚烧电厂），烟气中 Cl/Hg 的值相对较高，相应的氧化态汞比单质汞的比例也较高（如某市政垃圾焚烧电厂中汞组分：Hg^0 占 15%，Hg^{2+} 占 80%，颗粒汞占 5%）。焚烧电厂与燃煤电厂的污泥污染情况类似，SO_2 含量较高而 HCl 含量较低，汞的吸附剂主要有活性炭、褐煤、含硫化合物（如 Na_2S_4）。

（3）现在绝大多数的脱硫系统取消了预洗涤塔，相当于未设置 HCl 洗涤塔。

（4）由于烟气量大，烟气流速高，烟气在净化装置中的停留时间较短。

7. TMT-15 重金属沉淀剂

在脱硫浆液中添加含有 S^{2-} 的溶液/浆液，将二价汞以 HgS 的形式固定下来，是防止其二次逃逸的一种有效方法。HgS 的溶度积为 3×10^{-52}，属难溶物质。TMT-15 是浓度为 15% 的三嗪三硫三钠盐，分子式为 $C_3N_3S_3Na_3$，CAS 登记号为 17766-26-6，主要用于沉淀一价和三价重金属，例如废水中的 Ag、Cd、Cu、Hg、Ni 和 Pb 等。

TMT-15 中的三嗪三硫作为三价阳离子可与等价位数的金属阳离子相结合，通过含硫基团与重金属结合，生成高分子有机金属化合物，该化合物溶解度极低，可以固体形式过滤出来。大约 50mL 的 TMT-15 可以沉淀 6g 汞。

TMT-15 适用的 pH 值范围广，在脱硫条件的 pH 值（一般 pH＝5～6）下是稳定的，可直接将其添加到脱硫浆液中沉淀汞。同样，TMT-15 在碱性吸收塔中也可直接使用。当絮凝剂聚合硫酸铝与 TMT-15 联用时，脱汞效率显著提高。在氢氧化钠、三聚硫氰酸、汞元素的摩尔比为 0.5：0.5：1 及废水 pH 值为 3.0 的情况下，汞去除率可达 99.99%。螯合物具有很高的热稳定性，且在较高浓度的酸、碱环境中溶解率低，对环境造成二次污染的风险小。

硫酸废水中重金属沉淀时，首先要用 Ca (OH)$_2$ 或 NaOH 将大部分重金属以氢氧化物的形式沉淀下来，但对于汞，只有部分被沉淀下来。在高氯浓度时，汞以 Hg (Cl$_4$)$^{2-}$ 形式存在，需要添加 TMT-15 沉淀汞，以达标排放。其他一些金属大多数在中和过程中以氢氧化物的形式沉淀下来。由于 TMT-15 与重金属形成的化合物比金属氢氧化物的溶解度低得多，废水中过量的 TMT-15 将与氢氧化物反应 [Ca(OH)$_2$ 和 Cd$_3$TMT$_2$ 的溶解度分别为 3×10^{-14} 和 7×10^{-33}]。这个转换过程将直至废水中的 TMT-15 消耗殆尽。TMT-15 还可以吸附于活性污泥表面。

TMT-15 可在广泛的 pH 值范围内使用，不会释放出 H$_2$S 等有害气体。从生态学和经济学角度看，需要根据废水中汞的浓度（在线测量）来确定需添加 TMT-15 的量，TMT-15 与汞的反应产物（TMT-Hg 化合物）很稳定，只有在 180℃的王水中 4h 后才能分解，正常情况下在温度达到 210℃时才开始分解，比石膏煅烧的温度要高，在污泥干燥工艺中也不会分解。

硫化钠、三硫代碳酸钠、二硫代碳酸钠可作为 TMT-15 的替代物，与这些沉淀剂相比，TMT-15 具有毒性小、生态副作用低的特点。

目前，国内去除重金属离子的主要药剂见表 12-11。

表 12-11 国内去除重金属离子的主要药剂

项目 \ 药剂	Na$_2$S	DTC	TMT-15
化学名称	硫化钠	二硫代氨基甲酸钠	有机硫
商品形式	固体	液体	液体
急性毒性 LD$_{50}$(小白鼠)/(mg/kg)	53	3590	7878
致死浓度 LC(鱼)/(mg/L)	25	20	13720
致癌性	未知	有	无
分解产物	H$_2$S	CS$_2$＋二硫化四甲基秋兰姆	无
重金属去除率效果	重金属离子的去除效果较好，能去除金属离子和部分络合物中的重金属，但无法处理螯合物中的重金属且必须在较窄的 pH 值范围内使用	重金属离子的去除效果较好，能去除金属离子和络合物，在广泛的 pH 值范围内可直接使用	重金属离子的去除效果极好，能去除金属离子、络合物及螯合物中所有的重金属，在广泛的 pH 值范围内可直接使用
与重金属离子生成的沉淀物性质	生成小分子无机物沉淀，易形成悬浮胶体，不易沉降。沉淀物的溶解度随着温度的升高而增大，硫化沉淀反应也不完全	生成难溶的大分子立体螯合物，沉淀产物性质稳定，易沉降	生成难溶的大分子立体螯合物，在高温或强水流冲刷的情况下，硫化反应依旧完全，沉淀产物性质稳定，易沉降

如果采用 Na$_2$S、NaHS，则应注意过量的 Na$_2$S、NaHS 在酸性环境中 H$_2$S 的逸出。TMT-15 并非溶解的越多越好，过量时会作为还原剂将 Hg^{2+} 还原为单质汞。在多个电站锅炉的实验中，有些减少了汞的二次逃逸，有些反而增加了单质汞的二次逃逸，应用时应慎重。

第五节　湿法脱硫系统脱汞

大气中的汞来源于人为排放或自然界。单质汞是大气中汞的主要存在形式，其挥发性较高、水溶性较低，在大气中的平均停留时间长达半年至两年，极易在大气中通过长距离大气运输形成广泛的汞污染，是最难控制的形态之一。而二价汞化合物比较稳定，许多种类较易溶于水，易被湿法洗涤系统所捕获而脱除。在湿法烟气脱硫系统（WFGD）中，无论是采用石灰还是石灰石作为吸收剂，均可除去约 90% 的 Hg^{2+}，所以大气中二价汞的含量比较低。因此，解决了单质汞的脱除问题也就解决了燃煤烟气的汞污染问题。

汞可存在于天然气、烃类化合物、废水、固废、土壤和废气之中，由于各种含汞气体、液体具有不同性质，因此，没有一种普遍的脱汞技术。有些技术对某种环境的汞能有效脱除，但却不适合其他环境下汞的脱除。目前，有关汞排放控制技术的研究主要有三种：燃烧前脱汞、燃烧中脱汞和燃烧后脱汞。燃烧前脱汞是一种物理清洗技术，根据煤粉中有机物质与无机物质的密度以及有机亲和性的不同，通过浮选法除去原煤中的部分汞，阻止汞进入燃烧过程。一般而言，燃烧前脱汞可获得大约 37% 的汞去除率，但是燃烧前脱汞技术并不能完全解决汞的排放控制问题。有关燃烧过程中脱除汞的研究较少。燃烧后脱汞（即烟气脱汞）是未来电厂汞污染控制的主要方式，其脱汞效率也比较高。烟气脱汞主要有以下几种方法：吸附剂法、化学沉淀法和化学氧化法。其中，化学氧化法是将难于收集的单质汞转化为氧化态、易溶的、易被湿法系统所吸收的二价汞。

对于燃煤电厂，汞的控制是未来面临的一个严重且昂贵的问题，与焚化装置的除汞技术相比，还有几个难点需要解决。一是烟气量很大，而 Hg 的浓度低得多（约为 0.01×10^{-6}）。二是由于 Cl/Hg 的值较小，氧化态 Hg 较少，需要重点考虑除 Hg^0。与焚化装置类似，当燃料中氯含量小于 0.1%（质量分数）时，烟气中 50% 以上的 Hg 以 Hg^0 的形式存在；当燃料中氯的含量大于 0.2%（质量分数）时，烟气中小于 20% 的汞以 Hg^0 的形式存在。三是在电厂中没有除 HCl 塔。四是由于烟气量大，烟气流速高，烟气在净化装置中的停留时间短，例如运行于 150℃ 时的 ESP 约为 1s。目前电厂中还很少使用专门的除汞装置，主要是对现有环保装置（如脱硫装置、电除尘器、布袋除尘器等）进行性能改良以降低 Hg 的排放。利用常规烟气净化装置控制汞排放，能有效提高现有污染物控制设备的利用效率，实现 Hg、SO_2、NO_x 等污染物的联合控制，这样可将设备和运行成本大大降低，也为以后真正实现燃煤锅炉的汞达标排放提供技术支撑。现有电除尘器的除尘效率一般可达到 99% 以上，这样，烟气中以较大颗粒形式存在的固相汞可被脱除，而大量固相汞大多被吸附于亚微米级颗粒上，一般电除尘器对这部分粒径范围的颗粒的脱除效率很低，所以电除尘器的除汞能力有限。布袋除尘器在脱除微细颗粒物方面有其独特的效果，可获得 58% 左右的平均除汞效率。当配备 SCR 法脱硝和湿式脱硫系统时，则可进一步减少汞的排放量。根据美国的调查结果，除尘塔、电除尘器和布袋除尘器可分别去除 4%、32% 和 44% 的汞，湿式脱硫系统和干式脱硫系统加布袋除尘器时可分别除去 34% 和 30% 的汞。

此外，改变燃烧方式也能减少汞的排放。例如，流化床燃烧不但能减少硫氧化物和氮氧化物的排放，还能有效减少汞排放。当配备布袋除尘器时，对烟气中汞的脱除效率达 66% ~ 99%，平均为 86%。

不同脱硫系统的汞脱除效率如图 12-73 ~ 图 12-78 所示。

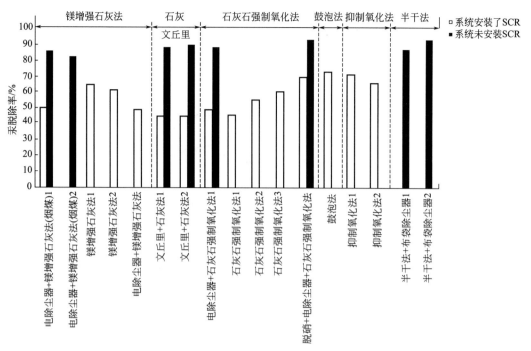

图 12-73 不同脱硫系统的脱除效率

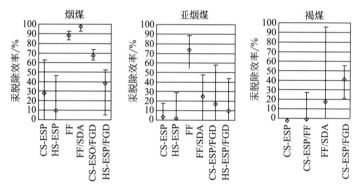

图 12-74 不同煤种和净化装置对汞脱除效率的影响

（CS-ESP 为低温端电除尘器；HS-ESP 为高温段电除尘器；FF 为布袋除尘器；SDA 为半干法脱硫装置；FGD 为湿式脱硫装置）

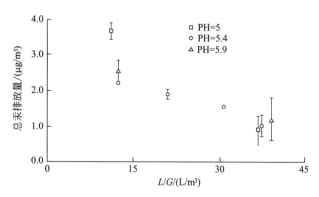

图 12-75 液气比对汞排放的影响

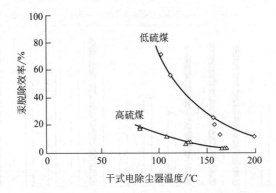

图 12-76 干式电除尘器运行温度对汞脱除效率的影响

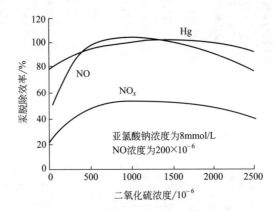

图 12-77 二氧化硫浓度对汞脱除效率的影响

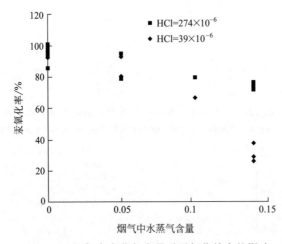

图 12-78 烟气中水蒸气含量对汞氧化效率的影响

从理论上来说，$HgCl_2$ 极易溶于水，$HgCl_2$ 易在浆液中被吸收。研究发现，FGD 系统对 $HgCl_2$ 的去除率并非想象的那么高。对脱硫塔前后的汞组分分析表明，经过脱硫塔后的元素汞不但没减少，反而增加了。这表明，在 WFGD 中已脱除的氧化汞又会以元素汞的形式再排放，大部又还原成单质汞返回至烟气中，即出现已脱汞再还原现象。图 12-79 为脱硫浆液中二价汞还原成单质汞的机理。

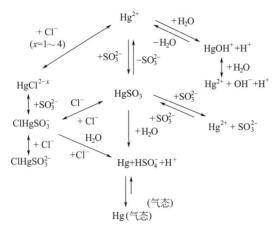

图 12-79　脱硫浆液中二价汞还原成单质汞机理

一、二价汞还原的影响因素

影响二价汞还原的因素很多，其中几个主要因素简述如下。

1. 二价金属离子

一旦氧化汞溶解在浆液中并呈离子态时，Hg^{2+} 就会与浆液中其他溶解成分反应，一般是指一些金属离子如铁离子、锰离子、镍离子、钴离子、锡离子等，以符号"Me"表示。$HgCl_2$ 进入 FGD 后，可溶性的 Hg^{2+} 与二价离子（如亚硫酸根、Fe、Mn、Ni、Co 和 Sn 等）反应，可重新被还原为 Hg^0。

氧化汞和溶解的金属的还原反应一般如下式：

$$2Me^{2+} + Hg^{2+} =\!=\!= Hg^0 + 2Me^{3+}$$

Fe^{2+} 会增加汞的二次逃逸，而 Fe^{3+} 则无影响，反应式如下：

$$2Fe^{2+} + Hg^{2+} =\!=\!= 2Fe^{3+} + Hg^0 （蒸气）$$

往脱硫浆液中添加 $FeCl_3$，可抑制 Hg^{2+} 的二次挥发，$FeCl_3$ 还将吸附亚硒酸盐，抑制亚硒酸盐氧化为难处理的硒酸盐。

Cu^+ 也可增加汞的二次逃逸，Cu^+ 具有比 Fe^{2+} 更高的化学反应活性，但铜在燃煤锅炉和钢铁行业的烟气中含量很低，只在有色金属行业（特别是炼铜行业）较高。

当 Fe^{2+} 浓度低于 1300×10^{-6}、pH＝4～6 时，所有的 Hg^{2+} 均以 HgS 形式沉淀下来，不会发生汞的二次逃逸。当 pH 值较低（约为 2）时将发生以下反应：

$$2Fe^{2+} + 2H^+ =\!=\!= 2Fe^{3+} + H_2$$

也即不会发生汞的二次逃逸。

吸收塔中金属离子的来源主要是石灰石（或石灰）、研磨介质、补充水、带进吸收塔内的飞灰。

图 12-80 和图 12-81 为二价铁离子和硫化氢抑制汞二次逃逸所需的条件。

在典型的石灰石吸收塔中，有足够的还原剂将所有吸收的 Hg^{2+} 还原成 Hg^0。

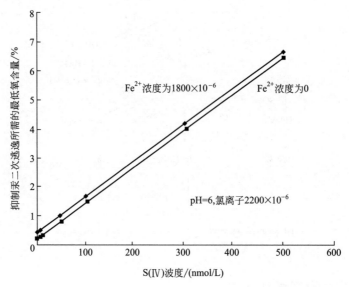

图 12-80　二价铁离子抑制汞二次逃逸所需要的最低氧含量

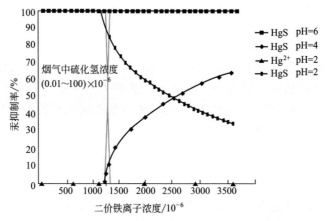

图 12-81　二价铁离子存在时硫化氢对汞二次逃逸的抑制

2. 亚硫酸根离子

O_2 本身不是一种对单质汞有效的氧化剂，但在有一定浓度的 SO_3^{2-}（大约为 $10\sim$ $100mg/L$）存在的条件下，通过充分的补氧，也可有效地氧化单质汞，但 SO_3^{2-} 的浓度必须小于 $100mg/L$。

当脱硫系统氧化反应不足时，可溶性亚硫酸氢根离子的浓度可达 $(300\sim500)\times10^{-6}$。烟气中的氧气浓度为 $4\%\sim7\%$，此时即可发生汞的二次逸出。

脱硫浆液中 Hg^{2+} 的二次逸出机理：

$$Hg^{2+}+HSO_3^-+H_2O \Longrightarrow Hg^0\uparrow+SO_4^{2-}+3H^+$$

$$Hg^{2+}+SO_3^{2-} \Longrightarrow HgSO_3$$

$$HgSO_3+SO_3^{2-} \Longrightarrow Hg(SO_3)_2^{2-}$$

$$HgSO_3 + H_2O \Longrightarrow Hg^0 \uparrow + SO_4^{2-} + 2H^+$$

过量的 SO_3^{2-} 有利于 $Hg(SO_3)_2^{2-}$ 的生成。上述反应中，仅 $HgSO_3$ 会分解产生 Hg^0，可添加氯化物影响 $HgSO_3$ 的生成，最终产物为 $ClHgSO_3^-$，虽然 $ClHgSO_3^-$ 仍会分解产生 Hg^0，但分解速率要比 $HgSO_3$ 慢得多。当浆液中氯化物浓度较高时，$ClHgSO_3^-$ 将与氯化物反应进一步生成 $Cl_2HgSO_3^{2-}$，其分解产生 Hg^0 的速率比 $ClHgSO_3^-$ 还要慢。

一般湿式脱硫塔中的 SO_3^{2-} 浓度大多为 $10 \sim 1000mg/L$，低 pH 值（较高的 H^+ 浓度）可减少汞的二次逃逸。

图 12-82 表明，只要能充分将吸收塔中的 SO_3^{2-} 氧化为 SO_4^{2-}，Hg^0 是可以有效脱除的。

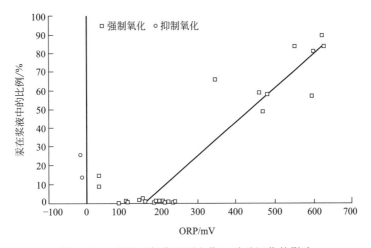

图 12-82　ORP（氧化还原电位）对汞组分的影响

采用镁增加的石灰脱硫时，浆液中含有的亚硫酸盐浓度更高，Hg^{2+} 的还原反应和二次逸出较石灰石法更难控制。

图 12-83 为连二硫酸盐对汞二次逃逸的影响。

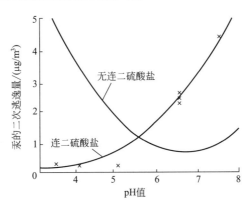

图 12-83　连二硫酸盐对汞二次逃逸的影响

3. 氯离子

浆液中的 SO_3^{2-} 是 Hg^{2+} 逃逸的主要原因。低浓度的 Cl^- 可以减缓 Hg^{2+} 的还原，高浓度的 Cl^- 甚至可以彻底抑制 Hg^{2+} 的还原；当浆液的 pH 值由 $5 \sim 6$ 降至 3 时，Hg^{2+} 的还原速率增加 10 倍左右。因此，浆液中的 Hg^{2+} 还原速率受浆液的氯离子浓度和 pH 影响很大，浆液中的汞主要以 $ClHgSO_3^-$ 的形式存在，它的分解速率比 $HgSO_3$ 小得多，抑制了 Hg^0 的二次逃逸。此外，硫代硫酸盐在低 pH 值时也可抑制 Hg^0 的二次逃逸，但在高 pH 值时却会促进 Hg^0 的二次逃逸。

4. pH 值的影响

pH 值对汞二次逃逸的影响见图 12-84。

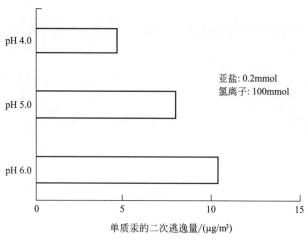

图 12-84　pH 值对汞二次逃逸的影响

5. 氧气

图 12-85 为氧气对单质汞脱除效率的影响。

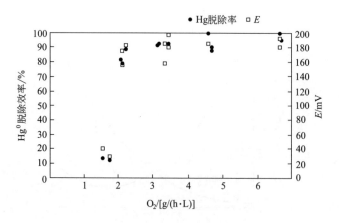

图 12-85　氧气对单质汞脱除效率的影响

气体中单质汞浓度为 $14\mu g/m^3$，氯离子浓度 $4000\sim5000mg/L$，

硫酸根离子浓度为 $3500\sim6000mg/L$

6. 液气比

液气比对汞脱除效率的影响见图 12-86。

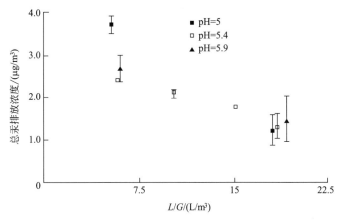

图 12-86　液气比对汞脱除效率的影响

二、 二价汞还原的控制

控制汞还原的方法主要有以下几种。

1. 添加 Hg^{2+} 稳定剂

在脱硫系统中加入 Hg^{2+} 稳定剂（如 H_2S、Na_2S、NaHS 和 TMT-15 等）对 Hg^{2+} 进行固定，生成 HgS，使浆液中可溶性 Hg^{2+} 稳定，而不被还原为 Hg^0。要求加入的稳定剂不影响系统的脱硫性能、石膏品质等。

2. 添加活性炭

在脱硫浆液中添加活性炭可防止 Hg 的二次挥发，但可能降低底流中微细颗粒物的浓度。活性炭对汞的吸附效率在氧化还原电位为 220mV 左右时最佳，当氧化还原电位大于 600mV 时，吸附的汞再次逸出，活性炭的添加参数为 200mg/L，Hg∶Ac 至少为 1∶50。单质汞的吸附率大于 90%，操作氧化还原电位小于 400mV。浆液中氯、溴浓度大于 2000 mg/L时，有利于生成稳定的汞化合物，见图 12-87。

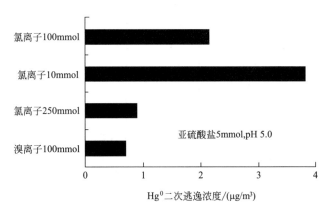

图 12-87　氯离子和溴离子浓度对汞二次逃逸的影响

当 pH<3 时，Hg^{2+} 的还原反应被抑制。活性炭浸满硫酸时，氧化态 Hg^{2+} 也将被捕集，它溶解于硫酸中。

3. 控制氧化还原电位

汞在湿式脱硫塔系统中的相变与氧化还原电位（ORP）有关，其流程如图 12-88 所示。控制脱硫吸收塔内的氧化还原电位，可以有效地减少汞的二次逃逸，见图 12-89 和图 12-90。

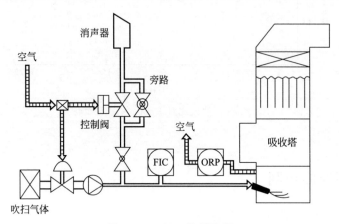

图 12-88　ORP 控制流程

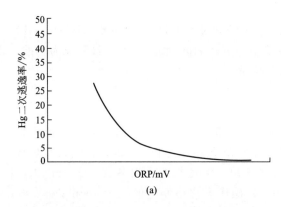

(a)

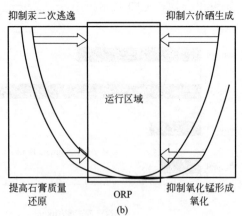

(b)

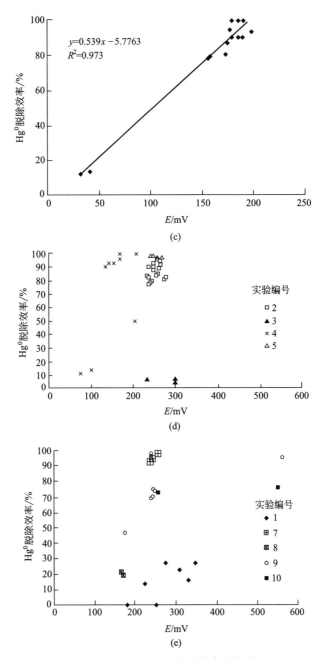

图 12-89 ORP 对汞脱除效率的影响

图 12-88 为 ORP 控制流程示意图，通过控制氧化空气的流量来控制脱硫浆液的氧化还原电位 OPR，以达到防止汞二次逃逸的效果。控制脱硫浆液的 ORP 可获得其他一些益处：防止过度氧化产生 MnO_x 结垢（如 pH 计探头，2205 等）、减轻腐蚀问题，减小亚硫酸盐浓度，提高石膏质量，防止过度氧化产生 Se^{2+}、$S_2O_6^{2-}$ 及 $S_2O_8^{2-}$，减轻废水处理的难度（如 COD 的去除）。

pH 值、亚硫酸根离子/亚硫酸氢根离子、氯离子浓度对汞的二次逃逸有重大影响。研究表明，当 pH 值为 3～6 时，pH 值对汞的还原影响很大，pH 值越低，汞还原速率越快；当 SO_3^{2-} 浓度较高时，由于生成的 $Hg(SO_3)_2^{2-}$ 比 $HgSO_3$ 更稳定，汞的还原速率下降；氯

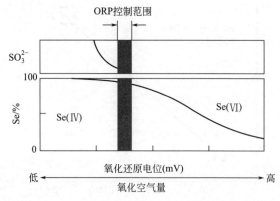

图 12-90　ORP 与硒组分和亚硫酸盐浓度的关系

可与 Hg 生成中间产物 $ClHgSO_3^-$，$ClHgSO_3^-$ 也会分解出单质汞（Hg^0），但要比 $HgSO_3^-$ 和 $Hg(SO_3)_2^{2-}$ 慢得多，当氯浓度较高时，还可生成 $Cl_2HgSO_3^{2-}$，$Cl_2HgSO_3^{2-}$ 比较稳定，不易分解出单质汞。在石灰石-石膏法中，低 pH 值和低 SO_3^{2-} 浓度下，汞的二次逃逸浓度比较高；当 SO_3^{2-} 浓度很低时（如 0.2mL），则汞的二次逃逸量也将增加，与高 SO_3^{2-} 浓度时不同，随 pH 值的增大而增加，主要反应如下：

当 Cl^- 浓度为 0 时：

$$Hg^{2+} + SO_3^{2-} \Longrightarrow HgSO_3$$

$$HgSO_3 + SO_3^{2-} \Longrightarrow Hg(SO_3)_2^{2-}$$

$$HgSO_3 + H_2O \Longrightarrow Hg^0 + SO_4^{2-} + 2H^+$$

总反应为：$\qquad Hg^{2+} + HSO_3^- + H_2O \Longrightarrow Hg^0 + SO_4^{2-} + 3H^+$

当存在氯离子时：$\qquad HgSO_3 + Cl^- \Longrightarrow ClHgSO_3^-$

特别地，当氯离子浓度较高时，反应如下：

$$ClHgSO_3^- + Cl^- \Longrightarrow Cl_2HgSO_3^{2-}$$

表 12-12 为高 ORP 下汞二次逃逸的例子，吸收塔浆液的 ORP 为 466mV。浆液中的汞含量为 62μg/L。

表 12-12　高 ORP 下汞二次逃逸实例

监测点	Hg^0 /($\mu g/m^3$)	Hg^{2+} /($\mu g/m^3$)	Hg^{2+}/%	总汞 /($\mu g/m^3$)	Hg^{2+} 脱 除效率/%	Hg^0 逃逸量 /($\mu g/m^3$)	总脱汞效率/%
FGD 入口	2.2	6.9	76%	9.2	—	—	—
FGD 出口	5.7	0.38	—	6.1	95%	3.4	34%

实践证明，较低的 ORP 有利于减少汞的二次逃逸。

4．综合运行参数的控制

湿法脱硫系统运行时参数控制要点如下。

（1）控制合适的亚盐浓度　过低或过高的亚硫酸根离子或亚硫酸氢根离子浓度都将促进汞的二次逃逸。过硫酸盐或过亚硫酸盐的生成将促进汞的二次逃逸。

（2）控制合适的 pH 值　pH<6 且亚硫酸氢盐占主导地位时将减少汞的二次逃逸。

（3）控制合适的卤素元素浓度　高卤素元素浓度（＞10000×10^{-6}）可减少汞的二次逃逸。

（4）保持合理的 ORP 值　ORP＜0mV 或起伏不定将增加汞的二次逃逸。ORP＜250mV 时，附着于固体颗粒上的汞增加，汞的二次逃逸减少；ORP＞250mV 时，溶解的汞增加，汞的二次逃逸增加；当 ORP＞700mV 时，汞的二次逃逸消失，但面临腐蚀和难以处理的硒酸盐问题。脱硫浆液中，典型的亚硫酸根离子的浓度为 5～3000mg/L，ORP 最好控制在 150～250mV。

（5）控制合适的液气比　脱硫塔采用高液气比，如 11～20L/m³。

三、 脱硫石膏中汞的稳定性

在石膏煅烧过程中，脱硫石膏中汞的稳定性是一个值得关心的问题。

自然界中的石膏含汞量为 （0.006～0.05）$\times 10^{-6}$（质量浓度），而湿式脱硫石灰石-石膏法中，石膏中的平均汞含量为 （0.03～1.32）$\times 10^{-6}$（重量浓度）。脱硫石膏中的汞主要是以细颗粒物的形式存在，在石膏水力凝流器中进入溢流或在石膏皮带过滤机中进入滤液，最终进入脱硫石膏中。脱硫石膏中的汞主要以 $HgCl_2$、HgS、Hg^0 和 $HgSO_4$ 的形式存在，其中 $HgCl_2$ 和 HgS 占主体。湿法脱硫石膏中的汞还有部分不是以单独的汞化合物的形式存在，而是紧密存在于石膏晶格中。

热分解实验表明，当温度低于 140℃时，石膏中的汞不会挥发出来；当温度为 204℃时，约 10min 汞浓度达到峰值；当温度为 315℃时，约 6～8min 即达到峰值；当温度达到 193℃时，石膏中的汞即开始挥发。

采用脱硫石膏剂制作石膏板的过程中，汞是否再次逸出及逸出量可能与汞在石膏晶格中的位置以及加工工艺（特别是煅烧温度）有关。

仅就凝结时间和标准稠度用水量指标来说，脱硫石膏在 150℃煅烧效果最好，但低于 170℃时，脱硫石膏的脱水处理不够彻底，内部存在较多的二水石膏，半水石膏含量较少。从试验结果可以看出，在 150℃煅烧处理后的脱硫石膏，其 2h 湿强度和干强度都是最低的；对于 180℃煅烧的石膏，无论是颗粒的晶体形貌还是凝结时间、强度都比较突出；而 190℃和 200℃煅烧的熟石膏，虽然在强度等方面与 180℃煅烧的产物相差不大，但是考虑到水浆比过大和能源等因素，宜选择在 180℃温度下煅烧处理脱硫石膏。试验测得 180℃与炉体同步升温的脱硫石膏产物，其初凝时间 7min，终凝时间 12min，标准稠度为 0.82，强度均高于其他温度下煅烧的石膏。因此，煅烧温度宜选定 180℃，并采用脱硫石膏与炉体同步升温、保温 2h 的工艺。

脱硫石膏在 150℃和 160℃温度煅烧下脱水不够彻底，煅烧温度还偏低；在 170～200℃温度下煅烧的脱硫石膏已经完全脱水，但是与 180℃下煅烧的脱硫石膏相比，170℃处理的石膏结晶颗粒比较细小，190℃和 200℃下处理的石膏水化后出现较多的空洞，在 180℃煅烧处理的熟石膏结晶粗大、完整，表现出优异的性能。

实践表明，在将脱硫石膏制作成石膏板的过程中，大约有 5%～46%的石膏中的汞又被重新释放出来。为降低石膏中汞的二次释放量，宜改进石膏的煅烧工艺，特别是尽可能地降低煅烧温度。

石膏中汞挥发与煅烧温度之间的关系见图 12-91。

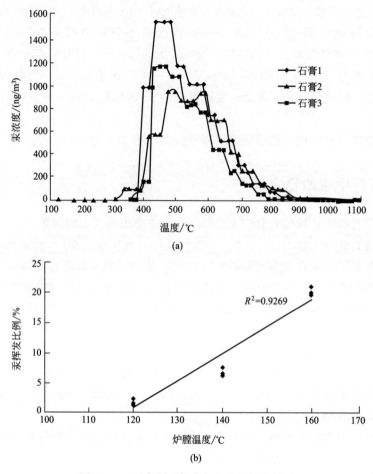

图 12-91　石膏板汞挥发与温度之间的关系

主 要 参 考 文 献

[1] 郭东明. 脱硫工程技术与设备. 北京：化学工业出版社，2001.

[2] Alina M，Azrina A. Heavy metals（mercury，arsenic，cadmium，plumbum）in selected marine fish and shellfish along the Straits of Malacca. International Food Research Journal，2012，19（1）：135-140 .

[3] Srivastava R K，Miller C A. Emissions of Sulfur Trioxide from Coal-Fired Power Plants. ISSN 1047-3289 J Air & Waste Manage Assoc，54：750-762.

[4] Bianchi A，La Marca C，Cioni M. Joint Meeting of the Scandinavian Nordic and Italian Sectors of Combustion Institute. Napoli，2003，18-21.

[5] Gamisansa X，Sarr M. The hydrodynamics of ejector-Venturi scrubbers and their modelling. Chemical Engineering Science，2002，57：2707-2718.

[6] Atanassoval I，Velichkova N. Heavy metal mobility in soils under the application of sewage sludge. Bulgarian Journal of Agricultural Science，2012，18（3）：396-402.

[7] Aalapti Singh，Pammi Gauba. A Treatment for Heavy Metal Pollution of Soil. Vol 1（4）：59 -61.

[8] Epri. An Adaptationand Mitigation Strategy. Second National Sequestration Conference. Alexandria，Virginia，2003.

[9] Eric M Prestbo. Mercury Control Technology Development in the Laboratory：International HgCEM Research and Development Applications. CEM Conference：Istanbul Turkey，2014.

[10] French R J，Milne T A. Vapor phase release of alkali species in the combustion of biomass pyrolysis oils. Biomass Bioenergy，7：315-325.

[11] Martin Pillei，Tobias Kofler. A swirl generator design approach to increase the efficiency of uniflow cyclones. 17th International Symposium on Applications of Laser Techniques to Fluid Mechanics Lisbon，Portugal，2014.

[12] 任建莉，周劲松，等. 燃煤电站汞排放分布及控制研究的进展. 电站系统工程，2006，22（1）：44-46.

[13] Experience Steag's Long-Term Catalyst Operating Experience and CostHans Sobolewski. ExperienceSteag's Long-Term Catalyst Operating Experience and Cost. Environmental Controls Conference ，2006 .

[14] 赵毅，刘凤，等. 液相同时脱硫脱硝实验及反应特性. 中国科学，39（3）：431-437.

[15] 冷杰，天乙，张家维. 300MW 联合发电机组湿式电除尘器特点及运行. 东北电力技术，2007，2：9-13.

[16] Jerry W，Crowder，PhD，P E. Sources and Control of Volatile Organic Air Pollutants. The University of Texas at Arlington，2002.

[17] EPA-600/R-01-109. Control of mercury emissions from coal-fired electric utility boilers，2002.

[18] EPA-600/R-09/151 . Characterization of Coal Combustion Residues from Electric Utilities-Leaching and Characterization Data. 2009.

[19] Elgozalia A，Linek V. In uence of viscosity and surface tension on performance of gas-liquid contactors with ejector type gas distributor. Chemical Engineering Science，2002，57：2987-2994.

[20] 胡金榜，陈志强，等 . 文丘里洗涤器除尘操作参数的优化设计与工程实践 . 环境工程，1999，17（5）：35-38.

[21] Amiri S，Mehrnia M R. Effect of heavy metals on fouling behavior in membrane bioreactors. Iran J Environ Health Sci Eng，2010，7（5）：377-384.

[22] DOE Project DE-FC26-03NT41910. Fate of As，Se and Hg in a Passive Integrated System for Treatment of Fossil Plant Wastewater. 2007.

[23] 解炜，梁大明，等. 活性焦联合脱硫脱硝技术及其在我国的适应性. 煤炭加工与综合利用，2010，3：34-38.

[24] Costa M A M，Henrique P R. Droplet size in a rectangular venturi scrubber，2004，21（2）：335 - 343 .

[25] 丁承德. 文丘里洗涤器的实用设计. 化工设备设计，1981（6）：16-22.

[26] 熊英莹，谭厚德. 湿式相变冷凝除尘技术对微细颗粒物的脱除研究. 洁净煤技术，2015（2）：20-24.